Contents

6日間の集中学習で完全攻略！

本書は最短の学習時間で国家資格を取得できる自己完結型の学習システムです！

本書「スーパーテキストシリーズ　分野別　問題解説集」は、本年度の第二次検定を攻略するために必要な学習項目をまとめた**虎の巻(精選模試)**と**YouTube 動画講習**を融合させた、短期間で合格力を獲得できる自己完結型の学習システムです。

2日間で 問題1 の施工経験記述が攻略できる！
YouTube 動画講習を活用しよう！

YouTube 動画講習を視聴し、施工経験記述の練習を行うことにより、工事概要・安全管理・工程管理の書き方をすべて習得できます。

4日間で 問題2 ～ 問題5 が攻略できる！
虎の巻(精選模試)に取り組もう！

本書の虎の巻(精選模試)には、本年度の第二次検定に解答するために必要な学習項目が、すべて包括整理されています。

 **無料 YouTube 動画講習 受講手順**

スマホから 📱 https://get-ken.jp/
GET研究所 検索

← **スマホ版無料動画コーナー QRコード**
URL https://get-supertext.com/
（注意）スマートフォンでの長時間聴講は、Wi-Fi 環境が整ったエリアで行いましょう。

① スマートフォンのカメラでこの
QR コードを撮影してください。

② 画面右上の「動画を選択」を
タップしてください。

③ 受講したい受検種別をタップ
してください。

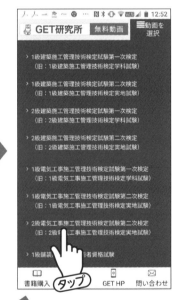

④ 受検種別に関する動画が抽出されます。

画面中央の再生ボタン
をクリックすると動画が
再生されます。

※ 動画の視聴について疑問がある場合
は、弊社ホームページの「よくある質問」
を参照し、解決できない場合は「お問い
合わせ」をご利用ください。

パソコンから https://get-ken.jp/
GET研究所 検索

①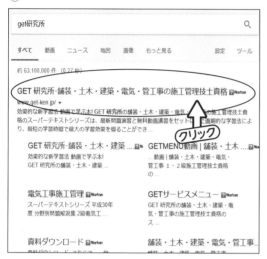

②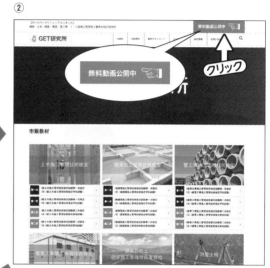

③画面右上の「動画を選択」をクリックしてください。

④受講したい受検種別をクリックしてください。

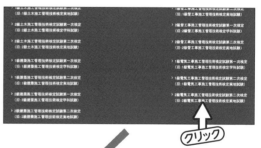

⑤受検種別に関する動画が抽出されます。

画面中央の再生ボタンをクリックすると動画が再生されます。

※動画下のYouTubeボタンをクリックすると、大きな画面で視聴できます。

２級電気工事施工管理技術検定試験 受検ガイダンス

1 ２級電気工事施工管理技士の資格取得までの流れ

重要 下記のフローチャートは、令和5年度の受検の手引に基づいて作成したものです。令和6年度の試験日程については、必ずご自身でご確認ください。

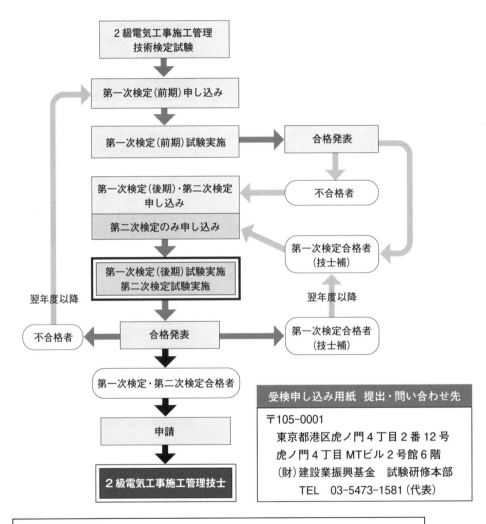

| ２級電気工事施工管理技術検定試験 |
| 第一次検定（前期）申し込み |
| 第一次検定（前期）試験実施 → 合格発表 |
| 第一次検定（後期）・第二次検定申し込み ← 不合格者 |
| 第二次検定のみ申し込み |
| 第一次検定合格者（技士補） |
| 第一次検定（後期）試験実施 第二次検定試験実施 |
| 翌年度以降 翌年度以降 |
| 不合格者 ← 合格発表 → 第一次検定合格者（技士補） |
| 第一次検定・第二次検定合格者 |
| 申請 |
| ２級電気工事施工管理技士 |

受検申し込み用紙 提出・問い合わせ先

〒105-0001
東京都港区虎ノ門４丁目２番12号
虎ノ門４丁目 MTビル２号館６階
（財）建設業振興基金　試験研修本部
TEL　03-5473-1581（代表）

※令和5年11月9日の報道発表資料に基づく令和6年度の試験実施日程は、下記の通りです。最新の試験実施日程については、必ずご自身でご確認ください。

７月10日（水曜日）	受検申込みの受付けが開始されます。
７月24日（水曜日）	受検申込みの受付けの締切り日です。
11月24日（日曜日）	第一次検定・第二次検定が実施されます。
翌年２月７日（金曜日）	第二次検定の合格発表が行われます。

2 2級電気工事施工管理技術検定試験第二次検定の出題内容

　2級電気工事施工管理技術検定試験第二次検定は、問題1 の施工経験記述（記述式）・問題2 と 問題3 の施工管理記述（記述式）・問題4 と 問題5 の施工管理知識（四肢択一式）の合計5問題から構成されている。

　本試験が難しいとされるところは、問題1 の施工経験記述と、令和3年度からの新規出題分野である 問題4 の電気計算である。しかし、これらの問題は、無料 YouTube 動画講習を視聴し、本書を繰り返し読んで学習することで、解決することができる。

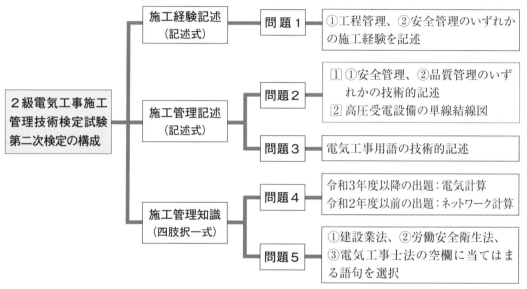

全問必須、合格点60点以上
※令和6年度の 問題4 は、令和3年度以降と同様に、電気計算の分野から出題されると思われる。

ポイント 次のような順番で解答してゆくと、試験を比較的円滑に進めやすくなる。
　① 最初に、問題1 の施工経験記述に解答する。
　② 次に、問題2・問題3 の施工管理記述と、問題5 の電気法規に解答する。
　③ 最後に、計算に時間がかかると思われる 問題4 の電気計算に解答する。

令和6年度以降の検定問題の一部見直しについて

　一般財団法人建設業振興基金（試験実施団体）からは、令和6年度以降の2級電気工事施工管理技術検定試験の第二次検定において、「受検者の経験に基づく解答を求める設問に関し、模範解答例の暗記等ではなく、自身の経験に基づかなければ解答できないような設問への見直しを行う」ことが発表されています。「受検者の経験に基づく解答を求める設問」とは、問題1 の施工経験記述のことを指しています。

　令和6年度以降の 問題1 に対応するためには、あなたが受検申請時に提出する実務経験証明書に記入した電気工事に着目し、施工体制台帳・施工体系図・工事請負契約書の写しなどに記載されている内容（工事請負代金額などの事項）や、発注者に提出した工事記録の内容や、上司または発注者から指示された管理事項などについて、あなたが実施した内容を事前に整理しておく必要があると考えられます。

3　初学者向けの標準的な学習手順

※この勉強法は、初めて第二次検定を受ける方に向けたものです。これまでに2級電気工事施工管理技術検定試験第二次検定や実地試験（第二次検定の旧称）を受けたことがあるなど、既に自らの勉強法が定まっている方は、その方法を踏襲してください。しかし、この勉強法は本当に効率的なので、勉強法が定まっていない方は、活用することをお勧めします。

　本書では、第二次検定を6日間の集中学習で完全攻略することを目標にしています。各学習日の学習時間は、5時間を想定しているので、長期休暇を利用して一気に学習することを推奨しますが、毎週末に少しずつ学習することもできます。

　この学習手順は、第二次検定を初めて受検する方が、最短の学習時間で合格できるように構築されています。より詳しい学習手順については、「受検ガイダンス＆学び方講習」のYouTube動画講習を参照してください。

1日目の学習手順（施工管理の分野を集中学習します）

①「虎の巻」解説講習（YouTube動画講習）の 問題2 を視聴してください。

②虎の巻（精選模試）第一巻及び第二巻の 問題2 を学習してください。

③本書の12ページに掲載されている「一括要約リスト」の 問題2 を通読してください。

④本書の46ページに掲載されている第2章「施工管理」を学習してください。

2日目の学習手順（電気工事用語の分野を集中学習します）

①「虎の巻」解説講習（YouTube動画講習）の 問題3 を視聴してください。

②虎の巻（精選模試）第一巻及び第二巻の 問題3 を学習してください。

③本書の15ページに掲載されている「一括要約リスト」の 問題3 を通読してください。

④本書の149ページに掲載されている第3章「電気工事用語」を学習してください。

3日目の学習手順（計算問題の分野を集中学習します）

①「虎の巻」解説講習（YouTube動画講習）の 問題4 を視聴してください。

②虎の巻（精選模試）第一巻及び第二巻の 問題4 を学習してください。

③電気計算の解き方講習（YouTube動画講習）を視聴してください。

④本書の284ページに掲載されている第4章「計算問題」を学習してください。

※3日目の学習時間は、（5時間ではなく）7時間～8時間を想定してください。

4日目の学習手順（電気法規の分野を集中学習します）

①「虎の巻」解説講習（YouTube動画講習）の 問題5 を視聴してください。

②虎の巻（精選模試）第一巻及び第二巻の 問題5 を学習してください。

③本書の18ページに掲載されている「一括要約リスト」の 問題5 を通読してください。

④本書の338ページに掲載されている第5章「電気法規」を学習してください。

※4日目の学習時間は、（5時間ではなく）2時間～3時間を想定してください。

5日目の学習手順（施工経験記述を書くための準備をします）

①施工経験記述の考え方・書き方講習（YouTube動画講習）を視聴してください。

②本書の19ページに掲載されている第1章「施工経験記述」を通読してください。

③あなたが記述する工事について、施工管理に関する資料を収集・整理してください。

6日目の学習手順（工程管理・安全管理の施工経験記述を実際に書いてみます）

①虎の巻（精選模試）第一巻の 問題1 に、施工経験記述を書き込んでください。

②虎の巻（精選模試）第二巻の 問題1 に、施工経験記述を書き込んでください。

※施工経験記述添削講座（有料）の受講をご希望の方は、本書の415ページをご覧ください。

4　学習手順の補足

① この学習手順では、6 日間のうち、問題1 の施工経験記述には 2 日間を費やしています。毎年度の試験の傾向から見ると、問題1 で不合格と判定された場合、問題2 以降は採点されないおそれがあるからです。問題1 の施工経験記述は、それだけ重要なのです。

② 1 日目～4 日目の学習手順では、「虎の巻」解説講習（YouTube 動画講習）を見てから、虎の巻（精選模試）を学習することになっていますが、この方法では、虎の巻（精選模試）を自らの力だけで解いてみる前に、その答えが分かってしまいます。これを避けたいと思う方は、動画を見る前に、自らの力だけで虎の巻（精選模試）に挑戦してみるという学習方法も考えられます。こちらの方法は、何度か第二次検定や実地試験（第二次検定の旧称）を受けたことがあるなど、既に学習経験のある方にお勧めです。

5　最新問題の一括要約リスト

本書の 12 ページ～18 ページには、平成 26 年度以降に出題された問題2・問題3・問題5 の要点が集約されています。これを数回通読すると、学習をより確かなものにすることができます。「最新問題の一括要約リスト」は、YouTube 動画講習としても提供しているため、手元にスマートフォンなどがあれば、ちょっとした隙間時間（通勤電車の中や休憩時間など）にも、効率よく学習を進めてゆくことができます。

6　超特急コースの学習手順

この学習手順は、6 日間の学習時間を取ることができない受検者のために、標準的な学習手順を大幅に短縮したものです。この学習手順では、重要度の高い「虎の巻（精選模試）」だけに絞り込んで学習を進めていきます。

1 日目 の学習手順（施工経験記述を 1 日で学習します）

① 本書の 386 ページに掲載されている虎の巻（精選模試）第一巻の 問題1 を学習してください。

② 本書の 401 ページに掲載されている虎の巻（精選模試）第二巻の 問題1 を学習してください。

2 日目 の学習手順（最も重要度の高い問題だけを学習します）

① 本書の 12 ページに掲載されている「一括要約リスト」を通読してください。

※ この学習方法を採る場合、問題2-1 および 問題3 については、本書の 49 ページおよび 154 ページの「コラム」に掲載されている太字の語句・用語だけに絞り込んで学習することもできます。

② 本書の 387 ページに掲載されている虎の巻（精選模試）第一巻の 問題2 ～ 問題5 を学習してください。

※ この学習方法を採る場合、問題2-1 および 問題3 については、「2 つ選び」または「3 つ選び」ということをせず、すべての語句・用語に対して解答し、その解答例を把握してください。（必要があれば解答欄をコピーして使ってください）

7 「 無料 You Tube 動画講習」の活用

　本書の学習と併せて、 無料 You Tube 動画講習 を視聴すると、理解力を高めることができます。是非ご活用ください。本書は、書籍と動画講習の2本柱で学習を行えるようになっています。

GET研究所の動画サポートシステム

書籍	無料 You Tube 動画講習
受検ガイダンス	受検ガイダンス＆学び方講習 無料 You Tube 動画講習
最新問題の一括要約リスト	完全合格のための学習法 無料 You Tube 動画講習
施工経験記述	施工経験記述の考え方・書き方講習 無料 You Tube 動画講習
施工管理 電気工事用語 計算問題 電気法規	電気計算の解き方講習 無料 You Tube 動画講習
虎の巻（精選模試）	「虎の巻」解説講習 無料 You Tube 動画講習

※ この表は、「書籍」に記載されている各学習項目（左欄）に対応する「動画講習」のタイトル（右欄）を示すものです。

　無料 You Tube 動画講習 は、GET研究所ホームページから視聴できます。

https://get-ken.jp/

| GET研究所 | 検索 | ➡ | 無料動画公開中 | ➡ | 動画を選択 |

２級電気工事施工管理技術検定試験第二次検定
完全合格のための学習法　この学習法で一発合格を手にしよう！

　問題 1 の施工経験記述は、本書を読み込み、「施工経験記述の考え方・書き方講習」の無料動画を視聴し、工程管理・安全管理の２つの出題分野について、自身が受検申請時に提出する実務経験証明書に記入した（記入する予定の）電気工事の経験をあらかじめ書いてみることで、事前に準備できるため、合格点を獲得しやすい分野である。

　問題 4 については、令和２年度まではネットワーク計算の問題が出題されていたが、令和３年度からは電気計算の問題が出題されている。令和６年度の 問題 4 は、令和３年度以降と同様に、電気計算の問題が出題されると思われるので、本書 286 ページ〜303 ページの演習問題を通じて、主要な電気計算ができるようになっている必要がある。

　問題 2 ・ 問題 3 ・ 問題 5 の３つの問題は、過去問題から繰り返して出題されることも多いので、合格点を獲得するためには、過去に出題された問題について、その要点をまとめておくことが重要となる。本書では、「最新問題の一括要約リスト」として、過去 10 年間に出題された 問題 2 ・ 問題 3 ・ 問題 5 の問題について、その要点を分野別にまとめている。

　この「最新問題の一括要約リスト」を手元に置き、「完全合格のための学習法」の無料動画を視聴することで、「要点のまとめ」の学習を完了させることができる。

← スマホ版無料動画コーナー QRコード
URL　https://get-supertext.com/
（注意）スマートフォンでの長時間聴講は、Wi-Fi 環境が整ったエリアで行いましょう。

「完全合格のための学習法」の動画講習を、GET 研究所ホームページから視聴できます。
https://get-ken.jp/

GET 研究所　検索 ➡ 無料動画公開中 ➡ 動画を選択

２級電気工事施工管理技術検定試験第二次検定　最新問題の一括要約リスト

※ここに書かれている内容は、解答の要点をできる限り短縮してまとめたものなので、一部の表現が必ずしも正確ではない可能性（前提条件や例外規定を省略しているなど）があります。詳細な解説については、本書の当該年度の最新問題解説を参照してください。

問題 2-1 施工管理（安全管理）

電気工事の安全管理に関する６つの語句の中から２つを選び、それぞれの語句の内容を２つ記述する問題が出題される。

※令和６年度の第二次検定の 問題 2-1 は、こちらの出題内容になる可能性が高いと思われる。

出題内容	語句	語句の内容	出題年度
安全管理のための活動	安全施工サイクル	安全朝礼から片付けまでの日常活動サイクルである。	R2, H30, H28
		毎日・毎週・毎月など、一定のパターンで取り組む。	
	新規入場者教育	作業開始前の点検方法と、機器等の危険性を教育する。	R4, R2, H28, H26
		事故発生時の退避方法・応急措置方法を教育する。	
	危険予知活動	作業開始前に、労働災害を予測し、事前に対策を行う。	R2, H26
		労働者の不安全行動・現場の不安全状態を是正する。	
	ツールボックスミーティング	関係者が作業開始前に集まり、安全対策を話し合う。	R4, H30, H28
		必要に応じて、作業再開時や、作業切替え時にも行う。	
	安全パトロール	現場を巡視し、危険な箇所・状態を発見して改善する。	R4, H30
		不安全行動などを確認したときは、その場で是正する。	
	4S運動	整理・整頓・清掃・清潔を心掛けることをいう。	H26
		作業能率の向上と、現場の規律確保を目的としている。	
労働災害の防止対策	墜落災害の防止対策	防網を張り、要求性能墜落制止用器具を使用させる。	R4, H30, H28, H26
		悪天候による危険が予想される時は、作業を中止する。	
	飛来落下災害の防止対策	高所からの投下では、投下設備を設け、監視人を置く。	R4, H30, H28, H26
		防網の設備を設け、立入禁止区域を設定する。	
	感電災害の防止対策	電気機械器具の操作部分は、必要な照度を保持する。	R4, R2, H30, H28, H26
		絶縁用保護具の着用と、絶縁用防具の装着を実施する。	
	高所作業車による作業の危険防止対策	運転は、技能講習または特別教育の修了者に行わせる。	R2
		作業開始前に、作業床の手すり等の状態を点検する。	
	酸素欠乏危険場所での危険防止対策	作業場所の酸素濃度を18%以上に保つように換気する。	R2
		作業場所に入場及び退場させる時に、人員を点検する。	

問題 2-1 施工管理（品質管理）

電気工事の作業に関する 6 つの語句の中から 2 つを選び、それぞれの作業（語句）において施工管理上留意すべき内容を 2 つ記述する問題が出題される。

出題内容	作業（語句）	施工管理上留意すべき内容	出題年度
資材の管理	資材（材料）の受入検査	設計図書のリストと照合し、寸法・数量などを確認する。	R 3, H29
		損傷がある資材（不適合品）は、直ちに現場外に搬出する。	
	現場内資材管理	各資材について、風雨に対する保全養生を行う。	H27
		搬入・搬出を行うたびに、その量を正確に記録する。	
	工具の取扱い	使用前に、漏電などの異常がないことを確認する。	R 5, H29, H27
		回転する工具を取り扱うときは、手袋を使用させない。	
機器の工事	機器の搬入	搬入経路上にある立木・仮設物などを移設する。	R 5, R 3, R元
		搬入計画書は、関連業者との打合せを行って作成する。	
	機器の取付け	固定ボルトの径・本数を、取付け詳細図と照合する。	R元
		点検用通路の幅・高さが十分であることを確認する。	
	分電盤の取付け	自立型分電盤には、防水用のゴムパッキンを設ける。	R 5, R 3, H29, H27
		露出形分電盤は、その裏面を山形鋼や平鋼で補強する。	
電線の工事	電線相互の接続	電線は、スリーブまたはコネクタの中で接続する。	R元
		心線は、ワイヤーストリッパーを用いて露出させる。	
	電動機への配管配線	端子箱に接続する部分は、金属製可とう電線管とする。	R 5, R 3, R元, H29
		金属部分を貫通する電線には、保護物を設ける。	
	盤への電線の接続	電線の接続点に、張力が加わらない構造とする。	H27
		端子のねじ止めボルトは、適切なトルク値で締める。	
電線管の工事	低圧ケーブルの敷設	造営材の下面では、支持点間の距離を 2m 以下とする。	R 3, H29
		単心低圧ケーブルの曲げ半径は、外径の 8 倍以上とする。	
	ケーブルラックの施工	支持点の間隔は、水平 2m 以下、垂直 3m 以下とする。	R 5, R元
		終端部に、エンドカバーや端末保護キャップを設ける。	
	引込口の防水処理	管路は、屋外側に向かって下り勾配（排水勾配）を付ける。	R 5
		管路と外壁の隙間は、シーリング材で完全に塞いでおく。	
	波付硬質合成樹脂管（FEP）の地中埋設	重量物に対する耐荷力を確保できる深さに埋設する。	R元, H27
		埋戻し土は、左右対称に締め固める。	
試験	低圧分岐回路の試験	スイッチに対応した器具が点滅することを確認する。	R 3, H29, H27
		分岐幹線の過電流遮断機が動作することを確認する。	

問題 2-2 施工管理（高圧受電設備）

下記のような高圧受電設備の単線結線図について、枠で囲まれた機器の名称（略称）を記入し、その機器の機能を記述する問題が出題される。

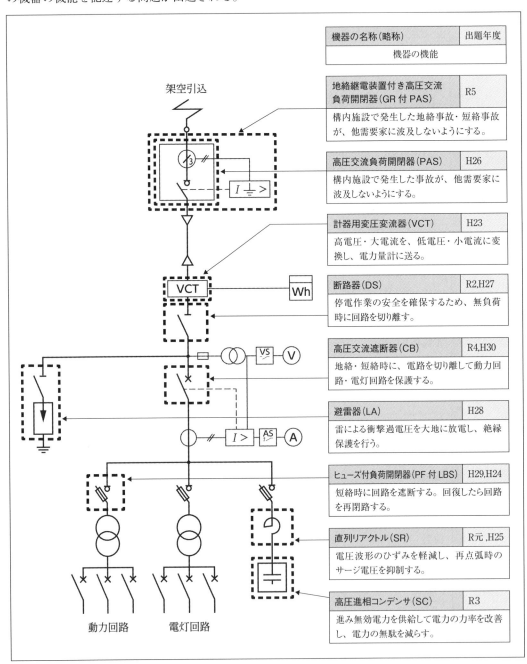

機器の名称（略称）	出題年度
機器の機能	
地絡継電装置付き高圧交流負荷開閉器（GR 付 PAS）	R5
構内施設で発生した地絡事故・短絡事故が、他需要家に波及しないようにする。	
高圧交流負荷開閉器（PAS）	H26
構内施設で発生した事故が、他需要家に波及しないようにする。	
計器用変圧変流器（VCT）	H23
高電圧・大電流を、低電圧・小電流に変換し、電力量計に送る。	
断路器（DS）	R2,H27
停電作業の安全を確保するため、無負荷時に回路を切り離す。	
高圧交流遮断器（CB）	R4,H30
地絡・短絡時に、電路を切り離して動力回路・電灯回路を保護する。	
避雷器（LA）	H28
雷による衝撃過電圧を大地に放電し、絶縁保護を行う。	
ヒューズ付負荷開閉器（PF 付 LBS）	H29,H24
短絡時に回路を遮断する。回復したら回路を再閉路する。	
直列リアクトル（SR）	R元,H25
電圧波形のひずみを軽減し、再点弧時のサージ電圧を抑制する。	
高圧進相コンデンサ（SC）	R3
進み無効電力を供給して電力の力率を改善し、電力の無駄を減らす。	

問題3 電気工事用語

電気工事に関する9つの用語の中から3つを選び、それぞれの用語について、技術的な内容を2つ記述する問題が出題される。

※下記の「技術的な内容」には、原則として、1行目に基礎的な内容（定義や目的など）を、2行目に応用的な内容（施工上の留意点など）を示している。ただし、「対策」や「方式」に関する用語については、その対策や方式を2つ示している。

出題内容	用語	技術的な内容	出題年度
発電設備	揚水式発電	夜間の安価な電力を利用し、発電用の水を汲み上げる。	R4, H29, H26
		常に電力を供給するベース電源としては、使用できない。	
	風力発電	ブレードで受けた風力を利用し、発電機を回転させる。	R5, R3, H30, H27
		風車の形状により、水平軸形と垂直軸形に分類される。	
	太陽光発電システム	太陽光を半導体素子に投射し、電力に変換して取り出す。	R2, H28
		電力生産時に、二酸化炭素を放出しない。	
送配電設備	架空地線	架空電線路への直撃雷を防止し、誘導雷の影響を低減する。	R4, R元, H27
		直撃雷に対しては、遮蔽角が大きいほど、遮蔽効果が高い。	
	架空送電線のたるみ	架空送電線に荷重がかかると、重力の影響で下方に垂れる。	R3, H29, H26
		単位長さあたりの重量と、径間の二乗に比例して増大する。	
	架空送配電線路の耐塩対策	沿面距離が長く耐電圧性能が高い深溝がいしを使用する。	R5, R2
		撥水性物質や散水により、がいしへの海水の付着を防ぐ。	
配管と配線	波付硬質合成樹脂管（FEP）	軽量で可撓性があり、耐久性にも優れている管である。	R4, H30, H28
		波付硬質合成樹脂管と鋳鉄管との接続は、異物継手で行う。	
	合成樹脂製可とう電線管	PF管は自己消火性がある。CD管は自己消火性がない。	H27
		管内の電線に、接続点を設けてはならない。	
	ライティングダクト	ダクトの途中に、照明器具やコンセントを接続できる。	H28
		壁や天井などの造営材を貫通させて設置してはならない。	
	光ファイバーケーブル	屈折率の違いを利用し、光をコア層の中に閉じ込める。	R5, R2, H28
		信号の減衰が少なく、超長距離でのデータ通信に適する。	
	UTPケーブル	シールドされていない銅線を、撚り合わせたものである。	R4, R元, H26
		総長は、パッチコード等も含めて100m以内とする。	
	屋内配線用差込形電線コネクタ	電線終端を挟み込んで電線相互の接続を行う器材である。	R5
		心線は、銅板から突出し、根元から突出しないようにする。	
	VVFケーブルの差込形コネクタ	施工は簡単であるが、接触不良による火災のおそれがある。	R3, H30, H27
		心線の露出長さは、ストリッパーのスケールで確認する。	

出題内容	用語	技術的な内容	出題年度
電気機器	変流器（CT）	大電流を小電流に変換し、電流計の測定範囲を広げる。	R元
		一次側に電流が流れている状態で、二次側を開路しない。	
	漏電遮断器	地絡が生じた電路を自動的に遮断する装置である。	R4, H29, H26
		使用電圧が60Vを超える機械器具の電路に設ける。	
	スコット変圧器	三相電源回路から、ふたつの単相電源回路を取り出す。	R2
		交流電化区間のき電用変圧器として利用されている。	
	変圧器の並行運転	複数の変圧器を並列接続し、負荷の増大に対応する。	R元
		結線の「Δ」の数と「Y」の数は、どちらも偶数個とする。	
	単相変圧器のV結線	2台の単相変圧器を用いて、三相動力用の電力を供給する。	H30, H28
		変圧器容量は、三相変圧器使用時の87%程度になる。	
	三相誘導電動機の始動方式	定格出力が3.7kW以下の電動機は、全電圧始動法とする。	R5, R2, H30
		定格出力が15kW以上の電動機は、始動補償器法とする。	
	スターデルタ始動	電動機をスター結線で始動し、デルタ結線に切り替える。	R3, H28
		始動電流・始動トルクが、全電圧始動の3分の1で済む。	
	電動機の過負荷保護	過電流による電動機の焼損を、自動的に警報・阻止する。	R元
		出力が0.2kWを超える場合は、過負荷保護装置を設ける。	
電気の使用	渦電流	起電力の一部を打ち消し、ジュール熱を発生させる。	R元
		渦電流によるジュール熱は、電磁調理器に利用されている。	
	力率改善	皮相電力に対する有効電力の割合を100%に近づける。	R4, R元, H26
		負荷に進相コンデンサを並列接続する方法がある。	
	電線の許容電流	電線が最高許容温度となる電流量のことである。	R5, R3, H29
		電線の形式・材料・断面積・周囲温度などによって異なる。	
照明器具	LED照明	p-n接合を持つ単体の発光ダイオードが用いられている。	H29, H27
		発光効率が高いため、経済的であり、省エネルギーになる。	
	メタルハライドランプ	水銀蒸気中に金属ハロゲン化物を封入した照明である。	H26
		演色性は良いが、始動時の光束の安定に時間がかかる。	
自動火災報知設備	自動火災報知設備の受信機	防火対象物の関係者に、火災やガス漏れを知らせる。	H29
		床面から操作スイッチまでの高さは、1.5m以下とする。	
	差動式スポット型感知器	周囲温度の上昇率を感知し、火災信号を発信する。	H30
		天井から感知器下端までの垂直距離は、0.3m以内とする。	
	定温式スポット型感知器	周囲温度が一定値以上になると、火災信号を発信する。	R3, H27
		空気吹出し口から1.5m以上離れた位置に設置する。	

出題内容	用語	技術的な内容	出題年度
絶縁と接地	絶縁抵抗試験	電気機器の絶縁性能の良否を判定する試験である。	R 4, R 2, H30
		絶縁抵抗計の指針が安定した後の値を、測定値とする。	
	接地抵抗試験	地盤の接地抵抗値が、基準値以下であることを確認する。	R 5, H26
		各極は一直線上に配置し、その間隔を 10m 以上とする。	
	A 種接地工事	特別高圧電路を有する機械器具の雷害防止を主目的とする。	R 3, H28
		接地線の接地抵抗値は、10Ω 以下とする。	
	D 種接地工事	使用電圧が 300V 以下の低圧電路に施す接地工事である。	R 2, H29, H27
		D 種接地工事の接地抵抗値は、100Ω 以下とする。	
電車	電気鉄道の き電方式	発電した電力を、変電して電気鉄道に供給する方式をいう。	R 3, H28
		直流き電方式では、運転電流と事故電流との判別が難しい。	
	電車線路の帰線	電車に供給された電力を、変電所に戻すための回路である。	R 4, R元
		架空絶縁帰線を設けて、レール電位の傾きを小さくする。	
	自動列車制御 装置（ATC）	列車の速度を、自動的に制限速度以下にする装置である。	R 5, H30, H26
		方式には、多段ブレーキ制御と一段ブレーキ制御がある。	
	自動列車停止 装置（ATS）	列車が停止信号に近づくと警報を発し、列車を停止させる。	R 2, H29, H27
		列車が規定速度以上になると、自動的にブレーキをかける。	
車両	超音波式車両 感知器	超音波パルスの往復時間から、車両の有無を判断する。	R 3, H30, H28
		交通信号の感応制御のための車両感知器として利用される。	
	ループコイル式 車両感知器	インダクタンスの変化を利用し、接近する車両を検出する。	R 4, R 2, H29, H27
		ループコイルは、鉄筋等の金属体から 5cm 以上離す。	
道路照明	道路の照明方式	道路の本線では、誘導性が得やすいポール照明方式とする。	R 5, R元
		駐車場では、広範囲を照らせるハイマスト照明方式とする。	
	トンネルの 入口部照明	視覚的な順応の遅れによる危険を避けるため、明るくする。	H26
		夜間は、入口部照明を消灯し、基本照明だけにする。	

問題5 電気法規

建設業法・労働安全衛生法・電気工事士法について、法文中の空欄に当てはまる語句を選択する問題が出題される。

※この項目では、極めて重要度の高い語句を太字と網掛けで、比較的重要度の高い語句を太字で示している。なお、令和2年度以前の試験では、法文中の誤っている語句を訂正する問題が出題されていたが、その考え方・解き方は、令和3年度以降の試験と同様である。

法律	出題の要点	解答の要点	出題年度
建設業法	見積書の交付	建設業者は、建設工事の注文者から請求があったときは、請負契約が成立するまでの間に、見積書を交付する。	R5, H30, H27
	前払金の支払	前払金の支払を受けた元請負人は、下請負人に対して、資材の購入・労働者の募集・その他建設工事の着手に必要な費用を支払うよう配慮する。	H29, H26
	下請負人の意見の聴取	元請負人は、工程の細目・作業方法などを定めるときに、下請負人の意見を聴かなければならない。	R2, H28
	完成を確認する検査	下請負人から工事の完成通知を受けた元請負人は、その日から20日以内に、完成確認検査を完了させる。	R元
	施工技術の確保	建設業者は、建設工事の担い手の育成及び確保・その他の施工技術の確保に努めなければならない。建設工事に従事する者は、建設工事の適正な実施に必要な知識及び技術又は技能の向上に努めなければならない。	R4, R3
労働安全衛生法	事業者の責務	事業者は、労働災害防止のための最低基準を守るだけでなく、労働者の安全と健康を確保しなければならない。	R4, R2, H28
	事業者の講ずべき措置	事業者は、労働災害発生の急迫した危険があるときは、直ちに作業を中止し、労働者を作業場から退避させる。	R5
	作業主任者の選任	事業者は、都道府県労働局長の免許を受けた者が行う技能講習を修了した者のうちから、作業主任者を選任し、労働者の指揮を行わせなければならない。	R3, H29, H26
	安全衛生教育	事業者は、労働者を雇い入れたときは、安全または衛生のための教育を行わなければならない。	R元
	高所からの物体投下	3m以上の高所から物体を投下するときは、適当な投下設備を設け、監視人を置く。	H30, H27
電気工事士法	電気工事士法の目的	電気工事士法は、電気工事の作業に従事する者の資格・義務を定め、電気工事の欠陥による災害の発生を防止することを目的としている。	R4, H30, H28
	電気工事の定義	電気工事とは、一般用電気工作物・自家用電気工作物を設置・変更する工事をいう。ただし、軽微な工事は除く。	R2
	簡易電気工事の資格	自家用電気工作物に係る電気工事のうち、経済産業省令で定める簡易なものには、認定電気工事従事者が従事できる。	H29, H27
	第一種電気工事士の免状	第一種電気工事士免状は、第一種電気工事士試験に合格し、電気工事に関して実務の経験を有する者か、都道府県知事が認定した者に交付される。	R5, H26
	第一種電気工事士の講習	第一種電気工事士は、免状交付日から5年以内に、自家用電気工作物の保安に関する講習を受ける。	R3, R元

第1章 施工経験記述

1.1 過去10年間の出題分析表と対策

1.2 施工経験記述の考え方・書き方

1.3 最新問題解説

施工経験記述の考え方・書き方講習

無料 YouTube 動画講習

← スマホ版無料動画コーナー QRコード
URL　https://get-supertext.com/
（注意）スマートフォンでの長時間聴講は、Wi-Fi 環境が整ったエリアで行いましょう。

「施工経験記述の考え方・書き方講習」の動画講習を、GET 研究所ホームページから視聴できます。
https://get-ken.jp/

GET 研究所　検 索 ➡ 無料動画公開中 ➡ 動画を選択 ※動画講習は無料で視聴できます。

施工経験記述添削講座　有料 通信講座

※ 施工経験記述添削講座の詳細については、415 ページを参照してください。

1.1　過去10年間の出題分析表と対策

1.1.1　最新10年間の出題分析と、今年度の試験に向けての対策

　過去10年間の試験における施工経験記述の問題は、下表のように、「安全管理」または「工程管理」に関する記述を要求するものであり、この2つの管理が交互に出題されている。しかし、近年の施工管理技術検定試験では、前年度と同じ分野から出題されることも多くなっているので、本年度の試験に向けては、**「安全管理」**と**「工程管理」**のどちらの施工経験記述にも対応できるよう、自らの工事経験(安全管理の経験と工程管理の経験)の記述を準備しておく必要がある。

　令和6年度以降の第二次検定における施工経験記述の問題については、「模範解答例の暗記等ではなく、自身の経験に基づかなければ解答できないような設問への見直しを行う」ことが発表されている。そのため、下記の「経験した電気工事」が「実務経験証明書に記入した電気工事」に変更されるなどにより、受検申請時に提出する実務経験経歴書(他の提出書類も含む)に記入した工事の詳細内容と、解答として記述した内容に離齬がある場合には、安全管理上または工程管理上、正しい内容が記載されていても、不合格になることが予想される。

最新10年間の出題分析表

出題テーマ	令和5	令和4	令和3	令和2	令和元	平成30	平成29	平成28	平成27	平成26
安全管理	◯		◯		◯		◯		◯	
工程管理		◯		◯		◯		◯		◯

1.1.2　「安全管理」と「工程管理」の問題の形式

(1)「**安全管理**」の出題例

　(令和5年度・令和3年度・令和元年度・平成29年度・平成27年度)

問題1	あなたが**経験した電気工事**について、次の問に答えなさい。

設問1	経験した電気工事について、次の事項を記述しなさい。

(1) 工事名

(2) 工事場所

(3) 電気工事の概要

(4) 工期

(5) この電気工事でのあなたの立場

(6) あなたが担当した業務の内容

設問 2 上記の電気工事の現場において、**安全管理上**、あなたが**留意した事項とその理由**を 2 つあげ、あなたがとった**対策**又は**処置**を留意した事項ごとに具体的に記述しなさい。ただし、対策又は処置の内容は重複しないこと。なお、次のいずれか又は両方の記述については配点しない。
  ・保護帽の単なる着用のみの記述
  ・要求性能墜落制止用器具の単なる着用のみの記述

① 留意した事項とその理由

  対策又は処置

----

② 留意した事項とその理由

  対策又は処置

※上記の出題例に掲載されている文章は、令和 5 年度の試験問題に基づくものです。各年度の試験問題に掲載されている文章については、本書 36 ページ～ 40 ページの最新問題解説を参照してください。

(2)「工程管理」の出題例

(令和 4 年度・令和 2 年度・平成 30 年度・平成 28 年度・平成 26 年度)

問題 1 あなたが**経験**した**電気工事**について、次の問に答えなさい。

設問 1 経験した電気工事について、次の事項を記述しなさい。

(1) 工事名

(2) 工事場所

(3) 電気工事の概要

----

(4) 工期

(5) この電気工事でのあなたの立場 _____

(6) あなたが担当した業務の内容 _____

| 設問 2 | 上記の電気工事の現場において、**工程管理上**、あなたが**留意した事項**とその**理由**を2つあげ、あなたがとった**対策又は処置**を留意した事項ごとに具体的に記述しなさい。ただし、対策又は処置の内容は重複しないこと。 |

① 留意した事項とその理由

_____

_____

　対策又は処置

_____

_____

② 留意した事項とその理由

_____

_____

　対策又は処置

_____

_____

_____

※上記の出題例に掲載されている文章は、令和4年度の試験問題に基づくものです。各年度の試験問題に掲載されている文章については、本書41ページ〜45ページの最新問題解説を参照してください。

(3) 施工経験記述を記入する上での注意点

① 設問1 の解答は、指定された行数（解答用紙の行数）以内に納める。特に、「電気工事の概要」の記述は、長くなりやすいので、2行以内でまとめる練習が必要となる。

② 設問2 の「留意した事項とその理由」は、3行でまとめる。「留意した事項」を1行程度で明記し、「留意した理由」を2行程度で記述することが望ましい。この項目は、留意した理由を1行でまとめられるのであれば、空白行があってもよい。

③ 設問2 の「対策又は処置」は、記述のポイントを2〜3項目程度に絞り、3行で記述を終了させることが望ましい。この項目に空白行があると、大きな減点となるおそれがある。

④ 設問2 の解答は、あなたが記述しようとする「電気工事の工種」に関する「技術上の事項」について、「具体的」に、かつ、できるだけ「専門用語」を用いて、記述する。

1.2 施工経験記述の考え方・書き方

1.2.1 施工概要の書き方

施工の概要を記述する各項目の解答例は、下記の通りである。

解答例

項目：施工経験記述の概要の記入例

(1) 工事名：新橋西岡ビル空調改修工事に伴う電気設備工事

(2) 工事場所：東京都港区大東北通り4丁目2-11

(3) 電気工事の概要：鉄骨造8階建、延床面積1050m²、受変電設備（$1\phi 500kVA$、$3\phi 2500kVA$）、動力盤5面、動力用ケーブル340m、制御用ケーブル400m

(4) 工期：令和元年8月～令和2年1月

(5) この電気工事でのあなたの立場：現場主任

(6) あなたが担当した業務の内容：構内電気設備工事に係る施工管理

解答のポイント

　施工経験記述は、電気工事に関する施工経験の記述である。そのため、電気工事以外のもの（建築工事・管工事・土木工事など）を記述した場合、不合格となる。そうした場合、それ以降は採点されないおそれがあるので注意すること。

　電気工事として認められる分野は、次の9種類である。①発電設備、②送配電線、③引込線、④受変電設備、⑤構内電気設備、⑥照明設備、⑦電車線、⑧信号設備、⑨ネオン装置。

　また、工事費が500万円未満または工期が1ヶ月未満の電気工事は、規模が小さすぎるため、施工経験記述として適切とはいえないと思われる（できるだけ高い工事費の例が望ましい）。

(1) 工事名の書き方

　工事名には、固有名詞と分野名の両方を必ず記述しなければならない。例えば、「西岡ビル工事」では固有名詞だけであり、「構内電気設備工事」では分野名だけなので、どちらも不適正である。この場合は、「西岡ビル構内電気設備工事」とすれば適正となる。

(2) 工事場所の書き方

　電気工事を施工した場所は、都道府県名から町名・番地までを記述する。鉄道の工事では、工事場所の路線名および近接する駅名を「○○鉄道○○駅～○○駅間」のように示すことができる。

(3) 電気工事の概要の書き方

　請負代金などの電気工事費ができれば500万円以上となった工事について、その建物物の規模・設置した機器などを記述する。具体的には、建築構造・階数（地上／地下）・延床

面積（例：RC造 F6/B1・3500m^2）などの建築規模と、受変電設備・電灯盤・動力盤・変圧器・分電盤・コンセント・照明・送配電線・配線・配管などの長さ・台数・個数・規格・仕様を示すとよい。ただし、建築規模についての記述は必要最小限とすることが望ましい。

⑷ 工期の書き方

契約工期ができれば1ヶ月以上となった工事について採り上げることが望ましい。なお、2019年に開始または終了した工事について、その工期を和暦で記述するときは年号に注意すること。4月以前については「平成31年」、5月以降については「令和元年」と記載する必要がある。

⑸ この電気工事でのあなたの立場の書き方

あなたが請負人であれば「現場代理人」「現場主任」「現場副主任」など、あなたが発注者であれば「監督員」などと記述する。

⑹ あなたが担当した業務の内容の書き方

あなたが請負者側であれば「○○工事に係る施工管理」、発注者側であれば「○○工事に係る施工監督」と記述する。

1.2.2 「安全管理」の書き方

「安全管理」のテーマは、下記のように細分化される。施工概要で記述する予定の工事が、どの分野に該当しているかを確認する。

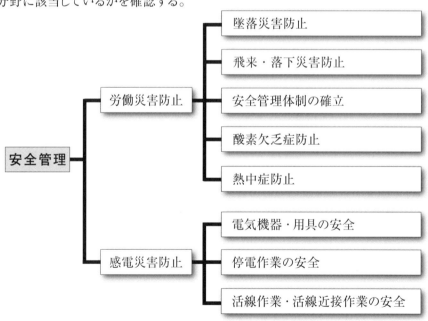

各分野における安全管理の方法について、留意する事項とその理由・対策又は処置を次ページからの表（表1-1〜表1-4）に示す。記述する内容は、そこから選択すると簡単に解答できるようにした。このとき、対策又は処置は、表に書かれたもののうちから3つの項目を選び、①・②・③として、各1行で記述するとまとめやすい。

① 各分野における災害防止のための対策

表 1-1 安全管理　墜落災害防止のための対策

No.	留意する事項とその理由		対策又は処置
1	作業床からの墜落防止	作業床から労働者を墜落させないため。	① 高さ 85cm 以上の箇所に手すりを設け、高さ 35cm～50cm に中桟を設け、高さ 10cm 以上の幅木を設ける。 ② 手すりを取り外すときは、防網を張り、安全帯（要求性能墜落制止用器具）を着用する。 ③ 悪天候のときは、作業を中止する。 ④ 作業開始前に、作業床を点検者に点検させる。 ⑤ 高さが 1.5m を超える場所で作業をするときは、昇降設備を設ける。
2	移動はしごからの墜落防止	移動はしごの転倒を防止し、労働者を墜落させないため。	① 移動はしごの幅は、30cm 以上とする。 ② 移動はしごの上端は、床から 60cm 以上突出させる。 ③ 移動はしごの材料に損傷がないかを点検し、不良品は使用しない。 ④ 移動はしごの下部に、すべり止め装置を設ける。
3	脚立からの墜落防止	脚立の転倒を防止し、労働者を墜落させないため。	① 脚立の材料に腐食がないかを点検し、不良品は使用しない。 ② 脚立の脚と水平面との角度は、75 度以下とする。 ③ 折り畳み式の脚立を使用するときは、金具を用いて所定の角度を確実に保つ。 ④ 脚立の踏面は、作業を安全に行える幅とし、脚部に滑り止めを設ける。
4	移動足場からの墜落防止	移動足場の滑動を防止し、労働者を墜落させないため。	① ローリングタワーの脚部が固定されていることを確認する。 ② ローリングタワーを移動させるときは、労働者を降ろす。 ③ 移動足場の上で作業をするときは、安全帯（要求性能墜落制止用器具）と保護帽を着用する。 ④ ローリングタワーの支柱・筋かいなどが適切な状態であるかを、作業開始前に点検する。

法改正情報	平成 30 年の法改正により、現在では、労働安全衛生規則上の「安全帯」の名称は「要求性能墜落制止用器具」に置き換えられている。ただし、工事現場で「安全帯」の名称を使い続けることに問題はないとされている。

表 1-2 安全管理　飛来・落下災害防止のための対策

No.	留意する事項とその理由		対策又は処置
1	飛来・落下災害防止	労働者が、物体の飛来・落下による労働災害を被らないようにするため。	① 物体が落下しないよう防網を張る。 ② 作業用工具には、紐(ひも)を付けて落下を防ぐ。 ③ 3m以上の高さから物体を投下するときは、投下設備を設け、監視人を置く。 ④ 労働者には保護帽を着用させる。 ⑤ 物体が落下するおそれのある範囲に、立入禁止措置を行う。

表 1-3 安全管理　安全管理体制の確立

No.	留意する事項とその理由		対策又は処置
1	雇い入れ時等の安全衛生教育	危険を防止する作業方法を教育し、労働災害を防止するため。	① 労働者を雇用したとき・作業内容を変更したときは、安全衛生教育を行う。 ② 省令に定める危険・有害業務を行う労働者は、特別の教育を修了した者とする。 ③ 酸素欠乏危険作業・高圧活線作業・作業床の高さが10m未満の高所作業車の運転業務・アーク溶接作業などを行う労働者は、特別の教育を修了した者とする。 ④ 新たに職長となった者に、職長等の教育を行う。
2	酸素欠乏危険場所における労働災害の防止	ピット内作業における労働災害を防止するため。	① 酸素欠乏危険作業を行うときは、作業主任者を選任する。作業主任者は、技能講習を修了した者とする。 ② 酸素欠乏危険作業に従事する労働者は、特別の教育を修了した者とする。 ③ 作業場所の酸素濃度が、常時18%以上になるよう換気する。 ④ ピット内への入場者およびピット内からの退場者の員数を確認する。 ⑤ ピット内で転落するおそれがあるときは、安全帯(要求性能墜落制止用器具)を着用する。
3	熱中症の防止	作業場所の温度が上昇した際に、労働者が熱中症にかからないようにするため。	① 労働者には、適切な間隔で休憩時間を与える。 ② 労働者が、水分・塩分を補給できるよう、飲み物などを常備する。 ③ 作業場所には、熱中症防止用の休憩室を設ける。 ④ 熱中症の危険性を周知する。

表 1-4 安全管理　感電災害防止のための対策

No.	留意する事項とその理由		対策又は処置
1	電気機器・用具の安全確保	工事用機器により、労働者が感電しないようにするため。	① 移動電線に設ける手持ち型電灯には、ガードを付ける。 ② 労働者が鉄骨などの電気伝導体に接触するおそれがある高さ 2m 以上の場所で、交流アーク溶接を行うときは、交流アーク溶接機用自動電撃防止装置を使用する。 ③ 電動機などの対地電圧が 150 ボルトを超えるときは、感電防止用漏電遮断装置を取り付ける。 ④ 湿潤な場所で使用する器具は、絶縁効力のあるものとする。 ⑤ 作業場所では、所要の照度を確保する。
2	停電作業における感電防止	停電作業を行うときに、労働者が感電しないようにするため。	① 停電作業中、開路に用いた開閉器は、施錠するか監視人を置く。 ② 開路した電路のケーブル・コンデンサーなどの残留電荷は、作業前に放電させる。 ③ 開路した電路は、検電器具を用いて停電を確認した後、接地する。 ④ 開路した電路に通電するときは、作業前に、短絡接地器具が取り外されていることを確認する。
3	活線作業における感電防止	活線作業を行うときに、労働者が感電しないようにするため。	① 低圧活線作業に従事する労働者には、絶縁用保護具を着用させる。 ② 高圧活線作業に従事する労働者には、活線作業用器具を使用させる。 ③ 特別高圧活線作業を行う労働者には、活線作業用器具を使用させ、充電電路に対する接近限界距離を保つ。
4	活線近接作業における感電防止	活線近接作業を行うときに、労働者が感電しないようにするため。	① 高圧活線近接作業に従事する労働者には、絶縁用保護具を着用させる。 ② 特別高圧活線近接作業に従事する労働者には、活線作業用装置を使用させる。 ③ 低圧活線近接作業を行うときは、充電電路に絶縁用防具を装着する。

2 安全管理についての施工経験記述の書き方

　安全管理の施工経験記述は、あなたが経験した工事内容に最も適合する分野を、表1-1・表1-2・表1-3・表1-4のうちから選択し、それを参考にして記述するとよい。

　解答は、施工経験記述であることを踏まえ、文章はすべて過去形（○○○した。）にする。また、参考にした文章を修正し、あなた自身の工事経験について記述することが望ましい。対策又は処置は、2項目または3項目を選択し、それぞれ1～2行程度で記述する。

1 表1-1のNo.1を選択したときの解答例は、下記の通りである。

留意した事項と理由

　作業床からの労働者の墜落防止に留意した。その理由は、作業中の労働者が高所からの墜落による労働災害を受けないようにするためである。

対策又は処置

① 作業床の高さ85cm以上の箇所に手すりを設け、高さ10cm以上の幅木を設けた。

② 手すりを取り外すとき、防網を張り、労働者には要求性能墜落制止用器具を着用させた。

③ 作業開始前に、その日の作業で使用する作業床を点検者に点検させた。

※参考

No.	留意する事項とその理由		対策又は処置
1	作業床からの墜落防止	作業床から労働者を墜落させないため。	① 高さ85cm以上の箇所に手すりを設け、高さ10cm以上の幅木を設ける。 ② 手すりを取り外すときは、防網を張り、安全帯（要求性能墜落制止用器具）を着用する。 ③ 悪天候のときは、作業を中止する。 ④ 作業開始前に、作業床を点検者に点検させる。 ⑤ 高さが1.5mを超える場所で作業をするときは、昇降設備を設ける。

2 表1-2のNo.1を選択したときの解答例は、下記の通りである。

留意した事項と理由

　飛来・落下による労働災害の防止に留意した。その理由は、物体の飛来・落下を防止して、労働者が労働災害を受けないようにするためである。

対策又は処置

① 作業床と構造物との隙間に防網を張り、物体の飛来・落下を防止した。

② 使用する工具に紐を付け、工具が落下しないようにした。

③ 労働者には、保護帽と要求性能墜落制止用器具を着用するよう指示し、それを守らせた。

※参考

No.	留意する事項とその理由		対策又は処置
1	飛来・落下災害防止	労働者が、物体の飛来・落下による労働災害を被らないようにするため。	① 物体が落下しないよう防網を張る。 ② 作業用工具には、紐（ひも）を付けて落下を防ぐ。 ③ 3m以上の高さから物体を投下するときは、投下設備を設け、監視人を置く。 ④ 労働者には保護帽を着用させ、監視する。 ⑤ 物体が落下するおそれのある範囲に、立入禁止措置を行う。

③ 表1-4のNo.2を選択したときの解答例は、下記の通りである。

留意した事項と理由

　停電作業における感電災害の防止に留意した。その理由は、停電作業中の労働者が感電しないよう措置をする必要があるためである。

対策又は処置

① 開路に用いた開閉器は、停電作業中、施錠した。

② 作業前に、ケーブルやコンデンサーが、十分に放電したことを確認した。

③ 開路した電路は、検電器具で停電を確認した後、二次側を接地した。

※参考

No.	留意する事項とその理由		対策又は処置
2	停電作業における感電防止	停電作業を行うときに、労働者が感電しないようにするため。	① 停電作業中、開路に用いた開閉器は、施錠するか監視人を置く。 ② 開路した電路のケーブル・コンデンサーなどの残留電荷は、作業前に放電する。 ③ 開路した電路は、検電器具を用いて停電を確認した後、接地する。 ④ 開路した電路に通電するときは、作業前に、短絡接地器具が取り外されていることを確認する。

施工経験記述

1.2.3 「工程管理」の書き方

「工程管理」のテーマは、下記のように細分化される。施工概要で記述する予定の工事が、どの分野に該当しているかを確認する。

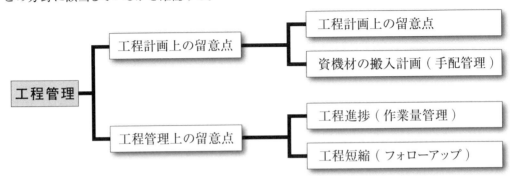

各分野における工程管理の方法について、留意する事項とその理由・対策又は処置を次ページからの表(表1-5〜表1-7)に示す。記述する内容は、そこから選択すると簡単に解答できるようにした。このとき、設問2 の対策又は処置は、次ページ以降の表(表1-5〜表1-7)に書かれたもののうちから3つの項目を選び、①・②・③として、各1行で記述するとよい。

表では、構内電気設備の工事をするときの例を挙げているが、鉄道・信号・照明などの工事でも内容は類似している。そのため、そうした工事を施工経験記述として書く場合にも、次ページ以降の各表を参考にすることができる。

① 各分野における工程管理の方法

表 1-5 工程管理　工程計画に関する対策

No.	留意する事項とその理由		対策又は処置
1	余裕がない作業の工程確保	その作業は、工期に直接影響する作業であり、遅れが許されないため。	① 材料・機器の納期を常に確認し、それを守る。 ② 工事予定期間中、必要な労働力を確保するため、下請業者の労働者の能力・人数・労働時間などを確認する。 ③ 作業場所と作業時間についての計画は、工程上で、他の業者の作業と重なることがないようにする。
2	機材の搬入工程の確保	機材の搬入が遅れた場合、工程の遅れが発生するため。	① 機材の納入業者とは密に連絡を取り、納期を確実なものとする。 ② 納入時には、チェックリストを用いて各機材の状態を確認し、不良品は場外に搬出する。 ③ 搬入当日には、現場での動線（搬入路）を確保し、誘導員を配置して円滑に納入できるようにする。
3	特別な注文品の納期の確保・保管	特注品の納期が守られなかった場合、工程の遅れが発生するため。	① 特注品の生産工場に自ら出向き、その生産工程を常に確認する。 ② 特注品が納入される日には、現場での動線とその保管場所を確保する。 ③ 納入された特注品は、据付けまでの間、養生・維持管理を行う。
4	現場の作業環境・規制時間の確認	1 日の作業時間帯に制約があった場合、工程の遅れが発生するため。	① 工程計画を立てるときは、現場となる地域で作業できる時間帯を考慮した作業量・作業方法とする。 ② 機械は、現場となる地域で使用できるものの中から、所定の作業量を確保できるものを選定する。 ③ 作業できる時間帯が短いときは、作業員・機器を増やし、工程が遅れないようにする。
5	他業種との競合を避けるための工程打合せ	建築工事・管工事などの他業種との間で、作業場所や作業時間が重なった場合、工程の遅れが発生するため。	① 予定通りに作業を進められるよう、他の業者との間で、作業場所・作業時間を調整する。 ② 予定の作業時間を確保できないときは、作業員を増員し、工程が遅れないようにする。 ③ 作業時間が確保できず、増員もできないときは、工場作業に切り替え、工程が遅れないようにする。
6	下請の施工能力の確保	下請業者の施工能力が低かった場合、工程の遅れが発生するため。	① 過去の工事の実績を確認し、下請業者の 1 日あたりの作業能力を算定する。 ② 工事に必要な技能・技術について、下請業者の有資格者の人数が足りているかを確認する。 ③ 工程を短縮する必要があったとき、それに対応できる作業能力を持つ下請業者を選定する。

表 1-6 工程管理 進捗管理に関する対策

No.	留意する事項とその理由		対策又は処置
1	設計変更に伴う工程確保	発注者の都合による設計変更があったため。	① 新しい工程表を作成し、新しく納入する機材の搬入日を定める。 ② 新しい工程に対応できるだけの労働者・有資格者を配置する。 ③ 工程を短縮する必要があるので、機材の加工を現場加工から工場加工に変更する。
2	機材の搬入の遅れの防止	必要な機材を予定の期日に確保できないと、工程の遅れが発生するため。	① 機材の納入業者と連絡を取り、所要の品質・数量を確認する。 ② 機材の搬入路を確保し、誘導員を配置する。 ③ 搬入にかかる時間を短縮するため、据付け場所の搬入は、一括吊り上げ方式で行う。 ④ 不良品の搬入を防ぐため、現場に搬入する機材の検査は、生産工場で事前にすませる。
3	施工図・製作図作成の遅延防止	発注者の意思決定が遅れて施工図・製作図が作成できていないと、機材の発注ができないため。	① 使用する照明器具などの選定が遅れないよう、発注者にカタログなどを提供する。 ② 使用する機械の代表的なモデルの写真などを発注者に提供し、その意思決定を促す。 ③ 発注者の要望を聞き取り、プランを提案する。
4	作業能率の低下防止	単純作業・夜間作業が多い場合、労働者に疲労が蓄積し、作業能率が低下するため。	① 夜間作業で使用する照明を、より明るいものにする。 ② 労働者に予定通りの十分な休憩時間を与え、休憩所にコーヒー・お茶などを置く。 ③ 現場巡視の回数を増やし、声掛けを行う。
5	他業者との間での工程調整の円滑化	建築工事に遅れが発生した場合、遅れを回復するために電気工事の工程を短縮する必要があるため。	① 他業者と協議して工程を調整し、短縮工程表を作成する。 ② 手待ちの作業員に一部の作業を行わせて、工程を短縮する。 ③ 作業班を増やして並行作業を行い、工程を短縮する。

表 1-7 工程管理 工程短縮のための対策

No.	留意する事項とその理由		対策又は処置
1	先行作業の遅れに伴う電気工事の工程短縮	先行作業に遅れが発生したので、電気工事の作業日程を短縮する必要があるため。	① 他業種の作業日程を確認・調整し、短縮工程表を作成する。 ② 現場加工を工場加工に切り替え、作業日程を短縮する。 ③ 作業班を増やして並行作業を行い、作業日程を短縮する。
2	悪天候に伴う電気工事の工程短縮	悪天候により外部作業が遅れたので、内部作業の工程を短縮する必要があるため。	① 労働者を増員し、作業日程を短縮する。 ② 手待ちの作業員に一部の作業を行わせて、工程を短縮する。 ③ 機材の加工を現場加工から工場加工に変更することで、現場での作業を少なくする。 ④ 作業班を増やして並行作業を行い、作業日程を短縮する。
3	下請の能力不足に伴う電気工事の工程短縮	下請の能力不足により工程が遅れているので、その遅れを回復させなければならないため。	① 下請負人の再教育を実施し、作業能力を向上させる。 ② 照明・休憩室などの作業環境を整備し、労働意欲を向上させる。 ③ 労働者を増員し、作業時間を短縮する。
4	発注者による設計変更に伴う電気工事の工程短縮	発注者による設計変更に伴い工程が遅延したので、その遅れを回復しなければならないため。	① 配線作業を並行作業として行えるよう、工程表を組み替える。 ② 手待ちの作業員に一部の作業を行わせて、工程を短縮する。 ③ 他業種の作業日程を確認・調整し、短縮工程表を作成する。 ④ 作業班を増やして並行作業を行い、作業日程を短縮する。
5	注文品の変更に伴う電気工事の工程短縮	注文品に変更があったために納入が遅れたので、短縮工程で作業しなければならないため。	① その注文品を使用しない作業を先に行えるよう、工程表を組み替える。 ② その注文品の据付けは、後続作業と並行で行い、予定よりも短い日数で完了させる。 ③ 作業班を増やして並行作業を行い、作業日程を短縮する。

② 工程管理についての施工経験記述の書き方

　工程管理の施工経験記述は、あなたが経験した工事内容に最も適合する分野を、表1-5・表1-6・表1-7のうちから選択し、それを参考にして記述するとよい。

　解答は、施工経験記述であることを踏まえ、文章はすべて過去形（○○○した。）にする。また、参考にした文章を修正し、あなた自身の経験した工事内容を記述することが望ましい。対策又は処置は、2項目または3項目を選択し、それぞれ1〜2行程度で記述する。

1 **表1-5のNo.1を選択したときの解答例は、下記の通りである。**

留意した事項と理由

　照明器具取付け作業の工程を確保することに留意した。その理由は、配線作業の後に照明器具を取り付けて配線工程に引き渡す工程なので、この作業が工期に直接影響する作業であり遅れが許されなかったためである。

対策又は処置

① 配線・灯具の保管数・保管状態を確認し、工事の前日までに準備した。

② 配線作業を行う労働者を4人として、2人1組で2班に分け、これを3日で完了させた。

③ 灯具の取付けは、建築内装工事の直後に行う工程として計画し、順次施工した。

※参考

No.	留意する事項とその理由		対策又は処置
1	余裕がない作業の工程確保	その作業は、工期に直接影響する作業であり、遅れが許されないため。	① 材料・機器の納期を常に確認し、それを守る。 ② 工事予定期間中、必要な労働力を確保するため、下請業者の労働者の能力・人数・労働時間などを確認する。 ③ 作業場所と作業時間についての計画は、工程上で、他の業者の作業と重なることがないようにする。

2 **表1-6のNo.2を選択したときの解答例は、下記の通りである。**

留意した事項と理由

　トランス（変圧器）の搬入期日・搬入方法に留意した。その理由は、トランスの搬入が期日までに完了していない場合、電気工事を工期内に完了できなくなるおそれがあったためである。

対策又は処置

① トランスの搬入経路の動線を占用し、搬入時には誘導員を配置した。

② 据付け場所への搬入は、移動式クレーンによる一括吊り上げ方式で行った。

③ トランスを期日までに搬入できるよう、生産工場で検査を事前に済ませた。

※参考

No.	留意する事項とその理由		対策又は処置
2	機材の搬入の遅れの防止	必要な機材を予定の期日に確保できないと、工程の遅れが発生するため。	① 機材の納入業者と連絡を取り、所要の品質・数量を確認する。 ② 機材の搬入路を確保し、誘導員を配置する。 ③ 搬入にかかる時間を短縮するため、据付け場所の搬入は、一括吊り上げ方式で行う。 ④ 不良品の搬入を防ぐため、現場に搬入する機材の検査は、生産工場で事前に行う。

③ 表1-7のNo.1を選択したときの解答例は、下記の通りである。

留意した事項と理由

　配線・配管工事の工程を短縮し、工程を確保することに留意した。その理由は、先行する建築工事の工程が遅延したので、配線・配管の作業を短縮して工程を回復する必要があったためである。

対策又は処置

① 内装業者との間で工程を調整し、作業場所と作業時間を確保した。

② 配線・配管の現場加工を工場加工に切り替えて行い、工程を2日間短縮した。

③ 配線作業と配管作業を並行して行うため、2班体制とすることで工程を短縮した。

※参考

No.	留意する事項とその理由		対策又は処置
1	先行作業の遅れに伴う電気工事の工程短縮	先行作業に遅れが発生したので、電気工事の作業日程を短縮する必要があるため。	① 他業種の作業日程を確認・調整し、短縮工程表を作成する。 ② 現場加工を工場加工に切り替えて、作業日数を短縮する。 ③ 作業班を増やして並行作業を行い、作業日程を短縮する。

1.3 最新問題解説

1.3.1 「安全管理」分野の過去問題の解答例

令和5年度 | **問題1** 施工経験記述（安全管理）

問題1. あなたが**経験した電気工事**について、次の問に答えなさい。

1-1 経験した電気工事について、次の事項を記述しなさい。

(1) 工事名　西戸市立倉山福祉園新築工事（構内電気設備工事）

(2) 工事場所　兵庫県西戸市葺田区倉山町3－2－9

(3) 電気工事の概要　鉄骨鉄筋コンクリート造、地上8階、地下1階、延床面積5200㎡、動力盤2台、電灯分電盤6台、架台18箇所、LED照明260器、配線・配管860m

(4) 工期　令和4年2月〜令和4年5月

(5) この電気工事でのあなたの立場　現場主任

(6) あなたが担当した業務の内容　構内電気設備工事に係る施工管理

1-2 上記の電気工事の現場において、**安全管理上**、あなたが**留意した事項とその理由**を**2つ**あげ、あなたがとった**対策又は処置**を留意した事項ごとに具体的に記述しなさい。

ただし、対策又は処置の内容は重複しないこと。

なお、次のいずれか又は両方の記述については配点しない。

・保護帽の単なる着用のみの記述

・要求性能墜落制止用器具の単なる着用のみの記述

①留意した事項とその理由

天井高さが6mの1階ホールにおける大型LED照明器具の取付けにおいて、枠組足場上の労働者の墜落防止に留意した。その理由は、3月11日の作業終了後に、工事現場で震度4の地震が発生し、枠組足場の損傷が懸念されていたためである。

対策又は処置

①3月12日の作業開始前に、脚部の沈下・滑動の状態について、念入りに点検した。

②上記の点検の結果として、脚部の一箇所に滑動が認められたので、直ちに補修した。

③作業床の端において、作業の必要上臨時に囲いを取り外すときは、防網を張った。

②留意した事項とその理由

エレベーターの機械室やシャフト内における動力盤・配線・配管の工事において、工具や資材の落下による労働災害の防止に留意した。その理由は、長い縦穴を落下した工具が衝突すると、保護帽を着用していても、死亡事故に繋がりやすいからである。

対策又は処置

①作業場所の下方に防網を張り、その防網が確実に緊結されていることを確認した。

②使用する工具には紐を付けて身体に固定し、不要な資材は直ちに片付けさせた。

③作業時間帯をすべての労働者に周知徹底させたうえで、立入禁止区域を設定した。

1-2 ① 参考文：表 1-1 No.1（本書 25 ページ）「作業床からの墜落防止」
1-2 ② 参考文：表 1-2 No.1（本書 26 ページ）「飛来・落下災害防止」
※試験問題の漢字に付されていたふりがなは省略しています。

令和 3 年度	問題 1 施工経験記述（安全管理）

問題 1. あなたが経験した**電気工事**について、次の問に答えなさい。

1-1 経験した電気工事について、次の事項を記述しなさい。

(1) 工事名　国立三鷺病院新築工事（構内電気設備工事）

(2) 工事場所　東京都三鷺市中連雀 3 − 12 − 5

(3) 電気工事の概要　鉄骨鉄筋コンクリート造 8 階、延床面積 1200m²、受変電設備（1φ 800kVA、3φ200kVA）、電灯盤 16 面

(4) 工期　令和元年 6 月～令和 2 年 12 月

(5) この電気工事でのあなたの立場　現場主任補佐

(6) あなたが担当した業務の内容　構内電気設備工事に係る施工管理

1-2 上記の電気工事の現場において、**安全管理上**、あなたが**留意した事項とその理由**を 2 つあげ、あなたがとった**対策**又は**処置**を留意した事項ごとに具体的に記述しなさい。ただし、対策の内容は重複しないこと。なお、**保護帽の着用のみ**又は**安全帯**（要求性能墜落制止用器具）の**着用のみ**の記述については配点しない。

① 留意した事項とその理由

エレベータピット内で行う配線作業における安全確保に留意した。その理由は、エレベータピット内が酸素欠乏危険場所であり、労働者が酸素欠乏症にならないよう注意する必要があったためである。

対策又は処置

① ピット内への入場者およびピット内からの退場者の氏名を確認した。

② エレベータピット内を常に換気し、酸素濃度が 18% 以上であることを確認した。

③ 作業員は、酸素欠乏危険作業に関する特別の教育を修了した者とした。

② 留意した事項とその理由

停電作業時における感電の防止に留意した。その理由は、開閉器が開路の状態であっても、残留電荷や接地作業の不備などにより感電する危険性があり、それを防止する必要があったためである。

対策又は処置

① 開路に用いた開閉器は、停電作業中、施錠した。

② 開路した電路の電力ケーブル・コンデンサーなどの残留電荷を放電させた。

③ 開路後に 2 次側を接地し、検電器で停電を確認した後に作業を始めた。

1-2 ① 参考文：表 1-3 No.2（本書 26 ページ）「酸素欠乏危険場所における労働災害の防止」
1-2 ② 参考文：表 1-4 No.2（本書 27 ページ）「停電作業における感電防止」
※試験問題の漢字に付されていたふりがなは省略しています。

令和元年度	**問題1** 施工経験記述(安全管理)

問題1. あなたが経験した**電気工事**について、次の問に答えなさい。

1-1 経験した電気工事について、次の事項を記述しなさい。

(1) 工事名 鹿間第二中学校校舎増築工事(構内電気設備工事)

(2) 工事場所 埼玉県鹿間市新久保町6-4-6

(3) 電気工事の概要 鉄骨造4階、増築806m²、電灯(蛍光灯420本交換)、防火シャッター電源工事、配線用ケーブル400m、警報用ケーブル260m

(4) 工期 平成31年1月~令和元年7月

(5) この電気工事でのあなたの立場 現場代理人

(6) あなたが担当した業務の内容 構内電気設備工事に係る施工管理

1-2 上記の電気工事の現場において、**安全管理上**、あなたが**留意した事項とその理由**を2つあげ、あなたがとった**対策又は処置**を留意した事項ごとに具体的に記述しなさい。

ただし、対策の内容は重複しないこと。また、**保護帽の着用及び安全帯**(要求性能墜落制止用器具)**の着用のみ**の記述については配点しない。

①留意した事項とその理由

脚立使用中、労働者が脚立から墜落しないよう留意した。その理由は、簡易な足場として使用する脚立は、設置の不備や作業方法の誤りなどがあった場合、労働者が墜落しやすい構造となっているためである。

対策又は処置

①脚立の脚と水平面との角度は、75度以下とし、すべり止めを設けた。

②使用した脚立は、折り畳み式のものであったので、金具を用いて角度を固定した。

③作業前に、脚立に腐食などの異常がないことを確認した。

②留意した事項とその理由

電気機器・用具の使用中の安全確保に留意した。その理由は、作業中の労働者が、電気機械器具の充電部分や導電体となる金属に接触することにより、感電することを防止するためである。

対策又は処置

①移動電線に設ける手持ち型電灯に、ガードを取り付けた。

②高さ2m以上での鉄骨溶接では、交流アーク溶接機用自動電撃防止装置を使用した。

③対地電圧が150ボルトを超える機器には、感電防止用漏電遮断装置を接続した。

1-2 ①参考文:表1-1 No.3(本書25ページ)「脚立からの墜落防止」
1-2 ②参考文:表1-4 No.1(本書27ページ)「電気機器・用具の安全確保」

令和 29 年度	問題 1 施工経験記述（安全管理）

問題 1. あなたが経験した**電気工事**について、次の問に答えなさい。

1-1 経験した電気工事について、次の事項を記述しなさい。

(1) 工事名　関蔵駅前レジデンス電気設備更新工事

(2) 工事場所　東京都練馬区関町西 3－25－1

(3) 電気工事の概要　鉄筋コンクリート造 6 階建、延床面積 7342m²、蛍光灯（110W・360 台）の撤去、2 灯用 Hf 蛍光ランプ（32W・455 台）の新設

(4) 工期　平成 28 年 3 月～平成 28 年 9 月

(5) この電気工事でのあなたの立場　現場監督

(6) あなたが担当した業務の内容　構内電気設備工事に係る施工管理

1-2 上記の電気工事の現場において、**安全管理上**あなたが**留意した事項とその理由**を 2 つあげ、あなたがとった**対策**又は**処置**を留意した事項ごとに具体的に記述しなさい。

①留意した事項とその理由

共用部における照明設備更新の際に、労働者の足場からの墜落を防止することに留意した。その理由は、共用部における照明設備の更新が、足場における高さが 2.8 m の作業場所で行う計画であったためである。

対策又は処置

①作業床の床材の幅が 40cm 以上、床材間の隙間が 3cm 以下であることを確認した。

②足場用墜落防止設備として、高さが 85cm の手すりと高さが 45cm の中桟を設けた。

③上記の材料について、著しい損傷・変形・腐食のある不良品を除去した。

②留意した事項とその理由

踊り場における照明設備更新の際に、労働者の脚立からの墜落を防止することに留意した。その理由は、工事場所が狭く、安全性の高い移動式足場などが利用できないので、脚立を使用しての作業となったためである。

対策又は処置

①折り畳み式の脚立が丈夫な構造で、その材料に損傷や腐食がないことを確認した。

②脚と水平面との角度を 75 度以下とし、その角度を確実に保つ金具を確認した。

③労働者への安全衛生教育を行い、荷物を担いでの昇降が危険なことなどを周知した。

1-2 ①参考文：表 1-1 No.1（本書 25 ページ）「作業床からの墜落防止」

1-2 ②参考文：表 1-1 No.3（本書 25 ページ）「脚立からの墜落防止」

平成 27 年度　問題 1　施工経験記述（安全管理）

問題 1. あなたが経験した**電気工事**について、次の問に答えなさい。

1-1　経験した電気工事について、次の事項を記述しなさい。

⑴ 工事名　北日本橋マンション増改築工事（構内電気設備工事）

⑵ 工事場所　東京都中央区北日本橋 4 丁目 3−8

⑶ 電気工事の概要　鉄骨鉄筋コンクリート造 6 階建（増築部分は 3 階建）、受変電設備、動力設備（2 面）、電灯設備（12 面）、配線

⑷ 工期　平成 25 年 8 月〜平成 26 年 4 月

⑸ この電気工事でのあなたの立場　現場主任

⑹ あなたが担当した業務の内容　構内電気設備工事に係る施工管理

1-2　上記の電気工事の現場において、**安全管理上**あなたが**留意した事項とその理由**を 2 つあげ、あなたがとった**対策又は処置**を留意した事項ごとに具体的に記述しなさい。

① 留意した事項とその理由

コンデンサーを有する高圧の電路における停電作業において、労働者の感電を防止することに留意した。停電作業で電路を開路した後に、残留電荷による危険を生じるおそれがあったためである。

対策又は処置

① 開路に用いた開閉器について、作業中は施錠した。

② 検電器具により停電を確認し、短絡接地器具を用いて確実に短絡接地させた。

③ 開路した電路に通電する前に、短絡接地器具が取り外されていることを確認した。

② 留意した事項とその理由

架台の交流アーク溶接作業において、労働者の感電を防止することに留意した。架台の取付け場所が、高さが 2 m 以上の狭隘な場所であり、導電性の高い鉄骨に労働者が接触するおそれがあったためである。

対策又は処置

① 交流アーク溶接機用自動電撃防止装置付きの電源を使用した。

② 交流アーク溶接機の入力側に、感電防止用漏電遮断装置を接続した。

③ 溶接棒のホルダーが、必要な絶縁効力・耐熱性を有することを確認した。

1-2 ① 参考文：表 1-4 No.2（本書 27 ページ）「停電作業における感電防止」
1-2 ② 参考文：表 1-4 No.1（本書 27 ページ）「電気機器・用具の安全確保」

本書の最新問題解説に掲載されている施工経験記述の解答例は、いずれも工事場所が実存しない架空の電気工事であるため、本試験でそのまま転記すると不合格になります。特に、令和 6 年度以降の第二次検定では、「模範解答例の暗記等ではなく、自身の経験に基づかなければ解答できないような設問への見直しを行う」ことが発表されているため、解答が「受検者自身が実際に経験した電気工事」に基づくものであるか否かを、受検申請時に提出する実務経験経歴書等と照らし合わせることにより、厳重にチェックされることになると思われます。

1.3.2 「工程管理」分野の過去問題の解答例

令和 4 年度	問題 1 施工経験記述（工程管理）

問題 1. あなたが**経験**した**電気工事**について、次の問に答えなさい。

1-1 経験した電気工事について、次の事項を記述しなさい。

(1)工事名　黒輝町林業協同組合新築工事(電気設備工事)

(2)工事場所　福島県谷町市黒輝町 1 丁目 6−3

(3)電気工事の概要　鉄筋コンクリート造、延床面積 3500m²、2 階建、受変電設備(1 φTr500kVA、3 φTr150kVA)、配線と配管(2000m)

(4)工期　令和 2 年 4 月〜令和 2 年 12 月

(5)この電気工事でのあなたの立場　現場主任

(6)あなたが担当した業務の内容　構内電気設備工事に係る施工管理

1-2 上記の電気工事の**現場**において、**工程管理上**、あなたが留意した**事項**とその**理由**を 2 つあげ、あなたがとった**対策**又は**処置**を留意した事項ごとに具体的に記述しなさい。ただし、対策又は処置の内容は重複しないこと。

①留意した事項とその理由

機材の搬入の遅れを防止することに留意した。その理由は、仮設工事の工程と機材搬入の工程が重なっており、工事現場の仮置場が当初の予定よりも狭くなったので、機材の搬入動線の確保が困難になっていたためである。

対策又は処置

①重量電気設備は、現場内の動線を使用せず、移動式クレーンで道路から吊り込んだ。

②軽量電気設備は、仮設工事を行わない夜間に、現場内の動線を占有して運び込んだ。

③夜間作業における作業を円滑に進めるため、仮置場と動線に照明設備を設置した。

②留意した事項とその理由

電気設備工事の工程短縮要請への対応方法に留意した。その理由は、発注者側の仕様変更に伴い、電気設備工事の先行作業である内装下地工事に遅延が生じ、工事を予定通りに完了させるには、電気設備工事の工期を短縮する必要があったためである。

対策又は処置

①内装下地工事が完了した部分から、内装下地工事と並行して配線・配管作業を行った。

②基礎工事の完了後、直ちに受変電設備の据付けが行えるように工程表を変更した。

③高所作業用のローリングタワーを新たに調達し、2 箇所で並行作業を行った。

1-2 ①参考文：表 1-5 No.2(本書 31 ページ)「機材の搬入工程の確保」

1-2 ②参考文：表 1-6 No.5(本書 32 ページ)「他業者との間での工程調整の円滑化」

※試験問題の漢字に付されていたふりがなは省略しています。

| 令和2年度 | 問題1 施工経験記述(工程管理) |

問題1. あなたが経験した**電気工事**について、次の問に答えなさい。

1-1 経験した電気工事について、次の事項を記述しなさい。

(1) 工事名　水戸口炊飯協同組合新築工事(構内電気設備工事)

(2) 工事場所　茨城県水戸口市大山6−9−11

(3) 電気工事の概要　鉄骨造2階、延床面積1050m²、コンクリート基礎(1基)、受変電設備(1φTr500kVA、3φTr150kVA)、配線用ケーブル2100m、照明設備(184本)

(4) 工期　令和元年8月〜令和2年4月

(5) この電気工事でのあなたの立場　現場主任

(6) あなたが担当した業務の内容　構内電気設備工事に係る施工管理

1-2 上記の電気工事の現場において、**工程管理上あなたが留意した事項とその理由**を2つあげ、あなたがとった**対策又は処置**を留意した事項ごとに具体的に記述しなさい。

① 留意した事項とその理由

配線・配管工事に係る工程を短縮することに留意した。その理由は、悪天候によりキュービクルコンクリート基礎工事が遅延したことを受け、基礎内部の配線・配管工事の各工程を短縮しなければならなくなったためである。

対策又は処置

①配管作業では、労働者を1人増員して配管受渡し作業の工程を短縮した。

②現場打ちコンクリート基礎を、既製コンクリート版に変更し、工程を短縮した。

③配線作業と配管作業は、2班体制による同時作業とし、工程を短縮した。

② 留意した事項とその理由

照明器具の取付け位置変更に伴い、その後の工程を短縮することに留意した。その理由は、設置済みのコンセントの位置を変更する改修工程が必要となり、新たに発生した改修工程による遅れを回復する必要があったためである。

対策又は処置

①改修工程は、撤去班と設置班の2班体制で行うことで、工程を短縮した。

②点検や清掃は、手待ちが生じていた別の作業員に行わせることで、工程を短縮した。

③内装工事業者との間で作業日時等を調整し、工期に間に合うよう工程表を変更した。

1-2 ①参考文：表1-7 No.2(本書33ページ)「悪天候に伴う電気工事の工程短縮」

1-2 ②参考文：表1-7 No.4(本書33ページ)「発注者による設計変更に伴う電気工事の工程短縮」

※試験問題の漢字に付されていたふりがなは省略しています。

| 平成 30 年度 | 問題 1 施工経験記述（工程管理） |

問題 1. あなたが経験した**電気工事**について、次の問に答えなさい。

1-1 経験した電気工事について、次の事項を記述しなさい。

(1)工事名　宮城火力発電所環境工事(構内電気設備工事)

(2)工事場所　宮城県石港市大島町 11 − 116

(3)電気工事の概要　動力盤(2 面)、制御盤(1 面)、照明分電盤(2 面)、動力用ケーブル 820m、制御用ケーブル 1050m

(4)工期　平成 27 年 3 月〜平成 27 年 11 月

(5)この電気工事でのあなたの立場　発注者側の現場監督員

(6)あなたが担当した業務の内容　構内電気設備工事に係る施工監理

1-2 上記の電気工事の現場において、**工程管理上**あなたが**留意した事項とその理由**を 2 つあげ、あなたがとった**対策又は処置**を留意した事項ごとに具体的に記述しなさい。

①留意した事項とその理由

盤・ケーブルなどの機材の搬入工程を確保することに留意した。その理由は、盤やケーブルは、工場で加工した後に、現場に搬入して使用するものなので、その搬入が遅れた場合、工期までに作業が完了できなくなるおそれがあったためである。

対策又は処置

①盤・ケーブルなどを製造する工場と連絡を取り合い、納期を守らせた。

②機材の搬入当日は、動線を確保し、誘導員を配置して保管庫に搬入させた。

③機材は、搬入当日に検査を行い、不適格品を場外排出し、至急不足機材を手配した。

②留意した事項とその理由

現場の作業可能時間帯に合わせた工程管理に留意した。その理由は、現場では昼間の時間は作業できないので夜間作業となり、工期を確保するためには適切な施工管理が必要であったためである。

対策又は処置

①機材の搬入路と、撤去材の搬出路を、区分して設けることで、工程を確保した。

②作業の遅れを防止するため、施工箇所の照度が 300 ルクス以上となるようにした。

③盤の取付けと配線作業は、2 班体制による並行作業とすることで、工程を短縮した。

1-2 ①参考文：表 1-5 No.2(本書 31 ページ)「機材の搬入工程の確保」

1-2 ②参考文：表 1-5 No.4(本書 31 ページ)「現場の作業環境・規制時間の確認」

平成28年度　問題1　施工経験記述（工程管理）

問題1. あなたが経験した**電気工事**について、次の問に答えなさい。

1-1 経験した電気工事について、次の事項を記述しなさい。

(1) 工事名　関蔵駅前レジデンス電気設備更新工事

(2) 工事場所　東京都練馬区関町西3−25−1

(3) 電気工事の概要　鉄筋コンクリート造6階建、蛍光灯（110W・360台）の撤去、2灯用Hf蛍光ランプ（32W・455台）の新設、空調機の配線更新（28箇所）

(4) 工期　平成28年3月〜令和28年9月

(5) この電気工事でのあなたの立場　現場監督

(6) あなたが担当した業務の内容　構内電気設備工事に係る施工管理

1-2 上記の電気工事の現場において、**工程管理上**あなたが留意した**事項とその理由**を2つあげ、あなたがとった**対策**又は**処置**を留意した事項ごとに具体的に記述しなさい。

①留意した事項とその理由

空調機据付け位置の変更要請に伴う配線作業の遅れを防止することに留意した。その理由は、この要請により、コンセントの位置を変更する必要が生じ、配線作業の工程の遅延が予想されたためである。

対策又は処置

①現地組立の予定であった一部の配線作業を、工場加工後の搬入に変更した。

②新たな据付け工程に対応する工程表を作成し、作業を効率的に行えるようにした。

③作業員を増員し、2班編成として、2つの階における作業を同時に行った。

②留意した事項とその理由

Hf蛍光ランプの取付けの遅れを防止することに留意した。その理由は、Hf蛍光ランプの取付け完了直前に、そのカバー強度に問題があるとの指摘を受け、その後、カバー強度の高い型式に取り換えるよう要請があったためである。

対策又は処置

①作業員の増員を伴う集中工事で、照明器具のカバーの2箇所にボルト止めを行った。

②補強されたカバーをメーカーから直接搬入できるよう、メーカーとの交渉を行った。

③メーカーで出荷前に検査を行った合格品のみを現場に搬入し、搬入工程を短縮した。

1-2①参考文：表1-6 No.1（本書32ページ）「設計変更に伴う工程確保」

1-2②参考文：表1-7 No.5（本書33ページ）「注文品の欠陥に伴う電気工事の工程短縮」

| 平成26年度 | **問題1** 施工経験記述（工程管理） |

問題1. あなたが経験した**電気工事**について、次の問に答えなさい。

1-1 経験した工事について、次の事項を記述しなさい。

(1) 工事名　北日本橋マンション増改築工事（構内電気設備工事）

(2) 工事場所　東京都中央区北日本橋4丁目3−8

(3) 電気工事の概要　鉄骨鉄筋コンクリート造6階建（増築部分は3階建）、コンクリート基礎（1基）、受変電設備、動力設備（2面）、電灯設備（12面）、配線

(4) 工期　平成25年8月〜平成26年4月

(5) この電気工事でのあなたの立場　現場主任

(6) あなたが担当した業務の内容　構内電気設備工事に係る施工管理

1-2 上記電気工事の**現場**において、**工程管理上**あなたが**留意した事項とその理由**を2つあげ、あなたがとった**対策又は処置**を留意した事項ごとに具体的に記述しなさい。

①**留意した事項とその理由**

受変電設備の据付け工程の遅延を防止することに留意した。その理由は、先行作業である屋上躯体工事の工程が遅延したため、受変電設備の据付け作業の開始が遅れたためである。

対策又は処置

①受変電設備の基礎は、プレキャストコンクリートで施工し、養生期間を短縮した。

②屋上基礎工事の完成直後に、躯体工事の完成を待たず、受変電設備の作業を行った。

③受変電設備の取付け配線以外の屋内配線工事を、受変電設備の設置前に行った。

②**留意した事項とその理由**

配線・配管作業の日程短縮をすることに留意した。その理由は、配線・配管作業の後続作業である建築内装仕上げ工事を期日通りに始めるために、配線・配管作業の日程短縮を要請されたためである。

対策又は処置

①屋内配線作業班を2班編成にして、複数階の屋内配線工事を同時に行った。

②建築工事業者と協議し、配線・配管の完成前に、内装仕上げを開始できるようにした。

③配線・配管の加工を工場で行い、現場では取付け作業のみを行うこととした。

1-2 ①参考文：表1-7 No.1（本書33ページ）「先行作業の遅れに伴う電気工事の工程短縮」
1-2 ②参考文：表1-6 No.5（本書32ページ）「他業者との間での工程調整の円滑化」

本書の最新問題解説に掲載されている施工経験記述の解答例は、いずれも工事場所が実存しない架空の電気工事であるため、本試験でそのまま転記すると不合格になります。特に、令和6年度以降の第二次検定では、「模範解答例の暗記等ではなく、自身の経験に基づかなければ解答できないような設問への見直しを行う」ことが発表されているため、解答が「受検者自身が実際に経験した電気工事」に基づくものであるか否かを、受検申請時に提出する実務経験経歴書等と照らし合わせることにより、厳重にチェックされることになると思われます。

第2章 施工管理

2.1　過去10年間の出題分析表と対策

2.1.1　最新10年間の出題分析と、今年度の試験に向けての対策

　過去10年間の施工管理の問題は、品質管理の用語または安全管理の用語について、その用語の目的・施工上の留意点などを、2つ記述する形式である。また、高圧受電設備に用いる器具の名称・機能などを記述する問題が出題されている。

　なお、品質管理と安全管理の問題は、6個の用語が出題され、そのうち2個を選択して解答するものである。この解答は、60字程度で記述する。高圧受電設備の問題は、必ず解答しなければならない必須問題である。

最新10年間の出題分析表

出題テーマ		令和5	令和4	令和3	令和2	令和元	平成30	平成29	平成28	平成27	平成26
品質管理用語	機器・材料の管理	1		1		1		1		1	
	機器の取付け	2		1		3		1		2	
	配線・配管の施工	3		2		2		2		2	
	品質試験			2				2		1	
安全管理用語	現場の安全対策		2		2		3		1		2
	安全衛生教育		1		1		1		2		1
	作業の安全対策		3		3		2		3		3
高圧受電設備の単線結線図		1	1	1	1	1	1	1	1	1	1

　本年度の試験に向けて、「品質管理」と「安全管理」の用語について、目的や実施上の留意点を学習する必要がある。特に、「安全管理」の用語についての学習と、「高圧受電設備」に用いる器具の名称・機能についての学習は、必須の項目である。また、近年の試験では前年度と同じ分野から出題されることもあるので、「品質管理」の用語も合わせて学習することが望ましい。

2.2　技術検定試験 重要項目集（施工管理）

2.2.1　特に出題が多い用語のキーワード

　電気工事を行うときには、品質と安全を確保することが求められる。 問題2 では、出題された6個の用語の中から、解答したい用語を2個選択し、その用語の要点を記述する。

　各用語には、**キーワード**とも呼べる項目があるので、そのことに集中して記述するとよい。**キーワード**の種類としては、目的・使用法・構造・効果・特徴などがあり、その中から問題文に応じたものを選択する。

　過去の問題を見ると、下記の用語が比較的頻繁に出題されていることが分かる。各用語の**キーワード**を、それぞれ2つ例として挙げると、下表（表2-1）のようになる。

表2-1 施工管理に関する用語のキーワード（参考例）

出題テーマ		特に出題が多い用語	キーワード①	キーワード②
品質管理	機器・材料の管理	機材の搬入	搬入路の確保	搬入機材の品質の確認
		機器の受入検査	数量と性能の確認	不適合品の場外搬出
	機器の取付け	機器の取付け	取付け位置の確認	メンテナンス空間の確保
		機器・工具の取扱い	機械・工具の適正化	使用前の点検
	配線・配管の施工	配線・配管の施工	屋外配管の耐久性確保	接続部の絶縁保護
		電線相互の接続	心線の傷の有無を確認	電線は接続材で接続
		電動機への配管・配線の接続	専用接地線の使用	電線管内では接続不可
		PF管の施工	支持間隔は1m以下	カップリングで接続
		盤への配線の接続	被接続点に張力を掛けない	端子・ボルトの適正締付け
		防火区画貫通処理	空隙部には不燃材料埋込み	PF管の両端には1m以上の金属管
		露出配管の施工	接地工事	配管の支持間隔
	品質試験	接地抵抗試験	接地極と補助接地極は10m以上離す	接地抵抗は規定値以下
		絶縁抵抗試験	絶縁劣化の判定	無電圧の状態で測定
安全管理	現場の安全対策	TBM（ツールボックスミーティング）	安全作業のための集い	作業参加意識の向上
		KYK（危険予知活動）	作業前の危険予知訓練	不安全行動・状態の是正
		4S（整理・整頓・清掃・清潔）	作業能率の向上	現場の規律の確保
		安全パトロール	危険箇所の補修	危険作業方法の是正
	安全衛生教育	ヒヤリハット運動	ヒヤリハットの記録	ヒヤリハットの原因除去
		安全施工サイクル	安全管理サークル	安全計画の改善処置
		新規入場者教育	作業開始前の点検	事故発生時の応急措置
	作業の安全対策	絶縁用保護具	耐電圧性能の確保	6ヶ月に1度点検
		脚立作業時の安全点検	脚と水平面との角度は75°以下	脚立の踏面の広さ

どの語句を重点的に学習すべきなのか

　施工管理の問題は、6個の語句の中から2つの語句を選び、その内容を解答すればよいので、出題頻度の高い語句に絞り込んで学習を進めることもひとつの手段である。下記の16個の語句は、過去14年間の試験において、3回以上の出題があった語句である。平成21年度以降の試験に出題された施工管理の問題に関しては、下記の16個の語句を覚えておくだけでも、2つの語句に対する解答を埋めることができる確率が100%に達していることが分かっている。また、令和6年度の試験では、「安全管理の語句」が出題される可能性が比較的高いと思われる。したがって、下表に掲げる16個の語句のうち、安全管理に関する語句（下表に太字で示されている7個の語句）の内容についての記述だけは、確実にできるようにしておきたい。

安全管理の重要語句	品質管理の重要語句
安全施工サイクル	資材の受入検査
安全パトロール	機器の搬入
ツールボックスミーティング	工具の取扱い
新規入場者教育	機器の取付け
墜落災害の防止対策	分電盤の取付け
飛来落下災害の防止対策	盤への電線の接続
感電災害の防止対策	電動機への配管配線
	低圧ケーブルの敷設
	低圧分岐回路の試験

2.2.2　品質管理の方法

(1) 過去10年間に出題された品質管理に関する用語

　過去10年間に出題された品質管理に関する用語と、その**キーワード**の代表的なものは、下表（表2-2）の通りである。類似した問題が出題されることが多いので、過去問題をよく理解することが大切である。

表2-2 品質管理に関する用語とキーワード（参考例）

No.	品質管理の用語	キーワード①	キーワード②
1	材料の搬入と保管	材料の規格の確認	材料の保全養生
2	機器の受入れ検査	機器の規格・性能の確認	機器の数量・寸法の確認
3	機器の取付け	取付け詳細図の作成	メンテナンス空間の確保
4	電線・ケーブル・配管の施工	材料の品質の確認	張力・支持間隔の確認
5	防水対策のための施工	外壁貫通管の勾配の確認	空隙部のモルタルを確認
6	防火対策のための施工	鋼製電線管は1m以上突出	空隙部の不燃材料を確認

(2) 品質管理に関する用語に対する解答例

品質管理に関する用語に対する具体的な解答例は、下記の通りである。解答を記述するときは、問題文の内容に沿った適切なものを選択する。

用語	材料の搬入と保管	要点	規格・性能の適合性、数量・寸法の適合性

① 材料のメーカーが、搬入リストのものと適合しているかを目視で確認する。

② 材料の性能が、JIS·PSE·JEM·JEC·建築基準法等の規格に適合しているかを目視で確認する。

③ 材料の型式・寸法・形状・数量が、発注リストのものと一致しているかを目視で確認する。

④ 材料に劣化・ひび割れ・欠損などのある不適合品は、直ちに現場外に搬出する。

⑤ 搬入材料の性能が、保管時に転倒等により損なわれるおそれがないかを目視で確認する。

用語	機器の受入れ検査	要点	規格・性能の適合性、数量・寸法の適合性

① 機器のメーカーが、搬入リストのものと適合しているかを目視で確認する。

② 機器の性能が、JIS・JEM・JEC・建築基準法等の規格に適合しているかを目視で確認する。

③ 機器の型式・寸法・形状・数量が、発注リストのものと一致しているかを目視で確認する。

④ 機器の劣化・塗装のはがれ・部品の変形などの異常がないかを目視で確認する。

⑤ 搬入機器の性能や、メンテナンス上必要な交換作業等に支障がないかを目視で確認する。

用語	機器の取付け	要点	取付け詳細図の作成、品質性能の確認

① 取付け位置における取付け詳細図を作成し、設置位置・高さを目視で照合・確認する。

② 機器取付け後に、メンテナンスに必要な通路幅が確保されていることを目視で確認する。

③ 機器が転倒・移動しないよう、機器の固定・振れ止めを設置したことを目視で確認する。

④ 機器の稼働時の騒音・振動が、問題のない大きさであることを試験運転で確認する。

⑤ 機器の耐水性・耐候性・防食・防錆などの性能に問題のないことを目視等で確認する。

用語	電線・ケーブルの施工	要点	材料品質の確認、施工品質の確認

① 配線施工図を作成し、配線図・点検箇所・点検方法・許容範囲などを記した品質計画を、報告書の書式でまとめる。

② 使用電線・ケーブルの材料が、設計図書に定められた材料品質と適合していることを目視で確認する。

③ 電線・ケーブルを敷設したときは、配線図を参考に、損傷を与えない程度の張力を加え、配線の張力が許容張力を超えていないかを目視で確認する。

④ 一工程ごとに、使用した電線の色を確認し、引張り・たわみの状態を目視で確認する。

⑤ 施工品質検査として、一工程ごとに、絶縁抵抗・他線との離隔距離などを測定し、それが規格値以内であることを確認する。

| 用語 | 配管の施工 | 要点 | 材料品質の確認、施工品質の確認 |

① 配管施工図を作成し、配管図・点検箇所・点検方法・許容範囲などを記した品質計画を、報告書の書式でまとめる。

② 使用した配管の材料が、設計図書に定められた材料品質と適合していることを目視で確認する。

③ 配管は、支持点・支持間隔・曲がり部などの制限を満たした上で、管に損傷を与えないよう施工し、目視で点検し、不適合箇所を補修する。

④ 一工程ごとに、配管後の形状を配管施工図と照合し、水平・鉛直・曲がり部などの状態を目視し、施工品質を確認する。

⑤ コンクリート埋設 (CD) 管については、埋設位置・支持位置・支持箇所管端部の防水処置の有無を目視で確認する。

| 用語 | 絶縁耐力試験 | 要点 | 漏れ電流の測定、10 分間の連続印加 |

① 絶縁耐力試験は、高圧電路や高圧機器に、所定の電圧を所定の時間だけ印加し、漏れ電流を測定することで、その電路や機器の耐漏電性能を確認する試験である。

② 高圧電路に対しては、最大使用電圧の 1.5 倍の交流試験電圧を、電路と大地間に連続して 10 分間印加する必要がある。また、直流試験電圧は、交流試験電圧の 2 倍とする。一例として、公称電圧が 6600V の電路に使用する高圧ケーブルの絶縁耐力試験では、10350V の交流試験電圧または 20700V の直流試験電圧を、それぞれ連続して 10 分間印加する。

③ 高圧受電設備の絶縁耐力試験では、試験の実施前に、変圧器や計器用変成器の二次側が接地され、短絡していることを確認する。

④ 試験終了後は、電圧を零に降圧して電源を切り、検電して無電圧であることを確認してから接地し、残留電荷を放電する。

| 用語 | 防水対策 | 要点 | 外壁貫通管の勾配の確認、モルタル充填の確認 |

電気工事では、防水対策として、防雨・防湿・防沫・防滴などの対策を採る。そのためには、配管の防水・機器の防水・屋外貫通配管の防水などを考える必要がある。防水性能を確保するためには、下記の点に留意する。

① 電線管をコンクリート内に打設するときは、電線管の立上げ部分やカップリング部の管端にキップを取付け、カップリング部にコーキングを行う。

② 外壁ボックスに接続するケーブルなどを引き込むときに施工するノックアウトの位置は、建物内に接続する配管位置より低くし、ボックスの底部には水抜き用の穴を設ける。

③ 建築躯体の外壁と貫通管との間の空隙部には、モルタルなどでシーリングを施す。管は、外壁部の管端が屋内側より低くなるような勾配で配置する。

④ 地中箱の蓋は、水が容易に侵入することのない構造とする。

⑤ 電気器具やボックス内に雨水が侵入しないよう、壁と管との間にはパッキンを挿入する。

⑥ ダクト類は、内部に水が浸入しないよう、高い位置に設ける。

用語	防火対策	要点	鋼製電線管の突出の確認、不燃材料充填の確認

　配線・ケーブルが、防火区画となる建築物の壁などを貫通する箇所では、建築基準法により、使用する配線・ケーブルに必要な性能が定められている。この他にも、予備電源（建築基準法）・非常電源（消防法）に用いる電路には、十分な耐熱性能が要求されている。施工場所によっては、こうした防火性能・耐熱性能を確保する必要がある。防火性能・耐熱性能を確保するためには、下記の点に留意する。

① PF管（合成樹脂可とう管）が防火区画部の壁を貫通するときは、その両側を1m以上、金属管または不燃材料を用いた管で覆い、保護する。

② 金属管と壁との隙間には、モルタルなどの不燃材を充填する。

③ 防火区画を貫通する金属ダクトの内部には、右図のように、ロックウールを充填する。壁と金属ダクトとの境界の両面は、耐熱仕切板と耐熱シール材を用いて密閉する。

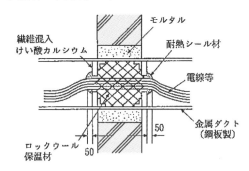

防火区画貫通部（単位mm）

④ ケーブルラックが床面を貫通するときは、右図のように、床の上面に厚さ25mm以上の繊維混入珪酸カルシウム板を耐火仕切板として設ける。耐火仕切板とケーブルラックとの空隙部には、耐熱シール材を用いて密閉する。

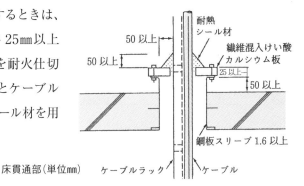

床貫通部（単位mm）

2.2.3 安全管理の方法

(1) 過去10年間に出題された安全管理に関する用語

過去10年間に出題された安全管理に関する用語と、そのキーワードの代表的なものは、下表(表2-3)の通りである。類似した問題が出題されることが多いので、過去問題をよく理解することが大切である。

表 2-3 安全管理に関する用語とキーワード (参考例)

No.	安全管理の用語	キーワード①	キーワード②
1	TBM(ツールボックスミーティング)	安全作業のための集い	作業参加意識の向上
2	KYK(危険予知活動)	作業前の危険予知訓練	不安全行動・状態の是正
3	4S運動	作業能率の向上	労働災害の防止
4	安全施工サイクル	安全管理サークル	安全計画の改善処置
5	安全パトロール	危険箇所の発見	危険作業方法の是正措置
6	新規入場者教育	作業前の点検	事故発生時の応急措置
7	ヒヤリハット運動	1:29:300の法則	ヒヤリハット原因除去活動
8	オアシス運動	コミュニケーション	人間関係の円滑化
9	墜落災害の防止対策	悪天候時の作業の中止	作業開始前の点検
10	飛来落下災害の防止対策	防網の設置	工具への紐の装着
11	感電災害の防止対策	絶縁用保護具の着用	作業場所の照度の確保
12	酸素欠乏症の防止対策	酸素濃度18%以上に換気	入場時と退場時の人員点検

(2) 安全管理に関する用語に対する解答例

| 用語 | TBM (ツールボックスミーティング) | 要点 | 職長を中心とした作業集会、テーマを事前に設定 |

① 職長を中心とした小規模の作業グループによる集会で、全員が意見を出し合う。
② 作業への参加意識を高揚させるために行う。
③ ツールボックスミーティングを行う前に、その回のテーマを設定し、意見を集約する。

| 用語 | KYK (危険予知活動) | 要点 | 労災を未然に防止、不安全行動・不安全状態の是正 |

① 作業時に発生すると考えられる危険を予測し、労働災害を未然に防止する活動を行う。
② これまでの災害事例を参考にしながら、現場の不安全行動・不安全状態を是正する。
③ 安全点検の要点を理解できるよう、資料を用いて危険箇所の発見の訓練を行う。

用語	4S 運動	要点	整理・整頓で能率向上、清掃・清潔で労働環境改善

① 4S 運動とは、整理・整頓・清掃・清潔を心がけることにより、安全で健康な職場づくりと生産性の向上を目指す活動である。

② 4S 運動の目的は、労働災害の防止および作業能率の向上である。

③ 4S 運動を実施すると、作業環境を改善することができるため、作業に集中できるようになる。

④ 最近では、4S 運動に躾（工具の並べ方などの職場における決まりを守ること）を追加した5S 運動という概念もある。これは、社員教育としても効果的である。

用語	安全施工サイクル	要点	全工程で活動を定型化、継続的な活動が可能

① 安全施工について、日単位・週単位・月単位での計画・実施・検討・改善の一連の流れを定型化して行うため、確実に安全を確保することができる。

② 定型化により、継続的な改善を行うことができるので、労働災害の減少に効果がある。

③ 安全のための活動と衛生のための活動を一体化して行うことができる。

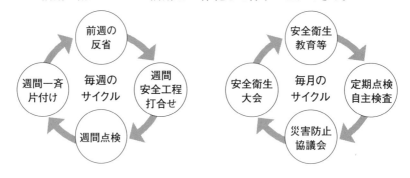

用語	安全パトロール	要点	安全・衛生のための巡回、不安全行動の是正

① 安全パトロールとは、作業場ごとに、不安全な施設・設備・作業方法を見つけ出し、改善する活動である。安全パトロールは、会社幹部または委員会のメンバーが実施する。

② 統括安全衛生責任者・店社安全衛生管理者は、職務として安全パトロールを行う。

③ 作業時には、施設の不安全な状態を改善し、労働者の不安全な行動を是正する。

用語	新規入場者教育	要点	危険性・有害性のある物の取扱い、点検と退避

① 危険性または有害性のある機材の取扱い方法を教育する。

② 作業開始時の点検方法を教育する。

③ 事故発生時の応急措置および退避の方法を教育する。

④ 適切な作業手順を教育する。

| 用語 | ヒヤリハット運動 | 要点 | 1:29:300 の法則、ヒヤリハット原因の除去活動 |

① 重傷事故1件の陰には、29件の軽傷事故と、300件の無傷害事故（ヒヤリとしたりハッとしたこと）がある。これをハインリッヒの法則という。

② ヒヤリハットが発生した原因を除去することで、労働災害を未然に防止する。

③ ヒヤリハットが発生したことを記録し、その原因を究明することで、労働災害を未然に防止する。

| 用語 | オアシス運動 | 要点 | コミュニケーション、人間関係の円滑化 |

① オアシスとは「おはよう」「ありがとう」「失礼します」「すみません」の4語のことである。この言葉を適切に使うことで、職場でのコミュニケーション・人間関係を円滑化する。

| 用語 | 墜落災害の防止対策 | 要点 | 悪天候時の作業の中止、作業開始前の点検 |

① 悪天候が予想されるときは、高所作業を中止する。

② 作業開始前には、作業床・足場・梯子などの点検を行う。

③ 高さまたは深さが 1.5 m を超える場所で作業するときは、昇降設備を設ける。

④ 脚立の脚と水平面との角度（開脚度）は、75度以下とする。

⑤ 移動梯子の上端は、床から 60cm 以上突き出させる。

| 用語 | 飛来落下災害の防止対策 | 要点 | 防網の設置、工具への紐の装着 |

① 足場には、物体の飛来・落下を防止するための防網を張る。

② 高所作業の際には、工具に紐を付け、工具の落下を防止する。

③ 労働者には、保護帽を着用させる。

④ 物体が落下するおそれのある範囲には、立入禁止措置を行う。

| 用語 | 感電災害の防止対策 | 要点 | 絶縁用保護具の着用、作業場所の照度の確保 |

① 活線作業を行う労働者には、絶縁用保護具を着用させる。

② 電気工事を行う場所では、所定の照度を確保する。

③ 対地電圧が 150V を超える電動機械器具の電路には、感電防止用漏電遮断装置を取り付ける。

④ 停電作業中、開路に用いた開閉器は、施錠するか監視人を置く。

| 用語 | 酸素欠乏症の防止対策 | 要点 | 酸素 18%以上に換気、入退場時の人員点検 |

① 酸素欠乏危険作業では、作業場所の酸素濃度を 18%以上に保つように換気する。

② 酸素欠乏危険作業の作業場所に、労働者を入場させるときおよび退場させるときは、その人員を点検する。

③ 事業者は、酸素欠乏危険作業を行うにあたり、酸素欠乏危険作業主任者を選任する。

2.3 技術検定試験 重要項目集（高圧受電設備）

2.3.1 過去10年間の高圧受電設備に関する出題のポイント

問題 2-2 は、高圧受電設備の電力フロー図にある図記号から、それが示す機器の名称・機能・用途を記述させる出題である。過去の出題は、下記の通りである。

出題された図記号	機器の名称	機器の略称	年度
	直列リアクトル	SR	R元 H25
	高圧進相コンデンサ	SC	R3
	ヒューズ付負荷開閉器	PF 付 LBS	H29 H24 H20
	計器用変圧変流器	VCT	H23 H18
	避雷器	LA	H28 H22 H19
	地絡保護（継電）装置付き高圧交流負荷開閉器	GR 付 PAS	R5 H21
	高圧交流負荷開閉器	PAS	H26
	断路器	DS	R2 H27
	高圧交流遮断器	CB	R4 H30

高圧受電設備は、平成18年度の試験から加わった出題分野である。本年度の試験に向けて、計器用変圧変流器(VCT)・断路器(DS)・避雷器(LA)・ヒューズ付負荷開閉器(PF付LBS)・直列リアクトル(SR)・高圧進相コンデンサ(SC)についての学習は、欠かせない項目である。

2.3.2 | 高圧受電設備の各部機器の機能・用途

高圧受電設備の電力フロー（高圧受電設備内における
電気の流れ）の概要は、下図の通りである。

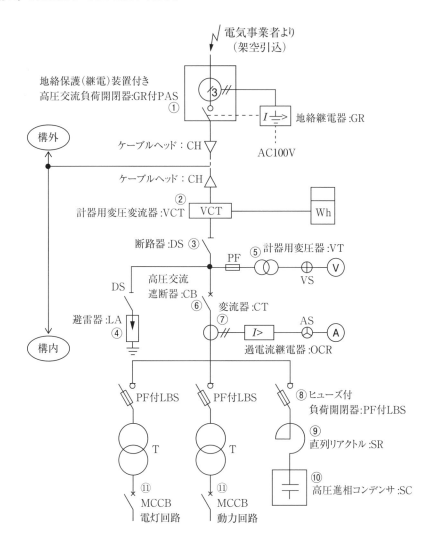

57

架空電線から構内に引き込まれ、負荷側に向かう電力のフローは、下記の通りである。

(1) 架空引込みケーブルは、6.6kV の架空配電線から**地絡保護（継電）装置付き高圧交流負荷開閉器**(GR 付 PAS)を経て、ケーブル末端のケーブルヘッド(CH)に至る。(前図①)

(2) **ケーブルヘッド**の後には、計器用変圧変流器(VCT)と電力計(Wh)を設置する。(前図②)

(3) **計器用変圧変流器**(VCT)は、電力会社の設備である。電力計(Wh)は、電力使用量を積算して課金するための機器であるが、高電圧・大電流には耐えられないので、計器用変圧変流器を用いて、一定の割合で低電圧・小電流の電気に変換する必要がある。

(4) 計器用変圧変流器(VCT)の後の幹線には、手動で開閉できる**断路器**(DS)を設ける。これは、負荷側と電源側とを完全に切断し、修理・点検をするためである。(前図③)

(5) 断路器(DS)の後、避雷器(LA)と**計器用変圧器**(VT)を分岐する。分岐後の幹線には、高圧交流遮断器(CB)を設置する。(前図④⑤⑥)

(6) **避雷器**(LA)は、雷などによる異常電流が受電設備側に侵入したとき、機器類を絶縁保護するものである。

(7) **計器用変圧器**(VT)に続き、電圧計切替スイッチ(VS)を設け、その後に電圧計(V)を設置する。

(8) **高圧交流遮断器**(CB)の後には、変流器(CT)を設け、過電流継電器(OCR)・電流計切替スイッチ(AS)・電流計(A)を設置する。(前図⑦)

(9) **変流器**(CT)後の幹線には、負荷ごとにヒューズ付負荷開閉器 (PF 付 LBS)を並列に設け、変圧器 (T)で電圧を低下させ、電灯回路・動力回路を構成する。(前図⑧)

(10) 力率の改善と高調波対策のため、負荷と並列に**ヒューズ付負荷開閉器** (PF 付 LBS)を設け、その後に**直列リアクトル**(SR)と**高圧進相コンデンサ**(SC)を設ける。(前図⑨⑩)

(11) 電灯回路・動力回路などの低圧回路を保護するため、**配線用遮断器** (MCCB)を設ける。(前図⑪)

高圧受電設備の電力フロー(前図)の①〜⑪に示す機器の名称・機能・用途は、表 2-4 の通りである。

表 2-4 高圧受電設備に用いる各部機器の名称・機能・用途

No	場所	名称：略称	図記号	用途・機能
①	構外	地絡保護（継電）装置付き高圧交流負荷開閉器：GR付PAS	PAS / GR / AC100V	構内施設で地絡・短絡などがあったとき、地絡過電流継電器が働き電路を切断して他需要家への波及事故を防止する。電路を自動的に開閉する機能を持つ。
②		計器用変圧変流器：VCT 電力計：Wh	VCT Wh	構内で使用した電力量を積算して表示するため、計器用変圧器と変流器を一体化した計器である。変成された電流と電圧を電力計に送信する機能を持つ。
③	構内	断路器：DS	DS	構内施設の点検・修理をするときに用いる。電源側と負荷回路とを完全に切り離す機能を持つ。
④		避雷器：LA	LA	雷などによる衝撃過電圧を大地に放電し、電気施設の絶縁を保護する。電流を短時間のうちに遮断し、正規の状態に自動復元する機能を持つ。
⑤		高圧限流ヒューズ:PF 計器用変圧器：VT 電圧計切替スイッチ：VS 電圧計：V	PF VT VS V	電気施設全体の電圧の値を求める。受電した電圧を、計器用変圧器で変成し電圧計で測定する機能を持つ。
⑥		高圧交流遮断器：CB	CB	幹線で地絡・短絡などがあったとき、電路を切断して各機器の破損を防止する。地絡電流・短絡電流を短時間のうちに遮断し、故障電路を切り離す機能を持つ。
⑦		変流器：CT 過電流継電器：OCR 電流計切替スイッチ：AS 電流計：A	CT OCR AS A	電気施設全体の電流の値を求める。受電した電流を、変流器（CT）が変換し、過電流継電器（OCR）を経て電流計で電流を測定する機能を持つ。

No	場所	名称：略称	図記号	用途・機能
⑧		過電流継電器：OCR	$I>$ OCR	過負荷電流を検出するために用いられる継電器である。保護すべき回路に整定値以上の電流が流れた場合に、遮断器を動作させることにより電流を遮断して回路を保護し、その後に補助接触器による確実な復帰を促すことができる。
⑨	構内	ヒューズ付高圧交流負荷開閉器：PF付LBS	LBS	高圧限流ヒューズと高圧交流開閉器を一体化したものである。ヒューズ部は高圧側の短絡で遮断し、地絡に対してLBSが自動開路する機能を持つ。
⑩		直列リアクトル：SR	SR	電路に有害な高調波（特に第5次高調波）が流れたとき、コンデンサ回路のリアクタンスを誘導性とする。これにより、高調波を抑制する機能を持つ。
⑪		高圧進相コンデンサ：SC	SC	電力の力率を改善し、電気のムダを減らすために用いる。遅れ無効電力を進み無効電力とする機能を持つ。
⑫		配線用遮断器：MCCB※	MCCB	交流600V以下の低圧回路に異常が生じたとき、その電路を即座に遮断し、配線の加熱や焼損を防止する。

※配線用遮断器（MCCB）は、低圧受電設備である。

2.4 最新問題解説（施工管理）

| 令和5年度 | **問題 2-1** 施工管理（品質管理） |

電気工事に関する次の語句の中から**2つ**選び，番号と語句を記入のうえ，**施工管理上**留意すべき内容を，それぞれについて**2つ**具体的に記述しなさい。

---

1. 工具の取扱い
2. 機器の搬入
3. 分電盤の取付け
4. ケーブルラックの施工
5. 電動機への配管配線
6. 引込口の防水処理

※令和2年度以降の試験問題では、ふりがなが付記されるようになりました。

考え方

電気工事の作業に関して、施工管理上留意すべき内容を答える問題なので、解答する語句の品質管理（品質を確保するための方法または作業前に点検する事項）について記述する。ただし、「工具の取扱い」に関しては、安全管理上留意すべき内容を記述することにしてもよい。解答の記述は60字程度とし、行をはみ出さないよう注意する。

令和5年度に出題された品質管理に関する語句とそのキーワード（参考例）

No.	語句	キーワード①	キーワード②
1	工具の取扱い	使用前点検と試運転	手袋の使用禁止
2	機器の搬入	搬入経路の確保	搬入計画書の作成
3	分電盤の取付け	錆や水の浸入防止	取付け箇所数と補強
4	ケーブルラックの施工	水平・垂直の支持間隔	相互接続と終端部保護
5	電動機への配管配線	電動機端子箱との接続	金属部分貫通部の保護物
6	引込口の防水処理	排水勾配の確保	外壁貫通部の隙間処理

1 工具の取扱いの解答例

番号	1	語句	工具の取扱い

キーワード①：使用前点検と試運転

具体的な内容	工具は、使用前に点検し、損傷や漏電がないことを確認する。その後、試運転を実施し、正常に動作することを確認する。

キーワード②：手袋の使用禁止

具体的な内容	面取り盤などの回転工具を取り扱うときは、回転する刃物に労働者の手が巻き込まれないよう、手袋を使用させないようにする。

参考　　電気工事に使用する工具は、電工ナイフ・ワイヤーストリッパーなどの動力を使用しない**手動工具**と、ボール盤・面取り盤などの動力を使用する**電動工具**に分類されている。飛来落下災害や感電災害などの**労働災害を防止**し、適切な電気工事を施工するためには、**適切な工具を選定**し、その性能が適正であることを**使用前の点検**で確認しておく必要がある。

　なお、電気工事施工管理技士が実施するような大規模な工事では、作業の効率を上げるなどの目的で、電動工具を使用することが多い。このような電動工具は、取扱いを誤ると、労働者の死傷などの重大な労働災害を引き起こすことがある。電動工具を取り扱うときは、施工管理上、次のような事項に留意しなければならない。

①電動工具を取り扱う場所に、適切な**照度や空間の確保**がされていることを確認する。

　⚠ 労働者が電動工具に近づきすぎると、動作中の電動工具に触れて怪我や火傷をする。

②作業開始前に、電動工具の刃やその保護部などに、**損傷がないこと**を確認する。

　⚠ 損傷を見落としていると、刃が外れて飛んできたり、保護部が裂けて怪我をしたりする。

③電動工具を電源(コンセント)に接続する前に、その**スイッチがオフであること**を確認する。

　⚠ スイッチがオンのまま電源に接続すると、電動工具が急に動き出して怪我をする。

④電動工具のアース線が、アース端子に繋がれていること(**接地されていること**)を確認する。

　⚠ 接地されていないと、電気配線に異常があったときに、漏電により労働者が感電する。

⑤本作業に取り掛かる前に、**試運転を実施**し、電動工具が正常に動作することを確認する。

　⚠ 試運転を怠ると、回転工具のネジの弛みなどを見逃してしまい、大きな事故に繋がる。

⑥電動工具を使用する労働者には、適切な**作業帽**または**作業服**を着用させる。

　⚠ 不適切な服装をしていると、労働者の頭髪や被服が、動力駆動の工具に巻き込まれる。

⑦回転する刃物を有する電動工具を使用するときは、**手袋を使用させないようにする**。

　⚠ 手袋を着用していると、刃物に引っかかりやすく、手袋ごと手が工具に巻き込まれる。

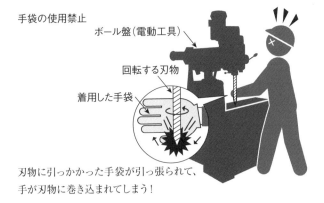

手袋の使用禁止
ボール盤(電動工具)
回転する刃物
着用した手袋
刃物に引っかかった手袋が引っ張られて、
手が刃物に巻き込まれてしまう！

2 機器の搬入の解答例

番号	2	語句	機器の搬入

キーワード①：搬入経路の確保

具体的な内容	搬入経路上にある立木や仮設物などが、搬入中の機器に接触することがないかを確認し、必要があればそれらを移設する。

キーワード②：搬入計画書の作成

具体的な内容	機器の搬入経路を占有できるよう、搬入計画書は、建築業者や関連業者と打合せを行い、工期に支障のないように作成する。

参考　電気工事では、屋上などの高所に大型の電気機器を搬入することがある。一例として、大型機器の屋上への搬入計画などを立案する場合の確認事項（施工管理上留意すべき内容）としては、次のようなものが挙げられる。

①**搬入時期および搬入順序**：機器の搬入作業中に行うことができない作業（機器の搬入経路内で行う別の作業）があるかもしれないので、その搬入時期と搬入順序を確認する。

②**搬入口の位置と大きさ**：機器の搬入口とする工事用ゲートの高さと幅が十分であることを確認する。工事用ゲートの有効高さは、空荷の運搬車両が通過できる高さとする。空荷の運搬車両は、機器による荷重がないため、満載時に比べて車高が高くなるからである。

③**搬入経路と作業区画場所**：機器の搬入時には、工事現場の通路を占有することになるので、その搬入経路と作業区画場所が確保されていることを確認する。この搬入経路上に、立木や仮設物などがあってはならない。必要があれば、それらを移設するなどの対策を講じる。

④**運搬車両の駐車位置と待機場所**：機器の搬入期間中、工事現場内に、その運搬車両の駐車場所と待機場所が確保されていることを確認する。

⑤**搬入計画書の作成**：建築業者や関連業者と打合せを行い、工期に支障が生じないように、搬入計画書を作成する。この打合せは、機器の搬入予定日に、その搬入経路を占有できるようにする（搬入経路上で建設業者や関連業者に作業させない）ために行われる。

⑥**搬入する機器の大きさと重量**：搬入する機器の大きさと重量を確認する。これらのデータは、揚重機の選定をするときに必要になるからである。

⑦**揚重機の選定と作業に必要な資格**：機器の搬入には、揚重機とそれを運転できる有資格者が必要になるので、搬入作業に使用する揚重機を選定し、その作業に必要な資格を有している作業者がいることを確認する。

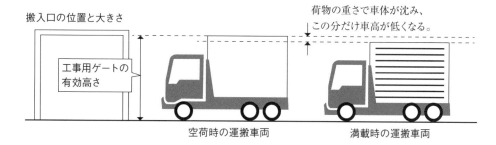

搬入口の位置と大きさ

荷物の重さで車体が沈み、この分だけ車高が低くなる。

工事用ゲートの有効高さ

空荷時の運搬車両　　　　満載時の運搬車両

番号	3	語句	分電盤の取付け

キーワード①：錆や水の浸入防止

具体的な内容	自立型分電盤は、錆や水の浸入を防ぐため、支持金物とコンクリート面との間に、ゴムパッキンを入れて取り付ける。

キーワード②：取付け箇所数と補強

具体的な内容	露出形分電盤は、その裏面を山形鋼または平鋼で補強し、ボルト・ナット類で4箇所を、壁を貫通して取り付ける。

参考　分電盤は、漏電などによる事故を防ぐために、各家庭などに設置された電気器具である。その内部には漏電遮断器や配線用遮断器が設置されており、過剰な電流が流れた場合に、配線を遮断して通電を止めることができる。分電盤は、その設置方法により、自立型・露出型・埋込型に分類されている。それぞれの分電盤の取付けの際に、施工管理上留意すべき内容は、「電気設備工事共通仕様書」において、次のような事項が定められている。

①**自立型分電盤**：床面の基礎上に設置される大型の分電盤である。
　❶**電線管の接続位置**：屋外盤の貫通部へ電線管を接続する場合は、分電盤の下部より接続するものとする。なお、接続部分は十分に錆止め塗装を行うものとする。
　❷**ゴムパッキンの使用**：コンクリートと分電盤支持金物との間には、ゴムパッキン（クロロプレンゴム）を入れ、外壁と分電盤の隔離を図り、錆や水の浸入を防ぐものとする。

②**露出型分電盤**：壁面に取り付ける小型の分電盤である。
　❶**取付け箇所数と補強**：壁取付けの露出形分電盤は、分電盤の裏面に山形鋼または平鋼にて補強し、ボルト・ナット類で4箇所を、壁を貫通して取り付けるものとする。

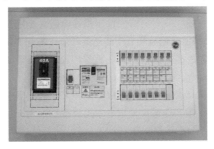

一般住宅用の露出型分電盤の例

③**埋込型分電盤**：壁内に埋め込まれる小型の分電盤である。
　❶**コンクリート壁に設置する場合**：コンクリート壁が薄い場合は、分電盤の外箱の背面にメタルラスを取り付け、モルタルにより埋戻しを完全に行うものとする。
　❷**軽量間仕切り壁に設置する場合**：補強を完全に行い、補強材にボルト・ナット類で取り付けるものとし、溶接を行った補強材の防錆塗装を完全に行うものとする。

4 ケーブルラックの施工の解答例

番号	4	語句	ケーブルラックの施工

キーワード①：水平・垂直の支持間隔

具体的な内容	鋼製ケーブルラックは、水平方向における支持間隔を2m以下とし、垂直方向における支持間隔を3m以下とする。

キーワード②：相互接続と終端部保護

具体的な内容	ケーブルラックの本体相互間は、ボルトなどにより機械的かつ電気的に接続し、その終端部には端末保護キャップを設けておく。

参考

　ケーブルラックとは、電線(幹線ケーブルなど)を載せて配線するために用いられる**架台**である。ケーブルラックは、その形状や材質に応じて、次のように分類されている。

①はしご形ケーブルラックは、親桁と子桁を、溶接・ネジ止めなどで接続したものである。
②トレー形ケーブルラックは、親桁と底板を、一体成形・溶接などで接続したものである。
③鋼製ケーブルラックは、防錆(亜鉛メッキ)が施された鋼板・鋼帯で造られたものである。
④アルミ製ケーブルラックは、アルミニウム合金を押出成形して造られたものである。

　ケーブルラックを施工(設置)するときに施工管理上留意すべき内容としては、「公共建築工事標準仕様書(電気設備工事編)」において、次のようなことが定められている。

①ケーブルラックとその支持金物は、スラブなどの構造体に、**吊りボルト**などで取り付ける。
②ケーブルラックの水平支持間隔は、鋼製では2m以下、それ以外では**1.5m以下**とする。
③ケーブルラックの垂直支持間隔は、その材質に関係なく、原則としては**3m以下**とする。
④ケーブルラックの終端部には、**エンドカバー**または**端末保護キャップ**を設ける。
⑤アルミ製ケーブルラックは、支持物との間に異種金属接触腐食を起こさないようにする。
⑥ケーブルラックの本体相互間は、ボルトなどにより**機械的**かつ**電気的**に接続する。
⑦ケーブルラックの自在継手部には、原則として、**ボンディング**を施し、電気的に接続する。

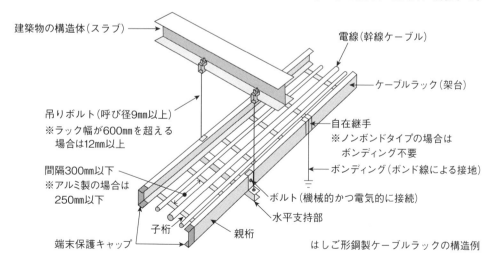

はしご形鋼製ケーブルラックの構造例

65

施工管理

5 電動機への配管配線の解答例

番号	5	語句	電動機への配管配線

キーワード①：電動機端子箱との接続

具体的な内容	電動機への配線のうち、電動機端子箱に直接接続する部分には、原則として、金属製可とう電線管を使用する。

キーワード②：金属部分貫通部の保護物

具体的な内容	電動機への配線のうち、電動機の金属部分を貫通する電線には、電線の被覆を損傷しないように、保護物を設ける。

参考　電動機などの電気機械器具への配管・配線における施工管理上留意すべき内容は、「公共建築工事標準仕様書（電気設備工事編）」などにおいて、次のような事項が定められている。

① **電動機端子箱との接続**：電動機への配線のうち、電動機端子箱に直接接続する部分には、金属製可とう電線管を使用する。ただし、電動機が端子箱を有していない場合や、電動機の設置場所が二重天井内の場合は、この限りでない。

② **振動を防止できる配管**：低圧電動機に接続する配管は、振動を断つことができる二種金属製可とう電線管とする。電動機の振動が配管に伝わると、配管の支持部・固定部・接続部（カップリング）などに緩みが生じるからである。

③ **金属部分貫通部の保護物**：電線が電動機の金属部分を貫通する場合は、電線の被覆を損傷しないように、保護物を設ける。

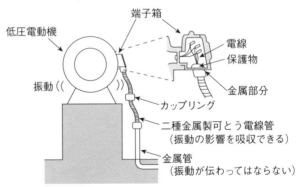

電動機周辺の配置と配線の例

番号	6	語句	引込口の防水処理

キーワード①：排水勾配の確保

具体的な内容	ケーブルの引込口となる管路には、雨水が屋内側に流れ込まないよう、屋外側に向かって下り勾配（排水勾配）を付ける。

キーワード②：外壁貫通部の隙間処理

具体的な内容	ケーブルの引込口となる管路と外壁との間は、隙間が生じないよう、シーリング材とバックアップ材を用いて完全に塞いでおく。

参考　建築物の構造体を貫通して**直接屋外に通じる管路**（建築物の外壁内に設けられる防水鋳鉄管など）には、雨水が屋内に浸入しないよう、防水処理を施しておく必要がある。このような管路内にケーブルを敷設する場合についても、**ケーブルの引込口・引出口**から、雨水が屋内に浸入しないよう、次のような**防水処理**を施しておく必要がある。このような防水処理が適切に施されていないと、屋内側の電気機器内に雨水が浸入するため、錆の発生による絶縁性能の低下・それを起因とする感電事故などが生じやすくなる。

①ケーブルの引込口となる管路には、**屋外側に向かって下り勾配**（排水勾配）を付けておく。

②ケーブルの引込口となる管路のうち、屋外側の最下端に、**水抜き孔**を設けておく。

③プルボックス内のうち、ケーブルの引込口の近くに、**水抜きパイプ**を設けておく。

④管路と外壁との間は、**シーリング材**と**バックアップ材**を用いて完全に塞いでおく。

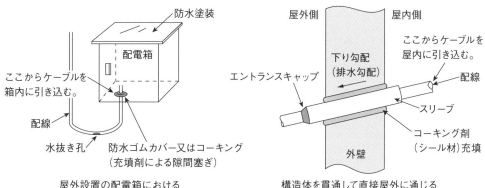

屋外設置の配電箱における
ケーブルの引込口の施工例

構造体を貫通して直接屋外に通じる
ケーブルの引込口の施工例

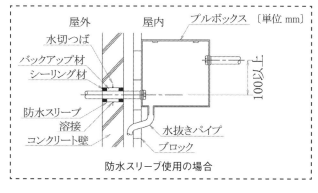

防水スリーブ使用の場合

点線内に存在する図の出典：
公共建築設備工事標準図
（電気設備工事編）令和4年版
地中線15　建物外壁貫通部

施工管理

令和4年度	**問題 2-1** 施工管理（安全管理）

安全管理に関する次の語句の中から**2つ**選び，番号と語句を記入のうえ，それぞれの内容について**2つ**具体的に記述しなさい。

1. 安全パトロール
2. ツールボックスミーティング(TBM)
3. 飛来落下災害の防止対策
4. 墜落災害の防止対策
5. 感電災害の防止対策
6. 新規入場者教育

※令和2年度以降の試験問題では、ふりがなが付記されるようになりました。

考え方

電気工事の安全管理に関して、その内容を答える問題なので、解答する語句の安全管理の方法について記述する。解答の記述は60字程度とし、行をはみ出さないよう注意する。

令和4年度に出題された安全管理に関する語句とそのキーワード（参考例）

No.	語句	キーワード①	キーワード②
1	安全パトロール	危険性のある設備の発見	ヒヤリハット事例の是正
2	ツールボックスミーティング(TBM)	作業開始前の話し合い	作業切替え時にも実施
3	飛来落下災害の防止対策	投下設備と監視人	防網と立入禁止区域
4	墜落災害の防止対策	防網と墜落制止用器具	悪天候時の作業禁止
5	感電災害の防止対策	操作部分の照度確保	絶縁用保護具の着用
6	新規入場者教育	労働者の災害防止対策	方針と作業手順の教育

解き方

問題 2-1 では、品質管理または安全管理についての解答であることを意識して記述する。工程管理や工費削減についての記述は不正解となる。問題文中に「電気工事に関する」などとあれば、品質を確保するために必要な品質管理の方法について記述する。問題文中に「安全管理に関する」などとあれば、労働者の安全を確保するために必要な安全管理の方法について記述する。

解答は無数に考えられるので、本書の解答例は、参考例に過ぎない。他に記述したいことがあれば自由に記述してよい。ただし、「品質」または「安全」についての記述であることは、常に意識しておくことが大切である。

1　安全パトロールの解答例

番号	1	語句	安全パトロール

キーワード①：危険性のある設備の発見

具体的な内容	安全管理者などが工事現場を巡視し、危険性のある設備などを早期に発見して改善を行うことで、災害の防止を図る活動である。

キーワード②：ヒヤリハット事例の是正

具体的な内容	工事現場でヒヤリハット事例を確認したときは、その場で是正を行う。是正ができないときは、作業を中止して対策を検討する。

参考　安全パトロールとは、**安全管理者**などに**工事現場を巡視**させ、目視で判明する危険要因を確認することをいう。これは、工事現場で発生するおそれのある**労働災害を予測**し、**事前に対策を講じる**ことで、労働災害を防止する危険予知活動の一環である。

①安全パトロールの目的は、**不安全状態**や**不安全行動**を早期に発見し、その改善を行うことで、労働災害・公衆災害の発生を防止することである。

　❶不安全状態とは、労働災害の要因となる物理的な状態や環境のことである。一例として、壊れた防護柵を放置することは、不安全状態である。

　❷不安全行動とは、労働災害の要因となる作業者の行動のことである。一例として、時間短縮のために安全確認をせず建設機械を動かすことは、不安全行動である。

②安全パトロールは、**ヒヤリハット活動**を実施することで、労働災害を未然に防止するためのものである。ヒヤリハット活動とは、仕事中に怪我をする危険を感じて、ヒヤリとしたりハッとしたりしたことを報告させることにより、危険有害要因を把握し、改善を図っていく活動である。重傷事故1件の陰には、29件の軽傷事故と、300件の無傷害事故(ヒヤリとしたりハッとしたこと)があるといわれている。この数値はハインリッヒの法則と呼ばれている。労働災害の芽は、無傷害事故のうちに摘んでおくことが大切である。

③安全パトロールにおいて、不安全状態・不安全行動・ヒヤリハット事例を確認したときは、それが些細なことであっても、**その場で是正を指示**し、**早急に改善**することが重要である。すぐに是正ができないときは、その作業を中止して対策を検討する必要がある。

④安全パトロールでは、不安全な状態や行動を見過ごさないだけの厳しさが必要であるが、安全な状態や行動を積極的に見出し、それを褒めることも大切である。

2 ツールボックスミーティング(TBM)の解答例

番号	2	語句	ツールボックスミーティング(TBM)

キーワード①：作業開始前の話し合い

具体的な内容	作業関係者が作業開始前に集まり、その日の作業における安全対策について、短時間の話し合いを行う危険予知活動である。

キーワード②：作業切替え時にも実施

具体的な内容	ツールボックスミーティングは、作業開始前だけでなく、必要に応じて、昼食後の作業再開時や、作業切替え時に行われることもある。

参考　ツールボックスミーティング(TBM/Tool Box Meeting)は、職場安全会議とも呼ばれており、**危険予知活動**の一環として、職長を中心とした少人数の集団で、**作業に伴う労働災害の防止を**目的として、作業方法などを話し合う活動である。この話し合いは、工具箱(ツールボックス)の周りで行われることが多いので、このような名が付けられている。

① ツールボックスミーティングは、**作業開始前**に行わなければならない。この活動を、「作業関係者が作業終了後に集まり、その日の作業・安全について反省・再確認を行う活動」と捉えてはならないことには、特に注意が必要である。

② ツールボックスミーティングは、**毎作業日**に(1日に1回程度の頻度で)行わなければならない。この活動について、「作業が長期間継続するので、1週間に1回程度の頻度で行う」ようなことをしてはならないことには、特に注意が必要である。

③ ツールボックスミーティングは、作業開始前だけでなく、必要に応じて、昼食後の**作業再開時**や、**作業切替え時**に行われることもある。

④ ツールボックスミーティングでは、各作業者が自由に発言できるため、作業への参加意識が高まり、自然な流れで安全衛生教育が行われる。これは、作業参加意識の向上に繋がるので、安全管理のための活動としては有用であるといえる。

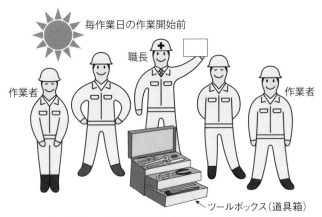

ツールボックスミーティング(職場安全会議)

3 飛来落下災害の防止対策の解答例

番号	3	語句	飛来落下災害の防止対策

キーワード①：投下設備と監視人

具体的な内容	3m以上の高所から物体を投下するときは、適当な投下設備を設け、監視人を置くなどの措置を講じる。

キーワード②：防網と立入禁止区域

具体的な内容	物体が落下することにより、労働者に危険を及ぼすおそれのあるときは、防網の設備を設け、立入禁止区域を設定する。

参考 労働安全衛生規則の第534条〜第539条には、「飛来崩壊災害による危険の防止」に関して、事業者が行うべき措置内容が、次のように定められている。（抜粋・一部改変）

①**高所からの物体投下による危険の防止**（**労働安全衛生規則第536条**）

事業者は、**3m以上の高所から**物体を投下するときは、適当な**投下設備**を設け、**監視人**を置く等、労働者の危険を防止するための措置を講じなければならない。労働者は、このような措置が講じられていないときは、3m以上の高所から物体を投下してはならない。

②**物体の落下による危険の防止**（**労働安全衛生規則第537条**）

事業者は、作業のため**物体が落下**することにより、労働者に危険を及ぼすおそれのあるときは、**防網の設備**を設け、**立入区域**（立入禁止区域）を設定する等、当該危険を防止するための措置を講じなければならない。

③**物体の飛来による危険の防止**（**労働安全衛生規則第538条**）

事業者は、作業のため**物体が飛来**することにより労働者に危険を及ぼすおそれのあるときは、**飛来防止**の設備を設け、労働者に**保護具**を使用させる等、当該危険を防止するための措置を講じなければならない。

④**保護帽の着用**（**労働安全衛生規則第539条**）

事業者は、船台の附近・高層建築場等の場所で、その上方において**他の労働者が作業を行っている**ところにおいて作業を行うときは、物体の**飛来または落下**による労働者の危険を防止するため、当該作業に従事する労働者に、**保護帽**を着用させなければならない。このような作業に従事する労働者は、保護帽を着用しなければならない。

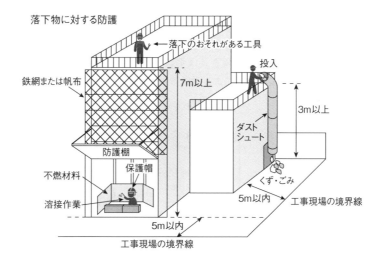

番号	4	語句	墜落災害の防止対策

キーワード①：防網と墜落制止用器具

具体的な内容	高さが2m以上の箇所で作業を行う場合に、作業床を設けることが困難なときは、防網を張り、要求性能墜落制止用器具を使用させる。

キーワード②：悪天候時の作業禁止

具体的な内容	高さが2m以上の箇所で作業を行う場合に、強風・大雨・大雪などの悪天候による危険が予想されるときは、作業を中止する。

参考 労働安全衛生規則の第518条～第533条には、「墜落等による危険の防止」に関して、事業者が行うべき措置内容が、次のように定められている。（抜粋・一部改変）

①作業床の設置等（労働安全衛生規則第518条）

事業者は、高さが**2m以上**の箇所で作業を行う場合において、**墜落**により労働者に危険を及ぼすおそれのあるときは、足場を組み立てる等の方法により**作業床**を設けなければならない。作業床を設けることが困難なときは、**防網**を張り、労働者に**要求性能墜落制止用器具**（安全帯）を使用させる等、墜落による労働者の危険を防止するための措置を講じなければならない。

②作業床の端・開口部（労働安全衛生規則第519条）

事業者は、高さが**2m以上**の作業床の端・開口部等で、**墜落**により労働者に危険を及ぼすおそれのある箇所には、**囲い・手すり・覆い等**を設けなければならない。囲い等を設けることが著しく困難なときや、作業の必要上臨時に囲い等を取りはずすときは、**防網**を張り、労働者に**要求性能墜落制止用器具**（安全帯）を使用させる等、墜落による労働者の危険を防止するための措置を講じなければならない。

③悪天候時の作業禁止（労働安全衛生規則第522条）

事業者は、高さが**2m以上**の箇所で作業を行う場合において、**強風・大雨・大雪**等の**悪天候**のため、当該作業の実施について危険が予想されるときは、当該作業に労働者を**従事させてはならない**。

④照度の保持（労働安全衛生規則第523条）

事業者は、高さが**2m以上**の箇所で作業を行うときは、当該作業を安全に行うために必要な**照度**を保持しなければならない。

⑤スレート等の屋根上の危険の防止（労働安全衛生規則第524条）

事業者は、スレート・木毛板等の材料で葺かれた**屋根の上**で作業を行う場合において、**踏み抜き**により労働者に危険を及ぼすおそれのあるときは、幅が**30cm以上**の**歩み板**を設け、**防網**を張る等、踏み抜きによる労働者の危険を防止するための措置を講じなければならない。

大雨：1回の降雨量が50mm以上

強風：10分間の平均風速が毎秒10m以上

大雪：1回の降雪量が25cm以上

このような悪天候の時には、作業を中止しなければならないんだ。

悪天候の基準

施工管理

5 感電災害の防止対策の解答例

| 番号 | 5 | 語句 | 感電災害の防止対策 |

キーワード①：操作部分の照度確保

| 具体的な内容 | 電気機械器具の操作の際は、感電の危険や誤操作による危険を防止するため、その操作部分について、必要な照度を保持する。 |

キーワード②：絶縁用保護具の着用

| 具体的な内容 | 高圧の充電電路の点検をするときは、労働者に絶縁用保護具を着用させ、感電のおそれがある充電電路に絶縁用防具を装着する。 |

参考 労働安全衛生規則の第329条〜第354条には、「電気による危険の防止」に関して、事業者が行うべき措置内容が、次のように定められている。（抜粋・一部改変）

①電気機械器具の囲い等（労働安全衛生規則第329条）

事業者は、電気機械器具の充電部分で、労働者が作業中または通行の際に、接触または接近することにより、感電の危険を生ずるおそれのあるものについては、**感電を防止**するための**囲いまたは絶縁覆い**を設けなければならない。

②漏電による感電の防止（労働安全衛生規則第333条）

事業者は、対地電圧が**150Vを超える**移動式・可搬式の電動機械器具や、**鉄骨上**などの導電性の高い場所において使用する**移動式・可搬式の電動機械器具**については、漏電による感電の危険を防止するため、その電動機械器具が接続されている電路に、確実に作動する**感電防止用漏電遮断装置**を接続しなければならない。

③電気機械器具の操作部分の照度（労働安全衛生規則第335条）

事業者は、**電気機械器具**の操作の際に、感電の危険または**誤操作**による危険を防止するため、当該電気機械器具の操作部分について、必要な**照度を保持**しなければならない。

④高圧活線作業（労働安全衛生規則第341条）

事業者は、**高圧の充電電路の点検・修理等**、当該充電電路を取り扱う作業を行う場合において、当該作業に従事する労働者について感電の危険が生ずるおそれのあるときは、次のいずれかに該当する措置を講じなければならない。

一　労働者に**絶縁用保護具**を着用させ、かつ、当該充電電路のうち、労働者が現に取り扱っている部分以外の部分が接触または接近することにより感電の危険が生ずるおそれのあるものに**絶縁用防具**を装着すること。

二　労働者に**活線作業用器具**を使用させること。

三　労働者に**活線作業用装置**を使用させること。この場合には、労働者が現に取り扱っている充電電路と電位を異にする物に、労働者の身体等が接触または接近することによる感電の危険を生じさせてはならない。

⑤高圧活線近接作業（労働安全衛生規則第342条）

事業者は、電路またはその支持物の敷設・点検・修理・塗装等の電気工事の作業を行う場合において、当該作業に従事する労働者が**高圧の充電電路**に接触し、または当該充電電路に対して**頭上距離が30cm以内**または**躯側距離・足下距離が60cm以内**に接近することにより感電の危険が生ずるおそれのあるときは、当該充電電路に**絶縁用防具**を装着しなければならない。

6 新規入場者教育の解答例

番号	6	語句	新規入場者教育

キーワード①：労働者の災害防止対策

具体的な内容	新たに現場に入場する労働者の災害防止対策として、現場状況・規律・安全作業などについての必要事項を教育することである。

キーワード②：方針と作業手順の教育

具体的な内容	新規入場者教育の内容には、作業所の方針・安全施工サイクルの具体的な内容・作業手順などが含まれている。

参考 新規入場者教育(安全衛生教育)に関する事項は、下記の法律および指針において、次のように定められている。（抜粋・一部改変）

①安全衛生教育（労働安全衛生法第59条）

事業者は、**労働者を雇い入れたときは**、当該労働者に対し、厚生労働省令で定めるところにより、その従事する業務に関する**安全又は衛生のための教育**を行わなければならない。この規定は、**労働者の作業内容を変更したとき**について準用する。

事業者は、**危険又は有害**な業務で、厚生労働省令で定めるものに労働者を就かせるときは、厚生労働省令で定めるところにより、当該業務に関する**安全又は衛生のための特別の教育**を行わなければならない。

②雇入れ時等の教育（労働安全衛生規則第35条）

事業者は、労働者を雇い入れ、又は労働者の作業内容を変更したときは、当該労働者に対し、遅滞なく、次の事項のうち、当該労働者が従事する業務に関する安全又は衛生のため必要な事項について、教育を行わなければならない。

①機械等・原材料等の**危険性・有害性**及びこれらの取扱い方法に関すること。

②安全装置・有害物抑制装置・**保護具**の性能及びこれらの取扱い方法に関すること。

③**作業手順**および**作業開始時の点検**に関すること。

④当該業務に関して発生するおそれのある疾病の原因・予防に関すること。

⑤整理・整頓・清潔の保持に関すること。

⑥**事故時**等における**応急措置・退避**に関すること。

⑦その他、当該業務に関する安全又は衛生のために必要な事項。

③新規入場者教育の実施（元方事業者による建設現場安全管理指針）

関係請負人は、その雇用する労働者が建設現場で新たに作業に従事することとなった場合には、当該**作業従事前**に当該建設現場の特性を踏まえて、次の事項を職長等から**周知**するとともに、元方事業者にその結果を**報告**すること。

①元方事業者及び関係請負人の労働者が**混在して作業を行う場所**の状況

②労働者に危険を生ずる箇所の状況（**危険有害箇所**と**立入禁止区域**）

③**指揮命令系統**および混在作業場所において行われる**作業相互の関係**

④担当する**作業内容**と**労働災害防止対策**、避難の方法、**安全衛生**に関する規程

⑤建設現場の安全衛生管理の**基本方針・目標**・その他基本的な労働災害防止対策の計画

令和3年度	問題 2-1 施工管理（品質管理）

電気工事に関する次の語句の中から**2つ**選び，番号と語句を記入のうえ，**施工管理上留意すべき内容**を，それぞれについて**2つ**具体的に記述しなさい。

> 1．機器の搬入
> 2．分電盤の取付け
> 3．低圧ケーブルの敷設
> 4．電動機への配管配線
> 5．資材の受入検査
> 6．低圧分岐回路の試験

※令和2年度以降の試験問題では、ふりがなが付記されるようになりました。

考え方

　電気工事の作業に関して、施工管理上留意すべき内容を答える問題なので、解答する語句の品質管理（品質を確保するための方法または作業前に点検する事項）について記述する。解答の記述は60字程度とし、行をはみ出さないよう注意する。

令和3年度に出題された品質管理に関する語句とそのキーワード（**参考例**）

No.	語句	キーワード①	キーワード②
1	機器の搬入	搬入経路の確保	搬入計画書の作成
2	分電盤の取付け	錆や水の浸入防止	取付け箇所数と補強
3	低圧ケーブルの敷設	支持点間の距離	屈曲部の内側半径
4	電動機への配管配線	電動機端子箱との接続	金属部分貫通部の保護物
5	資材の受入検査	設計図書との照合	不適合品の現場外搬出
6	低圧分岐回路の試験	接地抵抗値の確認	照明器具の確認

1 機器の搬入の解答例

| 番号 | 1 | 語句 | 機器の搬入 |

キーワード①：搬入経路の確保

| **具体的な内容** | 搬入経路上にある立木や仮設物などが、搬入中の機器に接触することがないかを確認し、必要があればそれらを移設する。 |

キーワード②：搬入計画書の作成

| **具体的な内容** | 機器の搬入経路を占有できるよう、搬入計画書は、建築業者や関連業者と打合せを行い、工期に支障のないように作成する。 |

参考 電気工事では、屋上などの高所に大型の電気機器を搬入することがある。一例として、大型機器の屋上への搬入計画などを立案する場合の確認事項（施工管理上留意すべき内容）としては、次のようなものが挙げられる。

① **搬入時期および搬入順序**：機器の搬入作業中に行うことができない作業（機器の搬入経路内で行う別の作業）があるかもしれないので、その搬入時期と搬入順序を確認する。

② **搬入口の位置と大きさ**：機器の搬入口とする工事用ゲートの高さと幅が十分であることを確認する。工事用ゲートの有効高さは、空荷の運搬車両が通過できる高さとする。空荷の運搬車両は、機器による荷重がないため、満載時に比べて車高が高くなるからである。

③ **搬入経路と作業区画場所**：機器の搬入時には、工事現場の通路を占有することになるので、その搬入経路と作業区画場所が確保されていることを確認する。この搬入経路上に、立木や仮設物などがあってはならない。必要があれば、それらを移設するなどの対策を講じる。

④ **運搬車両の駐車位置と待機場所**：機器の搬入期間中、工事現場内に、その運搬車両の駐車場所と待機場所が確保されていることを確認する。

⑤ **搬入計画書の作成**：建築業者や関連業者と打合せを行い、工期に支障が生じないように、搬入計画書を作成する。この打合せは、機器の搬入予定日に、その搬入経路を占有できるようにする（搬入経路上で建設業者や関連業者に作業させない）ために行われる。

⑥ **搬入する機器の大きさと重量**：搬入する機器の大きさと重量を確認する。これらのデータは、揚重機の選定をするときに必要になるからである。

⑦ **揚重機の選定と作業に必要な資格**：機器の搬入には、揚重機とそれを運転できる有資格者が必要になるので、搬入作業に使用する揚重機を選定し、その作業に必要な資格を有している作業者がいることを確認する。

2　分電盤の取付けの解答例

番号	2	語句	分電盤の取付け

キーワード①：錆や水の浸入防止

具体的な内容	自立型分電盤は、錆や水の浸入を防ぐため、支持金物とコンクリート面との間に、ゴムパッキンを入れて取り付ける。

キーワード②：取付け箇所数と補強

具体的な内容	露出形分電盤は、その裏面を山形鋼または平鋼で補強し、ボルト・ナット類で4箇所を、壁を貫通して取り付ける。

参考　分電盤は、漏電などによる事故を防ぐために、各家庭などに設置された電気器具である。その内部には漏電遮断器や配線用遮断器が設置されており、過剰な電流が流れた場合に、配線を遮断して通電を止めることができる。分電盤は、その設置方法により、自立型・露出型・埋込型に分類されている。それぞれの分電盤の取付けの際に、施工管理上留意すべき内容は、「電気設備工事共通仕様書」において、次のような事項が定められている。

①**自立型分電盤**：床面の基礎上に設置される大型の分電盤である。

  ❶**電線管の接続位置**：屋外盤の貫通部へ電線管を接続する場合は、分電盤の下部より接続するものとする。なお、接続部分は十分に錆止め塗装を行うものとする。

  ❷**ゴムパッキンの使用**：コンクリートと分電盤支持金物との間には、ゴムパッキン（クロロプレンゴム）を入れ、外壁と分電盤の隔離を図り、錆や水の浸入を防ぐものとする。

②**露出型分電盤**：壁面に取り付ける小型の分電盤である。

  ❶**取付け箇所数と補強**：壁取付けの露出形分電盤は、分電盤の裏面に山形鋼または平鋼にて補強し、ボルト・ナット類で4箇所を、壁を貫通して取り付けるものとする。

一般住宅用の露出型分電盤の例

③**埋込型分電盤**：壁内に埋め込まれる小型の分電盤である。

  ❶**コンクリート壁に設置する場合**：コンクリート壁が薄い場合は、分電盤の外箱の背面にメタルラスを取り付け、モルタルにより埋戻しを完全に行うものとする。

  ❷**軽量間仕切り壁に設置する場合**：補強を完全に行い、補強材にボルト・ナット類で取り付けるものとし、溶接を行った補強材の防錆塗装を完全に行うものとする。

3 低圧ケーブルの敷設の解答例

番号	3	語句	低圧ケーブルの敷設

キーワード①：支持点間の距離

具体的な内容	造営材の下面に沿って敷設する低圧ケーブルは、支持点間の距離を 2m 以下として敷設する。

キーワード②：屈曲部の内側半径

具体的な内容	単心の低圧ケーブルは、その屈曲部の内側半径が、ケーブル仕上り外径の 8 倍以上となるように敷設する。

参考 低圧ケーブルとは、使用電圧が低圧の電路の電線に使用するケーブルである。屋内に施設する低圧のケーブル配線における施工管理上留意すべき内容には、次のような事項がある。

①**支持点間の距離(造営材の下面)**：造営材の下面に沿って施設する低圧ケーブルは、支持点間の距離を 2m 以下とする。

②**支持固定の間隔(ケーブルラック)**：屋内のケーブルラックに配線する低圧ケーブルは、整然と並べ、水平部分では 3m 以下、垂直部分では 1.5m 以下の間隔ごとに支持固定する。

③**低圧ケーブルの曲げ半径**：低圧ケーブルを曲げる場合は、折り曲げによるケーブルの破損を避けるため、その曲げ半径(屈曲部の内側半径)を次の通りとする。

❶ 単心の低圧ケーブルでは、屈曲部の内側半径を、仕上り外径の 8 倍以上とする。

❷ 単心の低圧遮蔽付ケーブルでは、屈曲部の内側半径を、仕上り外径の 10 倍以上とする。

❸ 多心の低圧ケーブルでは、屈曲部の内側半径を、仕上り外径の 6 倍以上とする。

❹ 多心の低圧遮蔽付ケーブルでは、屈曲部の内側半径を、仕上り外径の 8 倍以上とする。

4 電動機への配管配線の解答例

番号	4	語句	電動機への配管配線

キーワード①：電動機端子箱との接続

具体的な内容	電動機への配線のうち、電動機端子箱に直接接続する部分には、原則として、金属製可とう電線管を使用する。

キーワード②：金属部分貫通部の保護物

具体的な内容	電動機への配線のうち、電動機の金属部分を貫通する電線には、電線の被覆を損傷しないように、保護物を設ける。

参考 電動機などの電気機械器具への配管・配線における施工管理上留意すべき内容は、「公共建築工事標準仕様書(電気設備工事編)」などにおいて、次のような事項が定められている。

①**電動機端子箱との接続**：電動機への配線のうち、電動機端子箱に直接接続する部分には、金属製可とう電線管を使用する。ただし、電動機が端子箱を有していない場合や、電動機の設置場所が二重天井内の場合は、この限りでない。

②**振動を防止できる配管**：低圧電動機に接続する配管は、振動を断つことができる二種金属製可とう電線管とする。電動機の振動が配管に伝わると、配管の支持部・固定部・接続部(カップリング)などに緩みが生じるからである。

③**金属部分貫通部の保護物**：電線が電動機の金属部分を貫通する場合は、電線の被覆を損傷しないように、保護物を設ける。

---

5 資材の受入検査の解答例

番号	5	語句	資材の受入検査

キーワード①：設計図書との照合

具体的な内容	工事現場に受け入れた資材の寸法および数量を、設計図書のリストと比較し、適合しているかどうかを、スケールと目視で確認する。

キーワード②：不適合品の現場外搬出

具体的な内容	工事現場に受け入れた資材のうち、損傷があることが確認された資材は、直ちに現場外に搬出し、再発注の手続きをする。

参考 資材の受入検査は、発注した原材料・部品・製品などの資材を、工事現場内に受け入れる段階で行う検査である。その目的は、電気工事の生産工程に、一定の品質水準を満たす資材だけを受け渡すことである。資材の受入検査において、施工管理上留意すべき内容には、次のような事項がある。

①**設計図書との照合**：資材の寸法および数量を、設計図書のリストと比較し、適合しているかどうかを、スケールと目視で確認し、必要に応じて試験・検査を実施する。

②**不適合品の現場外搬出**：損傷のある資材は、損傷のない資材と間違えられて使用されるのを防ぐため、工事現場内に保管せず、直ちに工事現場外に搬出し、再発注の手続きをする。

③**チェックリストの作成**：検査項目に漏れや重複がないよう、あらかじめ検査項目のチェックリストを作成しておく。

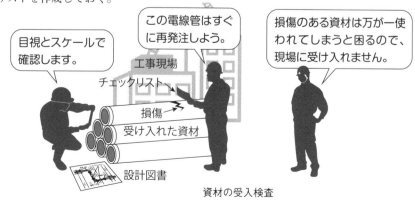

資材の受入検査

番号	6	語句	低圧分岐回路の試験

キーワード①：接地抵抗値の確認

具体的な内容	盤類のケース・電動機などの接地抵抗値が、D 種接地工事の場合は 100 Ω 以下、C 種接地工事の場合は 10 Ω 以下であることを確認する。

キーワード②：照明器具の確認

具体的な内容	照明器具を取り付けたときは、スイッチの操作により対応した器具が点滅することや、器具の位置が施工図通りであることを確認する。

参考 低圧分岐回路とは、低圧幹線から分岐して電気機械器具（電動機など）に至る低圧電路のことである。この低圧分岐回路には、過電流遮断器を施設することが定められている。一例として、電動機のみに至る低圧分岐回路に施設する過電流遮断器の性能（過電流遮断器を構成する各機器の性能に関する規定）は、「電気設備の技術基準とその解釈」において、次のような事項が定められている。

①**過電流遮断器の過負荷保護装置**：電動機が焼損するおそれがある過電流を生じた場合に、自動的にその過電流を遮断する能力を有していることを確認する。

②**過電流遮断器の短絡保護専用ヒューズ**：定格電流の 1.3 倍の電流に耐えるものであることを確認する。

③**過電流遮断器の短絡保護専用遮断器**：整定電流の 1.2 倍の電流を通じた場合において、0.2 秒以内に動作することを確認する。

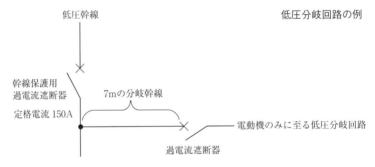

※ 過電流遮断器として、低圧電路に施設する過負荷保護装置と短絡保護専用遮断器または短絡保護専用ヒューズを組み合わせた装置は、電動機のみに至る低圧電路で使用するものである。

安全管理に関する次の語句の中から**2つ**を選び，番号と語句を記入のうえ，それぞれの内容について**2つ**具体的に記述しなさい。

1. 危険予知活動（KYK）
2. 安全施工サイクル
3. 新規入場者教育
4. 酸素欠乏危険場所での危険防止対策
5. 高所作業車での危険防止対策
6. 感電災害の防止対策

※令和2年度以降の試験問題では、ふりがなが付記されるようになりました。

考え方

　安全管理に関して、その内容を答える問題なので、解答する語句の安全管理の方法について記述する。解答の記述は60字程度とし、行をはみ出さないよう注意する。

令和2年度に出題された安全管理に関する語句とそのキーワード（参考例）

No.	語句	キーワード①	キーワード②
1	危険予知活動（KYK）	危険情報の共有	安全会議と指差呼称
2	安全施工サイクル	パターン化と継続	日常活動サイクル
3	新規入場者教育	労働災害防止対策	方針と手順の教育
4	酸素欠乏危険場所での危険防止対策	酸素18％以上に換気	入退場者数の点検
5	高所作業車での危険防止対策	作業開始前の点検	合図者の指名
6	感電災害の防止対策	絶縁用保護具の着用	操作部分の照度確保

1　危険予知活動(KYK)の解答例

番号	1	語句	危険予知活動(KYK)

キーワード①：危険情報の共有

具体的な内容	現地作業の前に、その作業に伴う危険に関する情報を担当者で話し合って共有することで、安全に対する意識を高める活動である。

キーワード②：安全会議と指差呼称

具体的な内容	電気工事の現場では、危険予知活動の一環として、ツールボックスミーティング(職場安全会議)や指差呼称が行われる。

参考　危険予知活動(KYK/Kiken Yochi Katsudou)とは、作業を開始する前に、現場で発生するおそれのある労働災害を予測し、事前に対策を講じることで、労働災害を防止することである。その目的は、不安全行動(労働災害の要因となる作業者の行動)や不安全状態(労働災害の要因となる物理的な状態や環境)を取り除くことである。

電気工事の現場で行われる代表的な危険予知活動としては、ツールボックスミーティング(職場安全会議)や指差呼称が挙げられる。

①ツールボックスミーティング(職場安全会議)とは、作業関係者が作業開始前に集まり、その日の作業における安全対策について、短時間の話し合いを行う危険予知活動である。

②指差呼称とは、対象を指で差し、声に出して確認する行動のことをいい、意識のレベルを上げて緊張感・集中力を高める効果を狙った危険予知活動である。

2　安全施工サイクルの解答例

番号	2	語句	安全施工サイクル

キーワード①：パターン化と継続

具体的な内容	施工の安全を図るため、毎日・毎週・毎月に行うことをパターン化し、継続的に取り組む活動である。

キーワード②：日常活動サイクル

具体的な内容	安全朝礼から始まり、安全ミーティング、安全巡回、工程打合せ、片付けまでの日常活動サイクルのことである。

参考　安全施工サイクルとは、一定期間(毎日・毎週・毎月)における安全管理活動の流れのことである。その目的は、労働災害を防止し、労働環境を改善すると共に、快適な作業場づくりに寄与することである。一例として、作業日に「朝礼→巡回→打合せ→後片付け→確認」を行い、その確認の内容を次の日の朝礼に繋げる活動の輪は、毎日の安全施工サイクルであるといえる。代表的な安全施工サイクルには、毎日のサイクル・毎週のサイクル・毎月のサイクルがある。

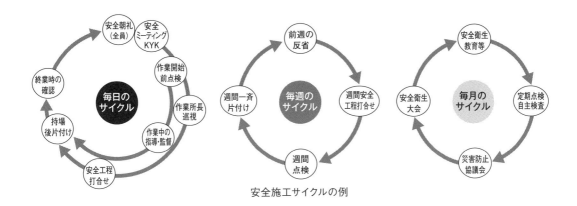

安全施工サイクルの例

3 新規入場者教育の解答例

番号	3	語句	新規入場者教育

キーワード①:労働災害防止対策

具体的な内容	新たに現場に入場する労働者の災害防止対策として、現場状況・規律・安全作業などについての必要事項を教育することである。

キーワード②:方針と手順の教育

具体的な内容	新規入場者教育の内容には、作業所の方針・安全施工サイクルの具体的な内容・作業手順などが含まれている。

参考 新規入場者教育(安全衛生教育)に関する事項は、下記の法律および指針において、次のように定められている。(抜粋・一部改変)

①安全衛生教育(労働安全衛生法第59条)

事業者は、労働者を雇い入れたときは、当該労働者に対し、厚生労働省令で定めるところにより、その従事する業務に関する安全又は衛生のための教育を行わなければならない。この規定は、労働者の作業内容を変更したときについて準用する。

事業者は、危険又は有害な業務で、厚生労働省令で定めるものに労働者を就かせるときは、厚生労働省令で定めるところにより、当該業務に関する安全又は衛生のための特別の教育を行わなければならない。

②雇入れ時等の教育(労働安全衛生規則第35条)

事業者は、労働者を雇い入れ、又は労働者の作業内容を変更したときは、当該労働者に対し、遅滞なく、次の事項のうち当該労働者が従事する業務に関する安全又は衛生のため必要な事項について、教育を行わなければならない。

①機械等・原材料等の危険性・有害性及びこれらの取扱い方法に関すること。

②安全装置・有害物抑制装置・保護具の性能及びこれらの取扱い方法に関すること。

③作業手順に関すること。

④作業開始時の点検に関すること。

⑤当該業務に関して発生するおそれのある疾病の原因・予防に関すること。

⑥整理・整頓・清潔の保持に関すること。

⑦事故時等における応急措置・退避に関すること。

⑧その他、当該業務に関する安全又は衛生のために必要な事項。

③**新規入場者教育の実施**（元方事業者による建設現場安全管理指針）

関係請負人は、その雇用する労働者が建設現場で新たに作業に従事することとなった場合には、当該作業従事前に当該建設現場の特性を踏まえて、次の事項を職長等から周知するとともに、元方事業者にその結果を報告すること。

①元方事業者及び関係請負人の労働者が混在して作業を行う場所の状況

②労働者に危険を生ずる箇所の状況（危険有害箇所と立入禁止区域）

③混在作業場所において行われる作業相互の関係

④避難の方法

⑤指揮命令系統

⑥担当する作業内容と労働災害防止対策

⑦安全衛生に関する規程

⑧建設現場の安全衛生管理の基本方針・目標・その他基本的な労働災害防止対策を定めた計画

4　酸素欠乏危険場所での危険防止対策の解答例

番号	4	語句	酸素欠乏危険場所での危険防止対策

キーワード①：酸素18％以上に換気

具体的な内容	酸素欠乏危険作業に労働者を従事させる場合は、作業場所の空気中の酸素濃度を18％以上に保つように換気する。

キーワード②：入退場者数の点検

具体的な内容	酸素欠乏危険場所に労働者を入場させる時および退場させる時は、その人員（入場者数および退場者数）を点検する。

参考　酸素欠乏症等防止規則の第3条〜第17条には、酸素欠乏症等の一般的防止措置に関して、事業者が行うべき措置内容が、次のように定められている。（抜粋・一部改変）

①**作業環境測定等**（酸素欠乏症等防止規則第3条）

事業者は、酸素欠乏危険場所に該当する作業場について、その日の作業を開始する前に、当該作業場における空気中の**酸素の濃度を測定**しなければならない。この測定を行ったときは、その都度、測定日時・測定方法・測定箇所・測定条件・測定結果などを記録して、これを**3年間**保存しなければならない。

②**換気**（酸素欠乏症等防止規則第5条）

事業者は、酸素欠乏危険作業に労働者を従事させる場合は、当該作業を行う場所の空気中の酸素の濃度を**18％以上**に保つように換気しなければならない。ただし、爆発・酸化等を防止するため換気することができない場合又は作業の性質上換気することが著しく困難な場合は、この限りでない。また、この換気に純酸素を使用してはならない。

③**保護具の使用等**（酸素欠乏症等防止規則第5条の2）

事業者は、上記②の換気ができない場合においては、同時に就業する労働者の人数と同数以上の**空気呼吸器**等を備え、労働者にこれを使用させなければならない。

④**人員の点検**（酸素欠乏症等防止規則第8条）

事業者は、酸素欠乏危険作業に労働者を従事させるときは、労働者を、当該作業を行う場所に**入場**させ、及び**退場**させる時に、人員を点検しなければならない。

番号	5	語句	高所作業車での危険防止対策

キーワード①：作業開始前の点検

具体的な内容	その日の作業を開始する前に、制動装置・操作装置・作業装置の機能について点検し、異常を認めたときは直ちに補修する。

キーワード②：合図者の指名

具体的な内容	作業床以外の箇所で作業床を操作するときは、事業者が一定の合図を定め、合図を行う者を指名してその者に合図を行わせる。

参考　労働安全衛生規則の第194条の8～第194条の28には、高所作業車の安全基準に関して、事業者が行うべき措置内容が、次のように定められている。（抜粋・一部改変）

①**作業指揮者**（労働安全衛生規則第194条の10）

　事業者は、高所作業車を用いて作業を行うときは、当該**作業の指揮者**を定め、その者に作業計画に基づき作業の指揮を行わせなければならない。

②**転落等の防止**（労働安全衛生規則第194条の11）

　事業者は、高所作業車を用いて作業を行うときは、高所作業車の転倒又は転落による労働者の危険を防止するため、**アウトリガーを張り出す**こと、地盤の不同沈下を防止すること、路肩の崩壊を防止すること等、必要な措置を講じなければならない。

③**合図**（労働安全衛生規則第194条の12）

　事業者は、高所作業車を用いて作業を行う場合で、作業床以外の箇所で作業床を操作するときは、作業床上の労働者と作業床以外の箇所で作業床を操作する者との間の連絡を確実にするため、**一定の合図を定め**、当該**合図を行う者**を指名してその者に行わせる等、必要な措置を講じなければならない。

④**搭乗の制限**（労働安全衛生規則第194条の15）

　事業者は、高所作業車を用いて作業を行うときは、**乗車席**及び**作業床**以外の箇所に労働者を乗せてはならない。

⑤**作業開始前点検**（労働安全衛生規則第194条の27）

　事業者は、高所作業車を用いて作業を行うときは、その日の作業を開始する前に、**制動装置・操作装置・作業装置の機能について点検**を行わなければならない。

⑥**補修等**（労働安全衛生規則第194条の28）

　事業者は、作業開始前点検を行った場合において、異常を認めたときは、**直ちに補修・**その他必要な措置を講じなければならない。

6 感電災害の防止対策の解答例

番号	6	語句	感電災害の防止対策

キーワード①：絶縁用保護具の着用

具体的な内容	高圧の充電電路の点検をするときは、労働者に絶縁用保護具を着用させ、感電のおそれがある充電電路に絶縁用防具を装着する。

キーワード②：操作部分の照度確保

具体的な内容	電気機械器具の操作の際は、感電の危険や誤操作による危険を防止するため、その操作部分について、必要な照度を保持する。

参考 労働安全衛生規則の第329条～第354条には、「電気による危険の防止」に関して、事業者が行うべき措置内容が、次のように定められている。（抜粋・一部改変）

①電気機械器具の囲い等（労働安全衛生規則第329条）

事業者は、電気機械器具の充電部分で、労働者が作業中または通行の際に、接触または接近することにより、感電の危険を生ずるおそれのあるものについては、**感電を防止する**ための**囲いまたは絶縁覆い**を設けなければならない。

②漏電による感電の防止（労働安全衛生規則第333条）

事業者は、対地電圧が**150Vを超える**移動式・可搬式の電動機械器具や、**鉄骨上**などの導電性の高い場所において使用する**移動式・可搬式の電動機械器具**については、漏電による感電の危険を防止するため、その電動機械器具が接続されている電路に、確実に作動する**感電防止用漏電遮断装置**を接続しなければならない。

③電気機械器具の操作部分の照度（労働安全衛生規則第335条）

事業者は、**電気機械器具**の操作の際に、感電の危険または**誤操作**による危険を防止するため、当該電気機械器具の操作部分について、必要な**照度を保持**しなければならない。

④高圧活線作業（労働安全衛生規則第341条）

事業者は、**高圧の充電電路の点検・修理**等、当該充電電路を取り扱う作業を行う場合において、当該作業に従事する労働者について感電の危険が生ずるおそれのあるときは、次のいずれかに該当する措置を講じなければならない。

一　労働者に**絶縁用保護具**を着用させ、かつ、当該充電電路のうち、労働者が現に取り扱っている部分以外の部分が接触または接近することにより感電の危険が生ずるおそれのあるものに**絶縁用防具**を装着すること。

二　労働者に**活線作業用器具**を使用させること。

三　労働者に**活線作業用装置**を使用させること。この場合には、労働者が現に取り扱っている充電電路と電位を異にする物に、労働者の身体等が接触または接近することによる感電の危険を生じさせてはならない。

⑤高圧活線近接作業（労働安全衛生規則第342条）

事業者は、電路またはその支持物の敷設・点検・修理・塗装等の電気工事の作業を行う場合において、当該作業に従事する労働者が高圧の充電電路に接触し、または当該充電電路に対して頭上距離が**30cm以内**または躯側距離・足下距離が**60cm以内**に接近することにより感電の危険が生ずるおそれのあるときは、当該充電電路に**絶縁用防具**を装着しなければならない。

令和元年度	**問題 2-1** 施工管理（品質管理）

　電気工事に関する次の作業の中から**2つ**を選び、番号と語句を記入のうえ、**施工管理上留意すべき内容**を、それぞれについて**2つ**具体的に記述しなさい。

> 1. 機器の搬入
> 2. 電線相互の接続
> 3. 機器の取付け
> 4. 波付硬質合成樹脂管（FEP）の地中埋設
> 5. 電動機への配管配線
> 6. ケーブルラックの施工

考え方

　電気工事の作業に関して、施工管理上留意すべき内容を答える問題なので、解答する語句の品質管理（品質を確保するための方法または作業前に点検する事項）について記述する。解答の記述は60字程度とし、行をはみ出さないよう注意する。

令和元年度に出題された品質管理に関する語句とそのキーワード（参考例）

No.	語句	キーワード①	キーワード②
1	機器の搬入	搬入経路の確保	作業現場の地盤
2	電線相互の接続	接続する場所	心線の損傷防止
3	機器の取付け	詳細図との適合性	保守点検空間の確保
4	波付硬質合成樹脂管（FEP）の地中埋設	耐荷力の確保	埋戻し土の締固め
5	電動機への配管配線	適切な接地工事	撚線の絶縁電線
6	ケーブルラックの施工	支持間隔	ボンド線による接地

1 機器の搬入の解答例

番号	1	語句	機器の搬入

キーワード①：搬入経路の確保

具体的な内容	搬入経路上にある立木・仮設物などが、搬入中の機器に接触することがないかを確認し、必要があればそれらを移設する。

キーワード②：作業現場の地盤

具体的な内容	移動式クレーンによる搬入をするときは、作業場所における地盤の強度を確認し、強度が不足しているなら鉄板を敷設する。

参考 電気工事では、屋上などの高所に大型の電気機器を搬入することがある。このような作業の計画を立案するときは、次のような事項を確認しなければならない。

① **搬入に使用する揚重機の性能**：機器を搬入するために使用するクレーン・ベルトコンベアなどの搬入装置は、スイッチ・接地・配線・配管などの状態について、作業開始前に点検しなければならない。

② **搬入時期および搬入順序**：機器の搬入は、他の作業によって搬入経路が占有されていない時間帯に行う。また、先に運び込んだ機器が、後で運び込む機器の搬入経路に放置されるようなことがあってはならない。

③ **搬入経路(搬入動線)および作業区画場所**：機器の搬入経路(搬入動線)や、それを積んだ運搬機械の旋回半径内に、立木や仮設物があってはならない。必要があれば、それらを移設するなどの対策を講じる。

④ **搬入口の高さや幅**：受配電設備などの大型機器を搬入するときは、ゲートの高さ・幅が十分であることを確認する。工事現場のゲートの有効高さは、空荷時の運搬車両が通過できる高さとする。空荷時の運搬車両は、機器による荷重がなくなった結果として、満載時に比べて車高が高くなるためである。

⑤ **運搬車両の駐車位置および待機場所**：機器の搬入において、重機(移動式クレーンなど)を設置する必要があるときは、その駐車場所の地盤が安定していることを確認する。必要があれば、駐車場所(機器の脚部)に鉄板を敷設するなどの対策を講じる。

⑥ **作業に必要な有資格者の配置**：機器の品質を保全し、作業者の安全を確保するためには、次のような搬入管理体制の確立が必要である。

● 機器の運搬車両については、有資格者による運転と、指名を受けた誘導者による誘導を徹底する。

● 機器の搬入に従事する作業者に対しては、作業方法などについての指導・教育を行うと共に、その内容を周知・徹底する。

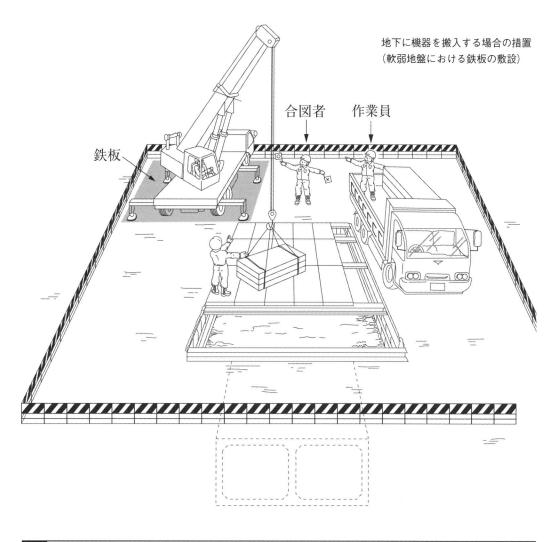

地下に機器を搬入する場合の措置
（軟弱地盤における鉄板の敷設）

合図者　作業員

鉄板

2　電線相互の接続の解答例

番号	2	語句	電線相互の接続

キーワード①：接続する場所

具体的な内容	電線は、スリーブや電線コネクタの中で接続させる。金属管・PF管・CD管等の内部で、電線が接続されていないことを確認する。

キーワード②：心線の損傷防止

具体的な内容	接続のために電線の心線を露出させるときは、心線を損傷させないよう、ワイヤーストリッパーなどの工具を使用する。

参考　電線相互の接続を行うときは、心線の損傷や接続不良による品質の低下を防止するため、次のような措置を講じなければならない。
①接続部分の温度上昇が、電線の他の部分と比べて大きくないことを確認する。
②電線の強さが、接続を原因として20％以上減少していないことを確認する。

③接続させる電線の心線を露出させるときは、ワイヤー
ストリッパーを使用する。
④電線は、スリーブや電線コネクタの中で接続させるか、
蝋付けによる接続とする。
⑤接続してはならない場所で、電線が接続されていない
ことを確認する。

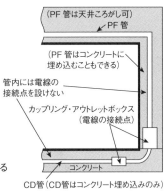

(PF 管は天井ころがし可)
←PF 管

(PF 管はコンクリートに
埋め込むこともできる)

管内には電線の
接続点を設けない

カップリング・アウトレットボックス
(電線の接続点)

コンクリート

低圧屋内配線に使用する
電線の接続点

CD管(CD管はコンクリート埋め込みのみ)

3　機器の取付けの解答例

番号	3	語句	機器の取付け

キーワード①：詳細図との適合性

具体的な内容	作成された取付け詳細図を見て、固定ボルトの径・本数や、振れ止めの位置などを、目視で点検する。

キーワード②：保守点検空間の確保

具体的な内容	保守点検のために必要な作業空間が確保されていることを、点検用通路の幅・高さなどを測定して確認する。

参考　電気機器は、使用中に脱落したり故障したりしないよう、その取付けにあたっては、次のようなことに留意しなければならない。
①取付け詳細図を見て、固定ボルトの径・本数などが合っていることを確認する。
②機器の取付け位置が、保守点検上の作業空間が確保された位置であることを確認する。
③機器の防振性・耐震性・耐候性・耐水性などを確認する。
④機器が期待通りの性能を示していることを、試験などにより確認する。

一例として、屋外に設置するキュービクル式高圧受電設備の取付けにあたっては、高圧受電設備規程において、次のような留意事項が定められている。
①キュービクルは、隣接する建築物から3 m以上離して設置する。
②キュービクルへ至る保守点検用の通路の幅は、0.8 m以上とする。
③キュービクル前面の基礎には、足場を設けるためのスペースを確保する。

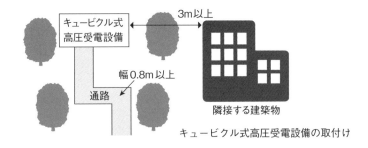

キュービクル式
高圧受電設備

3m以上

幅0.8m以上

通路

隣接する建築物

キュービクル式高圧受電設備の取付け

4　波付硬質合成樹脂管（FEP）の地中埋設の解答例

番号	4	語句	波付硬質合成樹脂管（FEP）の地中埋設

キーワード①：耐荷力の確保

具体的な内容	高強度の波付硬質合成樹脂管は、道路下などに施工されるため、十分な深さに埋設し、車両等の重量物に対する耐荷力を確保する。

キーワード②：埋戻し土の締固め

具体的な内容	波付硬質合成樹脂管は、施工中に曲がりやすいため、管を埋め戻すときは、埋戻し土を左右対称に締め固め、管が移動しないようにする。

参考　波付硬質合成樹脂管（FEP/Flexible Electric Pipe）は、その内部に螺旋状の加工が施された合成樹脂管である。この螺旋状の加工により、強度に優れており、電線の引き込みが行いやすいという特長がある。また、合成樹脂製なので、軽くて可とう性がある。波付硬質合成樹脂管を地中に埋設するときは、次のような点に留意しなければならない。

①**管路の寸法**：構内に布設する地中電線路の埋設管は、ケーブルの引入れ・引抜きが容易にできるよう、その管径を 200mm 以下とする。

②**管路の耐荷力**：構内に布設する地中電線路の埋設管は、外部からの圧力に対する耐荷力を確保できるよう、埋設深さ（舗装下面から埋設管までの距離）を 0.3 m 以上する。

③**管路の基礎地盤**：埋設管の周辺地盤は、たわみ性がある管が損傷しないよう、石や瓦礫を取り除き、良質土や砂に置き換える。

④**埋戻し土の締固め**：管を埋め戻すときは、施工中に管路が蛇行しないよう、管の左右をできるだけ均等に埋め戻し、十分に締め固める。

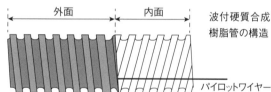

外面　　内面　　波付硬質合成樹脂管の構造　　パイロットワイヤー

5　電動機への配管配線の解答例

番号	5	語句	電動機への配管配線

キーワード①：適切な接地工事

具体的な内容	電動機の使用電圧が 300 V 以下なら D 種接地工事を、使用電圧が 300 V を超えているなら C 種接地工事を行う。

キーワード②：撚線（よりせん）の絶縁電線

具体的な内容	屋内配線に用いる可とう電線管内の電線は、撚線の絶縁電線とする。また、電線管内で、電線同士を接続しないようにする。

参考　電動機などの電気機械器具への配管・配線に関しては、次のようなことが定められている。

①電気機械器具に電線を接続する場合は、ねじ止めその他これと同等以上の効力のある方法により、堅牢に、かつ、電気的に完全に接続するとともに、その接続点に張力が加わらないようにする。

②低圧電動機に接続する配管は、振動を断つことができる二種金属製可とう電線管とする。

③湿気の多い場所または水気のある場所に施設する配管には、防湿装置を施す。

④床に常時湿気がある場合は、上部から立ち下げるように配管する。

⑤使用電圧が300V以下の電動機に接続する配管には、D種接地工事を施す。

⑥使用電圧が300Vを超える電動機に接続する配管には、C種接地工事を施す。

⑦人が触れる可能性のある場所において、造営材の側面または下面に沿って、水平に配管する場合は、電気機械器具の接続点から0.3m以内の位置で、管の支持を行う。

6　ケーブルラックの施工の解答例

番号	6	語句	ケーブルラックの施工

キーワード①：支持間隔

具体的な内容	鋼製のケーブルラックは、水平方向の支持間隔を2m以下とし、鉛直方向の支持間隔を3m以下とする。

キーワード②：ボンド線による接地

具体的な内容	ケーブルラック相互の接続に、自在継ぎ金具を使用するときは、原則として、ボンド線で接地を施す。

参考　ケーブルラック（幹線ケーブルを載せて配線するための梯子状の架台）の施工については、次のような留意事項が定められている。

①鋼製ケーブルラックの支持間隔は、水平方向では2m以下、鉛直方向では3m以下とする。

②ラックに載せたケーブルの固定間隔は、水平部では3m以下、垂直部では1.5m以下とする。

③垂直部のケーブルは、同一の子桁に荷重を集中させないよう、分散して固定する。

④湿気のある場所では、アルミニウム合金製のケーブルラックを布設する。

⑤防火区画を貫通する箇所では、国土交通大臣の認定を受けた工法で施工する。

⑥防火区画である壁や床と、貫通するケーブルラックとの空隙部は、不燃材料で充填する。

⑦ケーブルラック相互の接続に、自在継ぎ金具を使用するときは、ボンド線で接地を施す。

　※近年では、この接地を省略できるノンボンドタイプの自在継ぎ金具も開発されている。

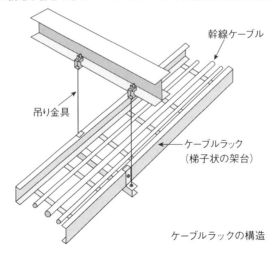

ケーブルラックの構造

| 平成 30 年度 | **問題 2-1** 施工管理（安全管理） |

安全管理に関する次の語句の中から**2つ**を選び、番号と語句を記入のうえ、それぞれの**内容**について**2つ**具体的に記述しなさい。

1. 安全施工サイクル	4. 墜落災害の防止対策
2. ツールボックスミーティング（TBM）	5. 飛来落下災害の防止対策
3. 安全パトロール	6. 感電災害の防止対策

考え方

安全管理に関して、その内容を答える問題なので、解答する語句の安全管理の方法について記述する。解答の記述は 60 字程度とし、行をはみ出さないよう注意する。

平成30 年度に出題された安全管理に関する語句とそのキーワード（参考例）

No.	語句	キーワード①	キーワード②
1	安全施工サイクル	安全管理サークル	安全計画の改善処置
2	ツールボックスミーティング（TBM）	安全作業のための集い	作業参加意識の向上
3	安全パトロール	危険箇所の発見	危険作業の是正措置
4	墜落災害の防止対策	悪天候時の作業の中止	作業開始前の点検
5	飛来落下災害の防止対策	防網の設置	工具への紐の装着
6	感電災害の防止対策	絶縁用保護具の着用	作業場所の照度の確保

1 安全施工サイクルの解答例

| **番号** | 1 | **語句** | 安全施工サイクル |

キーワード①：安全管理サークル

| **具体的な内容** | 日単位・週単位・月単位で、計画・実施・検討・改善の一連の流れにより安全管理を行い、労働災害を防止する。 |

キーワード②：安全計画の改善処置

| **具体的な内容** | 現場の安全・衛生を向上させるための取り組みを一体化・パターン化し、労働環境の改善および快適な作業場づくりに寄与する。 |

参考 安全施工サイクルとは、一定期間における安全管理活動の流れのことである。一例として、作業日に「朝礼→巡回→打合せ→後片付け→確認」を行い、その確認の内容を次の日の朝礼に繋げる活動の輪は、毎日の安全施工サイクルであるといえる。代表的な安全施工サイクルには、毎日のサイクル・毎週のサイクル・毎月のサイクルがある。

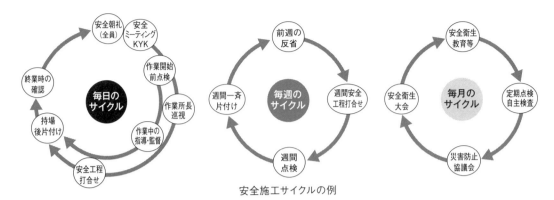

安全施工サイクルの例

情 報 過去の施工管理に関する学科試験では、「安全施工サイクル」という言葉の定義について、次のように
定められていたことがある。
①安全施工サイクルとは、安全朝礼から始まり、安全ミーティング、安全巡回、工程打合せ、片付け
までの日常活動サイクルのことである。(平成30年度の2級建築の学科試験)
②安全施工サイクルとは、安全衛生管理を進めるため、毎日、毎週、毎月と一定のパターンで取り組
む活動である。(平成30年度の2級管工事の学科試験)

2 ツールボックスミーティング(TBM)の解答例

番号	2	語句	ツールボックスミーティング(TBM)

キーワード①：安全作業のための集い

具体的な内容	職長を中心とした少人数の集団で、作業に伴う労働災害を防止することを目的として、作業方法などを話し合う。

キーワード②：作業参加意識の向上

具体的な内容	各作業者が発言できるため、作業への参加意識が高まり、自然な流れで安全衛生教育が行われる。

参 考 ツールボックスミーティング(TBM)は、危険予知活動の一環として、職長を中心とした少人
数の集団で、作業に伴う労働災害の防止を目的に、作業方法などを話し合う活動である。この
話し合いは、工具箱(ツールボックス)の周りで行われるので、この名が付いている。ツールボッ
クスミーティングは、毎作業日の作業開始前に行うことが望ましい。

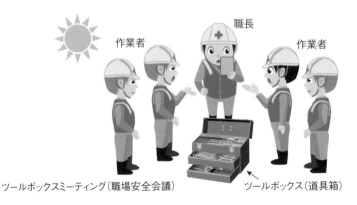

ツールボックスミーティング(職場安全会議)　　　ツールボックス(道具箱)

3 安全パトロールの解答例

番号	3	語句	安全パトロール

キーワード①：危険箇所の発見

具体的な内容	工事を担当する安全管理者等が現場を巡視し、危険な施設・工事箇所などの不安全状態を発見する。

キーワード②：危険作業の是正措置

具体的な内容	現場を巡視中に、工事中のヒヤリハット事例を確認したときは、労働者の不安全行動を是正する。

参考 安全パトロールは、安全管理者などに工事現場を巡回させ、目視で判明する危険要因をチェックすることをいう。これは、現場で発生するおそれのある労働災害を予測し、事前に対策を講じることで、労働災害を防止する危険予知活動の一環であるといえる。

安全パトロールの目的は、不安全状態（労働災害の要因となる物理的な状態や環境）や不安全行動（労働災害の要因となる作業者の行動）を取り除くことにある。一例として、壊れた防護柵を放置することは不安全状態であり、時間短縮のために安全確認をせず建設機械を動かすことは不安全行動である。

安全パトロールでは、ヒヤリハット活動が行われることが多い。ヒヤリハット活動とは、仕事中に怪我をする危険を感じて、ヒヤリとしたり、ハッとしたりしたことを報告させることにより、危険有害要因を把握し、改善を図っていく活動である。重傷事故1件の陰には、29件の軽傷事故と、300件の無傷害事故（ヒヤリとしたりハッとしたこと）があるといわれている。この数値はハインリッヒの法則と呼ばれている。労働災害の芽は、無傷害事故のうちに摘んでおくことが大切である。

4 墜落災害の防止対策の解答例

番号	4	語句	墜落災害の防止対策

キーワード①：悪天候時の作業の中止

具体的な内容	高所作業時に悪天候が予想されるときは、作業を中止し、労働者の墜落を防止する。

キーワード②：作業開始前の点検

具体的な内容	高所作業を開始する前に、足場・作業床などの仮設の継手・支持点・板の掛け渡しの状態などを点検する。

参考 労働安全衛生規則の第518条〜第533条には、「墜落等による危険の防止」に関して、事業者が行うべき措置内容が、次のように定められている。（抜粋・一部改変）

①**作業床の設置等**（労働安全衛生規則第518条）

事業者は、高さが2m以上の箇所で作業を行う場合において、墜落により労働者に危険を及ぼすおそれのあるときは、足場を組み立てる等の方法により**作業床を設け**なければならない。作業床を設けることが困難なときは、**防網**を張り、労働者に**安全帯（要求性能墜落制止用器具）**を使用させる等、墜落による労働者の危険を防止するための措置を講じなければならない。

②**作業床の端・開口部**（労働安全衛生規則第519条）

事業者は、高さが2m以上の作業床の端・開口部等で、墜落により労働者に危険を及ぼすおそれのある箇所には、**囲い・手すり・覆い等**を設けなければならない。囲い等を設けることが著しく困難なときや、作業の必要上臨時に囲い等を取りはずすときは、**防網**を張り、労働者に**安全帯（要求性能墜落制止用器具）**を使用させる等、墜落による労働者の危険を防止するための措置を講じなければならない。

③**悪天候時の作業禁止**（労働安全衛生規則第522条）

事業者は、高さが2mの箇所で作業を行う場合において、強風・大雨・大雪等の**悪天候**のため、当該作業の実施について危険が予想されるときは、当該作業に労働者を**従事させ**てはならない。

④**移動はしご**（労働安全衛生規則第527条）

事業者は、**移動はしご**については、次に定めるところに適合したものでなければ使用してはならない。

　一　丈夫な構造とすること。

　二　材料は、著しい損傷・腐食等がないものとすること。

　三　幅は、30cm以上とすること。

　四　すべり止め装置の取付けなど、**転位**を防止するために必要な措置を講ずること。

⑤**脚立**（労働安全衛生規則第528条）

事業者は、**脚立**については、次に定めるところに適合したものでなければ使用してはならない。

　一　丈夫な構造とすること。

　二　材料は、著しい損傷・腐食等がないものとすること。

　三　脚と水平面との角度を**75度以下**とし、かつ、折りたたみ式のものにあっては、脚と水平面との角度を確実に保つための金具等を備えること。

　四　**踏み面**は、作業を安全に行うために必要な面積を有すること。

法改正情報	平成30年の法改正により、現在では、労働安全衛生規則上の「安全帯」の名称は「要求性能墜落制止用器具」に置き換えられている。ただし、工事現場で「安全帯」の名称を使い続けることに問題はないとされている。

5　飛来落下災害の防止対策の解答例

番号	5	語句	飛来落下災害の防止対策

キーワード①：防網の設置

具体的な内容	物体が飛来または落下するおそれのある箇所には、所定の強度を確保した防網を張り、飛来や落下による労働災害を防止する。

キーワード②：工具への紐の装着

具体的な内容	高所作業中に使用する電気工具には紐を付け、工具が手から離れても落下しないようにする。

労働安全衛生規則の第534条〜第539条には、「飛来崩壊災害による危険の防止」に関して、事業者が行うべき措置内容が、次のように定められている。（抜粋・一部改変）

① **高所からの物体投下による危険の防止**（労働安全衛生規則第536条）

事業者は、3 m以上の高所から**物体を投下**するときは、適当な**投下設備**を設け、**監視人**を置く等、労働者の危険を防止するための措置を講じなければならない。労働者は、このような措置が講じられていないときは、3 m以上の高所から物体を投下してはならない。

② **物体の落下による危険の防止**（労働安全衛生規則第537条）

事業者は、作業のため**物体が落下**することにより、労働者に危険を及ぼすおそれのあるときは、**防網の設備**を設け、**立入区域**（立入禁止区域）を設定する等、当該危険を防止するための措置を講じなければならない。

③ **物体の飛来による危険の防止**（労働安全衛生規則第538条）

事業者は、作業のため**物体が飛来**することにより労働者に危険を及ぼすおそれのあるときは、**飛来防止**の設備を設け、労働者に**保護具**を使用させる等、当該危険を防止するための措置を講じなければならない。

---

6 感電災害の防止対策の解答例

番号	6	語句	感電災害の防止対策

キーワード①：絶縁用保護具の着用

具体的な内容	活線作業などを行う労働者には、作業時に労働者が感電しないよう、絶縁用保護具を着用させる。

キーワード②：作業場所の照度の確保

具体的な内容	配線作業などは暗所で行うことが多いので、視界の悪さによる感電を防ぐため、所要の照度を確保してから作業する。

労働安全衛生規則の第329条〜第354条には、「電気による危険の防止」に関して、事業者が行うべき措置内容が、次のように定められている。（抜粋・一部改変）

① **電気機械器具の囲い等**（労働安全衛生規則第329条）

事業者は、電気機械器具の充電部分で、労働者が作業中または通行の際に、接触または接近することにより、感電の危険を生ずるおそれのあるものについては、**感電を防止するための囲い**または**絶縁覆い**を設けなければならない。

② **漏電による感電の防止**（労働安全衛生規則第333条）

事業者は、対地電圧が**150Vを超える**移動式・可搬式の電動機械器具や、**鉄骨上**などの導電性の高い場所において使用する**移動式・可搬式の電動機械器具**については、漏電による感電の危険を防止するため、その電動機械器具が接続されている電路に、確実に作動する**感電防止用漏電遮断装置**を接続しなければならない。

③ **電気機械器具の操作部分の照度**（労働安全衛生規則第335条）

事業者は、**電気機械器具**の操作の際に、感電の危険または**誤操作**による危険を防止するため、当該電気機械器具の操作部分について、必要な**照度を保持**しなければならない。

④**高圧活線作業**（労働安全衛生規則第341条）

　事業者は、**高圧**の充電電路の点検・修理等、当該充電電路を取り扱う作業を行う場合において、当該作業に従事する労働者について感電の危険が生ずるおそれのあるときは、次のいずれかに該当する措置を講じなければならない。

一　労働者に**絶縁用保護具**を着用させ、かつ、当該充電電路のうち、労働者が現に取り扱っている部分以外の部分が接触または接近することにより感電の危険が生ずるおそれのあるものに**絶縁用防具**を装着すること。

二　労働者に**活線作業用器具**を使用させること。

三　労働者に**活線作業用装置**を使用させること。この場合には、労働者が現に取り扱っている充電電路と電位を異にする物に、労働者の身体等が接触または接近することによる感電の危険を生じさせてはならない。

⑤**高圧活線近接作業**（労働安全衛生規則第342条）

　事業者は、電路またはその支持物の敷設・点検・修理・塗装等の電気工事の作業を行う場合において、当該作業に従事する労働者が**高圧**の充電電路に接触し、または当該充電電路に対して頭上距離が**30cm以内**または躯側距離・足下距離が**60cm以内**に接近することにより感電の危険が生ずるおそれのあるときは、当該充電電路に**絶縁用防具**を装着しなければならない。

平成29年度	**問題 2-1** 施工管理（品質管理）

　電気工事に関する次の語句の中から2つを選び、番号と語句を記入のうえ、**施工管理上留意すべき内容**を、それぞれについて2つ具体的に記述しなさい。

1. 工具の取扱い	4. 電動機への配管配線
2. 分電盤の取付け	5. 資材の受入検査
3. 低圧ケーブルの敷設	6. 低圧分岐回路の試験

考え方

　電気工事に関して、施工管理上留意すべき内容を答える問題なので、解答する語句の品質管理の方法について記述する。解答の記述は60字程度とし、行をはみ出さないよう注意する。

平成29年度に出題された品質管理に関する語句とそのキーワード（参考例）

No.	語句	キーワード①	キーワード②
1	工具の取扱い	使用前の点検	工具の性能の確認
2	分電盤の取付け	取付け位置の確認	防水対策
3	低圧ケーブルの敷設	機械的衝撃に対する防護装置	管の支持間隔
4	電動機への配管配線	適切な接地工事の実施	撚線の絶縁電線の使用
5	資材の受入検査	搬入資材の品質確認	不適合品の場外搬出
6	低圧分岐回路の試験	接地抵抗値	照明器具の確認

1　工具の取扱いの解答例

番号	1	語句	工具の取扱い

キーワード①：使用前の点検

具体的な内容	工具を使用するときは、使用前に点検し、漏電・損傷などがないことや、正常に作動することなどを確認する。

キーワード②：工具の性能の確認

具体的な内容	使用する工具は、ゆとりをもって作業ができるだけの性能を有し、安全機能を具備したものとする。

参考　電気工事では、電工ナイフ・ワイヤーストリッパーなどの扱いに注意が必要な工具を使用することが多い。飛来落下災害や感電災害などの労働災害を防止し、適切な電気工事を施工するためには、適切な工具を使用し、その性能が適切であることを使用前に点検しておく必要がある。

2　分電盤の取付けの解答例

番号	2	語句	分電盤の取付け

キーワード①：取付け位置の確認

具体的な内容	分電盤の取付け位置が、振動や湿気が少なく、点検が容易な位置であることを確認する。

キーワード②：防水対策

具体的な内容	屋外に取り付ける分電盤の扉には、雨水の浸入を防ぐため、パッキンを設ける。また、配線や配管は、分電盤の下部で行う。

参考　分電盤は、漏電などによる事故を防ぐために、各家庭などに設置された電気器具である。その内部には漏電遮断器や配線用遮断器が設置されており、過剰な電流が流れた場合、配線を遮断して通電を止めることができる。

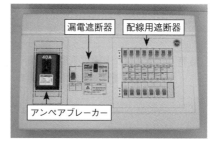

一般住宅用の分電盤の例

電気設備の技術基準の解釈第147条「低圧屋内電路の引込口における開閉器の施設」には、「低圧屋内電路には、引込口に近い箇所であって、容易に開閉することができる箇所に開閉器を施設すること」と定められている。この条文にある「開閉器」には「分電盤」が含まれている。

3　低圧ケーブルの敷設の解答例

| 番号 | 3 | 語句 | 低圧ケーブルの敷設 |

キーワード①：機械的衝撃に対する防護装置

| 具体的な内容 | 重量物からの圧力や、著しい機械的衝撃を受ける可能性がある電線には、適切な防護装置を取り付ける。 |

キーワード②：管の支持間隔

| 具体的な内容 | 電線の支持点間の距離は、ケーブルを水平に取り付けるときは2m以下、垂直に取り付けるときは6m以下とする。 |

参考　低圧ケーブルとは、使用電圧が低圧の電路の電線に使用するケーブルである。屋内に施設する低圧のケーブル配線に関しては、次のような規定がある。

①キャブタイヤケーブルを水平に取り付けるときの支持点間の距離は、その断面積が$8\mathrm{mm}^2$未満であれば60cm以下、断面積が$8\mathrm{mm}^2$以上であれば1m以下とする。

②使用電圧300V以下で用いるビニルキャブタイヤケーブルは、点検できない隠蔽場所に施設してはならない。

③造営材の下面に沿って施設するCVケーブルの支持点間の距離は、2m以下とする。

4　電動機への配管配線の解答例

| 番号 | 4 | 語句 | 電動機への配管配線 |

キーワード①：適切な接地工事の実施

| 具体的な内容 | 電動機の使用電圧が300V以下ならD種接地工事を、使用電圧が300Vを超えているならC種接地工事を行う。 |

キーワード②：撚線の絶縁電線の使用

| 具体的な内容 | 屋内配線に用いる可とう電線管内の電線は、撚線の絶縁電線とする。また、電線管内で、電線同士を接続しないようにする。 |

参考　電動機などの電気機械器具への配管・配線に関しては、次のような規定がある。

①電気機械器具に電線を接続する場合は、ねじ止めその他これと同等以上の効力のある方法により、堅牢に、かつ、電気的に完全に接続するとともに、その接続点に張力が加わらないようにする。

②低圧電動機に接続する配管は、振動を断つことができる二種金属製可とう電線管とする。

5　資材の受入検査の解答例

番号	5	語句	資材の受入検査

キーワード①：搬入資材の品質確認

具体的な内容	搬入した資材は、仕様書を参考に、作成した発注リストと照合し、寸法・形状・メーカーなどをひとつひとつ確認する。

キーワード②：不適合品の場外搬出

具体的な内容	搬入した資材のうち、規定の性能や寸法を満たさないものや、傷があるものなどの不適合品は、現場外に搬出する。

参考　資材の受入検査は、依頼した原材料・部品・製品などの資材を受け入れる段階で行う検査であり、生産工程に一定の品質水準のものを流すことを目的として行われる。この受入検査では、測定・試験・ゲージ合わせなどを伴った観測・判定により、資材の適合性を評価する。

6　低圧分岐回路の試験の解答例

番号	6	語句	低圧分岐回路の試験

キーワード①：接地抵抗値

具体的な内容	盤類のケース・電動機などの接地抵抗値は、D種接地工事の場合は100 Ω以下、C種接地工事の場合は10 Ω以下とする。

キーワード②：照明器具の確認

具体的な内容	照明器具を取り付けた時は、スイッチの操作により対応した器具が点滅することや、器具の位置が施工図通りであることを確認する。

参考　低圧分岐回路とは、低圧屋内配線において、太い幹線から細い幹線に分岐することをいう。低圧幹線を太い幹線から細い幹線に分岐するときには、分岐幹線の許容電流がその長さに応じた十分な値である場合を除き、太い幹線に幹線保護用過電流遮断器を、細い幹線に分岐幹線保護用過電流遮断器を設けなければならない。低圧分岐回路の試験では、このような遮断器が正常に動作しているかどうかの試験も重要になる。

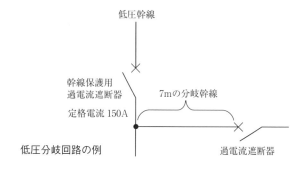

低圧幹線

幹線保護用
過電流遮断器

定格電流 150A

7mの分岐幹線

低圧分岐回路の例

過電流遮断器

| 平成 28 年度 | **問題 2-1** 施工管理（安全管理） |

　安全管理に関する次の語句の中から 2 つを選び、番号と語句を記入のうえ、それぞれの**内容**について 2 つ具体的に記述しなさい。

1. 安全施工サイクル
2. ツールボックスミーティング（TBM）
3. 新規入場者教育
4. 墜落災害の防止対策
5. 飛来・落下災害の防止対策
6. 感電災害の防止対策

考え方

　安全管理に関して、その内容を答える問題なので、解答する語句の安全管理の方法について記述する。解答の記述は 60 字程度とし、行をはみ出さないよう注意する。

平成 28 年度に出題された安全管理に関する語句とそのキーワード（参考例）

No.	語句	キーワード①	キーワード②
1	安全施工サイクル	安全管理サークル	安全計画の改善処置
2	ツールボックスミーティング（TBM）	安全作業のための集い	作業参加意識の向上
3	新規入場者教育	作業開始前の点検	事故発生時の応急措置
4	墜落災害の防止対策	悪天候時の作業の中止	作業開始前の点検
5	飛来・落下災害の防止対策	防網の設置	工具への紐の装着
6	感電災害の防止対策	絶縁用保護具の着用	作業場所の照度の確保

1　安全施工サイクルの解答例

| 番号 | 1 | 語句 | 安全施工サイクル |

キーワード①：安全管理サークル

| **具体的な内容** | 日単位・週単位・月単位で、計画・実施・検討・改善の一連の流れにより安全管理を行い、労働災害を防止する。 |

キーワード②：安全計画の改善処置

| **具体的な内容** | 現場の安全・衛生を向上させるための取り組みを一体化・パターン化し、労働環境の改善および快適な作業場づくりに寄与する。 |

2 ツールボックスミーティング（TBM）の解答例

番号	2	語句	ツールボックスミーティング（TBM）

キーワード①：安全作業のための集い

具体的な内容	職長を中心とした少人数の集団で、作業に伴う労働災害を防止することを目的として、作業方法などを話し合う。

キーワード②：作業参加意識の向上

具体的な内容	各作業者が発言できるため、作業への参加意識が高まり、自然な流れで安全衛生教育が行われる。

3 新規入場者教育の解答例

番号	3	語句	新規入場者教育

キーワード①：作業開始前の点検

具体的な内容	新規入場者には、作業開始前の点検方法と、材料・機器の危険性・有害性を教育する。

キーワード②：事故発生時の応急措置

具体的な内容	新規入場者には、事故発生時の退避方法・応急措置方法を教育する。

4 墜落災害の防止対策の解答例

番号	4	語句	墜落災害の防止対策

キーワード①：悪天候時の作業の中止

具体的な内容	高所作業時に悪天候が予想されるときは、作業を中止し、労働者の墜落を防止する。

キーワード②：作業開始前の点検

具体的な内容	高所作業を開始する前に、足場・作業床などの仮設の継手・支持点・板の掛け渡しの状態などを点検する。

5 飛来・落下災害の防止対策の解答例

番号	5	語句	飛来・落下災害の防止対策

キーワード①：防網の設置

具体的な内容	物体が飛来または落下するおそれのある箇所には、所定の強度を確保した防網を張り、飛来・落下による労働災害を防止する。

キーワード②：工具への紐の装着

具体的な内容	高所作業中に使用する電気工具には紐を付け、工具が手から離れても落下しないようにする。

6 感電災害の防止対策の解答例

番号	6	語句	感電災害の防止対策

キーワード①：絶縁用保護具の着用

具体的な内容	活線作業などを行う労働者には、作業時に労働者が感電しないよう、絶縁用保護具を着用させる。

キーワード②：作業場所の照度の確保

具体的な内容	配線作業などは暗所で行うことが多いので、視界の悪さによる感電を防ぐため、所要の照度を確保してから作業する。

参考 過去の問題に出題はないが、近年の建設工事の現場で使われている安全管理の語句には、次のようなものもある。

①**ZD（ゼロ・ディフェクト）運動**：工事の作業者自身が創意工夫を行うことにより、労働災害ゼロを目指す運動である。このようなボトムアップ（下意上達）の管理は、作業方法のマニュアル化と作業員に対する監視を徹底するようなトップダウン（上意下達）の管理とは、対極に位置する概念である。

②**指差呼称**：対象を指で差し、声に出して確認する行動である。指差呼称を行うと、緊張感・集中力を高め、意識レベルを高めることができるので、労働災害の発生率を引き下げることができる。

平成27年度 | 問題 2-1 施工管理（品質管理）

電気工事に関する次の語句の中から**2つ**を選び、番号と語句を記入のうえ、**施工管理上留意すべき内容**を、それぞれについて**2つ**具体的に記述しなさい。

> 1. 工具の取扱い
> 2. 分電盤の取付け
> 3. 盤への電線の接続
> 4. 波付硬質合成樹脂管（FEP）の地中埋設
> 5. 現場内資材管理
> 6. 低圧分岐回路の試験

考え方

電気工事に関して、施工管理上留意すべき内容を答える問題なので、解答する語句の品質管理の方法について記述する。解答の記述は60字程度とし、行をはみ出さないよう注意する。

平成27年度に出題された品質管理に関する語句とそのキーワード（参考例）

No.	語句	キーワード①	キーワード②
1	工具の取扱い	使用前の点検	工具の性能の確認
2	分電盤の取付け	取付け位置の確認	防水対策
3	盤への電線の接続	接続点に張力を与えない	端子ボルトの適正な締付け
4	波付硬質合成樹脂管（FEP）の地中埋設	耐荷力の確保	埋戻し土の締固め
5	現場内資材管理	風雨に対する保全養生	数量管理の徹底
6	低圧分岐回路の試験	接地抵抗値	照明器具の確認

1 工具の取扱いの解答例

番号	1	語句	工具の取扱い

キーワード①：使用前の点検

具体的な内容	工具を使用するときは、使用前に点検し、漏電・損傷などがないことや、正常に作動することなどを確認する。

キーワード②：工具の性能の確認

具体的な内容	使用する工具は、ゆとりをもって作業ができるだけの性能を有し、安全機能を具備したものとする。

2 分電盤の取付けの解答例

番号	2	語句	分電盤の取付け

キーワード①：取付け位置の確認

具体的な内容	分電盤の取付け位置が、振動や湿気が少なく、点検が容易な位置であることを確認する。

キーワード②：防水対策

具体的な内容	屋外に取り付ける分電盤の扉には、雨水の浸入を防ぐため、パッキンを設ける。また、配線や配管は、分電盤の下部で行う。

3 盤への電線の接続の解答例

番号	3	語句	盤への電線の接続

キーワード①：接続点に張力を与えない

具体的な内容	電線と盤の端子とは、電気的および機械的に確実に接続する。また、その接続点に張力が加わらないような構造とする。

キーワード②：端子ボルトの適正な締付け

具体的な内容	盤の端子のねじ止めボルトは、適正なトルク値で締め付ける。振動を受けるボルトには、ばね座金または二重ナットを取り付ける。

4 波付硬質合成樹脂管（FEP）の地中埋設の解答例

番号	4	語句	波付硬質合成樹脂管(FEP)の地中埋設

キーワード①：耐荷力の確保

具体的な内容	高強度の波付硬質合成樹脂管は、道路下などに施工されるため、十分な深さに埋設し、車両等の重量物に対する耐荷力を確保する。

キーワード②：埋戻し土の締固め

具体的な内容	波付硬質合成樹脂管は、施工中に曲がりやすいため、管を埋め戻すときは、埋戻し土を十分に締め固め、管が移動しないようにする。

5 現場内資材管理の解答例

番号	5	語句	現場内資材管理

キーワード①：風雨に対する保全養生

具体的な内容	現場で保管する資材ごとに、風雨に対する保全養生を行う。また、各資材は火災や盗難を防止しやすい場所に保管する。

キーワード②：数量管理の徹底

具体的な内容	資材の搬入数量・搬出数量・在庫数を、搬入・搬出のたびに確認し、現場内にある各資材の数量を正確に把握する。

6 低圧分岐回路の試験の解答例

番号	6	語句	低圧分岐回路の試験

キーワード①：接地抵抗値

具体的な内容	盤類のケース・電動機などの接地抵抗値は、D 種接地工事の場合は $100\,\Omega$ 以下、C 種接地工事の場合は $10\,\Omega$ 以下とする。

キーワード②：照明器具の確認

具体的な内容	照明器具を取り付けたときは、スイッチの操作により対応した器具が点滅すること・器具の位置が施工図通りであることを確認する。

平成 26 年度	問題 2-1 施工管理（安全管理）

安全管理に関する次の語句の中から **2つ** を選び、番号と語句を記入のうえ、それぞれの **内容** について **2つ** 具体的に記述しなさい。

> 1. 危険予知活動
> 2. 4S 運動
> 3. 新規入場者教育
> 4. 墜落災害の防止対策
> 5. 飛来落下災害の防止対策
> 6. 感電災害の防止対策

考え方

安全管理に関して、その内容を答える問題なので、解答する語句の安全管理の方法について記述する。解答の記述は 60 字程度とし、行をはみ出さないよう注意する。

平成 26 年度に出題された安全管理に関する語句とそのキーワード（参考例）

No.	語句	キーワード①	キーワード②
1	危険予知活動	作業開始前の危険予知訓練	不安全な行動・状態の是正
2	4S運動	作業能率の向上	現場の規律の確保
3	新規入場者教育	作業開始前の点検	事故発生時の応急措置
4	墜落災害の防止対策	悪天候時の作業の中止	作業開始前の点検
5	飛来落下災害の防止対策	防網の設置	工具への紐の装着
6	感電災害の防止対策	絶縁用保護具の着用	作業場所の照度の確保

1 危険予知活動の解答例

番号	1	語句	危険予知活動

キーワード①：作業開始前の危険予知訓練

具体的な内容	作業を開始する前に、現場で発生する可能性のある労働災害を予測し、事前に対策を行うことで労働災害を防止する。

キーワード②：不安全な行動・状態の是正

具体的な内容	労働災害が発生する危険のある行動や、物理的に不安定な設備などを見出し、改善することで、労働災害を防止する。

2 4S運動の解答例

番号	2	語句	4S運動

キーワード①：作業能率の向上

具体的な内容	整理・整頓・清掃・清潔の4Sを実行し、機材の整理・動線の確保・機器の円滑な移動を可能とすることで、作業能率を向上させる。

キーワード②：現場の規律の確保

具体的な内容	整理・整頓・清掃・清潔の4Sを実行することで、現場内の規律を保ち、労働災害を減少させる。

3 新規入場者教育の解答例

番号	3	語句	新規入場者教育

キーワード①：作業開始前の点検

具体的な内容	新規入場者には、作業開始前の点検方法と、材料・機器の危険性・有害性を教育する。

キーワード②：事故発生時の応急措置

具体的な内容	新規入場者には、事故発生時の退避・応急措置の方法を教育する。

4 墜落災害の防止対策の解答例

番号	4	語句	墜落災害の防止対策

キーワード①：悪天候時の作業の中止

具体的な内容	高所作業時に、悪天候になることが予想されるときは、作業を中止し、労働者の墜落災害を防止する。

キーワード②：作業開始前の点検

具体的な内容	高所作業を開始する前に、足場・作業床などの仮設の継手・支持点・板の掛け渡しの状態などを点検する。

5 飛来落下災害の防止対策の解答例

番号	5	語句	飛来落下災害の防止対策

キーワード①：防網の設置

具体的な内容	物体が飛来または落下するおそれのある箇所には、所定の強度を確保した防網を張り、飛来・落下による労働災害を防止する。

キーワード②：工具への紐の装着

具体的な内容	高所作業中に使用する電気工具には紐を付け、工具が手から離れても落下しないようにする。

6 感電災害の防止対策の解答例

番号	6	語句	感電災害の防止対策

キーワード①：絶縁用保護具の着用

具体的な内容	活線作業などを行う労働者には、作業時に労働者が感電しないよう、絶縁用保護具を着用させる。

キーワード②：作業場所の照度の確保

具体的な内容	配線作業などは暗所で行うことが多いので、視界の悪さによる感電を防ぐため、所要の照度を確保してから作業する。

平成 25 年度 **問題 2-1** 施工管理（品質管理）

電気工事に関する次の語句の中から **2 つ**を選び、番号と語句を記入のうえ、**施工管理上留意すべき内容**を、それぞれについて **2 つ**具体的に記述しなさい。

> 1. 合成樹脂製可とう電線管（PF 管）の施工
> 2. 低圧ケーブルの布設
> 3. 機器の取付け
> 4. 電動機への配管配線接続
> 5. 盤への電線の接続
> 6. 材料の受入検査

※本書では、古い年度からの繰返し出題（平成 25 年度～平成 20 年度にのみ出題があった問題）にも対応できるようにするため、採録の必要がある問題については、「参考」として古い年度の問題も採録しています。

考え方

電気工事に関して、施工管理上留意すべき内容を答える問題なので、解答する語句の品質管理の方法について記述する。解答の記述は 60 字程度とし、行をはみ出さないよう注意する。

平成 25 年度に出題された品質管理に関する語句とそのキーワード（参考例）

No.	語句	キーワード①	キーワード②
1	合成樹脂製可とう電線管（PF 管）の施工	電線管の支持間隔	管はカップリングで接合
2	低圧ケーブルの布設	機械的衝撃に対する防護装置	管の支持間隔
3	機器の取付け	取付け位置の確認	メンテナンス空間の確保
4	電動機への配管配線接続	専用接地線の使用	電線管内での接続は禁止
5	盤への電線の接続	接続点に張力を与えない	端子・ボルトの適正締付け
6	材料の受入検査	搬入材料の品質の確認	不良品の場外搬出

(1) 合成樹脂製可とう電線管（PF 管）の施工

合成樹脂製可とう電線管は、自消性のある PF 管と、自消性のない CD 管に大別される。その性質や使用場所は、それぞれ異なる。CD 管は、コンクリートに埋め込んで敷設する。

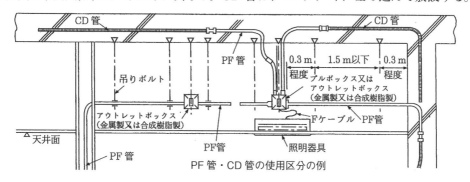

PF 管・CD 管の使用区分の例

1　合成樹脂製可とう電線管（PF 管）の施工の解答例

番号	1	語句	合成樹脂製可とう電線管（PF 管）の施工

キーワード①：電線管の支持間隔

具体的な内容	合成樹脂製可とう電線管（PF 管）を取り付けるときは、たわみやすいので、支持点間の距離を 1.5m 以下とする。

キーワード②：管はカップリングで接合

具体的な内容	合成樹脂製可とう電線管（PF 管）を相互に接続するときは、接続部にカップリングまたはボックスを使用する。

2　低圧ケーブルの布設の解答例

番号	2	語句	低圧ケーブルの布設

キーワード①：機械的衝撃に対する防護装置

具体的な内容	重量物からの圧力または著しい機械的な衝撃を受ける可能性がある電線には、適当な防護装置を取り付ける。

キーワード②：管の支持間隔

具体的な内容	電線の支持点間の距離は、ケーブルを水平に取り付けるときは 2m 以下、垂直に取り付けるときは 6m 以下とする。

※補足：キャブタイヤケーブルを水平に取り付けるときの支持点間の距離は、その断面積が $8mm^2$ 未満であれば 60cm 以下、断面積が $8mm^2$ 以上であれば 1m 以下とする。

3　機器の取付けの解答例

番号	3	語句	機器の取付け

キーワード①：取付け位置の確認

具体的な内容	機器の取付け詳細図を作成して設計図書と照合し、機器の取付け位置を確定する。

キーワード②：メンテナンス空間の確保

具体的な内容	機器の取付け位置は、機器のメンテナンスをするために必要な空間を確保できる位置とする。

4 電動機への配管配線接続の解答例

番号	4	語句	電動機への配管配線接続

キーワード①：専用接地線の使用

具体的な内容	電動機の使用電圧が300V以下ならD種接地工事を、使用電圧が300Vを超えているならC種接地工事を行う。

キーワード②：電線管内での接続は禁止

具体的な内容	屋内配線に用いる可とう電線管内の電線は、より線の絶縁電線とする。電線管内では、電線同士を接続してはならない。

5 盤への電線の接続の解答例

番号	5	語句	盤への電線の接続

キーワード①：接続点に張力を与えない

具体的な内容	電線と盤の端子とは、電気的及び機械的に確実に接続する。また、その接続点に張力が加わらないような構造とする。

キーワード②：端子ボルトの適正締付け

具体的な内容	盤の端子のねじ止めボルトは、適正なトルク値で締め付ける。振動を受けるボルトには、ばね座金または二重ナットを取り付ける。

6 材料の受入検査の解答例

番号	6	語句	材料の受入検査

キーワード①：搬入材料の品質の確認

具体的な内容	搬入した材料は、仕様書を参考に作成した発注リストと照合し、寸法・形状・メーカーなどをひとつひとつ確認する。

キーワード②：不適合品の場外搬出

具体的な内容	搬入した材料のうち、規定の性能や寸法を満たさないもの・傷があるものなどの不適合品は、現場外に搬出する。

平成24年度 問題2-1 施工管理（安全管理）

　安全管理に関する次の語句の中から**2つ**を選び、番号と語句を記入のうえ、それぞれの**内容**について具体的に**2つ**記述しなさい。

> 1. 安全施工サイクル
> 2. TBM（ツールボックスミーティング）
> 3. 安全パトロール
> 4. 高所作業車での作業における危険防止対策
> 5. 脚立作業における危険防止対策
> 6. 電動工具の使用における危険防止対策

考え方

　安全管理に関して、その内容を答える問題なので、解答する語句の安全管理の方法について記述する。解答の記述は60字程度とし、行をはみ出さないよう注意する。

平成24年度に出題された安全管理に関する語句とそのキーワード　（参考例）

No.	語句	キーワード①	キーワード②
1	安全施工サイクル	安全管理サークル	安全計画の改善処置
2	TBM（ツールボックスミーティング）	安全作業のための集い	作業参加意識の向上
3	安全パトロール	危険箇所の発見	危険作業方法の是正措置
4	高所作業車での作業における危険防止対策	有資格者による運転	墜落防止のための対策
5	脚立作業における危険防止対策	脚立の開脚角度	脚立の踏み面の広さ
6	電動工具の使用における危険防止対策	使用前の安全点検	機械・工具の性能の適合性

1 　安全施工サイクルの解答例

番号	1	語句	安全施工サイクル

キーワード①：安全管理サークル

具体的な内容	日単位・週単位・月単位で、それぞれの安全管理を、計画・実施・検討・改善の一連の流れにより行い、労働災害を防止する。

キーワード②：安全計画の改善

具体的な内容	現場の安全・衛生を向上させるための取り組みを一体化・パターン化し、労働環境の改善および快適な作業場づくりに寄与する。

2 　TBM（ツールボックスミーティング）の解答例

番号	2	語句	TBM（ツールボックスミーティング）

キーワード①：安全作業のための集い

具体的な内容	TBMでは、職長を中心とした少人数の集団で、作業に伴う労働災害を防止することを目的として、作業方法などを話し合う。

キーワード②：作業参加意識の高揚

具体的な内容	TBMでは、各作業者が発言できるため、作業への参加意識が高まり、自然な流れで安全衛生教育が行われる。

3 　安全パトロールの解答例

番号	3	語句	安全パトロール

キーワード①：危険箇所の発見

具体的な内容	工事を担当する安全管理者等が現場を巡視し、危険な施設・危険な工事箇所などを発見する。

キーワード②：危険作業の是正措置

具体的な内容	現場を巡視中に、工事中のヒヤリハット事例を確認したときは、労働者の不安全行動を是正する。

4 高所作業車での作業における危険防止対策の解答例

番号	4	語句	高所作業車での作業における危険防止対策

キーワード①：有資格者による運転

具体的な内容	高所作業車の運転は、作業床の高さが 2m 以上 10m 未満なら特別の教育の修了者、10m 以上なら技能講習の修了者に就業させる。

キーワード②：墜落防止のための対策

具体的な内容	高所作業車の作業床の上で作業をするときは、墜落を防止するため、作業前に手すり・安全帯などの点検を行う。

5 脚立作業における危険防止対策の解答例

番号	5	語句	脚立作業における危険防止対策

キーワード①：脚立の開脚角度

具体的な内容	脚立の脚と水平面との角度は、75 度以下とする。脚立が折り畳み式であれば、金具を用いて角度を固定する。

キーワード②：脚立の踏み面の広さ

具体的な内容	脚立の踏み面は、作業を安全に行える面積を有するものとする。

6 電動工具の使用における危険防止対策の解答例

番号	6	語句	電動工具の使用における危険防止対策

キーワード①：使用前の安全点検

具体的な内容	電動工具を使用するときは、使用前に点検し、漏電がないこと・正常に作動することなどを確認する。

キーワード②：機械・工具の性能の適合性

具体的な内容	使用する電動工具は、ゆとりをもって作業ができるだけの性能を有するものとする。

　電気工事に関する次の語句の中から**2**つを選び、番号と語句を記入のうえ、**施工上留意すべき内容**を、それぞれについて具体的に**2**つ記述しなさい。

> 1. 露出配管（電線管）の施工
> 2. 二種金属製線ぴ（レースウェイ）の施工
> 3. 相互の接続
> 4. VVF ケーブルの施工
> 5. 機器の取付け
> 6. 盤への電線の接続

考え方

　電気工事に関して、施工上留意すべき内容を答える問題なので、解答する語句の品質管理の方法について記述する。解答の記述は 60 字程度とし、行をはみ出さないよう注意する。

平成 23 年度に出題された品質管理に関する語句とそのキーワード　（参考例）

No.	語句	キーワード①	キーワード②
1	露出配管（電線管）の施工	接地工事	配管の支持間隔
2	二種金属製線ぴ（レースウェイ）の施工	接地工事	電線の接続点の点検
3	相互の接続	電線の接続	絶縁被覆
4	VVF ケーブルの施工	曲げ内側半径	ケーブルの支持間隔
5	機器の取付け	取付け位置の確認	メンテナンス空間の確保
6	盤への電線の接続	接続点に張力を与えない	端子ボルトの適正締付け

⑴ 露出配管の施工

① 配管とボックス・配管相互は、堅牢かつ電気的に完全に接続する。

② 湿気の多い場所または水気のある場所に施工するときは、防湿装置を施す。

③ 接地工事および配管の支持を確実に行う。

④ 自己消火性がある PF 管（Plastic Flexible conduit）は、コンクリートへの埋設配管・軽量鉄骨間仕切内などでの露出配管のどちらにも使用可能である。自己消火性がない CD 管（Combined Duct）は、コンクリートへの埋設配管としてのみ使用可能である。ただし、専用の不燃材を用いた管・ダクトに収めて施設する場合や、自己消火性のある難燃性の管・ダクトに収めて施設する場合は、CD 管を露出配管として使用することができる。

⑵ VVF ケーブルの施工

① VVF ケーブルとは、塩化ビニル樹脂で絶縁被覆した平形のケーブルのことである。このケーブルは、使用電圧が 600V 以下の低圧屋内配線では、コンクリートに直接埋設して配線 することができる。　　(VVF: Vinyl insulated Vinyl sheathed Flat-type)

② 造営材に沿わせて施工するときは、曲げ内側半径・支持間隔に留意する。

③ 電線太さ(導体の直径)が 3.2mm 以下の VVF ケーブル(低圧ケーブル)を、露出場所で造営材に沿って施設する場合は、ケーブルと器具(ボックス)の接続箇所から 30cm 以内の位置で、ケーブルを支持しなければならない。

1 露出配管 (電線管)の施工の解答例

番号	1	語句	露出配管(電線管)の施工

キーワード①:接地工事

具体的な内容	露出配管には、使用電圧が 300V 以下のときは D 種接地工事を、使用電圧が 300V を超えているときは C 種接地工事を施す。

キーワード②:配管の支持間隔

具体的な内容	露出電線管は長さ 2m 以内ごとに支持し、30m 以内ごとにプルボックスを設ける。

2 二種金属製線ぴ (レースウェイ)の施工の解答例

番号	2	語句	二種金属製線ぴ(レースウェイ)の施工

キーワード①:接地工事

具体的な内容	二種金属製線ぴには、D 種接地工事を施す。

キーワード②:電線の接続点の点検

具体的な内容	二種金属製線ぴ内で電線を接続するときは、接続点を容易に点検できる構造とする。

3 相互の接続の解答例

番号	3	語句	相互の接続

キーワード①：電線の接続

具体的な内容	電線同士は、心線を傷つけないようにして絶縁被覆を外し、圧着スリーブ・電線用コネクター・圧着端子などを用いて接続する。

キーワード②：絶縁被覆

具体的な内容	絶縁電線とケーブル・絶縁電線相互の接続部には、絶縁被覆と同等の効力を持つ絶縁処理を行う。

4 VVF ケーブルの施工の解答例

番号	4	語句	VVF ケーブルの施工

キーワード①：曲げ内側半径

具体的な内容	低圧配線として使用する単心の VVF ケーブルの曲げ内側半径は、その仕上り外径の 8 倍以上とする。

キーワード②：ケーブルの支持間隔

具体的な内容	VVF ケーブルの支持点間の距離は、2m 以下とする。ただし、造営材に沿わせて水平方向に敷設するときは、1m 以下とする。

5 機器の取付けの解答例

番号	5	語句	機器の取付け

キーワード①：取付け位置の確認

具体的な内容	設計図書を参考にして機器の取付け詳細図を作成し、詳細図で示された位置に、正確に機器を取り付ける。

キーワード②：メンテナンス空間の確保

具体的な内容	機器の取付け位置が、機器のメンテナンスをするために必要な空間を確保できる位置となっていることを確認する。

6 盤への電線の接続の解答例

番号	6	語句	盤への電線の接続

キーワード①：接続点に張力を与えない

具体的な内容	電線と盤の端子とは、電気的及び機械的に確実に接続する。また、その接続点に張力が加わっていないことを確認する。

キーワード②：端子ボルトの適正締付け

具体的な内容	盤の端子の端に設けるねじ止めボルトは、緩まないよう、適正なトルク値で締め付ける。

参考	平成22年度	問題2-1 施工管理（安全管理）

次の語句の中から**2つ**を選び、番号と語句を記入のうえ、現場で行う**安全管理**に関する**活動内容**を、それぞれについて具体的に**2つ**記述しなさい。

> 1. TBM（ツールボックスミーティング）
> 2. KYK（危険予知活動）
> 3. ヒヤリハット運動
> 4. 4S運動
> 5. 安全パトロール
> 6. 新規入場者教育

考え方

安全管理に関して、その内容を答える問題なので、解答する語句の安全管理の方法について記述する。解答の記述は60字程度とし、行をはみ出さないよう注意する。

平成22年度に出題された安全管理に関する語句とそのキーワード　（参考例）

No.	語句	キーワード①	キーワード②
1	TBM（ツールボックスミーティング）	安全作業のための集い	作業参加意識の向上
2	KYK（危険予知活動）	作業開始前の危険予知訓練	不安全行動・状態の是正
3	ヒヤリハット運動	1:29:300の法則	ヒヤリハットの原因の除去
4	4S運動	作業能率の向上	現場の規律の確保
5	安全パトロール	危険箇所の発見	危険作業方法の是正措置
6	新規入場者教育	作業開始前の点検	事故発生時の応急措置

1 TBM（ツールボックスミーティング）の解答例

| 番号 | 1 | 語句 | TBM（ツールボックスミーティング） |

キーワード①：安全作業のための集い

| 具体的な内容 | TBMでは、職長を中心とした少人数の集団で、作業に伴う労働災害を防止することを目的として、作業方法などを話し合う。 |

キーワード②：作業参加意識の高揚

| 具体的な内容 | TBMでは、各作業者が発言できるため、作業への参加意識が高まり、自然な流れで安全衛生教育が行われる。 |

2 KYK（危険予知活動）の解答例

| 番号 | 2 | 語句 | KYK（危険予知活動） |

キーワード①：作業開始前の危険予知訓練

| 具体的な内容 | 作業を開始する前に、現場で発生する可能性のある労働災害を予測し、事前に対策を行うことで労働災害を防止する。 |

キーワード②：不安全な行動・状態の是正

| 具体的な内容 | 労働災害が発生する危険のある行動や、物理的に不安定な設備などを見出し、改善することで、労働災害を防止する。 |

3 ヒヤリハット運動の解答例

| 番号 | 3 | 語句 | ヒヤリハット運動 |

キーワード①：1:29:300の法則

| 具体的な内容 | 重傷事故1件の陰には、29件の軽傷事故と、300件の無傷害事故（ヒヤリとしたりハッとしたこと）があることを認識する。 |

キーワード②：ヒヤリハットの原因の除去

| 具体的な内容 | ヒヤリハット運動では、ヒヤリハットの事例を記録し、その原因を除去することにより事故を未然に防止する。 |

4　4S 運動の解答例

番号	4	語句	4S 運動

キーワード①：作業能率の向上

具体的な内容	整理・整頓・清掃・清潔の 4S を実行し、機材の整理・動線の確保・機器の円滑な移動を可能とすることで、作業能率を向上させる。

キーワード②：現場の規律の確保

具体的な内容	整理・整頓・清掃・清潔の 4S を実行することで、現場内の規律を保ち、労働災害を減少させる。

5　安全パトロールの解答例

番号	5	語句	安全パトロール

キーワード①：危険箇所の発見

具体的な内容	統括安全衛生責任者などが現場を巡視し、危険な施設・危険な工事箇所などを発見・補修する。

キーワード②：危険作業の是正措置

具体的な内容	現場を巡視し、ヒヤリハット事例を確認したときは、その原因を特定し、是正措置を講じて安全を確保する。

6　新規入場者教育の解答例

番号	6	語句	新規入場者教育

キーワード①：作業開始前の点検

具体的な内容	新規入場者には、作業開始前の点検方法と、材料・機器の危険性・有害性を教育する。

キーワード②：事故発生時の応急措置

具体的な内容	新規入場者には、事故発生時の退避・応急措置の方法を教育する。

平成 21 年度 **問題 2-1** 施工管理（品質管理）

電気工事に関する次の語句の中から**2つ**を選び、番号と語句を記入のうえ、それぞれについて、**施工管理上留意すべき内容を、具体的に2つ記述しなさい。**

> 1. 機器の搬入
> 2. 材料の受入検査
> 3. 工具の取扱い
> 4. 照明器具の取付け
> 5. 引込口の防水処理
> 6. 低圧分岐回路の試験

考え方

電気工事に関して、施工管理上留意すべき内容を答える問題なので、解答する語句の品質管理の方法について記述する。解答の記述は60字程度とし、行をはみ出さないよう注意する。

平成21年度に出題された品質管理に関する語句とそのキーワード　（参考例）

No.	語句	キーワード①	キーワード②
1	機器の搬入	搬入路の確認	搬入機器の品質の確認
2	材料の受入検査	数量と性能の確認	不適合品の場外搬出
3	工具の取扱い	使用前の点検	工具の性能
4	照明器具の取付け	ダウンライトの取付け	重量器具の取付け
5	引込口の防水処理	引込口の勾配	エントランスキャップ
6	低圧分岐回路の試験	接地抵抗値	照明器具の確認

(1) ローゼットの電気的接合部に荷重が加わらない施設例

(2) 引込口の防水処理の一例

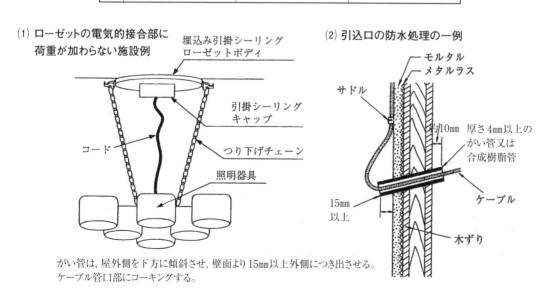

がい管は，屋外側を下方に傾斜させ，壁面より15mm以上外側につき出させる。ケーブル管口部にコーキングする。

1　機器の搬入の解答例

番号	1	語句	機器の搬入

キーワード①：搬入路の確認

具体的な内容	機器を現場内に搬入するときは、誘導員を配置し、現場内の動線を占用する。

キーワード②：搬入機器の品質の確認

具体的な内容	搬入した機器は、その性能を試験により検査し、仕様書に書かれた品質通りかを確認する。

2　材料の受入検査の解答例

番号	2	語句	材料の受入検査

キーワード①：数量と性能の確認

具体的な内容	搬入した材料は、受入材料リストと照合し、数量・寸法・形状・メーカーなどを確認する。

キーワード②：不良品の場外搬出

具体的な内容	搬入した材料のうち、規定の性能や寸法を満たさないもの・傷があるものなどの不適合品は、現場外に搬出する。

3　工具の取扱いの解答例

番号	3	語句	工具の取扱い

キーワード①：使用前の点検

具体的な内容	工具を使用するときは、使用前に点検し、漏電や損傷などがないこと・正常に作動することなどを確認する。

キーワード②：工具の性能

具体的な内容	使用する工具は、ゆとりをもって作業ができるだけの性能を有し、安全機能を具備したものとする。

4　照明器具の取付けの解答例

| 番号 | 4 | 語句 | 照明器具の取付け |

キーワード①：ダウンライトの取付け

| 具体的な内容 | 天井内の断熱材とダウンライトが接触しないように断熱材を配置する。 |

キーワード②：重量器具の取付け

| 具体的な内容 | シャンデリアなどの重量器具を取り付けるときは、器具の重量に十分耐えることのできるアンカーおよび吊りボルトを使用する。 |

5　引込口の防水処理の解答例

| 番号 | 5 | 語句 | 引込口の防水処理 |

キーワード①：引込口の勾配

| 具体的な内容 | 壁を貫通する引込口の勾配は、外壁貫通部から水が流れ込まないよう、屋内側に向かって上り勾配となるようにする。 |

キーワード②：エントランスキャップ

| 具体的な内容 | 引込口に施工した電線管の端部には、水の浸透を防ぐため、エントランスキャップを取り付ける。 |

6　低圧分岐回路の試験の解答例

| 番号 | 6 | 語句 | 低圧分岐回路の試験 |

キーワード①：接地抵抗値

| 具体的な内容 | 盤類のケース・電動機などの接地抵抗値は、D 種接地工事の場合は 100 Ω以下、C 種接地工事の場合は 10 Ω以下とする。 |

キーワード②：照明器具の確認

| 具体的な内容 | 照明器具を取り付けたときは、スイッチの操作により対応した器具が点滅すること・器具の位置が施工図通りであることを確認する。 |

施工管理

電気工事に関する次の語句の中から2つを選び、番号と語句を記入のうえ、それぞれについて、**施工方法についての留意すべき内容**を具体的に2つ記述しなさい。

1. VVFケーブルの施工	2. 露出配管（電線管）の施工
3. 合成樹脂製可とう電線管（CD管）の施工	4. 分電盤の取付け
5. 電動機への配管配線接続	6. 埋込み形照明器具の取付け

考え方

電気工事に関して、施工方法についての留意すべき内容を答える問題なので、解答する語句の品質管理の方法について記述する。解答の記述は60字程度とし、行をはみ出さないよう注意する。

平成20年度に出題された品質管理に関する語句とそのキーワード

No.	語句	キーワード①	キーワード②
1	VVFケーブルの施工	曲げ内側半径	ケーブルの支持間隔
2	露出配管（電線管）の施工	管相互の接続	配管の支持間隔
3	合成樹脂製可とう電線管（CD管）の施工	配管（支持固定）	加工（曲げ内側半径）
4	分電盤の取付け	取付け位置	防水対策
5	電動機への配管配線接続	接続可能な管種	専用接地線の使用
6	埋込み形照明器具の取付け	密着施工	重量器具の取付け

(1) 埋込み形照明器具の取付けの一例

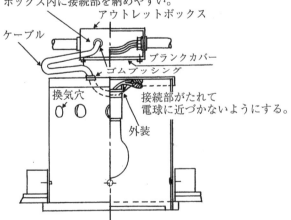

ボックスの側面から引き出した方が
ボックス内に接続部を納めやすい。

アウトレットボックス

ケーブル

ブランクカバー

ゴムブッシング

換気穴

接続部がたれて
電球に近づかないようにする。

外装

1　VVF ケーブルの施工の解答例

番号	1	語句	VVF ケーブルの施工

キーワード①：曲げ内側半径

具体的な内容	低圧単心配線の VVF ケーブルの曲げ内側半径は、その仕上り外径の8倍以上とする。

キーワード②：ケーブルの支持間隔

具体的な内容	VVF ケーブルの支持点間の距離は、2m 以下とする。ただし、造営材に沿わせて水平方向に敷設するときは、1m 以下とする。

2　露出配管（電線管）の施工の解答例

番号	2	語句	露出配管（電線管）の施工

キーワード①：管相互の接続

具体的な内容	配管とボックス・配管相互は、ねじ接合と同等以上に堅ろうかつ電気的に完全に接続する。

キーワード②：配管の支持間隔

具体的な内容	電線管は、長さ2m 以内ごとに支持し、30m 以内ごとにプルボックスを設置する。

3　合成樹脂製可とう電線管（CD 管）の施工の解答例

番号	3	語句	合成樹脂製可とう電線管（CD 管）の施工

キーワード①：配管（支持固定）

具体的な内容	CD 管は、コンクリート中に埋め込んで用いられることが多いので、スラブ筋に緊結し移動しないようにする。

キーワード②：加工（曲げ内側半径）

具体的な内容	CD 管の曲げ内側半径は、管内径の6倍以上とする。CD 管を切断加工するときは、管軸に対して直角に切断する。

4　分電盤の取付けの解答例

| 番号 | 4 | 語句 | 分電盤の取付け |

キーワード①：取付け位置

| 具体的な内容 | 分電盤は、振動が少なく、乾燥した、点検が容易な位置に取り付ける。 |

キーワード②：防水対策

| 具体的な内容 | 屋外に設ける分電盤には、雨水の侵入を防ぐため、扉にパッキンを取り付け、配線・配管は盤の下部とする。 |

5　電動機への配管配線接続の解答例

| 番号 | 5 | 語句 | 電動機への配管配線接続 |

キーワード①：接続可能な管種

| 具体的な内容 | 電動機に接続する配管は、屋内では2種金属製可とう電線管、屋外ではビニル被覆金属可とう電線管とする。 |

キーワード②：専用接地線の使用

| 具体的な内容 | 電動機の接地工事に用いる接地線は、専用の接地線とし、他の機器の配線と接続しないようにする。 |

6　埋込み形照明器具の取付けの解答例

| 番号 | 6 | 語句 | 埋込み形照明器具の取付け |

キーワード①：密着施工

| 具体的な内容 | 埋込み形照明器具を取り付けるときは、天井との間に空隙が残らないよう、天井仕上げ材と密着させる。 |

キーワード②：重量器具の取付け

| 具体的な内容 | 大型のシーリングライトなどの重量器具を取り付けるときは、器具の重量に十分耐えることのできる吊りボルトを使用する。 |

2.5 最新問題解説（高圧受電設備）

一般送配電事業者から供給を受ける，図に示す高圧受電設備の単線結線図について，次の問に答えなさい。

(1) **ア**に示す機器の**名称**又は**略称**を記入しなさい。

(2) **ア**に示す機器の**機能**を記述しなさい。

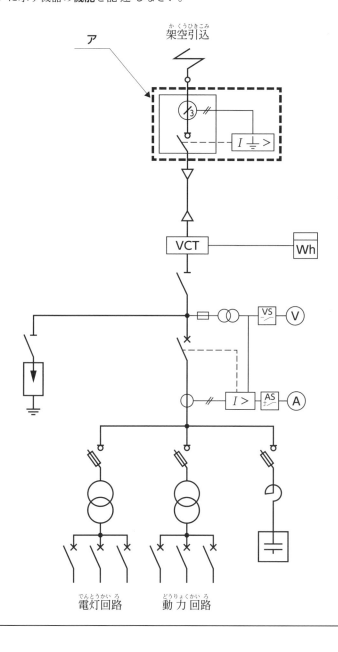

架空引込

電灯回路　動力回路

解答例

(1)	機器の名称又は略称	地絡継電装置付き高圧交流負荷開閉器（GR付PAS）

(2)	機器の機能	需要家側で地絡事故や短絡事故が発生したとき、その事故による影響が他需要家に波及しないようにする。

考え方・解き方

　高圧受電設備は、発電所から送電された高圧（6600V）の交流電力を、家庭などで使用する低圧（100Vまたは200V）の交流電力に変圧する設備である。高圧受電設備には、高圧の電力を安全かつ効率的に利用できるようにするため、各種の機器が用いられている。

　高圧交流負荷開閉器（PAS/Pole mounted Air insulated Switch/ 直訳する場合は柱上気中開閉器）は、需要家側（電気を使用する建物がある側）で地絡事故や短絡事故などによる大電流が発生したときに、電路を自動的に切断することにより、その事故による影響が供給者側（他の需要家に電気を供給するための電力系統）に波及しないようにするための機器である。

　高圧交流負荷開閉器（PAS）は、単独では地絡事故を検出する機能を有していないので、地絡事故を検出するための専用の装置である地絡継電装置（GR/Ground Relay）を備え付けておくことが一般的である。これらは一組の機器として扱われるので、高圧交流負荷開閉器（PAS）は、地絡継電装置付き高圧交流負荷開閉器（GR付PAS）と呼称される場合が多い。

　地絡継電装置付き高圧交流負荷開閉器（GR付PAS）は、下図のように、保安上の責任分界点における区分開閉器として使用されているため、一般送配電事業者側との保護協調（装置の動作特性の調整）を図ることが重要になる。また、他の需要家の地絡事故で誤動作する（需要家側の電路を遮断する）現象を防ぐため、地絡方向継電器（地絡電流がどの方向からどの程度の強さで来たかを判定するための機器）を取り付けておくことが望ましい。

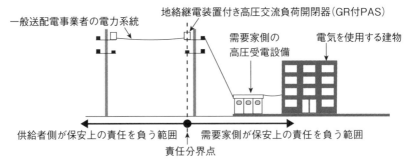

一般送配電事業者の電力系統　　地絡継電装置付き高圧交流負荷開閉器（GR付PAS）

需要家側の高圧受電設備　　電気を使用する建物

供給者側が保安上の責任を負う範囲　　需要家側が保安上の責任を負う範囲

責任分界点

> **参考**　「公共建築設備工事標準図（電気設備工事編）令和4年版」では、「ア」に示す機器のうち、図の左側の部分については、その名称が「高圧交流気中負荷開閉器（架空引込用）（地絡保護装置付）」、その文字記号（略称）が「PAS」であると示されている。したがって、「機器の名称」に対する解答としては、この名称の全体または一部を記載しても正解になると考えられる。

※詳しくは本書の148ページを参照してください。

施工管理

　一般送配電事業者から供給を受ける，図に示す高圧受電設備の単線結線図について，次の問に答えなさい。

(1)　アに示す機器の名称又は略称を記入しなさい。
(2)　アに示す機器の機能を記述しなさい。

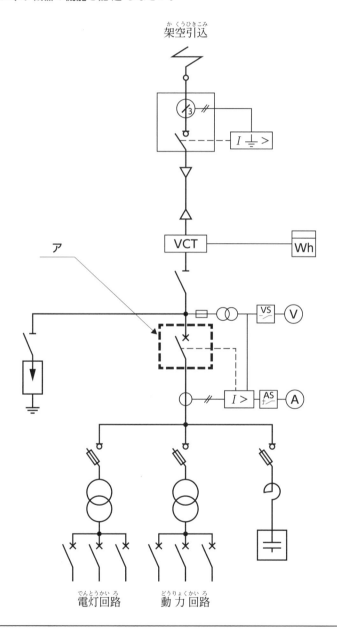

架空引込

VCT　Wh

ア

VS　V

I >　AS　A

電灯回路　動力回路

解答例

(1)

機器の名称又は略称	高圧交流遮断器(CB)

(2)

機器の機能	幹線側で発生した地絡電流や短絡電流を短時間のうちに遮断し、電路を切り離して動力回路や電灯回路を保護する。

考え方・解き方

　高圧受電設備は、発電所から送電された高圧(6600V)の交流電力を、家庭などで使用する低圧(100Vまたは200V)の交流電力に変圧する設備である。高圧受電設備には、高圧の電力を安全かつ効率的に利用できるようにするため、各種の機器が用いられている。

　高圧交流遮断器(CB/Circuit Breaker)は、幹線側で地絡・短絡などが生じたときに、その地絡電流や短絡電流を短時間のうちに遮断し、電路を切り離して動力回路や電灯回路を保護する(大電流による各機器の破損を防止する)ための機器である。これに加えて、常時の負荷電流を開閉する機能を有している。この機器は、4000kV・A以下のCB形キュービクル式高圧受電設備の主遮断装置として用いられている。

高圧の電力を安全かつ効率的に利用できるようにするための機器

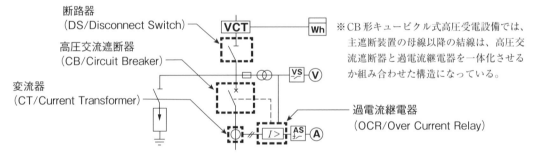

※CB形キュービクル式高圧受電設備では、主遮断装置の母線以降の結線は、高圧交流遮断器と過電流継電器を一体化させるか組み合わせた構造になっている。

参考　キュービクル式高圧受電設備は、高圧の受電機器として使用する各機器を、ひとつの鋼板製外箱にまとめて収納した高圧受電設備であり、CB形とPF・S形に分類されている。
　①高圧交流遮断器(CB/Circuit Breaker)と過電流継電器(OCR/Over Current Relay)を主遮断装置として用いるCB形は、4000kV・A以下の電路に適用される。
　②高圧限流ヒューズ(PF/Power Fuse)と高圧交流負荷開閉器(LBS/Load Break Switch)を主遮断装置として用いるPF・S形は、300kV・A以下の電路に適用される。

令和3年度　問題 2-2　高圧受電設備の単線結線図

　一般送配電事業者から供給を受ける図に示す高圧受電設備の単線結線図について，次の問に答えなさい。

(1)　アに示す機器の**名称**又は**略称**を記入しなさい。

(2)　アに示す機器の**機能**を記述しなさい。

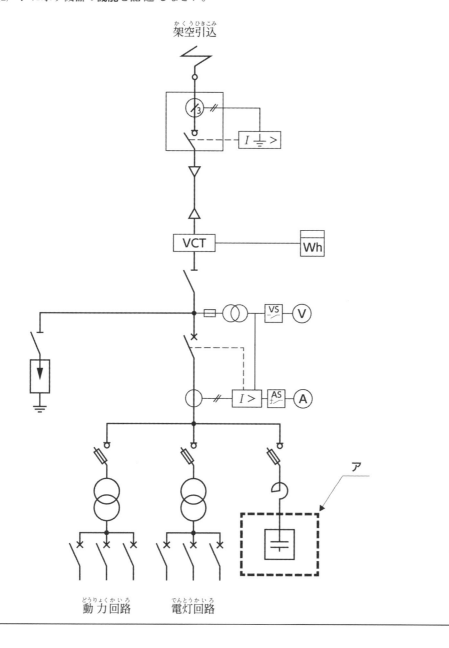

解答例

(1) | 機器の名称又は略称 | 高圧進相コンデンサ(SC) |

(2) | 機器の機能 | 進み無効電力を供給することにより、高圧受電設備に供給された交流電力の力率を改善し、電力の無駄を減らす。 |

考え方・解き方

　高圧進相コンデンサ(SC/Static Capacitor)は、高圧受電設備に進み無効電力を供給することにより、高圧受電設備に供給された交流電力の力率を改善し、電力の無駄を減らす装置である。力率を改善すると、省エネルギー化を実現することができる。

　高圧受電設備では、動力回路や電灯回路などの負荷から遅れ無効電力が流れ込むことにより、0.6 程度の遅れ力率となることがある。高圧進相コンデンサから進み無効電力を供給すると、この遅れ無効電力を相殺し、力率を改善することができる。

高圧進相コンデンサによる力率改善の原理

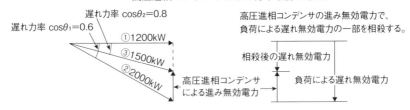

① 負荷が必要とする電力は、1200kWであると仮定する。

② 力率が$\cos\theta_1$=0.6の状態では、1200kWの電力を活用できるようにするために2000kWの電力を供給しなければならない。
　（2000×0.6=1200）

③ 力率が$\cos\theta_2$=0.8に改善されれば、1200kWの電力を活用できるようにするために必要な電力が1500kWになる。
　（1500×0.8=1200）

④ 上記の②と③を比べてみると、25%の省エネルギーになることが分かる。
　（1500÷2000=0.75）

参考　高圧受電設備に高圧進相コンデンサを接続しただけでは、高調波(基本周波数の整数倍の周波数を有する正弦波)が発生し、配電系統や電気設備に様々な悪影響を及ぼすことになる。高圧進相コンデンサには、直列リアクトル(SR/Series Reactor)を接続し、高調波による電圧波形の歪みを軽減してサージ電圧を抑制することで、配電系統や電気設備を保護する必要がある。

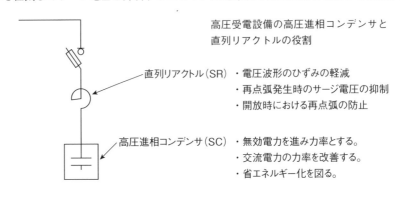

高圧受電設備の高圧進相コンデンサと
直列リアクトルの役割

直列リアクトル(SR)　・電圧波形のひずみの軽減
　　　　　　　　　　　・再点弧発生時のサージ電圧の抑制
　　　　　　　　　　　・開放時における再点弧の防止

高圧進相コンデンサ(SC)　・無効電力を進み力率とする。
　　　　　　　　　　　　　・交流電力の力率を改善する。
　　　　　　　　　　　　　・省エネルギー化を図る。

令和2年度 | 問題 2-2 | 高圧受電設備の単線結線図

一般送配電事業者から供給を受ける図に示す高圧受電設備の単線結線図について,次の問に答えなさい。

(1) **ア**に示す機器の**名称**又は**略称**を記入しなさい。

(2) **ア**に示す機器の**機能**を記述しなさい。

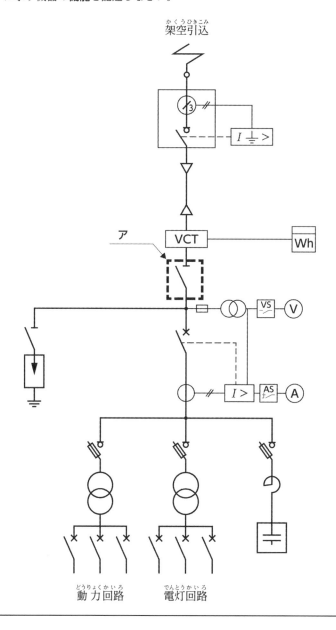

架空引込

VCT

Wh

ア

VS   V

AS   A

動力回路   電灯回路

解答例

(1)	機器の名称又は略称	断路器(DS)

(2)	機器の機能	高圧受電設備に負荷電流が流れていないときに、その回路を確実に切り離す(回路の開状態を確実にする)機能がある。

考え方・解き方

　断路器(DS/Disconnect Switch)は、無負荷時(負荷電流が流れていないとき)に回路を切り離し、作業の安全を確保するために使用する機器である。遮断器とは異なり、負荷時(負荷電流が流れているとき)に回路を切り離すことができない(短絡電流などの事故電流を遮断することはできない)ことには注意が必要である。

　特別高圧電路・高圧電路の区分・切換えをするときや、高圧機器の点検・補修などの作業をするときは、断路器を用いて(遮断器や開閉器を開放して無電流としてから接点を開き)、作業対象を切り離す必要がある。断路器は、充電された電路を開閉分離するためだけに用いられる機器であるため、負荷電流が生じていないことを確認してから操作する必要がある。

参考　高圧受電設備に使用する断路器は、次のような点に留意して設置しなければならない。
①断路器は、垂直面に取り付ける場合、横向きにしてはならない。
②断路器は、高圧進相コンデンサの開閉装置として用いてはならない。
③断路器は、操作が容易で危険のおそれのない箇所を選んで取り付ける。
④断路器を縦に取り付ける場合は、切替断路器を除き、接触子(刃受)を上部とする。
⑤断路器のブレード(断路刃)は、開路したときに充電しないよう負荷側とする。
⑥断路器は、負荷電流が通じているときは開路できないようにする。
⑦断路器は、電力の供給を自動的に再開するような機能を有していてはならない。

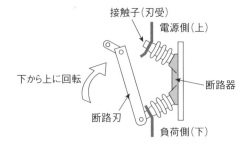

断路器の構造
断路器は、ブレード(断路刃)を下から上に向かって回転させ、接触子(受刃)に差し込むことで開閉する。

令和元年度 | 問題 2-2 高圧受電設備の単線結線図

一般送配電事業者から供給を受ける図に示す高圧受電設備の単線結線図について、次の問に答えなさい。

(1) アに示す機器の**名称**又は**略称**を記入しなさい。

(2) アに示す機器の**機能**を記述しなさい。

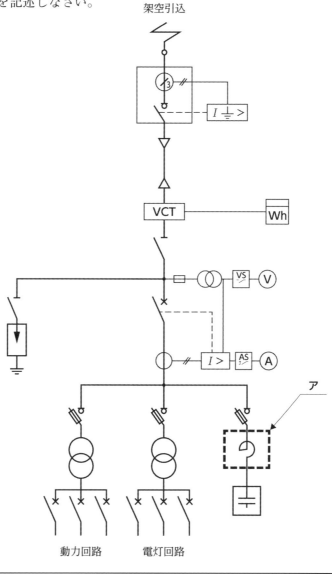

解答例

(1)

機器の名称又は略称	直列リアクトル（SR）

(2)

機器の機能	電圧波形のひずみを軽減する。遮断時に再点弧が発生した場合に、電源側のサージ電圧を抑制する。

考え方・解き方

　高圧受電設備では、電圧波形のひずみを軽減することなどを目的として、直列リアクトル（SR/Series Reactor）が使用されている。直列リアクトルは、高圧進相コンデンサ（SC/Static Condenser）と組み合わせて使用することで、次のような機能を発揮することができる。

①高圧進相コンデンサへの高調波（周波数が通常の整数倍である波）の流入による電圧波形のひずみを抑制し、回路電圧波形を改善することができる。

②コンデンサ遮断後に再点弧を行う際に、再点弧電流を抑制し、電源側のサージ電圧を抑制することができる。

③電力系統にコンデンサを投入したときの突入電流が抑制されるので、コンデンサ開放時における開閉器の再点弧を防止することができる。

参考　直列リアクトルは、高圧進相コンデンサと直列に接続し、コンデンサ回路に流入する高調波に対して誘導性になるように選定する。

コンデンサ容量の6％の容量を持つ直列リアクトルを接続すると、コンデンサに印加される電圧は106％に上昇するが、第五次高調波による電圧波形の歪みを軽減することができる。第五次高調波は、通常の5倍の周波数を有する高調波で、電圧波形の歪みに対する影響が最も大きい。

コンデンサ容量の13％の容量を持つ直列リアクトルを挿入すると、コンデンサに印加される電圧は113％に上昇するが、第五次高調波および第三次高調波による電圧波形の歪みを軽減することができる。第三次高調波は、通常の3倍の周波数を有する高調波で、電圧波形の歪みに対する影響が二番目に大きい。アーク炉回路や整流器回路では、第三次高調波の軽減が必要になる場合が多い。

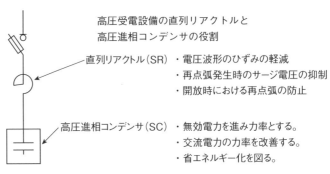

高圧受電設備の直列リアクトルと
高圧進相コンデンサの役割

直列リアクトル（SR）　・電圧波形のひずみの軽減
　　　　　　　　　　　・再点弧発生時のサージ電圧の抑制
　　　　　　　　　　　・開放時における再点弧の防止

高圧進相コンデンサ（SC）　・無効電力を進み力率とする。
　　　　　　　　　　　　　・交流電力の力率を改善する。
　　　　　　　　　　　　　・省エネルギー化を図る。

平成30年度	問題 2-2	高圧受電設備の単線結線図

一般送配電事業者から供給を受ける図に示す高圧受電設備の単線結線図について、次の問に答えなさい。

(1) **ア**に示す機器の**名称**又は**略称**を記入しなさい。

(2) **ア**に示す機器の**機能**を記述しなさい。

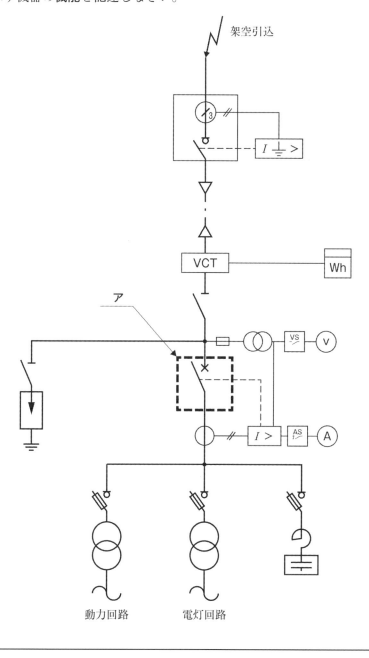

解答例

(1)	機器の名称又は略称	高圧交流遮断器(CB)

(2)	機器の機能	幹線で地絡・短絡などがあったとき、電路を切断して各機器の破損を防止する。

考え方・解き方

　高圧受電設備は、発電所から送電された高圧(6600V)の交流電力を、家庭等で使用する低圧(100Vまたは200V)の交流電力に変圧する設備である。高圧受電設備には、高圧の電力を安全かつ効率的に利用できるようにするため、各種の機器が用いられている。

　高圧交流遮断器(CB/Circuit Breaker)は、幹線で地絡・短絡などがあったとき、電路を切断して各機器の破損を防止する機器である。地絡電流・短絡電流を短時間のうちに遮断し、故障電路を切り離す機能を持つ。また、負荷電流を開閉する機能を有している。

　高圧電路の主遮断装置の形式は、CB形とPF・S形に分類される。高圧交流遮断器(CB)を用いたCB形は、4000kV・A以下の高圧電路に適用できる。高圧限流ヒューズ(PF)と高圧交流負荷開閉器(LBS)を組み合わせたPF・S形は、300kV・A以下の高圧電路に適用できる。

　CB形の主遮断装置の母線以降の結線は、右図のように、高圧交流遮断器(CB/Circuit Breaker)と過電流継電器(OCR/Over Current Relay)を一体化させるか組み合わせたものとする。

> **参考**　高圧交流遮断器(CB)を用いた高圧受電設備において、右図のように、遮断器の非常用予備発電装置起動用などの交流操作用電源を得る必要がある場合は、計器用変圧器(VT/Voltage Transformer)を使用すると共に、その一次側には十分な定格遮断電流を有する限流ヒューズ(PF/Power Fuse)を施設する必要がある。また、本線と予備線との切り替えは、3極切替開閉器(3PD)を用いて行う。

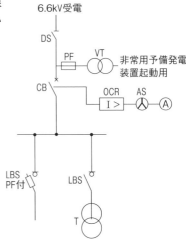

平成 29 年度 問題 2-2 高圧受電設備の単線結線図

　一般送配電事業者から供給を受ける図に示す高圧受電設備の単線結線図について、次の問に答えなさい。

(1) **ア**に示す機器の**名称**又は**略称**を記入しなさい。

(2) **ア**に示す機器の**機能**を記述しなさい。

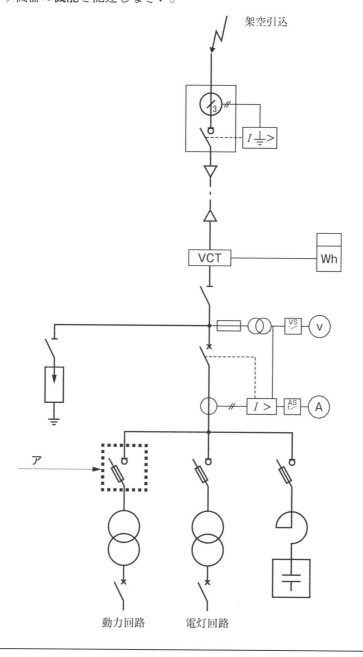

解答例

(1)	**機器の名称又は略称**	ヒューズ付負荷開閉器(PF 付LBS)

(2)	**機器の機能**	短絡が生じた時に、回路を遮断して保護する。また、短絡から回復した時に、再閉路を行って回路を復帰させる。

考え方・解き方

　ヒューズ付負荷開閉器(PF 付 LBS)は、高圧交流負荷開閉器(LBS)と高圧限流ヒューズ(PF)を組み合わせた装置である。この機器は、300kVA 以下の PF・S 形キュービクル式高圧受電設備の主遮断装置として用いられている。

　高圧交流負荷開閉器(LBS)は、短絡等の異常電圧の遮断はできないが、地絡に対して自動開路ができる開閉器で、負荷電流の開閉・回路の切換・引込口の区分開閉に使用される。高圧限流ヒューズ(PF)と組み合わせると、ヒューズに遮断機能があるので、高圧側の短絡に対して、遮断装置として使用することができるようになる。

参考　高圧交流負荷開閉器(LBS/Load Break Switch)は、高圧交流回路(6.6kV の AC 回路)において、負荷電流・励磁電流・充電電流の開閉(投入と遮断)を行う機器である。その電路の短絡時の異常電流を、規定の時間通電できる構造となっているため、短絡保護の必要があるときは、ヒューズ付負荷開閉器(限流ヒューズ付高圧交流負荷開閉器)として用いられる。

高圧限流ヒューズ(PF/Power Fuse)は、規定以上の電流が流れたとき、ヒューズが溶断することで、回路を遮断する機器である。回路の開放時にヒューズが溶断されるので、回路の開放はできるが、回路の再閉路はできないため、開閉装置としては扱われない。主に、変圧器・電動機・コンデンサの保護において、短絡電流を遮断するために使用されている。

高圧限流ヒューズは、溶断時に回路に過電圧が生じ、設備を損傷することがあるので、ストライカによって欠相保護を行う。

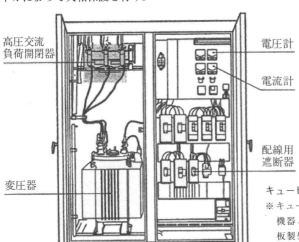

高圧交流負荷開閉器
電圧計
電流計
配線用遮断器
変圧器

キュービクル式高圧受電設備の例
※キュービクル式高圧受電設備は、高圧の受電機器として使用する各機器を、ひとつの鋼板製外箱にまとめて収納した高圧受電設備(6600 V の高圧で受電した電力を 100 V または 200 V の低圧に変換する設備)である。

　電気事業者から供給を受ける図に示す高圧受電設備の単線結線図において、次の問に答えなさい。

(1) **ア**に示す機器の**名称**又は**略称**を記入しなさい。

(2) **ア**に示す機器の**機能**を記述しなさい。

施工管理

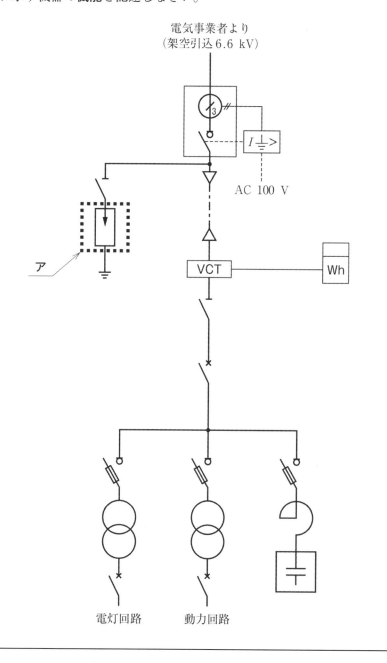

解答例

(1)

機器の名称又は略称	避雷器(LA)

(2)

機器の機能	雷などによる衝撃過電圧を大地に放電し、電気施設の絶縁を保護すると共に、その電流を短時間で遮断し、自動的に正規の状態に復元させる。

考え方・解き方

　避雷器(LA/Lightning Arrester)は、受電電力が 500kW 以上の架空配電線から侵入する直撃雷・誘導雷による雷サージや、開閉器等の操作による開閉サージなどの衝撃過電圧を大地に放電し、電気施設の絶縁を保護すると共に、短時間で電流を遮断し、自動的に正規の状態に復元させる機器である。避雷器を設置するときは、次の点に留意する。

　①避雷器は、引込口や被保護設備の直近に設置する。

　②避雷器には、A 種接地工事を施す。

　③避雷器の一次側には、保安上必要な場合に電路から切り離せるよう、断路器を設ける。

参考　避雷器は、その構造的な違いにより「ギャップ式避雷器」と「ギャップレス避雷器」に大別されている。

　①ギャップ式避雷器は、非常に高い雷電圧を、避雷器の直列ギャップで放電させ、接地線を通じてサージ電流を大地に流し、電圧を低減させる機器である。更に、放電後は、続流を遮断して元の状態に自動的に復元させる機能を有している。

　②ギャップレス避雷器は、電流特性(非直線特性)が優れた酸化亜鉛粉末の焼結体を用いてサージ電流をバイパスさせる機器である。放電させる直列ギャップがなく、放電耐量が大きいという特徴がある。

電気事業者から供給を受ける図に示す高圧受電設備の単線結線図について、次の問に答えなさい。

(1) **ア**に示す機器の**名称**又は**略称**を記入しなさい。

(2) **ア**に示す機器の**機能**又は**用途**を記述しなさい。

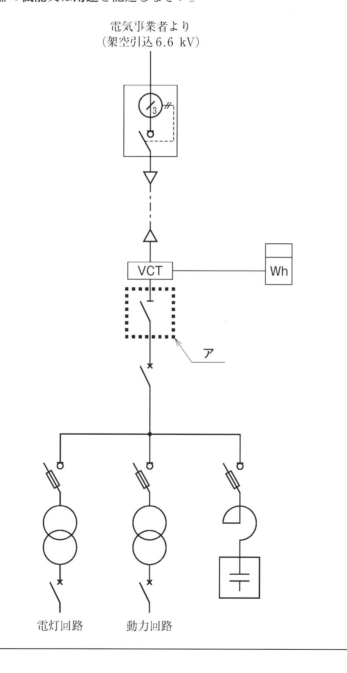

解答例

(1)	名称又は略称	断路器（DS）

(2)	機能又は用途	高圧機器の点検・電路の切換え・電路の補修などの作業を行う際、その電路を切り離すことで、停電作業の安全を確保し、感電災害を防止する。

DS（Disconnect Switch）

考え方・解き方

　特別高圧電路・高圧電路の区分・切換えをするときや、高圧機器の点検・補修などの作業をするときは、断路器を用いて、電気が流れている回路から作業対象を切り離す必要がある。

　断路器は、充電された電路を開閉分離するためだけに用いられる機器であるため、負荷電流が生じていないことを確認してから操作する必要がある。

問題 2-2 　の図に示すようなキュービクル式高圧受電設備は、CB 形と PF-S 形に分類される。その高圧受電設備が CB 形・PF-S 形のどちらであるかは、断路器の位置により判別できる。

　CB 形は、受電設備容量が 4000kVA 以下の場合に適用できる大型の高圧受電設備である。断路器（DS）は、高圧交流遮断器（CB）の電源側に避雷器（LA）とセットで設けられる。

　PF-S 形は、受電設備容量が 300kVA 以下の場合に適用できる小型の高圧受電設備である。断路器（DS）は、ヒューズ付負荷開閉器（PF 付 LBS）の負荷側に設けられる。なお、PF-S 形の場合も、下図のように、断路器は避雷器とセットで用いられる場合が多い。

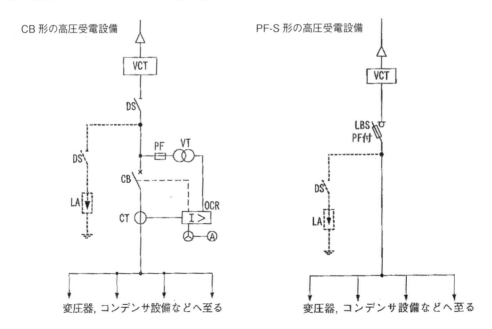

平成26年度 | 問題 2-2 | 高圧受電設備の単線結線図

電気事業者から供給を受ける高圧受電設備の単線結線図において、次の問に答えなさい。

(1) **ア**に示す引込柱に設ける機器の**名称**を記入しなさい。

(2) **ア**に示す機器の**機能**を記述しなさい。

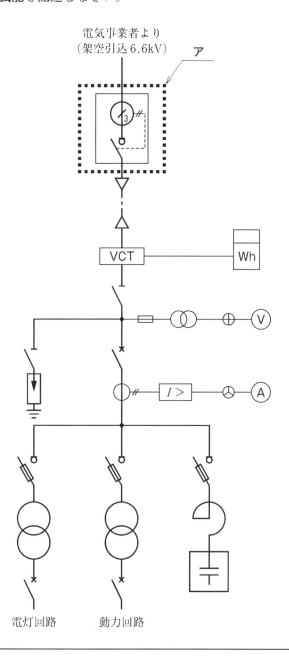

電気事業者より
(架空引込 6.6kV)

ア

VCT Wh

電灯回路　　動力回路

「高圧受変電設備規程」において区分開閉器の施設は、①保安上の責任分界点に区分開閉器を設けること。②区分開閉器には高圧交流負荷開閉器を使用すること。③絶縁油を使用しないこと。と規定されている。

図(ア)の高圧交流負荷開閉器は、短絡等の異常電圧の遮断はできないが、高圧交流電路を開閉する開閉器で、負荷電流の開閉、回路の切換や引込口の区分開閉器として使用される。

架空引込に使用する高圧交流負荷開閉器には、気中負荷開閉器(PAS)、真空負荷開閉器(PVS)、ガス負荷開閉器(PGS)等があるが、PASは空気中で負荷電流を開閉し、保守点検が容易であり、安価で不燃性である等により最も普及している。

解答例

(1)

名称	高圧交流負荷開閉器

(2)

機能	構内施設で発生した地絡・短絡事故による他需要家への波及事故防止のための開閉機能がある。

参考 「公共建築設備工事標準図(電気設備工事編)令和4年版」では、「ア」に示す機器の名称が下表のように定義されている。その名称は4つ示されているが、受電電圧が6.6kVの一般的な高圧受電設備の引込柱に設けられるものは、「気中開閉器(架空引込用)」である。したがって、この問題の解答としては「気中開閉器」なども正解となる。また、その文字記号(略称)として示されているPAS(Pole mounted Air insulated Switch)の直訳である「柱上気中開閉器」なども正解となる。

名称	図記号	文字記号
高圧交流気中負荷開閉器 (架空引込用) (地絡保護装置付)		PAS
高圧交流真空負荷開閉器 (架空引込用) (地絡保護装置付)		PVS
高圧交流ガス負荷開閉器 (地中引込用) (地絡保護装置付)		UGS
高圧交流気中負荷開閉器 (地中引込用) (地絡保護装置付)		UAS

出典:公共建築設備工事標準図(電気設備工事編)令和4年版

第3章 電気工事用語

3.1 過去10年間の出題分析表と対策

3.1.1 過去10年間の電気工事用語の出題内容

年度	電気工事用語 (10年間に2回以上出題されている用語は太字で表示)	
令和 5年度	1. 風力発電 2. 架空送配電線路の耐塩対策 3. 三相誘導電動機の始動方式 4. 屋内配線用差込形電線コネクタ 5. 光ファイバーケーブル	6. 自動列車制御装置（ATC） 7. 道路の照明方式（トンネル照明を除く） 8. 接地抵抗試験 9. 電線の許容電流
令和 4年度	1. 揚水式発電 2. 架空地線 3. 力率改善 4. 漏電遮断器 5. UTPケーブル	6. 電車線路の帰線 7. ループコイル式車両感知器 8. 波付硬質合成樹脂管（FEP） 9. 絶縁抵抗試験
令和 3年度	1. 風力発電 2. 架空送電線のたるみ 3. スターデルタ始動 4. VVFケーブルの差込形のコネクタ 5. 定温式スポット型感知器	6. 電気鉄道のき電方式 7. 超音波式車両感知器 8. 電線の許容電流 9. A種接地工事
令和 2年度	1. 太陽光発電システム 2. 架空送配電線路の塩害対策 3. 三相誘導電動機の始動法 4. スコット結線変圧器 5. 光ファイバケーブル	6. 自動列車停止装置（ATS） 7. ループコイル式車両感知器 8. 絶縁抵抗試験 9. D種接地工事
令和 元年度	1. 変流器（CT） 2. うず電流 3. 力率改善 4. 架空地線 5. 電車線路の帰線	6. 道路の照明方式（トンネル照明を除く） 7. 変圧器の並行運転 8. 電動機の過負荷保護 9. UTPケーブル
平成 30年度	1. 風力発電 2. 単相変圧器のV結線 3. VVFケーブルの差込形コネクタ 4. 三相誘導電動機の始動方式 5. 差動式スポット型感知器	6. 自動列車制御装置（ATC） 7. 超音波式車両感知器 8. 絶縁抵抗試験 9. 波付硬質合成樹脂管（FEP管）

年 度	電気工事用語 (10年間に2回以上出題されている用語は太字で表示)	
平成 29年度	1. 揚水式発電 2. 架空送電線のたるみ 3. 漏電遮断器 4. LED照明 5. 自動火災報知設備の受信機	6. 自動列車停止装置（ATS） 7. ループコイル式車両感知器 8. 電線の許容電流 9. D種接地工事
平成 28年度	1. 太陽光発電システム 2. 単相変圧器2台のV結線 3. スターデルタ始動 4. ライティングダクト 5. 光ファイバケーブル	6. 電気鉄道のき電方式 7. 超音波式車両感知器 8. A種接地工事 9. 波付硬質合成樹脂管(FEP)
平成 27年度	1. 風力発電 2. 架空地線 3. LED照明器具 4. VVFケーブルの差込形コネクタ 5. 定温式スポット型感知器	6. 自動列車停止装置(ATS) 7. ループコイル式車両感知器 8. 合成樹脂製可とう電線管(PF管・CD管) 9. D種接地工事
平成 26年度	1. 揚水式発電 2. 架空送電線のたるみ 3. 漏電遮断器 4. メタルハライドランプ 5. UTPケーブル	6. 自動列車制御装置(ATC) 7. トンネルの入口部照明 8. 接地抵抗試験 9. 力率改善

3.2 技術検定試験 重要項目集

3.2.1 技術記述の捉え方・書き方

「電気工事用語」について、「技術的な内容」を記述する問題が出題されてきた。技術的な内容とは、用語の意味を問うものではなく、技術的な一面から記述するものであり、一般論的な記述では得点できない。したがって、用語の「**技術的な内容**」というのは、次のような技術的な視点である。

(1) 物理的、科学的な原則：発生原理、動作原理、定義

(2) 構造、構成、分類などの技術要素：方式、方法、特徴

(3) 利用や運用上の技術要素：目的、用途、施工上の留意点、選定上の留意点、対策

以上でも明らかなように、技術的な内容の記述は、出題用語を主語にたて、発生原理なら発生原理だけを示す必要がある。「発生原理」と合わせて「対策」を示してはならない。表3-2-1 に技術的な内容を取上げる項目を示す。

表3-2-1 技術的な内容の項目の参考例

技術的な内容の項目（参考）		
1	施工上の留意点	（感知器の設置場所）
2	選定上の留意点	（機器類の性能）
3	定義	（インターロック）
4	動作原理	（リレー、感知器）
5	発生原理	（電食、劣化）
6	目的	（抑制、効率、節減）
7	用途	（手術室、ホテル）
8	方式	（発電、伝送）
9	方法	（試験、接地）
10	特徴	（省力化、信頼性、小型化）
11	対策	（耐震、電食、防食、防錆）

問題3 は、出題された9つの用語のうちから3つを選択し、その用語の技術的な内容について解答するものである。一例として、直感的な理解がしやすく、過去10年間で出題が4回にも及ぶ「風力発電」について解答することを考える。

まずは、上記の表3-2-1の項目の中から、風力発電の技術的な内容を最も簡潔に表現できる事項を2項目選択する。ここでは、風力発電はどのような方法で電力を生み出すのか（動作原理）と、風力発電の工事ではどのようなことに注意しなければならないか（施工上の留意点）に着目する。

風力発電の動作原理と施工上の留意点について、簡潔に記述すると次のようになる。

（平成 30 年度の出題例から）

番号	1	用語	風力発電

動作原理 / キーワード：風エネルギー

技術的な内容	ブレードで受けた風エネルギーを機械エネルギーに変換し、機械エネルギーで発電機を回すことで、電気エネルギーを取り出す。

施工上の留意点 / キーワード：環境への配慮

技術的な内容	風車から大きな騒音が発生するため、設置場所周辺の生活環境に十分な配慮をする必要がある。

　実際の試験では、「施工上の留意点 / **キーワード**：環境への配慮」の部分を記入する必要はないが、このような短い**キーワード**を考えておくと、解答がしやすくなる。記述内容を具体化するためには、「施工上の留意点」などの選択した事項に視点を定め、その定めた視点のみに絞って技術的な内容を記述するとよい。記述する解答の字数は 60 字以内を目安とする。

　また、問題 3 では選択する事項（技術的な内容）を何にするのかによって、解答の難易度が異なる場合が多いが、迷うようなら「施工上の留意点」または「特徴」について記述することを推奨する。施工上の留意点に関しては、日常の工事において気にすべき点を記述すればよいし、特徴に関しては、その用語の意味を記述すればそれが解答となるからである。

3.2.2 記述の取組みの容易な用語と困難な用語の考え方

1 記述の容易な用語

記述が容易な用語は、用語の末尾の漢字に注意すればよい。たとえば

(1) 「器」、「装置」、「設備」

　スコット変圧器、断路器、地絡過電流継電器、漏電遮断器、自動列車停止装置などは、「〜器」、「〜装置」などの「目的」、「用途」や「特徴」等の技術的な項目を用いれば容易に記述できる。

(2) 「方式」、「対策」、「システム」、「制御」、「工事」

　道路のポール照明方式、太陽光発電システム、事務室照明の昼光制御、A種接地工事、D種接地工事などは、「目的」、「方式」、「特徴」、「方法」等の技術的な項目を用いれば容易に記述できる。

⑶ 用語の末尾に特別な記述がないが、機器そのものを表す用語

　高圧限流ヒューズ、３Ｅリレー、メタルハライドランプ、ＬＡＮのパッチパネルなどは、「目的」、「特徴」等の技術的な項目を示すことができる。

2 記述の困難な用語

　次のような用語については、選択する技術的な項目は表３-２-２が参考になる。

表３-２-２　記述が困難な用語とその選択する事項（例示）

用語	選択する技術的な項目の例示	
電力設備の需要率	定義	選定上の留意事項
送電線のねん架	定義	目的
配電線路のバランサ	目的	特徴
電気鉄道の帰線	定義	方法
力率改善	定義	目的
単相変圧器２台のＶ結線	方法	特徴
インターロック	定義	目的

コラム　どの用語を重点的に学習すべきなのか

　電気工事用語の問題は、9個の用語の中から3つの用語を選び、その技術的な内容を記述すればよいので、出題頻度の高い用語に絞り込んで学習を進めることもひとつの手段である。下記の24個の用語は、過去13年間の試験において、3回以上の出題があった用語である。平成22年度以降の試験に出題された電気工事用語の問題に関しては、下記の24個の用語を覚えておくだけでも、3つの用語に対する解答を埋めることができる確率が100％に達していることが分かっている。また、前年度に出題された用語は、出題される可能性が低いことが分かっている。したがって、下表に掲げる24個の用語のうち、令和5年度の試験に出題されなかった用語（下表に太字で示されている18個の用語）の技術的な内容の記述だけは、確実にできるようにしておきたい。

出題頻度の高い用語		
太陽光発電システム	**UTPケーブル**	自動列車停止装置（ATS）
風力発電	光ファイバケーブル	自動列車制御装置（ATC）
揚水式発電	**VVFケーブルの差込形コネクタ**	**超音波式車両感知器**
架空送電線のたるみ	**波付硬質合成樹脂管（FEP）**	**ループコイル式車両感知器**
三相誘導電動機の始動方式	**LED照明**	**絶縁抵抗試験**
スターデルタ始動	**漏電遮断器**	電線の許容電流
力率改善	**定温式スポット型感知器**	**A種接地工事**
架空地線	**電車線路の帰線**	**D種接地工事**

※「スターデルタ始動」は、令和5年度に出題があった「三相誘導電動機の始動方式」の一種なので、太字としては扱わない。

3.2.3 電気工事用語の要約

①発変電設備の用語	技術的項目	ポイント解説
太陽光発電システム	原理	太陽光のもつ光エネルギーを半導体素子に投射して電力に変換してこれを取出すものである。
揚水式の水力発電所	構成	上部と下部に貯水池をもちその中間に揚水ポンプと水車を設けた水力発電所である。
風力発電	原理	ブレードで受けた風エネルギーを機械エネルギーに変換し、更にこれで発電機を回して電気エネルギーを取り出す。
水力発電の水車	原理	水の位置エネルギーを水車の羽根に与え水車を回し、得られた回転力を機械エネルギーに変換し、発電機を運転する。
②送配電設備の用語	**技術的項目**	**ポイント解説**
配電線路のバランサ	目的	単相3線式低圧配電線路の不平衡負荷により発生する電圧の不平衡を解消し、電力損失を改善する目的で設置される。
送電線のねん架	定義	送電線路での各相のインダクタンス、静電容量を等しくさせるため、全区間を三等分して電線の配置換えをおこなうこと。
管路式の地中電線路	方法	防食処理済厚鋼電線管、FEP、ヒューム管等を地中に埋設し、ケーブルを管路に引き入れてつくる電線路。
架空地線	目的	架空送電線への直撃雷の防止、誘導雷の低減、及び1線地絡時の故障電流を分流して通信線への誘導障害を防止する。
鋼心アルミより線（ACSR）	構造	電線の中心部に引張強度の大きい鋼より線を用い、その周辺に比較的導電率のよい硬アルミ線をより合わせた構造。
架空送電線のたるみ	留意点	電線が短すぎると、電線に大きな張力が働き、長すぎると振れが大きくなるため、適正なたるみを与えて架設する。
架空送配電線路の耐塩対策(塩害対策)	対策	耐トラッキング性能の高いポリマがいしや、沿面距離を長くとった深溝がいし(耐霧用がいし)を使用する。
③構内電気設備の用語	**技術的項目**	**ポイント解説**
変圧器のコンサベータ	目的	油入変圧器の絶縁油が、温度変化による膨張・収縮により外部の空気と直接接触して絶縁性能が低下することを防止する。
電力設備の需要率	定義	最大需要電力[kW]と負荷設備容量[kW]の百分率である。
力率改善	定義	送配電系統、屋内配電系統又は機器単体の力率が遅相の場合、力率を1(100%)に近づけること。
単相変圧器のV結線	方式	2台の単相変圧器をV結線すると、三相動力用と単相電灯用の電力を同時に供給できる。
屋内配線用差込形電線コネクタ	定義	板状スプリングと導電板の間などに、電線終端を挟み込んで、電線相互の接続を行う屋内配線用の器材である。

VVFケーブルの差込型コネクタ	特徴	差込形コネクタによる接続は、施工は容易だが、接触不良による火災の危険がある。
三相誘導電動機の始動方式	方式	始動方式は、定格出力に応じて、全電圧始動法・Y-Δ始動法（スターデルタ）・始動補償器法を使い分ける。
漏電遮断器	目的	使用電圧が60Vを超える交流低圧電路に地絡が生じたとき、自動的にこの電路を遮断し、地絡事故による危険を防止する。
絶縁抵抗試験	目的	電線相互間および電路と大地間の絶縁抵抗値を測定し、絶縁状態を調べ良否を判定する。
波付硬質合成樹脂管（FEP）	用途	管路式地中電線路のケーブル保護管として可とう性の必要な箇所に用いる。
ライティングダクト	用途	ダクトラインの任意の箇所で専用のプラグを用いてスポットライトや小型電気器具へ電源を供給する。
EM（エコ）電線	特徴	電線・ケーブルの被覆材に耐熱性ポリエチレン混合物を使用し、焼却してもダイオキシンなどの有害物質が発生しない。
D種接地工事	基準	接地抵抗値は100Ω以下。ただし低圧電路において地絡時に0.5秒以内に自動的に遮断するときは500Ω以下でよい。
A種接地工事	基準	接地抵抗値は10Ω以下で接地線は直径2.6mm以上の軟銅線を使用する。
光電式自動点滅器	目的	周囲の照度に応じて照明負荷に電力の供給を自動でON・OFFを行い防犯灯等に用いる
電磁接触器	構造	電磁石の力で主接触部を開閉させる接触器で、サーマルリレーと組合せて一体化した構造である。
区分開閉器	用途	電力会社からの受電点の責任分界点、需要家構内の分岐点に設置する開閉器。
変流器（CT）	用途	大電流を小電流に変換することにより、電流計の測定範囲を広げる機器である。
うず電流	原理	電磁誘導による起電力の一部を打ち消し、渦電流損（ジュール熱）を発生させる。
変圧器の並行運転	留意点	三相変圧器の結線の組合せにおいて、Δの数とYの数が、どちらも偶数個でなければならない。
電動機の過負荷保護	定義	電動機が焼損するような過電流を、自動的に阻止または警報できるようにすることをいう。
インターロック	定義	ある一定の動作や条件が整わないと別の動作や状態に入れないようにすること。
④構内通信設備の用語	技術的項目	ポイント解説
光ファイバーケーブル	原理	高屈折率のコア層を通る光は、低屈折率のクラッド層の境目で反射してコア層の中に閉じ込まれて進む。

UTPケーブル	用途	ツイストペアケーブルともいわれ、非シールド銅線を2本ずつより合わせた電話用、一般通信用に用いる通信ケーブル。
LANのタッチパネル	用途	タッチコードを使用して、LANスイッチ、ハブ等のセンター装置と端末等とをクロスコネクトするもの。
テレビ共同受信設備の直列ユニット	用途	テレビ共同受信設備で、テレビに受信信号を幹線から取出す端子。
⑤防災設備の用語	**技術的項目**	**ポイント解説**
定温式スポット型感知器	特徴	周囲の温度が一定以上となったときに作動して、火災報知設備の受信機に火災信号を発信するスポット型感知器。
差動式スポット型感知器	特徴	周囲の温度上昇率が一定以上となったときに作動して、火災報知設備の受信機に火災信号を発信するスポット型感知器。
煙感知器	特徴	火災による煙を感知したときに作動して、火災報知設備の受信機に火災信号を発信する感知器。
⑥電気鉄道の用語	**技術的項目**	**ポイント解説**
電気鉄道の帰線	定義	電気車に供給された運転用電力を変電所に戻すまでの帰線回路のことで、レールを含む部分の総称。
自動列車停止装置（ATS）	目的	列車が停止信号に近づくと警報を発し、必要により自動的に列車を停止させる。
電気鉄道のき電線	定義	電気鉄道用変電所から電車線又は導電レールなど集電用導体へ給電するための電線。
軌道回路のボンド（電気鉄道のボンド）	目的	電気鉄道のレールの継ぎ目に別の導体を使い電気的接続を確実にする。
電食	対策	設備の埋設金属体を被覆して電気的絶縁を施し、迷走電流に対する電食を防止する。
⑦道路・トンネル照明の用語	**技術的項目**	**ポイント解説**
超音波式車両感知器	方式	道路面上約5～6mに設置した送受部から超音波パルスを路面に向かい間欠的に発射し車両からの反射波により車両を感知する。
ループコイル式車両感知器	原理	路面下に電線をループ状に埋設し、車両の接近によりループコイルのインダクタンスの変化を利用して車両の検出を行う。
トンネル照明	構成	トンネル内に設ける照明は、基本照明と出入口部照明等により構成される。
道路のポール照明方式	方式	地上8～12mのポールの先端に灯具を取付け道路に沿ってポールを配置する。
道路のカテナリ照明方式	方式	道路中央分離帯にポールを50～120m間隔で配置し、ポール間にカテナリ線を張り照明器具を吊り下げる。

電気工事用語

　電気工事に関する次の用語の中から**3つ選び**，番号と用語を記入のうえ，**技術的な内容**を，それぞれについて**2つ具体的に記述**しなさい。

　ただし，**技術的な内容**とは，施工上の留意点，選定上の留意点，動作原理，発生原理，定義，目的，用途，方式，方法，特徴，対策などをいう。

1. 風力発電
2. 架空送配電線路の耐塩対策
3. 三相誘導電動機の始動方式
4. 屋内配線用差込形電線コネクタ
5. 光ファイバーケーブル
6. 自動列車制御装置（ATC）
7. 道路の照明方式（トンネル照明を除く）
8. 接地抵抗試験
9. 電線の許容電流

電気工事用語

| 1 | 風力発電 | キーワード：運動➡機械➡電気、水平軸形と垂直軸形 |

考え方・解き方

1 **風力発電の動作原理**：風力発電は、ブレード(羽根)で受けた風の運動エネルギーを機械エネルギーに変換し、その機械エネルギーにより発電機を回すことで、電気エネルギーを取り出して発電する設備である。

2 **風力発電の特徴**：風力発電の利点・欠点には、次のようなものがある。

①原子力発電や火力発電に比べて、安全性が高く、地球環境への悪影響が少ない。(利点)

②太陽光発電とは異なり、風が吹いていれば、昼夜を問わずに発電できる。(利点)

③発電量は、風速によって変動するので、不安定かつ間欠的である。(欠点)

④風車から騒音が発生するため、設置場所周辺の生活環境に配慮が必要である。(欠点)

3 **風力発電の方式**：風力発電の風車は、その形状により、プロペラ形風車に代表される水平軸形と、ダリウス形風車に代表される垂直軸形に分類されている。

①プロペラ形風車は、水平軸を中心としてブレード(羽根)を回転させる風車である。
　プロペラ形風車は、ピッチ制御(風向きに対する羽根の角度を変えること)により、回転数制御や出力制御が容易にできる。そのため、風速変動に対する制御が容易である。

②ダリウス形風車は、垂直軸を中心としてブレード(羽根)を回転させる風車である。
　ダリウス形風車は、どの方向から風が来ても同じように回転するため、風向の変化に対して姿勢(向き)を変える必要がない。そのため、風向変動に対する制御が容易である。

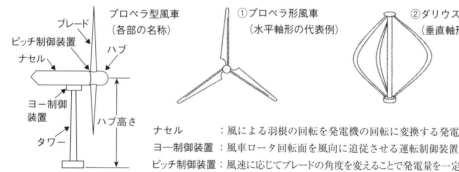

ナセル　　　　　：風による羽根の回転を発電機の回転に変換する発電機構
ヨー制御装置　　：風車ロータ回転面を風向に追従させる運転制御装置
ピッチ制御装置　：風速に応じてブレードの角度を変えることで発電量を一定にする装置

解答例

| 番号 | 1 | 用語 | 風力発電 |

発生原理 / キーワード：運動➡機械➡電気

| 技術的な内容 | ブレードで受けた風の運動エネルギーを機械エネルギーに変換し、機械エネルギーで発電機を回すことで、電気エネルギーを取り出す。 |

方式 / キーワード：水平軸形と垂直軸形

| 技術的な内容 | 風車の形状により、プロペラ形風車に代表される水平軸形と、ダリウス形風車に代表される垂直軸形に分類されている。 |

2　架空送配電線路の耐塩対策　キーワード：深溝がいしの使用、撥水性物質と散水

考え方・解き方

1. **架空送配電線路の塩害**：海の近くにある架空送配電線路では、がいし（碍子／送配電線と支持物との間に取り付ける絶縁体）に海水中の塩分が付着し、その絶縁性能が低下して停電事故などを引き起こすことがある。この現象は、「塩害」と呼ばれている。

2. **架空送配電線路の耐塩対策**：架空送配電線路の耐塩対策とは、架空送配電線路に「塩害」が起きないように対策を講じることをいう。架空送配電線路の耐塩対策としては、次のようなものが挙げられる。

　① 耐トラッキング性能が高いポリマ（有機絶縁材料）を使用したがいしを使用することで、トラッキングを生じにくくする。トラッキングとは、絶縁物の表面に、何らかの原因で形成された炭化物が導電路となることで、絶縁性能が低下する現象である。

　② 懸垂がいしの連結個数を増加させることで、対地間絶縁強度を向上させる。対地間絶縁強度が向上すると、絶縁性能が低下しても、停電事故などが生じにくくなる。

　③ 深溝がいし（耐霧用がいし）を使用する。深溝がいしは、内面にひだを付けて沿面距離を長くとることで、その耐電圧性能を向上させている。

　④ 長幹がいし（多数の懸垂がいしを重ねたがいし）を使用する。長幹がいしは、電線相互の間隔を保つことができるようにすることで、その絶縁性能を向上させている。また、長幹がいしは、塩分や塵埃による汚染を雨で洗い流すことができる。

　⑤ がいしの表面に撥水性物質を塗布したり、がいしを散水により洗浄する設備を設けたりする。そうすることで、塩分を含む海水の飛沫が、がいしに付着しにくくなる。

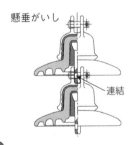
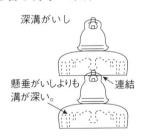
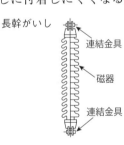

解答例

番号	2	用語	架空送配電線路の耐塩対策

対策／キーワード：深溝がいしの使用

技術的な内容	内面にひだを付けた深溝がいし（耐霧用がいし）を使用することで、沿面距離を長くして、その耐電圧性能を向上させる。

対策／キーワード：撥水性物質と散水

技術的な内容	がいしの表面に撥水性物質を塗布したり、がいしを散水で洗浄する設備を設けたりして、塩分を含む海水の飛沫を付着しにくくする。

3 | 三相誘導電動機の始動方式 | キーワード：始動時の電流の低下、適切な始動方式の選定

考え方・解き方

1 **三相誘導電動機の始動**：三相誘導電動機は、その始動時（スイッチを入れた瞬間）に、通常運転時よりも大きな始動電流が流れるという特徴がある。特に、大容量の三相誘導電動機では、何の対策もとらずに始動させると、この始動電流によって電動機が破損するおそれが生じる。

2 **三相誘導電動機の始動方式**：三相誘導電動機では、始動電流を安全な水準まで低下させるため、各種の始動方式が使い分けられている。

① 小容量の三相誘導電動機では、始動電流は問題にならない程度であり、始動電流を低下させる必要がないので、全電圧始動方式を選定することが一般的である。

② 三相誘導電動機の容量が大きくなるにつれて、効果的に始動電流を低下させることができる始動方式（スターデルタ始動方式や始動補償器方式）を選定する必要がある。

3 **全電圧始動方式（直入始動方式）**：小容量の（一般的には定格出力が3.7kW以下の）三相誘導電動機に用いられる方式である。電動機に定格電圧を加えて始動する。配電線に及ぼす影響が小さく、電動機の回路は単純かつ安価になるが、電動機の始動時に定格電流の4倍～6倍という大きな始動電流が流れることになる。

4 **スターデルタ始動方式（Y-Δ始動方式）**：中容量の（一般的には定格出力が5.5kW～15kW程度の）三相誘導電動機に用いられる方式である。スター結線で始動し、全負荷になる直前にデルタ結線に切り替える。全電圧始動法と比較して、始動電流や始動トルクが3分の1になり、始動電圧が$\sqrt{3}$分の1になる。しかし、スター結線からデルタ結線に切り替えるときに、突入電流が発生し、電気的・機械的なショックが生じる。

5 **始動補償器方式**：大容量の（一般的には定格出力が15kW以上の）三相誘導電動機に用いられる方式である。三相単巻変圧器のタップ（操作用トランス）で所要の電圧を電動機に加えることにより、始動電流を制限する。電動機が加速したら、電動機の回転速度が上昇するにつれて、運転電圧に切り替える。電動機の回路は複雑かつ高価になるが、始動電流を低下させる効果は最も大きい。

解答例

番号	3	用語	三相誘導電動機の始動方式

目的／キーワード：始動時の電流の低下

技術的な内容	三相誘導電動機の始動時に流れる大電流を、安全な水準まで低下させることで、電動機の破損を防止する方式のことである。

選定上の留意点／キーワード：適切な始動方式の選定

技術的な内容	一般的にはスターデルタ始動方式、定格出力が3.7kW以下なら全電圧始動方式、定格出力が15kW以上なら始動補償器方式とする。

考え方・解き方

1 **電線相互の接続**：屋内配線において、電線相互の接続を行うときは、適切な措置を講じなければならない。この措置が適切に講じられていないと、電線相互の接続部分において、心線が損傷したり、接続不良を引き起こしたりするおそれが生じる。差込形電線コネクタは、電線相互の接続を適切に行うために用いられる器具の一種である。

2 **差込形電線コネクタ**：この用語の定義は、日本産業規格（JIS C 2813 屋内配線用差込形電線コネクタ）において、「板状スプリングと導電板の間などに電線終端を挟み込んで電線相互の接続を行う器材」と定められている。雨水などから電線接続部を保護するような機能は有していないので、屋内配線用のボックス内で使用することが原則である。

3 **引張力を受ける箇所での使用禁止**：電線相互の接続部分において、引張力を受けるおそれがあるときは、差込形電線コネクタではなくリングスリーブを使用しなければならない。差込形電線コネクタによる接続では、接続部分において電線が引張力を受けた場合、接触不良による火災や漏電が生じやすくなる。

4 **心線の露出長さの適正化**：差込形電線コネクタを使用して電線相互を接続するときは、ワイヤーストリッパーの目盛（差込み深さ）に合わせて電線の絶縁被覆を切断し、心線を露出させる。この心線の露出長さは、差込形電線コネクタの銅板から突出し、差込形電線コネクタの根元から突出しない長さとする。コネクタの先端部は、透明になっているので、この長さは目視で確認することができる。この露出長さが短すぎたり長すぎたりすると、接触不良による火災や漏電が生じやすくなる。

差込形電線コネクタによる電線相互の接続（心線の露出）

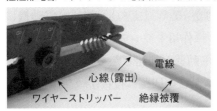

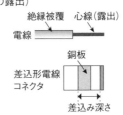

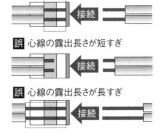

解答例

番号	4	用語	屋内配線用差込形電線コネクタ

定義／キーワード：電線相互の接続

技術的な内容	屋内配線に用いられる器具のひとつで、板状スプリングと導電板の間などに、電線終端を挟み込んで、電線相互の接続を行う器材である。

施工上の留意点／キーワード：心線の露出長さ

技術的な内容	差込形電線コネクタを使用して電線相互を接続するときは、心線の露出長さを、銅板から突出し、根元から突出しない長さとする。

考え方・解き方

1 **光ファイバーケーブルの構造**：光ファイバーケーブルは、光の屈折率が高いコア層（中心部）と、光の屈折率が低いクラッド層（周辺部）から構成されている。光は、屈折率が高いところから低いところに向かうと全反射する性質がある。そのため、高屈折率のコア層を通る光は、低屈折率のクラッド層との境目で反射し、コア層の中に閉じ込められて進む。この性質を利用して、光などの電気信号を遠くまで運ぶ設備が、光ファイバーケーブルである。

コア層（屈折率が高い）　被覆（シリコン樹脂）
クラッド層（屈折率が低い）　光ファイバーケーブルの構造図

2 **光ファイバーケーブルの特長**：光ファイバーケーブルは、従来使われていたメタルケーブルと比べて、信号の減衰が少なく、超長距離でのデータ通信が可能である。また、光ファイバーケーブルは、細く軽量であり、電磁誘導障害や雷害の影響を受けにくい。

3 **光ファイバーケーブルの伝送モード**：光ファイバーケーブルは、光の伝送経路が1本だけのシングルモードと、光の伝送経路が複数本のマルチモードに分類されている。

①シングルモードファイバーは、コア径が小さく、単一のモードで光信号を伝搬する。伝送損失（光の分散）が小さく、高速度の長距離伝送に適しているが、高価である。

②マルチモードファイバーは、コア径が大きく、複数のモードで光信号を伝搬する。伝送損失（光の分散）が大きく、高速度の長距離伝送には適さないが、安価である。

光ファイバーケーブルの伝送モードによる特徴の違い

特徴 ＼ 伝送モード	シングルモード	マルチモード(GI)	マルチモード(SI)
コア径	○小さい	×大きい	×大きい
光の反射	○全反射する	×全反射しない	×全反射しない
伝送帯域（通信速度）	○広い（速い）	△中程度	×狭い（遅い）
伝送損失（光の損失）	○小さい	△中程度	×大きい
伝送距離	○長距離	△中距離	×短距離
価格	×高価	△やや安価	○安価
主な用途	重要な幹線	機器間の接続	現在は非一般的

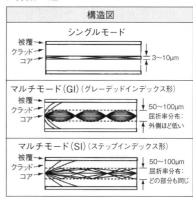

構造図

シングルモード
被覆　クラッド　コア　3〜10μm

マルチモード(GI)（グレーデッドインデックス形）
被覆　クラッド　コア　50〜100μm　屈折率分布：外側ほど低い

マルチモード(SI)（ステップインデックス形）
被覆　クラッド　コア　50〜100μm　屈折率分布：どの部分も同じ

電気工事用語

番号	5	用語	光ファイバーケーブル

動作原理 / キーワード：屈折率の違い

技術的な内容	高屈折率のコア層を通る光は、低屈折率のクラッド層の境目で反射して、コア層の中に閉じ込められて進む。

特徴 / キーワード：信号の減衰が少ない

技術的な内容	メタルケーブルと比べて、信号の減衰が少なく、超長距離でのデータ通信に適しており、電磁誘導障害や雷害の影響を受けにくい。

6	自動列車制御装置（ATC）	キーワード：制限速度以下に制御、多段制御と一段制御

考え方・解き方

1 **用語の定義**：自動列車制御装置（ATC/Automatic Train Control device）という用語の意味は、日本産業規格（JIS E 3013 鉄道信号保安用語）において、「列車の速度を自動的に制限速度以下に制御する装置」と定義されている。この装置は、鉄道信号保安装置（列車の運転および車両の移動に関する安全を保つための手段）の一種である。

2 **自動列車制御装置の役割**：自動列車制御装置は、速度制限区間において、列車が制限速度を超えた場合に、非常ブレーキを動作させるなどの方法で、列車の速度を自動的に制限速度以下にするものである。自動列車制御装置の役割は、列車の運行間隔を適切にすると共に、運転士の誤操作を補足し、安全運行を確保することである。

3 **自動列車制御装置の方式**：自動列車制御装置は、制限速度を超えた場合のブレーキの掛かり方により、多段ブレーキ制御方式と一段ブレーキ制御方式に分類されている。

① 多段ブレーキ制御方式は、従来の方式であり、ブレーキを複数回作動させるものである。ブレーキを掛けたり弛めたりを繰り返すので、乗客の快適性は低くなる。

② 一段ブレーキ制御方式は、最新の方式であり、一度のブレーキで細かく速度制御するものである。列車が滑らかに減速するので、乗客の快適性は高くなる。

番号	6	用語	自動列車制御装置（ATC）

定義 / キーワード：制限速度以下に制御

技術的な内容	鉄道信号保安装置の一種であり、速度制限区間において、列車の速度を自動的に制限速度以下に制御する装置である。

方式 / キーワード：多段制御と一段制御

技術的な内容	ブレーキを複数回作動させる多段ブレーキ制御方式と、一度のブレーキで細かく速度制御する一段ブレーキ制御方式に分類されている。

※鉄道信号保安装置に関する用語の定義は、次の通りである。（出典：JIS E 3013 鉄道信号保安用語）

用語	定義
自動列車停止装置	列車が停止信号に接近すると、列車を自動的に停止させる装置。ATS ともいう。
自動列車制御装置	列車の速度を自動的に制限速度以下に制御する装置。ATC ともいう。
自動列車運転装置	列車の速度制御・停止などの運転操作を自動的に制御する装置。ATO ともいう。

※各種の鉄道信号保安装置で可能なこと・不可能なことは、混同しないように覚えておく必要がある。

鉄道信号保安装置	列車の自動停止	列車の速度制御	列車の自動運転
自動列車停止装置	○可能	×不可能	×不可能
自動列車制御装置	○可能	○可能	×不可能
自動列車運転装置	○可能	○可能	○可能

7　道路の照明方式（トンネル照明を除く）　キーワード：ポール照明方式、曲線部では片側配列

考え方・解き方

1 **道路照明の役割**：道路照明は、交通安全施設の一種であり、必要に応じて道路に設けられた照明設備である。その役割は、夜間の道路において、道路状況や交通状況を視覚的に把握できる環境とすることにより、安全かつ円滑な交通を確保することである。

2 **道路照明の方式**：道路照明は、照明の取付け位置により、次のように分類されている。

①**ポール照明方式**：高さが8m～12mの柱の上に灯具を設置する。道路の線形に応じて灯具を配置できるので、誘導性（運転者に道路の線形を明示する効果）に優れている。

※ポール照明方式は、総合的な性能に優れているので、道路照明施設設置基準では、「連続照明の照明方式は原則としてポール照明方式とする」ことが定められている。

②**カテナリ照明方式**：道路上にワイヤー（カテナリ線）を張って灯具を吊り下げる。見栄えは良いが、風の影響を受けやすいので、安定性が低く、保守点検が行いにくい。

③**高欄照明方式**：道路の側壁（高欄）に直接灯具を設置する。灯具が低い位置に短い間隔で配置されているので、誘導性には優れているが、グレア（見え方の低下や不快感や疲労を生じる原因となる光の眩しさ）が生じやすい。

④**ハイマスト照明方式**：高さ20m～40mの鉄塔の上に灯具を設置する。光源が高所にあるので、路面上の輝度均斉度（輝度分布の均一の程度）が得やすく、グレアの抑制にも効果があるが、誘導性に劣るという欠点がある。

⑤**構造物取付け照明方式**：道路沿いの構造物に直接灯具を設置する。既存の構造物に灯具を取り付けるので、安価ではあるが、灯具の選定や取付け位置が制限される。

3 **道路照明の配列**：道路照明を選定するときは、その配列の方式についても考慮する。一例として、道路照明の配列道路の曲線部では、誘導性を確保するため、灯具は曲線外縁部に片側配列とする。道路の直線部とは異なり、千鳥配列としてはならない。

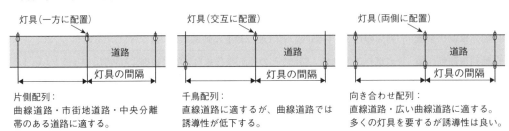

片側配列：
曲線道路・市街地道路・中央分離帯のある道路に適する。

千鳥配列：
直線道路に適するが、曲線道路では誘導性が低下する。

向き合わせ配列：
直線道路・広い曲線道路に適する。多くの灯具を要するが誘導性は良い。

解答例

番号	7	用語	道路の照明方式（トンネル照明を除く）

選定上の留意点 / キーワード：ポール照明方式

技術的な内容	道路の照明方式は、ポール照明方式（道路の線形の変化に応じた灯具の配置が可能であり誘導性が得やすい方式）を原則とする。

選定上の留意点 / キーワード：曲線部では片側配列

技術的な内容	道路の曲線部では、誘導性を確保するため、灯具は曲線外縁部に片側配列とする。道路の直線部とは異なり、千鳥配列は避ける。

8	**接地抵抗試験**	キーワード：接地抵抗値の確認、極間隔は10m以上

考え方・解き方

1 **接地抵抗とは何か**：電気機器の施工においては、電気機器などの配線と大地を電気的に接続する（接地線で繋ぐ）接地工事を行い、漏電による感電や火災を防ぐ必要がある。接地抵抗とは、この接地線について、どれだけ電気が流れやすいかを示す指標である。

正 接地線の接地抵抗が十分に低い場合は、電気機器から漏電しても、その電気は人よりも接地抵抗値の低い接地線を通って地中に流れるため、人が感電することはない。

誤 接地線の接地抵抗が高すぎる場合は、電気機器から漏電すると、その電気は接地線ではなく人を通って地中に流れるため、人が感電してしまう。

接地線
（接地抵抗：10Ω）

接地線
（接地抵抗：100Ω）

使用電圧が300Vを超える低圧電気機器
（接地抵抗値を10Ω以下にする必要がある）

2 **接地抵抗試験の意義**：接地抵抗試験は、接地抵抗計を用いて、被測定接地極から補助接地棒までの電圧降下量を測定することで、地盤の接地抵抗値[Ω]を測定する試験である。電気機器の接地工事をするときは、地盤の接地抵抗値が、接地工事の種類に応じた基準値以下であることを確認する必要がある。

3 **接地抵抗試験の方法**：接地抵抗試験は、次のような事項に留意して行う必要がある。

①測定前に、接地端子箱内で、機器側の端子と接地極側の端子を切り離す。

②測定前に、接地抵抗計に使用されている電池の電圧を確認する。

③電圧用補助接地棒(P)・電流用補助接地棒(C)・被測定接地極(E)は、下図のように、電圧用補助接地棒(P)を中心として一直線上に配置し、各極の間隔を10m以上とする。

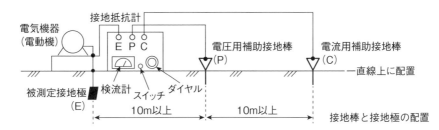

④上図の配置が完了したら、接地抵抗計のスイッチを入れ、ダイヤルを左右に回し、検流計の指針が零(0)を示したときのダイヤルの目盛を読み取る。ここで読み取った目盛が、地盤の接地抵抗値[Ω]である。

解答例

番号	8	用語	接地抵抗試験

目的／キーワード：接地抵抗値の確認

技術的な内容	被測定接地極から補助接地棒までの電圧降下量を測定することで、地盤の接地抵抗値が基準値以下であることを確認する試験である。

方法／キーワード：極間隔は10m以上

技術的な内容	電圧用補助接地棒・電流用補助接地棒・被測定接地極は、一直線上に配置し、各極の間隔を10m以上とする。

電気工事用語

| 9 | 電線の許容電流 | キーワード：最高許容温度、ビニル絶縁電線の許容電流 |

考え方・解き方

1　**電線の許容電流とは何か**：電線に過大な電流を流すと、ジュール熱による導体温度上昇が著しくなるため、その導体や絶縁体に、熱による劣化が生じる。この劣化が生じない電流量の最大値を、電線の許容電流という。

2　**選定上の留意点**：電線の許容電流は、電線の形式・材料・断面積・周囲温度などによって異なる。一例として、一般的な（周囲温度が30度以下などの）条件下で使用される代表的な600Vビニル絶縁電線（IV/Indoor poly Vinyl chloride）の許容電流は、その直径に応じて、次のように定められている。ただし、短時間の許容電流については、この限りでない（下記の値よりも多少大きくなってもよい）。

①直径1.2mm以上1.6mm未満の単銅線：許容電流は19A

②直径1.6mm以上2.0mm未満の単銅線：許容電流は27A

③直径2.0mm以上2.6mm未満の単銅線：許容電流は35A

④直径2.6mm以上3.2mm未満の単銅線：許容電流は48A

⑤直径3.2mm以上4.0mm未満の単銅線：許容電流は62A

解答例

| 番号 | 9 | 用語 | 電線の許容電流 |

定義／キーワード：最高許容温度

| 技術的な内容 | 電線が最高許容温度（電線の絶縁体に熱による劣化が生じない最高温度）となる電流量のことである。 |

選定上の留意点／キーワード：ビニル絶縁電線の許容電流

| 技術的な内容 | 一般的な条件下にあるビニル絶縁電線の許容電流は、その直径が1.6mmであれば27A、2.0mmであれば35Aと定められている。 |

例題　「定格電流の合計が200Aの電動機」と「定格電流の合計が80Aの他の電気使用機械器具」を接続する電線の許容電流（低圧屋内幹線に必要な許容電流の最小値）を計算する。

規定　電線の許容電流は、低圧幹線の各部分ごとに、その部分を通じて供給される電気使用機械器具の定格電流の合計値以上でなければならない。ただし、当該低圧幹線に接続する負荷のうち、電動機等の定格電流の合計が、他の電気使用機械器具の定格電流の合計よりも大きい場合は、他の電気使用機械器具の定格電流の合計に、次の値を加えた値以上とする。
①電動機等の定格電流の合計が50A以下の場合は、その定格電流の合計の1.25倍
②電動機等の定格電流の合計が50Aを超える場合は、その定格電流の合計の1.1倍

解答　この例題では、電動機の定格電流の合計が50Aを超えるので、「電線の許容電流＝他の電気使用機械器具の定格電流の合計（80A）＋電動機の定格電流の合計（200A）×1.1倍＝300A」になる。

　電気工事に関する次の用語の中から**３つ**選び，番号と用語を記入のうえ，**技術的な内容**を，それぞれについて**２つ**具体的に記述しなさい。

　ただし，**技術的な内容**とは，施工上の留意点，選定上の留意点，動作原理，発生原理，定義，目的，用途，方式，方法，特徴，対策などをいう。

1．揚水式発電
2．架空地線
3．力率改善
4．漏電遮断器
5．UTP ケーブル
6．電車線路の帰線
7．ループコイル式車両感知器
8．波付硬質合成樹脂管(FEP)
9．絶縁抵抗試験

| 1 | 揚水式発電 | キーワード：ピーク負荷時の電力、地点選定が容易 |

考え方・解き方

1 **揚水式発電の原理**：揚水式発電は、水力発電の一種であり、水車(発電機)の上部と下部に貯水池が設けられている。揚水式発電では、次のような発電方法が採用されている。

①深夜や軽負荷時の余剰電力(電力系統の供給余力電気エネルギー)で揚水ポンプを稼働し、下部貯水池から上部貯水池に水を汲み上げる(水の位置エネルギーに変換して蓄える)。

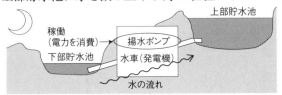

②電力需要が多い昼間などのピーク時に、上部貯水池から下部貯水池に水を落下させて水車(発電機)を稼働(水の位置エネルギーを電気エネルギーに変換)させ、電力を供給する。

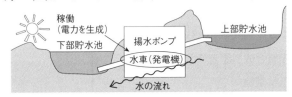

2 **揚水式発電の特長**：揚水式発電は、一般水力発電(河川の水をそのまま利用する流込み式水力発電)とは異なり、貯水池の水を利用できるため、河川の流量に制約されない。この特長により、流量の少ない河川にも施設できるので、地点選定が容易である。

3 **揚水式発電の目的**：揚水式発電を採用すると、夜間などの軽負荷時に揚水することで、電力系統の負荷率を改善する(電力の余裕を確保する)ことができる。また、周波数調整用の火力発電所の運転を停止することができるので、火力発電所の稼働率を向上させることができる。

4 **可変速揚水発電システム**：近年では、電力系統の需要が少ない深夜などに、揚水運転をしながら、可変速運転により入力を調整する(揚水ポンプの運転に使用する電力を細かく調整する)ことにより、周波数調整を行うシステムが開発されている。

解答例

| 番号 | 1 | 用語 | 揚水式発電 |

発生原理 / キーワード：ピーク負荷時の電力

| 技術的な内容 | 夜間または軽負荷時に揚水ポンプで水を上部貯水池に汲み上げ、ピーク負荷時に水を落下させて電力を発生させる。 |

特徴 / キーワード：地点選定が容易

| 技術的な内容 | 貯水池の水を利用できる(河川の流量に制約されない)ため、地点選定が容易である(流量の少ない河川であっても施設できる)。 |

| 2 | 架空地線 | キーワード：直撃雷の防止、遮蔽効果（遮蔽角と条数） |

考え方・解き方

1️⃣ **架空地線とは何か**：架空地線は、架空電線路（送電線）への直撃雷を防止するために、送電鉄塔の最上部に敷設される金属線である。

2️⃣ **架空地線の役割**：高圧送電線では、直撃雷を防止するとともに、誘導雷の影響を低減する（誘導雷によって電力線に発生した雷電圧を低減する）役割を有している。

3️⃣ **架空地線の遮蔽角**：架空地線と送電線を結んだ線と、架空地線からの鉛直線との間の角度を、遮蔽角という。直撃雷に対しては、架空地線の遮蔽角が小さいほど、遮蔽効果（送電線を直撃雷から防護する能力）が高くなる。

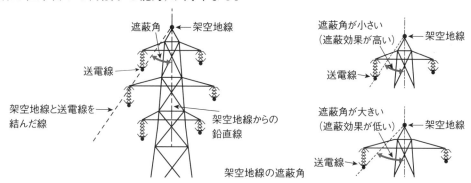

4️⃣ **架空地線の条数**：直撃雷に対しては、1条の架空地線を敷設するよりも、2条の架空地線を敷設した方が、遮蔽効果が高くなる。超高圧送電線では、直撃雷に対する遮蔽効果を最大化するため、2条の架空地線を0度の遮蔽角で敷設することが望ましい。

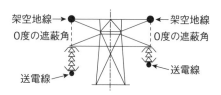

2条の架空地線を0度の遮蔽角で
敷設する場合の例

5️⃣ **架空地線の導電率**：架空地線には、導電率の良い材料（抵抗率の低い材料）を使用することが望ましい。導電率の良い材料を使用すると、1線地絡事故で発生した大電流を、架空地線に分流して速やかに処理できるので、電磁誘導障害を軽減しやすくなる。

解答例

| 番号 | 2 | 用語 | 架空地線 |

目的 / キーワード：直撃雷の防止

技術的な内容	架空電線路への直撃雷を防止し、誘導雷によって電力線に発生した雷電圧を低減するため、送電鉄塔の最上部に敷設される。

選定上の留意点 / キーワード：遮蔽効果（遮蔽角と条数）

技術的な内容	直撃雷に対しては、架空地線の遮蔽角が大きいほど、遮蔽効果が高い。また、2条の架空地線を敷設すると、遮蔽効果が高くなる。

| **3** | 力率改善 | キーワード：有効電力の割合を高める、進相コンデンサの接続 |

考え方・解き方

①力率とは何か：皮相電力(電圧と電流との積から計算される見かけ上の電力)に対する有効電力(電気機器が消費できる電力)の割合を、力率という。電流と電圧との間に位相差が発生すると、力率が低くなる。力率が低くなると、電力の無駄が多くなる。

②力率改善の目的：電流と電圧との位相差によって低下した力率を、1(100%)に近づけることを、力率改善という。力率改善を行うと、電力の無駄が少なくなる(省エネルギーになる)ため、需要家側において電力料金の低減を図ることができる。

③力率改善の方法：高圧受電設備では、動力回路や電灯回路などの負荷から遅れ無効電力が流れ込むことにより、0.6 程度の遅れ力率となることがある。このとき、進相コンデンサ(高圧進相コンデンサ)から進み無効電力を供給すると、負荷から流れ込む遅れ無効電力を相殺し、力率を改善することができる。

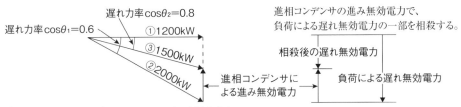

進相コンデンサによる力率改善の原理

① 負荷が必要とする電力は、1200kWであると仮定する。

② 力率が$\cos\theta_1$＝0.6の状態では、1200kWの電力を活用できるようにするために2000kWの電力を供給しなければならない。
(2000×0.6＝1200)

③ 力率が$\cos\theta_2$＝0.8に改善されれば、1200kWの電力を活用できるようにするために必要な電力が1500kWになる。
(1500×0.8＝1200)

④ 上記の②と③を比べてみると、25%の省エネルギーになることが分かる。
(1500÷2000＝0.75)

④調相設備：重負荷時の遅れ電流(遅れ力率)や、軽負荷時の進み電流(進み力率)を、無効電力を適切に提供することで改善し、電力損失の低減を図る(力率を改善する)機器は、調相設備と呼ばれている。

解答例

| 番号 | 3 | 用語 | 力率改善 |

定義 / キーワード：有効電力の割合を高める

| 技術的な内容 | 電流と電圧との位相差によって低下した力率(皮相電力に対する有効電力の割合)を、100%に近づけることをいう。 |

方法 / キーワード：進相コンデンサの接続

| 技術的な内容 | 進相コンデンサを誘導性負荷(遅れ力率を発生させる負荷)に並列接続すると、力率改善を図ることができる。 |

4 漏電遮断器 キーワード：地絡事故による危険の防止、屋内消火栓設備には適用不可

考え方・解き方

1 **漏電遮断器とは何か**：低圧電路に地絡が生じたときに、自動的に電路を遮断する機器である。漏電遮断器は、漏電防止用・感電防止用の機器として使用されている。

2 **漏電遮断器の定義**：電気設備の技術基準の解釈では、「金属製外箱を有する使用電圧が60Vを超える低圧の機械器具に接続する電路には、電路に地絡を生じたときに自動的に電路を遮断する装置(地絡遮断装置)を施設すること」が定められている。ここでいう「自動的に電路を遮断する装置」が、漏電遮断器である。

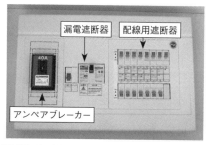

漏電遮断器の設置箇所の例 ※この図は一般住宅用の分電盤です。

3 **漏電遮断器の動作原理**：漏電遮断器は、電路に地絡が生じたときの零相電圧または零相電流を検出し、当該電路を自動的に遮断する機能を有している。漏電を検出する方法により、電圧動作形・電流動作形・電圧電流動作形の3種類に分類されている。

4 **漏電遮断器が適用できない箇所**：屋内消火栓設備の非常電源回路には、漏電遮断器(漏電遮断機能を有する装置)ではなく漏電火災警報機(漏電を検知したときに警報を発する装置)を設けなければならない。この回路に漏電遮断器を設けると、漏電による火災が発生したときに、屋内消火栓設備の電路が遮断されて動作しなくなってしまう。

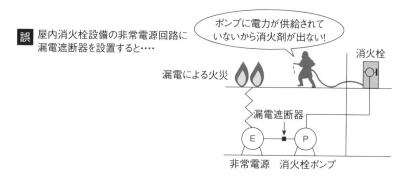

解答例

番号	4	用語	漏電遮断器

目的 / キーワード：地絡事故による危険の防止

技術的な内容	使用電圧が60Vを超える交流低圧電路で地絡が生じたときに、自動的に当該電路を遮断し、地絡事故による危険を防止する。

施工上の留意点 / キーワード：屋内消火栓設備には適用不可

技術的な内容	屋内消火栓設備の非常電源回路には、漏電遮断器を設けてはならない(代わりに漏電火災警報機を設ける)ことに留意する。

考え方・解き方

1 **UTP ケーブルとは何か**：UTP(Unshielded Twist Pair)ケーブルは、シールドされていない銅線を2本ずつ撚り合わせた電話用・一般通信用のケーブルである。一般家庭のパソコンからインターネット接続機器までの配線などのように、主として構内情報通信網(LAN/Local Area Network)の配線として使用されている。

構内情報通信網 (LAN)に使用する UTP ケーブルの例

2 **UTP ケーブルの特徴**：UTP ケーブルは、次のような特徴を有している。

① 銅線を2本ずつ撚り合わせているので、内部雑音が低減され、高品質な通信ができる。

② シールドされていないため、対ノイズ性能は STP(Shielded Twist Pair)ケーブルよりも劣るが、比較的安価である。

3 **UTP ケーブルの施工**：UTP ケーブルは、次のような点に留意して施工する。

① ケーブルの支持間隔は、垂直のケーブルラックに布設する場合は1.5m以下、水平のケーブルラックに布設する場合は3.0m以下とする。

② ケーブルの固定時の曲げ半径は、仕上がり外径の4倍以上とする。ただし、幹線として使用する多対ケーブルの固定時の曲げ半径は、仕上がり外径の10倍以上とする。

4 **UTP ケーブルの長さの制限**：UTP ケーブルのパーマネントリンクの長さ(フロア配線盤から通信アウトレットまでのケーブル長)は、15m以上90m以下とする。また、UTP ケーブルの総長は、パッチコードなども含めて100m以下とする。

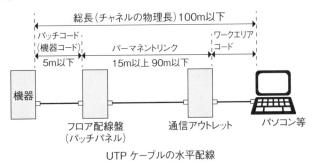

UTP ケーブルの水平配線

解答例

番号	5	用語	UTP ケーブル

用途 / キーワード：一般家庭の LAN ケーブル

技術的な内容	シールドされていない銅線を2本ずつ撚り合わせたもので、一般家庭の構内情報通信網(LAN)の配線として使用されている。

施工上の留意点 / キーワード：パーマネントリンクの長さ

技術的な内容	フロア配線盤から通信アウトレットまでのケーブル長(パーマネントリンクの長さ)は、15m以上90m以下とする。

電気工事用語

| **6** | 電車線路の帰線 | キーワード：電力を変電所に戻す回路、漏れ電流の低減 |

考え方・解き方

1. **電気鉄道の帰線とは何か**：電気鉄道の帰線とは、電車に供給された運転用電力を変電所に戻すまでの帰線回路のことで、架空絶縁帰線とレールを含む部分の総称である。

2. **漏れ電流の低減対策**：電気鉄道の帰線を施工するときは、漏れ電流の低減対策を講じる必要がある。車両走行用のレールを電気的に接続して使用されている帰線の電気抵抗が大きくなると、電圧降下や電力損失が大きくなり、漏れ電流が増大することで、地下埋設物の電食や通信誘導障害が発生するからである。

3. **漏れ電流の低減方法**：帰線の漏れ電流の低減方法には、次のようなものがある。
   ① ロングレール(全長200m以上のレール)を採用して、帰線抵抗を小さくする。
   ② レールボンド(レールを接続する軟銅線)を取り付けて、帰線抵抗を小さくする。
   ③ クロスボンド(交差した2本の軟銅線)を増設して、帰線抵抗を小さくする。
   ④ 架空絶縁帰線を設けて、レール電位の傾きを小さくする。
   ⑤ 道床の排水を良くして、レールからの漏れ抵抗を大きくする。
   ⑥ 変電所数を増加させて、き電区間を縮小する(帰線の長さを短くする)。

4. **電気鉄道のインピーダンスボンド**：電気鉄道の帰線には、インピーダンスボンド(電気車帰線電流と軌道回路の電流とを分離する機器)を設ける必要がある。

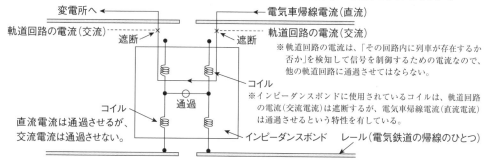

電気鉄道のインピーダンスボンド

※電気車帰線電流は、変電所に帰す必要があるので、他の軌道回路まで通過させなければならない。

変電所へ ←
軌道回路の電流(交流) ----- ×
遮断

← 電気車帰線電流(直流)
× 軌道回路の電流(交流)
遮断

※軌道回路の電流は、「その回路内に列車が存在するか否か」を検知して信号を制御するための電流なので、他の軌道回路に通過させてはならない。

コイル
通過
コイル
直流電流は通過させるが、交流電流は通過させない。

※インピーダンスボンドに使用されているコイルは、軌道回路の電流(交流電流)は遮断するが、電気車帰線電流(直流電流)は通過させるという特性を有している。

インピーダンスボンド　レール(電気鉄道の帰線のひとつ)

解答例

| 番号 | 6 | 用語 | 電車線路の帰線 |

定義 / キーワード：電力を変電所に戻す回路

| 技術的な内容 | 電車に供給された運転用電力を変電所に戻すまでの帰線回路のことで、架空絶縁帰線とレールを含む部分の総称である。 |

施工上の留意点 / キーワード：漏れ電流の低減

| 技術的な内容 | 架空絶縁帰線を設けて、レール電位の傾きを小さくするなどの方法で、帰線の漏れ電流を低減させる必要がある。 |

7 ループコイル式車両感知器　キーワード：車路管制設備、金属体から 5cm 以上離す

考え方・解き方

① **ループコイル式車両感知器の用途**：ループコイル式車両感知器は、建築物の屋内駐車場の車路管制設備などにおいて、ループコイル（何度か巻かれた電線）を埋め込んだ場所の上に、車両があるか否かを感知する装置である。

　①駐車場のゲートの前後にループコイルを埋め込むと、駐車場のゲートを自動的に開閉することができる。このシステムは、比較的安価で感度が高いという特長がある。

　②複数のループコイルを連続して道路に埋め込むと、車両の速度を自動的に測定することができる。このシステムは、速度違反の取締りなどに利用されている。

② **ループコイル式車両感知器の動作原理**：路面下にループ状の電線が埋設されており、金属体である車両が接近すると、その電線の磁束密度（インダクタンス）が変化する。この磁束密度（インダクタンス）の変化から、車両の存在を検知することができる。

③ **ループコイル式車両感知器の設置上の留意点**：駐車場や道路において、ループコイル式車両感知器を設置するときは、次のような点に留意する。

　①ループコイルは、車両の通過による荷重を受けて破断するのを防ぐため、路面下から 5cm〜10cm 程度の深さに敷設する。

　②ループコイルは、近くに鉄筋等があると感度が下がる（感知器が鉄筋を車両と誤検知してしまう）ため、鉄筋等の金属体から 5cm 以上離して設置する。

　③ループコイルは、金属製配管などで覆わずに敷設する。ループコイルを金属製配管などで覆うと、ループコイルが金属製配管を車両として誤検知してしまう。

ループコイル式車両感知器（駐車場の車路管制設備に用いる場合の施工例）

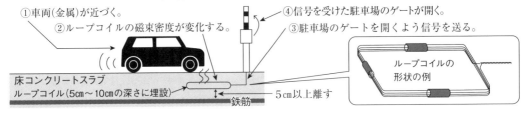

解答例

番号	7	用語	ループコイル式車両感知器

用途 / キーワード：車路管制設備

技術的な内容	建築物の屋内駐車場の車路管制設備のひとつで、ループ状の電線を埋め込んだ場所の上に、車両が存在するか否かを感知する。

施工上の留意点 / キーワード：金属体から 5cm 以上離す

技術的な内容	ループコイルは、金属製配管で覆うことなく、路面下 5cm〜10cm の深さに、鉄筋などの金属体から 5cm 以上離して設置する。

| 8 | 波付硬質合成樹脂管（FEP） | キーワード：耐久性・可とう性、異物継手による接続 |

考え方・解き方

☐1 **波付硬質合成樹脂管とは何か**：波付硬質合成樹脂管（FEP/Flexible Electric Pipe）は、螺旋状（スパイラル状）の波付き加工が施されたポリエチレン製の合成樹脂管である。

波付硬質合成樹脂管

☐2 **波付硬質合成樹脂管の特長**：波付硬質合成樹脂管は、次のような特長を有している。

　①螺旋状波付き加工により、耐圧強度が大きく、土中埋設に十分耐えられる。

　②鋼管等と比べて軽いため、運搬・敷設などの取扱いが容易である。

　③可とう性があり、地中の既設物などの回避が可能になるため、作業性に優れている。

　④螺旋状波付き加工により、摩擦係数が小さく、ケーブルの管内引入れが容易である。

☐3 **波付硬質合成樹脂管の用途**：波付硬質合成樹脂管は、管路式地中電線路のケーブル保護管などのように、耐久性・可とう性が必要になる箇所に使用されている。一例として、不等沈下のおそれがある軟弱地盤に、高圧地中電線路の管路を施設するときは、可とう性のある（曲がっても破損しない柔軟さがある）波付硬質合成樹脂管を使用する。

☐4 **異物継手の使用**：防水鋳鉄管と波付硬質合成樹脂管を接続するときは、鋳鉄管の腐食を防止するため、ねじ切りの鋼管継手ではなく、異物継手（溶融亜鉛めっきを施すなどの方法により腐食を防止できる性能を付与した継手）を使用しなければならない。

解答例

| 番号 | 8 | 用語 | 波付硬質合成樹脂管（FEP） |

特徴 / キーワード：耐久性・可とう性

| 技術的な内容 | 螺旋状の波付き加工が施されているため、耐久性に優れる、軽量である、可とう性がある、摩擦係数が小さいなど、数々の利点がある。 |

施工上の留意点 / キーワード：異物継手による接続

| 技術的な内容 | 波付硬質合成樹脂管と防水鋳鉄管を接続するときは、鋳鉄管の腐食を防止するため、異物継手を使用する。 |

| 9 | 絶縁抵抗試験 | キーワード：絶縁性能の判定、指針の安定を待つ |

考え方・解き方

1. **電路の絶縁の重要性**：電気設備に関する技術基準を定める省令では、「電路は、大地から絶縁しなければならない」と定められている。電路を大地から絶縁することは、電気機器の施工において、極めて重要である。電路が大地から十分に絶縁されていないと、漏洩電流による感電や火災の危険が生じる。この絶縁が十分に行われていることを確認するために行われる試験が、絶縁抵抗試験である。

2. **絶縁抵抗試験の概要**：絶縁抵抗試験は、区切ることができる電路ごとに、電線相互間および電路と大地間の絶縁抵抗値が基準値以上であるか否かを、絶縁抵抗計（メガー）により測定することで、電気機器の絶縁性能の良否を判定する試験である。

3. **絶縁抵抗試験の実施前の確認事項**：絶縁抵抗試験を実施するときは、絶縁抵抗の測定前に、絶縁抵抗計の接地端子（E/Earth）と線路端子（L/Line）を短絡してスイッチを入れ、指針が零（0）を指すことを確認する。その後、絶縁抵抗計の接地端子（E）と線路端子（L）を開放し、指針が無限大（∞）を指すことを確認する。

4. **絶縁抵抗試験の実施上の留意事項**：絶縁抵抗試験は、次のような点に留意して行う。

① 低圧回路用の電路と大地間の絶縁抵抗測定では、定格測定電圧が500Vの絶縁抵抗計を使用する。

② 高圧回路用の電路と大地間の絶縁抵抗測定では、定格測定電圧が1000Vまたは2000Vの絶縁抵抗計を使用する。

③ 高圧ケーブルの絶縁抵抗測定では、各心線と大地間の絶縁抵抗と、各心線の相互間の絶縁抵抗を測定する。

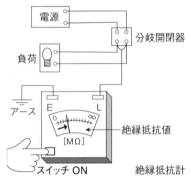

④ 対地静電容量が大きいケーブル回路の絶縁抵抗測定では、指針が安定するまでに時間がかかるので、絶縁抵抗計の指針が安定した後の値を測定値とする。

解答例

| 番号 | 9 | 用語 | 絶縁抵抗試験 |

目的／キーワード：絶縁性能の判定

| 技術的な内容 | 電線相互間および電路と大地間の絶縁抵抗値をメガーで測定し、電気機器の絶縁性能の良否を判定する試験である。 |

施工上の留意点／キーワード：指針の安定を待つ

| 技術的な内容 | 対地静電容量が大きいケーブル回路の絶縁抵抗測定では、絶縁抵抗計の指針が安定した後の値を測定値とする。 |

令和3年度　問題3　電気工事用語の技術的な内容記述

　電気工事に関する次の用語の中から**3つ**選び，番号と用語を記入のうえ，**技術的な内容**を，それぞれについて**2つ**具体的に記述しなさい。

　ただし，**技術的な内容**とは，施工上の留意点，選定上の留意点，動作原理，発生原理，定義，目的，用途，方式，方法，特徴，対策などをいう。

1．風力発電
2．架空送電線のたるみ
3．スターデルタ始動
4．VVFケーブルの差込形のコネクタ
5．定温式スポット型感知器
6．電気鉄道のき電方式
7．超音波式車両感知器
8．電線の許容電流
9．A種接地工事

1	風力発電	キーワード：運動➡機械➡電気、水平軸形と垂直軸形

考え方・解き方

1 **風力発電の動作原理**：風力発電は、ブレード(羽根)で受けた風の運動エネルギーを機械エネルギーに変換し、その機械エネルギーにより発電機を回すことで、電気エネルギーを取り出して発電する設備である。

2 **風力発電の特徴**：風力発電の利点・欠点には、次のようなものがある。

　①原子力発電や火力発電に比べて、安全性が高く、地球環境への悪影響が少ない。(利点)

　②太陽光発電とは異なり、風が吹いていれば、昼夜を問わずに発電できる。(利点)

　③発電量は、風速によって変動するので、不安定かつ間欠的である。(欠点)

　④風車から騒音が発生するため、設置場所周辺の生活環境に配慮が必要である。(欠点)

3 **風力発電の方式**：風力発電の風車は、その形状により、プロペラ形風車に代表される水平軸形と、ダリウス形風車に代表される垂直軸形に分類されている。

① プロペラ形風車は、水平軸を中心としてブレード(羽根)を回転させる風車である。

プロペラ形風車は、ピッチ制御(風向きに対する羽根の角度を変えること)により、回転数制御や出力制御が容易にできる。そのため、風速変動に対する制御が容易である。

② ダリウス形風車は、垂直軸を中心としてブレード(羽根)を回転させる風車である。

ダリウス形風車は、どの方向から風が来ても同じように回転するため、風向の変化に対して姿勢(向き)を変える必要がない。そのため、風向変動に対する制御が容易である。

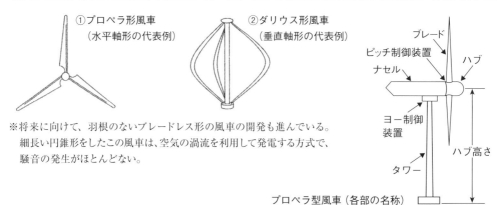

① プロペラ形風車
（水平軸形の代表例）

② ダリウス形風車
（垂直軸形の代表例）

ブレード
ピッチ制御装置
ナセル
ハブ
ヨー制御装置
ハブ高さ
タワー

プロペラ型風車（各部の名称）

※ 将来に向けて、羽根のないブレードレス形の風車の開発も進んでいる。
細長い円錐形をしたこの風車は、空気の渦流を利用して発電する方式で、騒音の発生がほとんどない。

ナセル　　　　　　　：風による羽根の回転を、発電機の回転に変換する発電機構であり、風車の心臓部である。
ヨー制御装置　　　　：風車ロータ回転面を風向に追従させる運転制御装置である。
ピッチ制御装置　　　：風速の強弱に応じてブレードの角度を変えることで、風車の出力(発電量)を一定にする装置である。

解答例

番号	1	用語	風力発電

発生原理 / キーワード：運動➡機械➡電気

技術的な内容	ブレードで受けた風の運動エネルギーを機械エネルギーに変換し、機械エネルギーで発電機を回すことで、電気エネルギーを取り出す。

方式 / キーワード：水平軸形と垂直軸形

技術的な内容	風車の形状により、プロペラ形風車に代表される水平軸形と、ダリウス形風車に代表される垂直軸形に分類されている。

考え方・解き方

1. **架空送電線のたるみの発生原理**：架空送電線は、自重・風・雪などによる荷重がかかると、重力の影響により、下方に放物線状に垂れる。

2. **架空送電線の選定上の留意点**：架空送電線のたるみ量は、自重・風・雪・温度変化などにより生じる張力の変化に耐えられる値のうち、最小値とすることが望ましい。

   ① たるみが小さすぎると、低温などにより電線が縮んだときや、電線に荷重がかかったときに、電線が断線するおそれが生じる。

   ② たるみが大きすぎると、高温などにより電線が伸びたときに、電線が地上の物体と接触するおそれが生じる。

   ③ 架空送電線のたるみを適切な量とするためには、一定の間隔で、鉄塔などの支持台を設ける必要がある。

   ④ 延線した高圧架空送電線は、適当な径間ごとに張線器などで引っ張り、適正なたるみとなるように調整する。

3. **架空送電線のたるみの計算**：架空送電線における支持点間の電線のたるみ $D[\text{m}]$ には、次のような特徴がある。

   ① 電線の単位長さあたりの重量 $W[\text{N/m}]$ に比例して、たるみ $D[\text{m}]$ が大きくなる。

   ② 電線の径間 $S[\text{m}]$ の二乗に比例して、たるみ $D[\text{m}]$ が大きくなる。

   ③ 電線の最低点の水平張力 $T[\text{N}]$ の8倍に反比例して、たるみ $D[\text{m}]$ が小さくなる。

   ● 電線のたるみ $D[\text{m}] = \dfrac{\text{電線の単位長さあたりの重量}W[\text{N/m}] \times \text{電線の径間}S[\text{m}]^2}{8 \times \text{電線の最低点の水平張力}T[\text{N}]}$

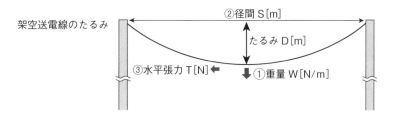

解答例

| 番号 | 2 | 用語 | 架空送電線のたるみ |

特徴 / キーワード：電線の重量と径間

| 技術的な内容 | 架空送電線のたるみは、架空送電線の単位長さあたりの重量と、電線の径間の二乗に比例して大きくなる。 |

対策 / キーワード：張線器の使用

| 技術的な内容 | 延線した高圧架空送電線は、適当な径間ごとに張線器などで引っ張り、適正なたるみとなるように調整する。 |

| **3** | スターデルタ始動 | キーワード：三相かご形誘導電動機、始動電流と始動トルク |

考え方・解き方

1 **スターデルタ始動とは何か**：三相かご形誘導電動機の始動法のひとつであり、スター結線で始動し、全負荷になる直前（電動機の回転が安定した後）にデルタ結線に切り替える。

2 **スターデルタ始動の目的**：定格出力が一定以上の三相誘導電動機は、スイッチを入れた瞬間に、大電流や大電圧が流れ、短絡するおそれがあるため、スターデルタ始動などの始動方式を採用することにより、始動電流や始動電圧を低減させる必要がある。

3 **スターデルタ始動の特徴**：スターデルタ始動の利点・欠点には、次のようなものがある。

 ① 始動電流は、デルタ結線で全電圧始動したときの3分の1になる。（利点）

 ② 始動トルクは、デルタ結線で全電圧始動したときの3分の1になる。（欠点）

 ③ 始動電圧は、デルタ結線で全電圧始動したときの$\sqrt{3}$分の1になる。（利点）

 ④ スター結線（始動時）からデルタ結線（運転時）に切り替えるときに、大きな突入電流が流れる（電気的・機械的なショックが発生する）ことがある。（欠点）

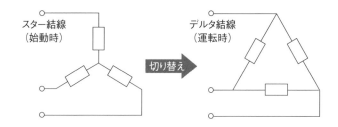

解答例

| 番号 | 3 | 用語 | スターデルタ始動 |

定義 / キーワード：三相かご形誘導電動機

| **技術的な内容** | 三相かご形誘導電動機の始動法のひとつであり、スター結線で始動し、全負荷になる直前に、デルタ結線に切り替える。 |

特徴 / キーワード：始動電流と始動トルク

| **技術的な内容** | 全電圧始動と比べて、始動電流や始動トルクは3分の1になり、始動電圧は$\sqrt{3}$分の1になる。 |

三相かご形誘導電動機の始動においては、始動時の電流を低下させるため、電動機の定格出力等に応じて、各種の始動方式が使い分けられている。

① **全電圧始動方式**：三相かご形誘導電動機に、定格電圧を加えて始動する。全電圧始動方式では、始動時に大きな始動電流が流れる。全電圧始動方式は、定格出力が3.7kW以下の小型電動機に用いられる。

② **Y‐Δ始動方式**（スターデルタ）：Y結線で始動し、全負荷になる直前に、Δ結線に切り替える。Y‐Δ始動方式では、全電圧始動方式に比べて、始動電流が軽減される。Y‐Δ始動方式は、定格出力が5.5kW～15kW程度の中型電動機に用いられる。

③ **始動補償器方式**：三相単巻変圧器のタップ電圧を電動機に加えることにより、始動電流を制限し、電動機が加速したら、運転電圧に切り替える。始動補償器方式は、定格出力が15kW以上の大型電動機に用いられる。

4　VVFケーブルの差込形のコネクタ　キーワード：引張力を受けない箇所、心線の露出長さ

考え方・解き方

1 **VVFケーブルとは何か**：VVFケーブル(Vinyl insulated Vinyl sheathed Flat-type cable)は、平形のビニル絶縁ビニルシースケーブル(ビニル被覆により絶縁された平形のケーブル)であり、主として15A程度までの低圧屋内配線に使用されている。

2 **電線の接続方法**：VVFケーブル内の電線を相互に接続するときは、差込形コネクタまたはリングスリーブを使用する必要がある。

　①差込形コネクタを使用する接続方法は、施工は簡単であるが、耐久性が低い。そのため、ケーブルが引張力を受けると、接触不良による火災を引き起こすおそれがある。

　②リングスリーブを使用する接続方法は、施工にある程度の技術が必要になるが、圧着工具を適切に使用することにより、確実な接続ができるため、耐久性が高い。

3 **心線の露出方法**：差込形コネクタに差し込むVVFケーブルは、心線を露出させなければならない。VVFケーブルの心線を露出させるときは、専用のスケール(目盛)付きストリッパーの目盛に合わせて、正確に切断しなければならない。

VVFストリッパー(専用の目盛付きストリッパー)

④ **心線の露出長さ**：差込形コネクタに差し込む VVF ケーブルの心線の露出長さが短すぎたり長すぎたりすると、接触不良による火災や漏電のおそれが生じる。VVF ケーブルの心線の露出長さは、差込形コネクタの銅板から突出し、かつ、差込形コネクタの根元から突出しない長さとしなければならない。

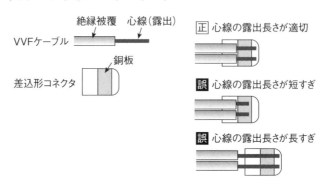

解答例

番号	4	用語	VVF ケーブルの差込形のコネクタ

選定上の留意点 / キーワード：引張力を受けない箇所

技術的な内容	差込形コネクタによる接続は、施工は簡単であるが、接触不良による火災のおそれがあるので、引張力を受けない箇所にのみ適用する。

施工上の留意点 / キーワード：心線の露出長さ

技術的な内容	VVF ケーブルの心線の露出長さは、差込形コネクタの銅板から突出し、かつ、差込形コネクタの下端から突出しない長さとする。

電気工事用語

5　定温式スポット型感知器　　キーワード：一局所の温度、空気吹出し口との距離

考え方・解き方

1 **用語の定義**：定温式スポット型感知器は、自動火災報知設備の感知器の一種であり、火災時の熱により、一局所が一定温度に達することにより作動する。その用語の定義は、「火災報知設備の感知器及び発信機に係る技術上の規格を定める省令」において、次のように定められている。（省令から抜粋・文章の読みやすさを考慮して一部改変）

  ① **火災報知設備の感知器**：火災により生じる熱・火災により生じる燃焼生成物（煙）・火災により生じる炎を利用して、自動的に火災の発生を感知し、火災信号または火災情報信号を、受信機・中継器・消火設備等に発信するものをいう。

  ② **定温式スポット型感知器**：一局所の周囲の温度が、一定の温度以上になったときに、火災信号を発信するもので、外観が電線状以外のものをいう。

2 **感度による分類**：定温式スポット型感知器は、その感度（所定の条件を満たしてから何秒以内に火災信号を発信できるか）により、特種（40秒以内に発信）・一種（120秒以内に発信）・二種（300秒以内に発信）に分類されている。

3 **施工上の留意点**：定温式スポット型感知器は、次の条件を満たして設けなければならない。

  ①感知器は、取付け面の高さが8m未満（二種は4m未満）となる高さに設ける。

  ②感知器は、換気口等の空気吹出し口から1.5m以上離れた位置に設ける。

  ③感知器の下端は、取付け面の下方0.3m以内の位置に設ける。

  ④感知器は、45度以上傾斜させないように設ける。

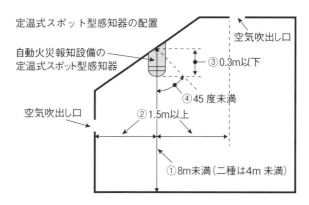

| 番号 | 5 | 用語 | 定温式スポット型感知器 |

定義 / キーワード：一局所の温度

| 技術的な内容 | 自動火災報知設備の感知器のひとつで、一局所の周囲の温度が、一定の温度以上になったときに、火災信号を発信する。 |

施工上の留意点 / キーワード：空気吹出し口との距離

| 技術的な内容 | 感知器は、空気吹出し口から1.5 m以上離れた位置に、その下端が取付け面の下方0.3 m以内となるようにして設ける。 |

参考　自動火災報知設備の感知器は、その感知条件（どのような事象が一定以上になったときに火災信号を発信するか）・感知範囲（局所的な事象を感知するか広範囲の事象を感知するか）などにより、下表のように分類されている。

自動火災報知設備の感知器（使用されることが多いものを抜粋）

感知器の種類	感知条件	感知範囲	その他（外観や動作原理）
定温式スポット型	温度	一局所	外観が電線状以外
定温式感知線型	温度	一局所	外観が電線状
差動式スポット型	温度の上昇率	一局所	―
差動式分布型	温度の上昇率	広範囲	―
イオン化式スポット型	煙の濃度	一局所	イオン電流の変化によって作動
光電式スポット型	煙の濃度	一局所	受光量の変化によって作動
光電式分離型	煙の濃度	広範囲	受光量の変化によって作動
赤外線式スポット型	赤外線の変化量	一局所	―

電気工事用語

考え方・解き方

1 **き電とは何か**：発電所で作られた電力を、変電所で電気鉄道が扱いやすい形に変電し、電気鉄道に供給する(饋る)ことを、き電(饋電)という。

2 **き電方式の分類**：電気鉄道のき電方式は、直流き電方式と交流き電方式に分類されている。また、交流き電方式は、ATき電方式とBTき電方式に分類されている。

　①**直流き電方式**：シリコンダイオード整流器(半導体整流器)を使用し、交流電力を1500Vの直流電力に変換して電車線に供給する方式である。

　②**交流き電方式**：単巻変圧器や吸上変圧器を介して、発電所から送られてきた交流電力の電圧を低下させて電車線に供給する方式である。

　③**AT(Auto Transformer)き電方式**：変電所のき電電圧を、単巻変圧器で電車線電圧に降圧し、列車に電力を供給する方式である。

　④**BT(Booster Transformer)き電方式**：吸上変圧器の一次側をトロリ線に接続し、列車に電力を供給する方式である。

3 **き電方式の比較**：直流き電方式の電気鉄道は、交流き電方式の電気鉄道に比べて、通信誘導障害が少ないという利点がある。しかし、運転電流が大きく、運転電流と事故電流との差が相対的に小さくなるため、運転電流と事故電流との判別が難しいという欠点がある。

4 **電圧降下の軽減対策**：直流き電方式の電気鉄道(直流電気鉄道のき電回路)では、電圧降下を軽減するために、次のような対策を講じることが望ましい。

　①変電所間に、新たな変電所を増設することで、き電回路の電圧降下を軽減する。

　②上下線一括き電方式を採用することで、き電回路の電圧を均等化する。

　③き電線を太くしたり、条数を増やしたりすることで、き電回路の線路抵抗を低減させる。

解答例

番号	6	用語	電気鉄道のき電方式

方式 / キーワード：き電方式の分類

技術的な内容	電気鉄道のき電方式は、直流き電方式と交流き電方式(ATき電方式とBTき電方式)に分類されている。

特徴 / キーワード：き電方式の比較

技術的な内容	直流き電方式の電気鉄道は、交流き電方式の電気鉄道に比べて、運転電流と事故電流との判別が難しい。

| 7 | 超音波式車両感知器 | キーワード：反射時間の差、交通信号の感応制御 |

考え方・解き方

①**超音波式車両感知器の動作原理**：超音波式車両感知器は、道路面に車両が存在するか否かを感知するための装置である。道路面からの高さが5 m～6 m程度の位置（横断歩道橋など）に設置された超音波ヘッド（送受部）から、超音波パルスを路面に向かって間欠的に照射し、反射波が戻ってくるまでの時間を計測することで、その反射波が、路面での反射であるか車両での反射であるかを判断することができる。

超音波式車両感知器の動作原理

②**超音波式車両感知器の用途**：超音波式車両感知器は、設置や保守点検が容易であり、耐久性も高いことから、交通信号の感応制御（車両を感知した時のみ信号を青にするなどの制御システム）のための車両感知器として採用されている。

解答例

| 番号 | 7 | 用語 | 超音波式車両感知器 |

動作原理 / キーワード：反射時間の差

| 技術的な内容 | 道路面上5 m～6 mの高さから超音波パルスを照射し、反射して戻ってくるまでの時間を計測することで、車両の有無を判断する。 |

用途 / キーワード：交通信号の感応制御

| 技術的な内容 | 設置や保守点検が容易で、耐久性も高いため、交通信号の感応制御のための車両感知器として利用されている。 |

参考

① 交通信号の感応制御とは、交差点の手前に車両感知器を設けて交通量を計測し、各道路の交通量に応じて青信号の時間を変更するシステムである。

② 各方向における交通量の差が大きい交差点では、通行量が多い方向の青信号時間を長くすることで、効率的に車両を行き来させることができるようになる。

③ 交通信号の感応制御は、全感応制御（主道路と従道路の両方に車両感知器を設ける方式）と半感応制御（従道路だけに車両感知器を設ける方式）に分類されている。

④ 交通信号の半感応制御とは、交通量が少ない従道路だけに車両感知器を設けて交通量を計測し、従道路の交通量に応じて青信号の時間を変更するシステムである。

⑤ 交通信号の半感応制御では、従道路の車両を感知した場合に限り、従道路を青信号にすることができる。それ以外の時は、主道路が常に青信号になっているため、半感応制御は、従道路の交通量が特に少ないときに採用される。また、感知の失敗や歩行者の横断に備えて、押ボタン式が併用されていることが多い。

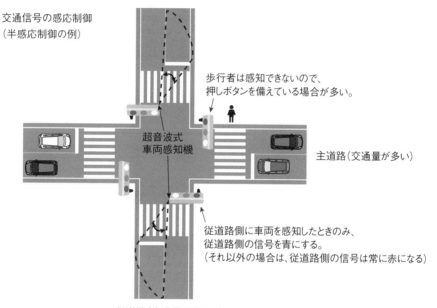

交通信号の感応制御
（半感応制御の例）

歩行者は感知できないので、
押しボタンを備えている場合が多い。

超音波式
車両感知機

主道路（交通量が多い）

従道路側に車両を感知したときのみ、
従道路側の信号を青にする。
（それ以外の場合は、従道路側の信号は常に赤になる）

従道路（交通量が少ない）

8　電線の許容電流　　キーワード：最高許容温度、ビニル絶縁電線の許容電流

考え方・解き方

① **電線の許容電流とは何か**：電線に過大な電流を流すと、ジュール熱による導体温度上昇が著しくなるため、その導体や絶縁体に、熱による劣化が生じる。この劣化が生じない電流量の最大値を、電線の許容電流という。

② **選定上の留意点**：電線の許容電流は、電線の形式・材料・断面積・周囲温度などによって異なる。一例として、一般的な（周囲温度が 30 度以下などの）条件下で使用される代表的な 600V ビニル絶縁電線(IV/Indoor poly Vinyl chloride)の許容電流は、その直径に応じて、次のように定められている。ただし、短時間の許容電流については、この限りでない。

①直径 1.2mm 以上 1.6mm 未満の単銅線：許容電流は 19A

②直径 1.6mm 以上 2.0mm 未満の単銅線：許容電流は 27A

③直径 2.0mm 以上 2.6mm 未満の単銅線：許容電流は 35A

④直径 2.6mm 以上 3.2mm 未満の単銅線：許容電流は 48A

⑤直径 3.2mm 以上 4.0mm 未満の単銅線：許容電流は 62A

解答例

番号	8	用語	電線の許容電流

定義 / キーワード：最高許容温度

技術的な内容	電線が最高許容温度（電線の絶縁体に熱による劣化が生じない最高温度）となる電流量のことである。

選定上の留意点 / キーワード：ビニル絶縁電線の許容電流

技術的な内容	一般的な条件下にあるビニル絶縁電線の許容電流は、その直径が 1.6mm であれば 27 A、2.0mm であれば 35 A と定められている。

考え方・解き方

1 **接地工事とは何か**：接地工事とは、電気設備の異常電圧などによる感電・火災・物損などの事故を防止するために、金属製外箱・金属管・金属ダクトなどから接地線を延ばした接地極を、地中に埋設する工事である。

正 **接地工事あり**

接地工事が施されている場合は、電気機械器具から漏電しても、その電気は人体よりも接地抵抗値の低い接地線を通って地中に流れるため、人が感電することはない。

接地線

誤 **接地工事なし**

接地工事が施されていない場合は、電気機械器具から漏電すると、その電気は接地線がないために人体を通って地中に流れるため、人が感電してしまう。

2 **A 種接地工事とは何か**：A 種接地工事は、特別高圧電路を有する機械器具などにおいて、雷害防止（送電線への落雷による停電などの防止）を主目的として行われる。一例として、高圧架空配電線路の柱上変圧器の外箱には、A 種接地工事を施さなければならない。

3 **選定上の留意点**：A 種接地工事の接地線は、原則として、次の条件を満たすものとする。

　①接地抵抗値は、10 Ω以下とする。

　②接地線は、故障の際に流れる電流を安全に通じることができるものとする。

　③接地線は、引張強さ 1.04kN 以上の金属線または直径 2.6mm 以上の軟銅線とする。

4 **施工上の留意点**：A 種接地工事の接地極や接地線を、人が触れるおそれがある場所に施設する場合は、原則として、次の条件を満たすように施設する。

　①接地極は、地下 75cm 以上の深さに埋設する。

　②接地極は、鉄柱などの金属体から 1m 以上離して埋設する。

　③接地線の地下 75cm から地表上 2m までの部分は、合成樹脂管などで覆う。

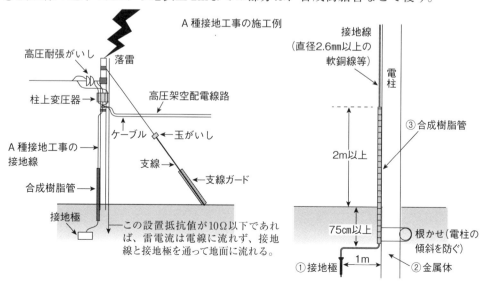

電気工事用語

番号	9	用語	A 種接地工事

選定上の留意点 / キーワード：接地抵抗値と接地線

技術的な内容	接地線は、引張強さ 1.04 kN 以上の金属線または直径 2.6mm 以上の軟銅線とし、その接地抵抗値は 10 Ω 以下とする。

施工上の留意点 / キーワード：接地極の埋設深さ

技術的な内容	接地極は、地下 75cm 以上の深さに、鉄柱などの金属体から 1 m 以上離して埋設する。

参考　次の①〜⑥のような箇所には、A 種接地工事を施さなければならない。

電路	①変圧器によって特別高圧電路に結合される高圧電路
	②特別高圧計器用変成器の二次側電路
機械器具	③高圧または特別高圧の電路に施設する機械器具の金属製の台および外箱
	④高圧または特別高圧の電路に施設する変成器・計器用変成器の鉄心
	⑤高圧および特別高圧の電路に施設する避雷器
電気使用場所	⑥高圧屋内配線管・特別高圧屋内電気設備管・特別高圧集塵装置のケーブルを収める防護装置の金属製部分で、人の触れる場所

電気工事用語

※電気工事用語の問題は、令和3年度以降の試験では 問題3 として出題されていましたが、令和2年度以前の試験では 問題4 として出題されていました。本書の最新問題解説に記載されている問題番号は、各年度の試験に基づくものです。

令和2年度　問題4　電気工事用語の技術的な内容記述

電気工事に関する次の用語の中から**3つ**を選び、番号と用語を記入のうえ、**技術的な内容**を、それぞれについて**2つ**具体的に記述しなさい。

ただし、**技術的な内容**とは、施工上の留意点、選定上の留意点、動作原理、発生原理、定義、目的、用途、方式、方法、特徴、対策などをいう。

---

1. 太陽光発電システム
2. 架空送配電線路の塩害対策
3. 三相誘導電動機の始動法
4. スコット結線変圧器
5. 光ファイバケーブル
6. 自動列車停止装置(ATS)
7. ループコイル式車両感知器
8. 絶縁抵抗試験
9. D種接地工事

1　太陽光発電システム　　キーワード：光起電力効果、感電防止対策

考え方・解き方

①**太陽光発電システムの電力発生原理**：太陽光発電システムは、半導体の接合部に光が入射したときに生じる光起電力効果を利用して電気エネルギーを取り出すシステムである。太陽光発電システムに使用されているシリコン太陽電池は、p形半導体(シリコンにホウ素を加えた半導体)とn形半導体(シリコンにリンを加えた半導体)を接合した構造となっている。p形半導体とn形半導体との接合部(pn接合面)に光が入射すると、光起電力効果(光電効果)により、n形半導体に⊖の電荷が、p形半導体に⊕の電荷が帯電する。これを配線で結ぶと、電力を取り出して負荷で利用することができる。

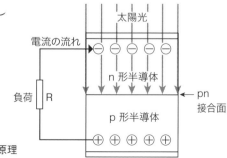

シリコン太陽電池の動作原理

② **太陽光発電システムの施工上の留意点**：太陽光発電システムの施工にあたっては、次のような点に留意しなければならない。

1 太陽光発電システムの配線作業をするときは、作業者が発電中の太陽電池モジュールに触れることによる感電を防止するため、太陽電池モジュールの表面を遮光シートで覆い、発電が行われないようにする。

2 勾配屋根や陸屋根と太陽電池アレイとの間には、太陽電池モジュールの温度上昇による発電効率の低下を避けるため、通気層を設ける。

3 雪が多く積もる地域では、太陽電池アレイに積もった雪を落としやすくするため、陸屋根（水平屋根）に設置した太陽電池アレイの傾斜角を大きくする。

4 雷が多く発生する地域では、耐雷トランス（雷による高電圧を遮断する装置）をパワーコンディショナ（直交変換装置）の交流側（商用の電力系統が存在する側）に設置する。

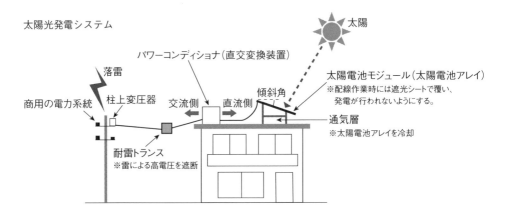

解答例

番号	1	用語	太陽光発電システム

発生原理 / キーワード：光起電力効果

技術的な内容	半導体の接合部に光が入射したときに生じる光起電力効果を利用し、電気エネルギーを取り出すシステムである。

施工上の留意点 / キーワード：感電防止対策

技術的な内容	作業者の感電を防止するため、配線作業の前に、太陽電池モジュールの表面を遮光シートで覆う。

2 架空送配電線路の塩害対策 | キーワード：耐トラッキング性能、深溝がいしの使用

① **架空送配電線路の塩害**：海の近くにある架空送配電線路において、がいし(電線を支持物に取り付けるときに用いる絶縁体)に海水中の塩分が付着し、その絶縁性が低下して停電事故などを引き起こすことを、塩害という。

② **架空送配電線路の塩害対策**：架空送配電線路の塩害対策には、次のようなものがある。

1 耐トラッキング性能が高いポリマ(有機絶縁材料)を使用したがいしを用いると、架空送配電線路の塩害を抑制できる。なお、トラッキングとは、絶縁物の表面に形成された炭化物が導電路となることで、絶縁性能が低下する現象である。

2 懸垂がいしの連結個数を増加させると、対地間絶縁強度を上げることができるので、架空送配電線路の塩害を抑制できる。

3 電線相互の間隔を保つことができる長幹がいし(多数の懸垂がいしを重ねたがいし)を用いると、絶縁性能が向上するので、架空送配電線路の塩害を抑制できる。

4 がいしの内面にひだを付けて沿面距離を長くとることで、耐電圧性能を向上させた深溝がいし(耐霧用がいし)を用いると、架空送配電線路の塩害を抑制できる。

5 がいしの表面に撥水性物質を塗布したり、がいしを散水により洗浄する設備を設けたりすると、塩分を含む海水の飛沫が付着しにくくなるので、架空送配電線路の塩害を抑制できる。

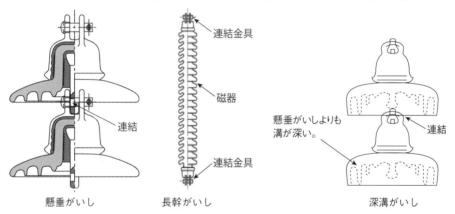

懸垂がいし　　長幹がいし　　深溝がいし

解答例

番号	2	用語	架空送配電線路の塩害対策

対策 / キーワード：耐トラッキング性能

技術的な内容	耐トラッキング性能の高い材料(有機絶縁材料)を使用したポリマがいしを使用する。

対策 / キーワード：深溝がいしの使用

技術的な内容	沿面距離を長くとることで、耐電圧性能を向上させた深溝がいし(耐霧用がいし)を使用する。

3 三相誘導電動機の始動法　キーワード：始動時の電流の低下、適切な始動法の選定

① **三相誘導電動機の始動**：三相誘導電動機の始動時には、大きな始動電流が流れる。特に、大容量の三相誘導電動機では、何の対策もとらずに始動させると、この始動電流によって電動機が破損するおそれがある。

② **定格出力に応じた始動法**：三相誘導電動機では、始動時の電流を低下させる目的で、電動機の定格出力等に応じて、全電圧始動法・Y‐Δ始動法・始動補償器法など、様々な始動法が用いられている。

　■ 全電圧始動法は、三相かご形誘導電動機に、定格電圧を加えて始動する方式である。全電圧始動法では、配電線に及ぼす影響は小さいものの、始動時に定格電流の4倍～6倍という大きな始動電流が流れる。全電圧始動法は、定格出力が3.7kW以下の電動機に用いられる。

　■ Y‐Δ始動法は、Y結線で始動し、全負荷になる直前にΔ結線に切り替える始動法である。Y‐Δ始動法では、全電圧始動法と比較して、始動電流や始動トルクが3分の1になり、始動電圧が$\sqrt{3}$分の1になる。しかし、Δ結線に切り替えるときに、突入電流が発生し、電気的・機械的なショックが生じる。Y‐Δ始動法は、定格出力が5.5kW～15kW程度の電動機に用いられる。

　■ 始動補償器法は、三相単巻変圧器のタップ（操作用トランス）で所要の電圧を電動機に加えることにより、始動電流を制限する始動法である。電動機が加速したら、電動機の回転速度の上昇に従って、運転電圧に切り替える。始動補償器法は、定格出力が15kW以上の電動機に用いられる。

解答例

番号	3	用語	三相誘導電動機の始動法

目的／キーワード：始動時の電流の低下

技術的な内容	始動時には、大電流により電動機が破損するおそれがあるため、大容量の電動機では始動時の電流を低下させる必要がある。

選定上の留意点／キーワード：適切な始動法の選定

技術的な内容	一般的にはY‐Δ始動法とするが、定格出力が3.7kW以下なら全電圧始動法、定格出力が15kW以上なら始動補償器法とする。

①**スコット結線**：三相から二相に変換する変圧器の結線を、スコット結線という。

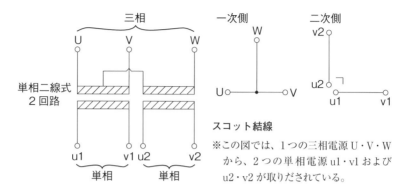

スコット結線

※この図では、1つの三相電源 U・V・W
　から、2つの単相電源 u1・v1 および
　u2・v2 が取りだされている。

②**スコット結線変圧器**：スコット結線変圧器は、スコット結線を利用して、ひとつの三相電源回路から、ふたつの単相電源回路を取り出すことができる相変換変圧器である。

③**スコット結線変圧器の目的**：スコット結線変圧器の出力側（二次側）にある2つの単相電源回路に、それぞれ同じ容量の負荷を接続すると、変圧器の二次側への入力電流が互いに等しくなるため、三相電源の平衡を保つことができる。

④**スコット結線変圧器の用途**：スコット結線変圧器は、電気鉄道における交流電化区間のき電用変圧器として使用されている。その役割は、単相電力を電車線路（き電線）に供給することである。

⑤**高圧受電設備における役割**：高圧受電設備では、三相負荷と単相負荷が同一の回線に混在するため、電圧と電流が共に不平衡となる場合が多い。このような不平衡が生じると、逆相電流が発生し、変圧器・電動機に悪影響を与える。三相交流発電機から単相負荷の供給を受けるときは、スコット結線変圧器を用いて負荷容量を調整し、設備不平衡率を少なくする必要がある。

解答例

番号	4	用語	スコット結線変圧器

目的 / キーワード：三相から二相に変換

技術的な内容	三相から二相に変換することで、ひとつの三相電源回路から、ふたつの単相電源回路を取り出す相変換変圧器である。

用途 / キーワード：き電用変圧器

技術的な内容	単相電力を電車線路に供給するため、電気鉄道における交流電化区間のき電用変圧器として使用されている。

電気工事用語

5 光ファイバケーブル　　キーワード：屈折率の違い、信号の減衰が少ない

①**光ファイバケーブルの構造**：光ファイバケーブルは、光の屈折率が高いコア層（中心部）と、光の屈折率が低いクラッド層（周辺部）から構成されている。光は、屈折率が高いところから低いところに向かうと全反射する性質がある。そのため、高屈折率のコア層を通る光は、低屈折率のクラッド層との境目で反射し、コア層の中に閉じ込められて進む。この性質を利用して、光などの電気信号を遠くまで運ぶ設備が、光ファイバケーブルである。

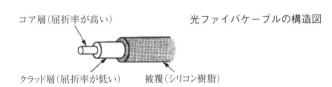

コア層（屈折率が高い）　　　　　　　　　光ファイバケーブルの構造図

クラッド層（屈折率が低い）　　被覆（シリコン樹脂）

②**光ファイバケーブルの特徴**：光ファイバケーブルは、メタルケーブルと比べて、信号の減衰が少なく、超長距離でのデータ通信が可能である。また、光ファイバケーブルは、細く軽量であり、電磁誘導障害や雷害の影響を受けにくい。

③**光ファイバケーブルの伝送モード**：光ファイバケーブルは、光の伝送経路が1本だけのシングルモード形と、光の伝送経路が複数本のマルチモード形に分類されている。

1 シングルモード形：コア径が小さく、光が分散しにくいため、20km～60kmの長距離伝送に適しており、超高速伝播が可能であるが、高価である。

2 マルチモード形：コア径が大きく、光が分散しやすいため、長距離伝送には適さないが、安価である。

解答例

番号	5	用語	光ファイバケーブル

動作原理 / キーワード：屈折率の違い

技術的な内容	高屈折率のコア層を通る光は、低屈折率のクラッド層の境目で反射して、コア層の中に閉じ込められて進む。

特徴 / キーワード：信号の減衰が少ない

技術的な内容	メタルケーブルと比べて、信号の減衰が少なく、超長距離でのデータ通信に適しており、電磁誘導障害や雷害の影響を受けにくい。

| 6 | 自動列車停止装置（ATS） | キーワード：停止信号に接近した列車を停止、操作不要 |

①**用語の定義**：自動列車停止装置（ATS/Automatic Train Stop device）という用語の意味は、JIS E 3013「鉄道信号保安用語」において、「列車が停止信号に接近すると、列車を自動的に停止させる装置」と定義されている。

②**自動列車停止装置の特徴**：自動列車停止装置は、列車が停止信号に近づいたときに、警報を発して運転士に注意を促したり、それでも運転士が必要な措置をしなかった場合に、自動的にブレーキをかけて列車を停止させたりすることができる。すなわち、運転士の操作によらずに動作するため、運転士の体調不良や信号の見逃しなどがあっても、列車の安全を確保できる（列車が停止信号の前で停止する）ということである。

③**自動列車停止装置の構成**：自動列車停止装置は、地上の停止信号の状態を軌条に電流として流す地上装置と、この軌条の電流で発生する磁束により車上で所要の制御を行う車上装置で構成されている。自動列車停止装置は、連続した速度照査を行い、規定速度以上になったときに、自動的にブレーキを動作させて列車を停止させることができる。

解答例

| 番号 | 6 | 用語 | 自動列車停止装置（ATS） |

定義／キーワード：停止信号に接近した列車を停止

| 技術的な内容 | 鉄道信号保安装置の一種で、列車が停止信号に接近したときに、その列車を自動的に停止させる装置である。 |

特徴／キーワード：操作不要

| 技術的な内容 | 列車運転士の操作によらずに動作するため、運転士の体調不良や信号の見逃しなどがあっても、列車の安全を確保できる。 |

参考

※鉄道信号保安装置に関する用語の定義は、次の通りである。（出典：JIS E 3013「鉄道信号保安用語」）

用語	定義
自動列車停止装置	列車が停止信号に接近すると、列車を自動的に停止させる装置。ATSともいう。
自動列車制御装置	列車の速度を自動的に制限速度以下に制御する装置。ATCともいう。
自動列車運転装置	列車の速度制御・停止などの運転操作を自動的に制御する装置。ATOともいう。

※各種の鉄道信号保安装置で可能なこと・不可能なことは、混同しないように覚えておく必要がある。

鉄道信号保安装置	列車の自動停止	列車の速度制御	列車の自動運転
自動列車停止装置	○可能	×不可能	×不可能
自動列車制御装置	○可能	○可能	×不可能
自動列車運転装置	○可能	○可能	○可能

| 7 | ループコイル式車両感知器 | キーワード：車路管制設備、鉄筋から離して埋設 |

①**ループコイル式車両感知器の用途**：ループコイル式車両感知器は、建築物の屋内駐車場の車路管制設備などにおいて、ループコイルを埋め込んだ場所の上に車両があるか否かを感知する装置である。

■ 駐車場のゲートの前後にループコイルを埋め込むと、駐車場のゲートを自動的に開閉することができる。このシステムは、比較的安価で感度が高いため、広く使われている。

■ 複数のループコイルを連続して道路に埋め込むと、車両の速度を自動的に測定することができる。このシステムは、速度違反の取締りなどに利用されている。

②**ループコイル式車両感知器の動作原理**：路面下にループ状の電線が埋設されており、金属体である車両が接近すると、その電線のインダクタンスが変化する。このインダクタンスの変化から、車両の存在を検知することができる。

③**ループコイル式車両感知器の設置上の留意点**：ループコイルは、車両の通過による荷重を受けて破断するのを防ぐため、路面下から5cm～10cm程度の深さに敷設しなければならない。また、近くに鉄筋等があると感度が下がる(感知器が鉄筋を車両と誤認する)ため、鉄筋等の金属体から5cm以上離さなければならない。

解答例

| 番号 | 7 | 用語 | ループコイル式車両感知器 |

用途 / キーワード：車路管制設備

| 技術的な内容 | 建築物の屋内駐車場の車路管制設備のひとつで、ループ状の電線を埋め込んだ場所の上に、車両が存在するか否かを感知する。 |

施工上の留意点 / キーワード：鉄筋から離して埋設

| 技術的な内容 | ループコイルは、鉄筋などの金属体から5cm以上離して、床スラブなどのコンクリートに埋設する。 |

8 絶縁抵抗試験 キーワード：絶縁性能の判定、指針の安定を待つ

①**電路の絶縁**：電気設備に関する技術基準を定める省令では、「電路は、大地から絶縁しなければならない」と定められている。電路を大地から絶縁することは、電気工作物の重要な原則である。電路が大地から十分に絶縁されていないと、漏洩電流による感電や火災の危険が生じる。この絶縁が十分に行われているかを確かめるために行われるのが、絶縁抵抗試験である。

②**絶縁抵抗試験**：絶縁抵抗試験は、区切ることができる電路ごとに、電線相互間および電路と大地間の絶縁抵抗値が基準値以上であるか否かを、絶縁抵抗計（メガー）により測定することで、電気機器の絶縁性能の良否を判定する試験である。

③**絶縁抵抗試験の実施上の留意点**：絶縁抵抗試験は、次のような点に留意して行わなければならない。

1 測定前に、絶縁抵抗計の接地端子(E/Earth)と線路端子(L/Line)を短絡してスイッチを入れ、指針が零(0)を指すことを確認する。その後、絶縁抵抗計の接地端子(E)と線路端子(L)を開放し、指針が無限大(∞)を指すことを確認する。

2 低圧回路用の電路と大地間の絶縁抵抗測定では、500Vの絶縁抵抗計を使用する。

3 高圧回路用の電路と大地間の絶縁抵抗測定では、1000Vまたは2000Vの絶縁抵抗計を使用する。

4 高圧ケーブルの絶縁抵抗測定では、各心線と大地間の絶縁抵抗と、各心線の相互間の絶縁抵抗を測定する。

5 対地静電容量が大きいケーブル回路の絶縁抵抗測定では、指針が安定するまでに時間がかかるので、絶縁抵抗計の指針が安定した後の値を測定値とする。

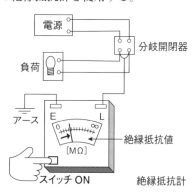

解答例

番号	8	用語	絶縁抵抗試験

目的 / キーワード：絶縁性能の判定

技術的な内容	電線相互間および電路と大地間の絶縁抵抗値をメガーで測定し、電気機器の絶縁性能の良否を判定する試験である。

施工上の留意点 / キーワード：指針の安定を待つ

技術的な内容	対地静電容量が大きいケーブル回路の絶縁抵抗測定では、絶縁抵抗計の指針が安定した後の値を測定値とする。

9　D 種接地工事　キーワード：100 Ω 以下の接地抵抗値、300 V 以下の低圧電路

① **接地工事の目的**：電気機器などの配線と大地を電気的に接続する工事を、接地工事という。接地工事は、漏電による感電や火災を防ぐために施される。接地線で電気機器と大地が繋がれていれば、人が電気機器に触れても、電気は人体よりも接地抵抗値の低い接地線を流れるため、人は感電しない。

② **D 種接地工事**：D 種接地工事は、比較的低圧の電気機器に施される接地工事である。より危険性の高い電気機器には、D 種接地工事ではなく A 種接地工事または C 種接地工事を施さなければならない。

③ **接地抵抗値**：D 種接地工事の接地抵抗値は、100 Ω 以下（低圧電路において地絡を生じた場合に 0.5 秒以内に当該電路を自動的に遮断する装置を施設するときは 500 Ω 以下）としなければならない。接地抵抗値がこれよりも高いと、電気が接地線ではなく人体に流れるおそれが生じる。

④ **接地工事を要する電気設備**：次のような場所には、原則として、D 種接地工事を施さなければならない。

1 高圧計器用変成器の二次側電路
2 使用電圧が 300V 以下の低圧電路に施設する機械器具の金属製外箱
3 防食措置を施していない地中電線路の金属製の電線接続箱
4 ライティングダクトの金属製部分
5 特別高圧架空電線を支持するがいし装置を取り付ける腕金類

解答例

番号	9	用語	D 種接地工事

方式 / キーワード：100 Ω 以下の接地抵抗値

技術的な内容	D 種接地工事の接地抵抗値は、100 Ω 以下（地絡時に 0.5 秒以内に電路を遮断できる低圧電路では 500 Ω 以下）とする。

用途 / キーワード：300 V 以下の低圧電路

技術的な内容	高圧計器用変成器の二次側電路や、使用電圧が 300 V 以下の低圧電路に施設する機械器具の金属製外箱には、D 種接地工事を施す。

(1)接地工事の目的

接地工事は、A種接地工事・B種接地工事・C種接地工事・D種接地工事の4種類に分類される。接地工事の目的には、次のようなものがある。

①機器・絶縁物の劣化・損傷などを原因とする漏れ電流による感電を、機器接地等により防止する。(A種・C種・D種)

②高低圧混触を原因とする高圧危険電流による感電を、系統接地により防止する。(B種)

③地絡事故時に、継電器動作の迅速化・確実化を図るため、接地効果により継電器動作電流を確保する。

④異常電圧発生時に、絶縁強度を確保するため、接地効果により機器・配電線の対地電圧を抑制する。

(2)A種接地工事

①特別高圧計器用変成器の二次側電路、高圧および特別高圧の電路に施設する避雷器、高圧または特別高圧の電路に施設する機械器具の金属製の台および外箱などに施される。

②接地抵抗値は、10 Ω以下とする。

③太さ2.6mm以上の軟銅線を接地線および接地極とする。

④接地線は、地上から2 mの高さまでを合成樹脂管で覆う。

⑤接地極は、電柱などの金属体から1 m以上離し、地中深さ75cm以上まで埋設する。

(3)B種接地工事

①変圧器の低圧側の中性点または1端子などに施される。

②接地抵抗値は、変圧器の高圧側または特別高圧側の電路を、1秒以下で遮断するなら「600÷1線地絡電流[A]」以下、1秒超2秒以下で遮断するなら「300÷1線地絡電流[A]」以下、2秒超で遮断するなら「150÷1線地絡電流[A]」以下とする。

③接地極は、電柱などの金属体から1 m以上離し、地中深さ75cm以上まで埋設する。

④高圧電路・特別高圧電路と、低圧電路との混触事故が発生しても、低圧側に異常電圧が生じないようにする。

(4)C種接地工事

①使用電圧が300Vを超える低圧電気機器や配線工事の金属部分などに施される。

②接地抵抗値は、10 Ω以下とする。ただし、低圧電路において、地絡を生じたときに0.5秒以内に遮断する装置を施設するなら500 Ω以下とする。

(5)D種接地工事

①使用電圧が300V以下の低圧電気機器や配線工事の金属部分などに施される。ただし、水中にある照明灯などでは、例外的に、使用電圧が300V以下であってもC種接地工事とする。

②接地抵抗値は、100 Ω以下とする。ただし、低圧電路において、地絡を生じたときに0.5秒以内に遮断する装置を施設するなら500 Ω以下とする。

(6)接地工事の省略

次のいずれかの条件に当てはまるときは、上記のような接地工事を省略することができる。

①電気用品安全法の適用を受ける二重絶縁構造の機械器具である場合。

②外箱のない計器用変成器が、ゴムや合成樹脂などの絶縁物で被覆されている場合。

③交流の対地電圧が150V以下の機械器具を、乾燥した場所に施設する場合。

④直流の使用電圧が300V以下の機械器具を、乾燥した場所に施設する場合。

⑤低圧用の機械器具を、乾燥した木製の床などの絶縁性の物の上で取り扱う場合。

　電気工事に関する次の用語の中から**3つ**を選び、番号と用語を記入のうえ、**技術的な内容**を、それぞれについて**2つ**具体的に記述しなさい。

　ただし、**技術的な内容**とは、施工上の留意点、選定上の留意点、動作原理、発生原理、定義、目的、用途、方式、方法、特徴、対策などをいう。

　1. 変流器（CT）　　　　　　　　6. 道路の照明方式（トンネル照明を除く）

　2. うず電流　　　　　　　　　　7. 変圧器の並行運転

　3. 力率改善　　　　　　　　　　8. 電動機の過負荷保護

　4. 架空地線　　　　　　　　　　9. UTP ケーブル

　5. 電車線路の帰線

1	変流器（CT）	キーワード：測定範囲の拡大、二次側の開放禁止

考え方・解き方

①**変流器の役割**：変流器（CT/Current Transformer）は、大電流を小電流に変換することで、電流計の測定範囲を広げる機器である。変電所などの計器に使われているため、計器用変流器とも呼ばれている。一般的な巻線形変流器の動作原理は、下図のようになっている。

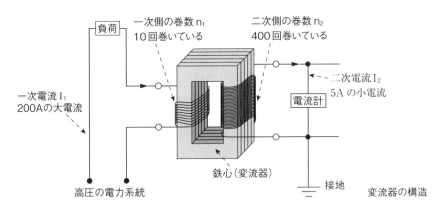

二次電流 I_2 ＝一次電流 I_1 ×（一次側の巻数 n_1 ÷二次側の巻数 n_2）

②**変流器の詳細**：上図のような回路を構成することにより、一次電流が大きい場合においても、その電流を安全に測定することができるようになる。電流計で測定する二次側の定格電流は、5A とする場合が多い。5A 程度の小電流であれば、接地がきちんとされている限りは感電のおそれがない。

③**変流器の開路**：一次電流が流れている状態で、二次側を開路すると、一次電流が励磁電流となり、この励磁電流で飽和された鉄心が、熱により絶縁破壊される。二次側を開路するときは、事前に二次側端子を短絡する。

④**過電流継電器との組合せ**：変流器と過電流継電器を組み合わせると、電気機器を過電流から保護することもできる。

⑤**三相回路の電流測定**：2台の変流計をV結線し、下図のような回路を構成すると、三相回路の電流を測定することができる。この回路では、電流計 (A₁) が電流値 (I_A) を、電流計 (A₂) が電流値 (I_C) を、電流計 (A₃) が電流値 ($I_B = I_A + I_C$) を測定している。

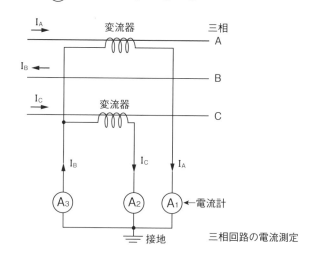

三相回路の電流測定

解答例

番号	1	用語	変流器（CT）

用途 / キーワード：測定範囲の拡大

技術的な内容	変電所に設置されている計器用変流器は、大電流を小電流に変換することにより、電流計の測定範囲を広げる機器である。

対策 / キーワード：二次側の開放禁止

技術的な内容	計器用変流器は、異常電圧の発生を防止するため、一次側に電流が流れている状態で、二次側を開放してはならない。

2	うず電流	キーワード：渦電流による起電力の阻害、電磁調理器の誘導加熱方式

考え方・解き方

①**渦電流**：渦電流とは、導体内に渦巻状の電流が流れることをいう。この電流は、磁束変化を抑制しようとする誘導起電力によって生じる。

② **渦電流損**：発電機は、電磁誘導によって生じる起電力を利用している。渦電流は、この起電力を打ち消すように作用し、ジュール熱を発生させるため、電力損失が大きくなる。このジュール熱は、渦電流損と呼ばれており、下式により計算できる。

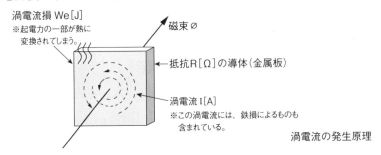

渦電流損 We[J]
※起電力の一部が熱に
変換されてしまう。

磁束∅

抵抗R[Ω]の導体（金属板）

渦電流 I[A]
※この渦電流には、鉄損によるものも
含まれている。

渦電流の発生原理

$$渦電流損\ We\ [J] ＝渦電流\ I\ [A]^2×導体の抵抗\ R\ [Ω]×渦電流が流れた時間\ t\ [秒]$$

③ **渦電流の除去**：渦電流の消去法としては、発電機の導体を積層構造にして渦電流の発生を抑制するなどの方法が挙げられる。積層構造とは、発電機の導体を一塊にせず、薄板を絶縁して積み上げるようにして組み立てたものである。発電機やモーターでは、渦電流が発生すると、電力の無駄が多くなり、発熱するので、渦電流を除去しなければならない。

④ **渦電流の利用**：渦電流が発生すると、導体の温度が高くなるため、電磁調理器においては、渦電流が積極的に利用されている。電磁調理器は、鉄製である場合が多く、秒間20000回（20000Hz）程度の渦電流が発生している。土鍋では、磁束が発生しないので、電磁調理器として使用することはできない。アルミニウム製の鍋では、渦電流が強すぎて鍋が浮き上がるなどの支障が生じる。

⑤ **積算電力計**：積算電力計は、円盤状の導体が、固定された磁石の磁束中を回転する構造の電力計である。積算電力計には、発生した渦電流に比例した電流が流れるので、これを利用して電力量を測定することができる。

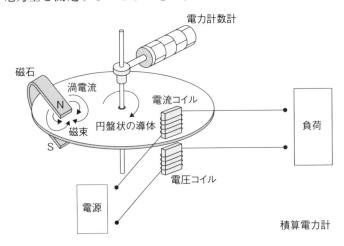

電力計数計

磁石

渦電流

磁束

円盤状の導体

電流コイル

負荷

S

N

電圧コイル

電源

積算電力計

解答例

番号	2	用語	うず電流

動作原理 / キーワード：渦電流による起電力の阻害

技術的な内容	発電機は、電磁誘導による起電力を利用している。渦電流は、この起電力の一部を打ち消し、渦電流損（ジュール熱）を発生させる。

方式 / キーワード：電磁調理器の誘導加熱方式

技術的な内容	導電性の物体中に生じる渦電流損（ジュール熱）を利用する誘導加熱方式は、電磁調理器に利用されている。

参考 代表的な電気加熱方式（渦電流損を利用した誘導加熱は、電気加熱方式の一種である）

方式	主な用途	原理（どのようにして加熱するか）
誘導加熱	IH 炊飯器、電磁調理器	交番磁界内において、導電性の物体中に生じる渦電流損や、磁性材料に生じるヒステリシス損
誘電加熱	電子レンジ、ベニヤ接着剤乾燥器	交番磁界中に置かれた絶縁物（誘電体）の内部に、マイクロ波による電界を加えたときに生じる誘電体損
抵抗加熱	フロアヒーティング	抵抗に電流を流したときに発生するジュール熱
赤外線加熱	電気ストーブ、トースター	赤外線の輻射
アーク加熱	アーク溶接機	電極間に生じた電力を変換したアーク熱

3	力率改善	キーワード：有効電力の割合、進相コンデンサ

考え方・解き方

① **力率**：皮相電力（電圧と電流との積から計算される見かけ上の電力）に対する有効電力（電気機器が消費できる電力）の割合を、力率という。電流と電圧との間に位相差が発生すると、力率が低くなる。力率が低くなると、電力の無駄が多くなる。

② **力率改善**：電流と電圧との位相差によって低下した力率を 1（100％）に近づけることを、力率改善という。力率改善を行うと、電力の無駄が少なくなるため、需要家側において電力料金の低減を図ることができる。

③ **調相設備**：重負荷時の遅れ電流（遅れ力率）や、軽負荷時の進み電流（進み力率）を、無効電力を適切に提供することで改善し、電力損失の低減を図る（力率を改善する）機器を、調相設備という。

④ **進相コンデンサ**：進相コンデンサを誘導性負荷（遅れ力率を発生させる負荷）に並列接続すると、力率が改善される。この結果として、電源側回路において、電圧降下の軽減・電力損失の低減・遅れ無効電流の減少などを図ることができる。

解答例

番号	3	用語	力率改善

定義 / キーワード：有効電力の割合

技術的な内容	電流と電圧との位相差によって低下した力率（皮相電力に対する有効電力の割合）を、100％に近づけることをいう。

方法 / キーワード：進相コンデンサ

技術的な内容	進相コンデンサを誘導性負荷（遅れ力率を発生させる負荷）に並列接続すると、力率改善を図ることができる。

参考 　皮相電力・有効電力・無効電力・力率の関係

(1) **皮相電力**：電圧 (V)[V]と電流 (I)[A]との積から計算される、見かけ上の電力のことを、皮相電力 (S)[VA]という。皮相電力には、有効電力と無効電力がどちらも含まれている。

　　皮相電力 (S)＝電圧 (V)×電流 (I)＝$\sqrt{有効電力 (P)^2+無効電力 (Q)^2}$　　($S=\sqrt{P^2+Q^2}$)

(2) **有効電力**：電流と電圧との間に位相差 (θ) が生じると、皮相電力の $\cos\theta$ の成分しか電気機器で使用することができなくなる。電気機器が消費できる電力のことを、有効電力 (P)[W]という。

　　有効電力 (P)＝電圧 (V)×電流 (I)×有効電力の力率 ($\cos\theta$) ($P=VI\cos\theta$)

(3) **無効電力**：位相差により失われた電力を、無効電力 (Q)[var]（バール）という。

　　無効電力 (Q)＝電圧 (V)×電流 (I)×無効電力の力率 ($\sin\theta$) ($Q=VI\sin\theta$)

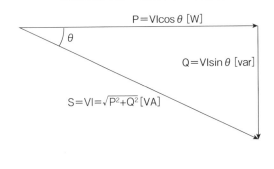
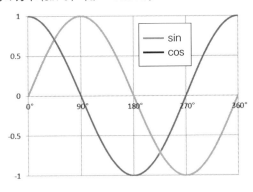

(4) **力率 ($\cos\theta$)**：上図を見ると、位相差 (θ) が小さくなるほど、皮相電力に対する有効電力の割合が大きくなることが分かる。皮相電力に対する有効電力の割合を、力率という。$\theta=0°$ であれば、$\cos\theta=1$ なので、力率は 1 (100％) であり、すべての皮相電力を有効電力として利用できていることになる。

　　力率＝$\dfrac{有効電力 (P)}{皮相電力 (S)}=\cos\theta$

| **4** | 架空地線 | キーワード：直撃雷の防止、導電率の良い材料 |

考え方・解き方

① **架空地線**：架空地線は、架空電線路（送電線）への直撃雷を防止するために、送電鉄塔の最上部に設置される電線路である。高圧送電線では、直撃雷を防止するとともに、誘導雷の影響を低減する（誘導雷によって電力線に発生した雷電圧を低減する）こともできる。

② **架空地線の素材**：架空電線路の架空地線は、アルミ覆鋼撚線または亜鉛メッキ鋼撚線とすることが一般的である。光ファイバー複合線を用いて、光通信回路を兼ねることもある。

③ **架空地線の導電率**：架空地線には、導電率の良い材料（抵抗率の低い材料）を使用する。導電率の良い材料を使用すると、1線地絡事故で発生した大電流を、架空地線に分流して速やかに処理できるので、電磁誘導障害を軽減できる。

④ **架空地線の遮蔽角**：架空地線と送電線を結んだ線と、架空地線からの鉛直線との間の角度を、遮蔽角という。直撃雷に対しては、架空地線の遮蔽角が小さいほど、遮蔽効果が高い。

⑤ **逆フラッシオーバの防止**：架空地線を敷設するときは、逆フラッシオーバ（鉄塔への直撃雷の電流が送電線に伝わる現象）を防止するため、次のような対策を講じる必要がある。

- アークホーンを設置する。
- 架空地線の中央部のたるみを小さくする。
- 中央径間の絶縁間隔を大きくする。

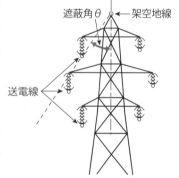

架空地線の遮蔽角

解答例

| **番号** | 4 | **用語** | 架空地線 |

目的／キーワード：直撃雷の防止

| **技術的な内容** | 架空電線路への直撃雷や、誘導雷によって電力線に発生した雷電圧を低減するため、送電鉄塔の最上部に敷設される。 |

選定上の留意点／キーワード：導電率の良い材料

| **技術的な内容** | 電磁誘導障害を軽減するため、架空地線には、導電率の良い材料（抵抗率の低い材料）を使用する。 |

| 5 | 電車線路の帰線 | キーワード：電力を変電所に戻す、漏れ電流の低減 |

考え方・解き方

①**帰線**：帰線とは、電車に供給された運転用電力を変電所に戻すまでの帰線回路のことで、架空絶縁帰線とレールを含む部分の総称である。

②**漏れ電流の抑制**：電車線路の帰線として、架空絶縁帰線を設けて帰線電流を分岐・分流させると、レールの電位降下が小さくなるので、電位の傾きが小さくなり、漏れ電流が抑制される。

③**帰線の電気抵抗**：帰線の電気抵抗が大きいと、電圧降下や電力損失が大きくなり、漏れ電流が増大することで、配水管などの地下埋設物に電食が発生する。電車線路では、電気抵抗が小さい架空絶縁電線を設けるなどの方法により、レールからの漏れ電流を低減するための対策を講じる必要がある。銅製の架空絶縁帰線は、車両走行用レールを電気的に接続して使用されている鉄製の帰線に比べて、電気抵抗が小さい。

解答例

| 番号 | 5 | 用語 | 電車線路の帰線 |

定義 / キーワード：電力を変電所に戻す

| 技術的な内容 | 電車に供給された運転用電力を変電所に戻すまでの帰線回路のことで、架空絶縁帰線とレールを含む部分の総称である。 |

施工上の留意点 / キーワード：漏れ電流の低減

| 技術的な内容 | 帰線の漏れ電流を低減させるため、架空絶縁帰線を設けることにより、レール電位の傾きを小さくする必要がある。 |

| 6 | 道路の照明方式 | キーワード：ポール照明方式の採用、ハイマスト照明方式の特徴 |

考え方・解き方

道路の照明方式は、照明の取付け位置により、ポール照明方式・カテナリ照明方式・高欄照明方式・ハイマスト照明方式・構造物取付け照明方式に分類される。それぞれの照明方式の特徴は、次の通りである。

① ポール照明方式：高さ 8 m ～ 12 m のポールに灯具を設置する。道路の線形に応じて灯具を配置できるので、誘導性に優れている。道路の連続照明は、原則として、ポール照明方式とする。ポール照明方式は、ポールの形状により、埋込み式とベースプレート式に分類される。

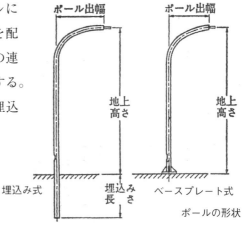

② カテナリ照明方式：道路の上空にカテナリ線を張り、カテナリ線から灯具を吊り下げる。見た目の良い照明方式であるが、風を受けると吊り下げられた灯具が揺れるので、安定性に劣る。また、メンテナンスが困難である。

③ 高欄照明方式：高欄(道路側壁など)に直接灯具を設置する。灯具が低い位置に短い間隔で取り付けられているため、誘導性は良いが、グレア(運転者が感じるまぶしさ)には十分な注意が必要となる。主にポールが建てられない場所で用いられる。

④ ハイマスト照明方式：高さ 20 m 以上のマストに灯具を設置する。大容量の光源が高い位置に取り付けられているので、路面上の輝度均斉度に優れている。また、遠くからでも照明が確認できる。優れた照明方式であるが、誘導性にはやや劣る。

⑤ 構造物取付け照明方式：道路沿いにある構造物に灯具を設置する。新たな構造物を建設する必要がないので、建設コストは安いが、取付け位置や照明器具の種類には制限を受ける。

解答例

番号	6	用語	道路の照明方式(トンネル照明を除く)

選定上の留意点 / キーワード：ポール照明方式の採用

技術的な内容	道路の本線の照明方式は、道路の線形の変化に応じた灯具の配置が可能で、誘導性が得やすいポール照明方式を原則とする。

特徴 / キーワード：ハイマスト照明方式の特徴

技術的な内容	駐車場などの広範囲を照らすときに採用されるハイマスト照明方式は、光源が高所にあるので、路面上の輝度均斉度が得やすい。

電気工事用語

考え方・解き方

①**変圧器の並行運転**：変電所では、電力を増強させるために、複数の三相変圧器の並行運転が行われる場合がある。

②**三相変圧器**：三相交流回路を有する変圧器を、三相変圧器という。三相変圧器は、その結線により、下記の４つのタイプに分類される。

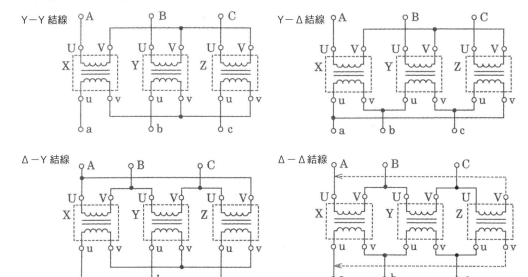

③**平行運転の条件（基本）**：三相変圧器の結線の組合せにおいて、Δの数とＹの数がどちらも偶数個である場合は、その三相変圧器を並行運転することができる。

- 「Ｙ-Ｙ結線とＹ-Ｙ結線」の組合せ（Δの数が０個・Ｙの数が４個）では、Δの数とＹの数がどちらも偶数個なので、並行運転が可能である。
- 「Δ-Ｙ結線とＹ-Δ結線」の組合せ（Δの数が２個・Ｙの数が２個）では、Δの数とＹの数がどちらも偶数個なので、並行運転が可能である。
- 「Ｙ-Ｙ結線とΔ-Ｙ結線」の組合せ（Δの数が１個・Ｙの数が３個）では、Δの数やＹの数が奇数個なので、並行運転は不可能である。

可能	不可能
Δ－Δとδ－Δ	Δ－ΔとΔ－Ｙ
Ｙ－ＹとＹ－Ｙ	Δ－ＹとＹ－Ｙ
Ｙ－ΔとＹ－Δ	Δ－ΔとＹ－Δ
Δ－ＹとΔ－Ｙ	Ｙ－ΔとＹ－Ｙ
Δ－ＹとＹ－Ｙ	
Δ－ＹとＹ－Δ	

三相変圧器の並行運転の組合せ

④**平行運転の条件（詳細）**：三相変圧器の並行運転を行うときは、同一メーカーかつ同一性能の変圧器を組み合わせることが望ましいが、下記の条件をすべて満たしていれば、並行運転を行うことができる。

- 各変圧器の極性を合わせて接続している。
- 一次側と二次側の定格電圧が等しい。
- 一次側と二次側の位相変位（角変位）が等しい。
- 各変圧器の相回転（A 相・B 相・C 相の順番）が等しい。
- 各変圧器のインピーダンス電圧（定格電圧に対する短絡時の電圧降下率）が等しい。
- 各変圧器の内部抵抗とリアクタンスとの比が等しい。

解答例

番号	7	用語	変圧器の並行運転

目的 / キーワード：負荷の増大に対応

技術的な内容	変電所において、同一の特性を有する 2 個以上の変圧器を、並列に接続して運転することで、負荷の増大に対応することをいう。

選定上の留意点 / キーワード：Δ結線とY結線が偶数個

技術的な内容	三相変圧器を並行運転させるためには、三相変圧器の結線の組合せにおいて、Δの数とYの数が、どちらも偶数個でなければならない。

8	電動機の過負荷保護	キーワード：過電流による焼損の防止、出力が 0.2kW を超える

考え方・解き方

①**過負荷**：電動機に流れる電流が、その電動機の定格電流を超えることを、過負荷という。

②**過負荷保護装置の施設**：屋内に施設する電動機には、電動機が焼損するおそれがある過電流を生じた場合に、自動的にこれを阻止し、またはこれを警報する装置を設けなければならない。ただし、下記のいずれかに該当する場合は、過負荷保護装置を設けなくてもよい。

- 電動機を運転中、常時、取扱者が監視できる位置に施設する場合
- 電動機の構造上または負荷の性質上、その電動機の巻線に、当該電動機を焼損する過電流を生じるおそれがない場合
- 電動機が単相のものであって、その電源側電路に施設する過電流遮断器の定格電流が 15A 以下（配線用遮断器では 20A 以下）の場合
- 電動機の出力が 0.2kW 以下の場合

番号	8	用語	電動機の過負荷保護

定義／キーワード：過電流による焼損の防止

技術的な内容	電動機が焼損するおそれがある過電流を生じた場合に、自動的にこれを阻止または警報することをいう。

施工上の留意点／キーワード：出力が 0.2 kW を超える

技術的な内容	出力が 0.2 kW を超える電動機を、屋内に施設する場合には、原則として、過負荷保護装置を施設しなければならない。

参考 低圧三相誘導電動機の保護に用いられる保護継電器は、下記の 3 種類に分類されている。

① **過負荷保護継電器 (1E)**：電動機の負荷が定格負荷を超えたときに、回路を遮断して電動機を保護する機能を持つ。

② **過負荷・欠相保護継電器 (2E)**：過負荷保護に加えて、三相のうちいずれか一相が欠相して二相になったときに、回路を遮断して電動機を保護する機能を持つ。

③ **過負荷・欠相・反相保護継電器 (3E)**：過負荷保護と欠相保護に加えて、三相の相回転 (相の送電方向) が逆になったときに、回路を遮断して電動機を保護する機能を持つ。

参考 電動機の損傷を防止するため、電動機回路は複数の保護協調遮断器により保護されている。それらの動作順序は、電流の大きさによって定められている。保護協調とは、この動作条件が守られていること(次の①と②の条件を満たしていること)をいう。この関係をグラフ化したものが、電動機回路の保護協調曲線である。

① **配線用遮断器**：配線用遮断器の動作電流が、電線の熱特性よりも小さいこと。(配線用遮断器動作特性＜電線の熱特性)

② **過負荷保護装置**：過負荷保護装置の動作電流が、電動機電流よりも大きく、電動機の熱特性よりも小さいこと。(電動機電流＜過負荷保護装置の特性＜電動機の熱特性)

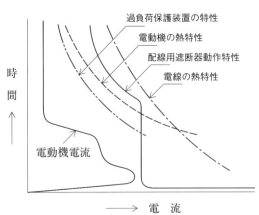

電動機回路の保護協調曲線

| 9 | UTP ケーブル | キーワード：一般家庭の LAN ケーブル、総長は 100 m 以下 |

考え方・解き方

①**UTP ケーブル**：UTP（Unshielded Twist Pair）ケーブルは、シールドされていない銅線を 2 本ずつ撚り合わせた、電話用・一般通信用のケーブルである。

②**UTP ケーブルの特徴**：UTP ケーブルには、次のような特徴がある。

- 銅線を 2 本ずつ撚り合わせているので、内部雑音が低減され、高品質な通信ができる。

- シールドされていないため、対ノイズ性能は STP（Shielded Twist Pair）ケーブルよりも劣るが、比較的安価なので、一般家庭や事務所の構内情報通信網（LAN）ケーブルとして用いられる。

③**UTP ケーブルの施工**：構内情報通信網（LAN）に使用する UTP ケーブルは、次のような点に留意して施工する必要がある。

- ケーブルの支持間隔は、垂直のケーブルラックに布設する場合は 1.5m 以下、水平のケーブルラックに布設する場合は 3.0 m 以下とする。

- ケーブルの固定時における曲げ半径は、仕上り外径の 4 倍以上（幹線となる配線では仕上り外径の 10 倍以上）とする。

- UTP ケーブルの総長は、パッチコード等（ケーブル両端の撚線になっていない部分やコネクターなどの部分）も含めて 100m 以内としなければならない。また、パーマネントリンクの長さ（フロア配線盤から通信アウトレットまでのケーブル長）は、15 m 以上 90 m 以下としなければならない。

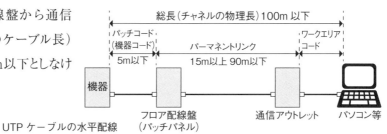

UTP ケーブルの水平配線

- 屋外で使用する場合は、外装被覆付きのケーブルを使用しなければならない。

解答例

| 番号 | 9 | 用語：UTP ケーブル |

用途 / キーワード：一般家庭の LAN ケーブル

| 技術的な内容 | シールドされていない銅線を 2 本ずつ撚り合わせたもので、一般家庭の構内情報通信網（LAN）ケーブルとして用いられている。 |

施工上の留意点 / キーワード：総長は 100 m 以下

| 技術的な内容 | UTP ケーブルの総長は、パッチコード等も含めて 100 m 以内とする。また、パーマネントリンクの長さは、15 m 以上 90 m 以下とする。 |

　電気工事に関する次の用語の中から**3つ**を選び、番号と用語を記入のうえ、**技術的な内容**を、それぞれについて**2つ**具体的に記述しなさい。

　ただし、**技術的な内容**とは、施工上の留意点、選定上の留意点、定義、動作原理、発生原理、目的、用途、方式、方法、特徴、対策などをいう。

1. 風力発電	6. 自動列車制御装置（ATC）
2. 単相変圧器のV結線	7. 超音波式車両感知器
3. VVFケーブルの差込型コネクタ	8. 絶縁抵抗試験
4. 三相誘導電動機の始動方式	9. 波付硬質合成樹脂管（FEP管）
5. 差動式スポット型感知器	

1 風力発電	キーワード：風エネルギー、環境への配慮

考え方・解き方

　風力発電は、ブレードで受けた風の運動エネルギーを機械エネルギーに変換し、その機械エネルギーで発電機を回すことで、電気エネルギーを取り出して発電する設備である。その特徴には、次のようなものがある。

① 風車の種類は、ロータ軸の配置により、水平軸形と垂直軸形に分類される。

② プロペラ形風車では、風車の回転状態や羽根の角度を調整することにより、回転数制御や出力制御を容易に行うことができる。

③ ダリウス形風車では、風向の変化があっても、向きを変える必要がない。

④ 発電量は、不安定かつ間欠的である。

⑤ 風車から騒音が発生するため、設置場所周辺の生活環境には十分な配慮が必要である。

プロペラ形風車
（水平軸形の代表例）

ダリウス形風車
（垂直軸形の代表例）

※将来に向けて、羽根のないブレードレス形の風車の開発も進んでいる。細長い円錐形をしたこの風車は、空気の渦流を利用して発電する方式で、騒音の発生がほとんどない。

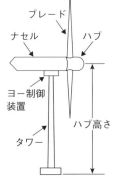

ブレード

ナセル　ハブ

ヨー制御装置

ハブ高さ

タワー

プロペラ形風車（各部の名称）

ナセル：風による羽根の回転を、発電機の回転に変換する発電装置であり、風車の心臓部である。

ヨー制御装置：風車ロータ回転面を風向に追従させる運転制御装置である。

解答例

番号	1	用語	風力発電

動作原理 / キーワード：風エネルギー

技術的な内容	ブレードで受けた風エネルギーを機械エネルギーに変換し、機械エネルギーで発電機を回すことで、電気エネルギーを取り出す。

施工上の留意点 / キーワード：環境への配慮

技術的な内容	風車から大きな騒音が発生するため、設置場所周辺の生活環境に十分な配慮をする必要がある。

2	単相変圧器の V 結線	キーワード：三相動力用と単相電灯用、変圧器利用率

考え方・解き方

　2 台の単相変圧器を V 結線すると、電力の利用率は多少劣るものの、その単層変圧器を Δ（デルタ）結線の三相変圧器と同じように扱うことができる。

　三相動力用の電力を供給するときは、Δ 結線の三相変圧器を使用することが多いが、V 字形に結線された 2 台の単相変圧器の構造は、Δ 結線の三相変圧器のうち一相が欠相したときの構造と同じである。そのため、単相変圧器 2 台の V 結線から、三相動力用の電力を供給することができる。ただし、その変圧器容量（電力の利用率）は、Δ 結線の三相変圧器を使用した時の $\sqrt{3}/2$ 倍（約 87％）になる。

解答例

番号	2	用語	単相変圧器の V 結線

方式 / キーワード：三相動力用と単相電灯用

技術的な内容	単相変圧器 2 台を V 字形に結線し、三相動力用と単相電灯用の電力を同時に供給する方式である。

特徴 / キーワード：変圧器利用率

技術的な内容	V 結線した単相変圧器 2 台から三相動力用に電力を供給する場合、その変圧器容量は、三相変圧器を用いた場合の $\sqrt{3}/2$ 倍となる。

3　VVF ケーブルの差込形コネクタ　｜　キーワード：接触不良、耐久性

考え方・解き方

　VVF ケーブル(Vinyl insulated Vinyl sheathed Flat-type cable)は、ビニル被覆により絶縁された平形のケーブルであり、主として 15A 程度までの低圧屋内配線に使用される。VVF ケーブル内の電線を相互に接続するときは、差込形コネクタまたはリングスリーブを使用する必要がある。

　差込形コネクタを使用する接続方法は、施工は簡単であるが、耐久性が低い。そのため、ケーブルが引張力を受けたときなどに、接触不良により火災を引き起こす危険があるので、注意が必要である。リングスリーブを使用する接続方法は、施工にある程度の技術が必要になるが、圧着工具を適切に使用することにより、確実な接続ができるため、耐久性が高い。

解答例

番号	3	用語	VVF ケーブルの差込形コネクタ

施工上の留意点 / キーワード：接触不良

技術的な内容	差込形コネクタを用いた接続は、施工は容易であるが、接触不良により火災を引き起こす危険があるので注意が必要である。

選定上の留意点 / キーワード：耐久性

技術的な内容	引張力を受ける VVF ケーブルは、高い耐久性が求められるので、差込形コネクタを使用せず、リングスリーブを用いて圧着する。

4　三相誘導電動機の始動方式　キーワード：始動時の電流の低下、適切な始動方式の選定

　三相誘導電動機の始動においては、始動時の電流を低下させる目的で、電動機の定格出力等に応じて、全電圧始動法・Y-Δ始動法・始動補償器法など、様々な始動法が用いられている。

①全電圧始動法は、三相かご形誘導電動機に、定格電圧を加えて始動する方式である。全電圧始動法では、配電線に及ぼす影響は小さいものの、始動時に定格電流の4倍〜6倍という大きな始動電流が流れる。全電圧始動法は、定格出力が3.7kW以下の電動機に用いられる。

②Y-Δ始動法は、Y結線で始動し、全負荷になる直前にΔ結線に切り替える始動法である。Y-Δ始動法では、全電圧始動法と比較して、始動電流や始動トルクが3分の1になり、始動電圧が$\sqrt{3}$分の1になる。しかし、Δ結線に切り替えるときに、突入電流が発生し、電気的・機械的なショックが生じる。Y-Δ始動法は、定格出力が5.5kW〜15kW程度の電動機に用いられる。

③始動補償器法は、三相単巻変圧器のタップ電圧を電動機に加えることにより、始動電流を制限する始動法である。電動機が加速したら、電動機の回転速度の上昇に従って、運転電圧に切り替える。始動補償器法は、定格出力が15kW以上の電動機に用いられる。

解答例

番号	4	用語	三相誘導電動機の始動方式

目的 / キーワード：始動時の電流の低下

技術的な内容	始動時には、大電流により電動機が破損するおそれがあるため、大容量の電動機では始動時の電流を低下させる必要がある。

選定上の留意点 / キーワード：適切な始動方式の選定

技術的な内容	一般的にはY-Δ始動法とするが、定格出力が3.7kW以下なら全電圧始動法、定格出力が15kW以上なら始動補償器法とする。

　自動火災報知設備の熱感知器の一種である差動式スポット型感知器は、周囲の温度の上昇率が一定の率以上になったときに火災信号を発信するもので、一局所の熱効果により作動するものである。その動作原理としては、熱による空気の膨張を検知するものと、熱起電力を検知するものがある。

　差動式スポット型感知器の設置における留意点には、次のようなものがある。

①感知器の下端は、取付け面の下方 0.3 m 以内の位置に設ける。

②感知器は、空気の吹出口(換気扇など)から 1.5 m 以上離して設ける。

③感知器は、取付け面との傾斜が 45 度未満となるように設ける。

④感知区域は、高さ 0.4 m 以上の突出壁で分割することができる。

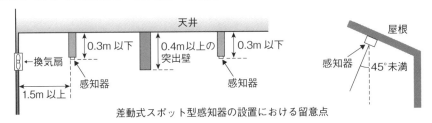

差動式スポット型感知器の設置における留意点

　差動式スポット型感知器は「一局所」の熱効果により作動するので、局所的に温度が変化しやすいボイラー室や厨房には適していない。そのような場所では、「広範囲」の熱効果の蓄積により作動する差動式分布型感知器などを設けるべきである。

自動火災報知設備の熱感知器の一覧

名称	感知条件	感知範囲・外観・その他
差動式スポット型感知器	周囲の温度の上昇率が、一定の率以上になったときに、火災信号を発信する。	一局所の熱効果により作動する。
差動式分布型感知器	周囲の温度の上昇率が、一定の率以上になったときに、火災信号を発信する。	広範囲の熱効果の蓄積により作動する。
定温式スポット型感知器	一局所の周囲の温度が、一定の温度以上になったときに、火災信号を発信する。	外観が電線状ではない。
定温式感知線型感知器	一局所の周囲の温度が、一定の温度以上になったときに、火災信号を発信する。	外観が電線状である。
補償式スポット型感知器	差動式スポット型感知器の性能および定温式スポット型感知器の性能を併せ持つ。	1つの火災信号を発信することができる。
熱複合式スポット型感知器	差動式スポット型感知器の性能および定温式スポット型感知器の性能を併せ持つ。	2つ以上の火災信号を発信することができる。
熱アナログ式スポット型感知器	一局所の周囲の温度が、一定の範囲内の温度になったときに、当該温度に対応する火災情報信号を発信する。	外観が電線状ではない。

解答例

| 番号 | 5 | 用語 | 差動式スポット型感知器 |

特徴 / キーワード：温度上昇率の感知

| 技術的な内容 | 周囲の温度の上昇率が一定の率以上になったときに火災信号を発信する熱感知器で、一局所の熱効果により作動する。 |

施工上の留意点 / キーワード：感知器下端の高さ

| 技術的な内容 | 差動式スポット型感知器の下端は、取付け面の下方 0.3 m 以内の位置に設けなければならない。 |

| 6 | 自動列車制御装置（ATC） | キーワード：制限速度以下にする、区間ごとの速度制御 |

　自動列車制御装置（ATC/Automatic Train Control）は、速度制限区間において、列車が制限速度を超えた場合に、非常ブレーキを動作させるなどの方法で、列車の速度を自動的に制限速度以下にする鉄道制御装置である。

　自動列車制御装置は、ATC 信号電流をキャッチする受信機と、制御情報を判定して列車の速度ブレーキ指令を行う制御部から構成されている。自動列車制御装置は、列車の運行間隔を適切にし、運転士のケアレスミスを補って安全運行を確保することを目的としている。

　なお、自動列車制御装置（ATC）は、列車の速度制御のみを行う装置であり、進路設定のプログラムや自動運転の機能は備わっていない。このような機能を備えた自動列車運転装置（ATO）と混同しないように注意が必要である。

　自動列車制御装置（ATC）は、ブレーキを複数回作動させる（ブレーキを掛けたり弛めたりを繰り返す従来型の）多段ブレーキ制御方式と、一度のブレーキで細かく速度制御する（滑らかに減速する最新型の）一段ブレーキ制御方式に分類されている。

代表的な鉄道制御装置の一覧

名称	略称	機能
自動列車停止装置	ATS	停止信号に近づくと警報を発し、運転手の処置がなくても列車を停止させる。
自動列車制御装置	ATC	列車の速度を、自動的に制限速度以下にする。
列車集中制御装置	CTC	一箇所の制御所において、制御区間内各駅の信号保安装置を制御し、列車の運転方法を指示する。
自動列車運転装置	ATO	高度の自動運転装置であり、輸送密度の増大・省エネルギー運転に対応し、正確な運転時間・安全性の確保などを行う。
自動進路制御装置	PRC	進路設定をプログラム化して制御する。

解答例

番号	6	用語	自動列車制御装置（ATC）

用途 / キーワード：制限速度以下にする

技術的な内容	鉄道制御装置のひとつで、列車の速度を、自動的に制限速度以下にする装置である。

選定上の留意点 / キーワード：区間ごとの速度制御

技術的な内容	列車の制限速度は、軌道構造や周辺状況などによって異なるため、AF変調波の信号を受けて、区間ごとに定める必要がある。

7　超音波式車両感知器　　　キーワード：反射時間の差、交通信号用

　超音波式車両感知器は、道路面に車両が存在するか否かを感知するための装置である。道路面からの高さが5m〜6m程度の位置（横断歩道橋など）に設置された超音波ヘッド（送受部）から、超音波パルスを路面に向かって間欠的に照射し、反射波が戻ってくるまでの時間を計測することで、その反射波が、路面での反射であるか車両での反射であるかを判断する。

　超音波式車両感知器は、感知器制御器・感知器本体・超音波ヘッド（送受器）・接続ケーブルなどから構成されている。設置や保守点検が容易であり、耐久性も高いことから、交通信号用（車両を感知した時のみ信号を青にするなどの制御システム）として採用されている。

超音波式車両感知器

解答例

番号	7	用語	超音波式車両感知器

動作原理 / キーワード：反射時間の差

技術的な内容	道路面上5m〜6mの高さから超音波パルスを照射し、反射して戻ってくるまでの時間を計測することで、車両の有無を判断する。

用途 / キーワード：交通信号用

技術的な内容	設置や保守点検が容易で、耐久性も高いため、交通信号用の車両感知器として利用されている。

8　絶縁抵抗試験　　キーワード：絶縁状態の判定、指針の安定を待つ

　電気設備に関する技術基準を定める省令では、「電路は、大地から絶縁しなければならない」と定められている。電路を大地から絶縁することは、電気工作物の重要な原則である。電路が大地から十分に絶縁されていないと、漏洩電流による感電や火災の危険が生じる。

　この絶縁が十分に行われているかを確かめるために行われるのが、絶縁抵抗試験である。絶縁抵抗試験は、区切ることができる電路ごとに、電線相互間および電路と大地間の絶縁抵抗値が基準値以上であるか否かを、絶縁抵抗計(メガー)により測定することで、電気機器の絶縁性能の良否を判定する試験である。

　絶縁抵抗試験における留意点には、次のようなものがある。

①測定前に、絶縁抵抗計の接地端子(E/Earth)と線路端子(L/Line)を短絡してスイッチを入れ、指針が零(0)を指すことを確認する。その後、絶縁抵抗計の接地端子(E)と線路端子(L)を開放し、指針が無限大(∞)を指すことを確認する。

②低圧回路用の電路と大地間の絶縁抵抗測定では、500Vの絶縁抵抗計を使用する。

③高圧回路用の電路と大地間の絶縁抵抗測定では、1000Vまたは2000Vの絶縁抵抗計を使用する。

④高圧ケーブルの絶縁抵抗測定では、各心線と大地間の絶縁抵抗と、各心線の相互間の絶縁抵抗を測定する。

⑤対地静電容量が大きいケーブル回路の絶縁抵抗測定では、指針が安定するまでに時間がかかるので、絶縁抵抗計の指針が安定した後の値を測定値とする。

解答例

番号	8	用語	絶縁抵抗試験

目的 / キーワード：絶縁状態の確認

技術的な内容	電線相互間および電路と大地間の絶縁抵抗値をメガーで測定し、電気機器の絶縁性能の良否を判定する試験である。

施工上の留意点 / キーワード：指針の安定を待つ

技術的な内容	対地静電容量が大きいケーブル回路の絶縁抵抗測定では、絶縁抵抗計の指針が安定した後の値を測定値とする。

9　波付硬質合成樹脂管（FEP 管）　キーワード：軽量かつ高耐久、異物継手による接続

　波付硬質合成樹脂管（FEP 管／Flexible Electric Pipe）は、螺旋状（スパイラル状）の波付き加工が施されたポリエチレン製の合成樹脂管である。

波付硬質合成樹脂管

　波付硬質合成樹脂管の特徴には、次のようなものがある。

①鋼管等と比べて軽く、運搬・敷設などの取扱いが容易である。

②螺旋状波付き加工により、耐圧強度が大きくなっており、土中埋設に十分耐えられる。

③管内の螺旋状波付き加工により、摩擦係数が小さくなっており、ケーブルの管内引入れが容易である。

④可撓性があり、地中の既設物などの回避が可能になるため、作業性に優れている。

　波付硬質合成樹脂管は、管路式地中電線路のケーブル保護管などのように、耐久性・可撓性が必要になる箇所に用いられている。なお、需要場所に施設する高圧地中電線路の管路工事などにおいて、防水鋳鉄管と波付硬質合成樹脂管を接続するときは、鋳鉄管の腐食を防止するため、ねじ切りの鋼管継手ではなく、異物継手を使用しなければならない。

解答例

番号	9	用語	波付硬質合成樹脂管（FEP 管）

特徴／キーワード：軽量かつ高耐久

技術的な内容	螺旋状の波付き加工が施されているため、耐久性に優れる、軽量である、可撓性がある、摩擦係数が小さいなど、数々の利点がある。

施工上の留意点／キーワード：異物継手による接続

技術的な内容	波付硬質合成樹脂管と防水鋳鉄管を接続するときは、鋳鉄管の腐食を防止するため、異物継手を使用する。

平成29年度 | 問題4 電気工事用語の技術的な内容記述

　電気工事に関する次の用語の中から**3つ**を選び、番号と用語を記入のうえ、**技術的な内容**を、それぞれについて**2つ**具体的に記述しなさい。

　ただし、技術的な内容とは、施工上の留意点、選定上の留意点、定義、動作原理、発生原理、目的、用途、方式、方法、特徴、対策などをいう。

---

1. 揚水式発電
2. 架空送電線のたるみ
3. 漏電遮断器
4. LED照明
5. 自動火災報知設備の受信機
6. 自動列車停止装置（ATS）
7. ループコイル式車両感知器
8. 電線の許容電流
9. D種接地工事

---

1 | 揚水式発電 　　　キーワード：上下貯水池・ピーク負荷

考え方・解き方

　揚水式発電は、貯水式水力発電の一種であり、水車（発電機）の上部と下部に貯水池が設けられている。深夜の余剰電力を利用して、揚水ポンプで下部貯水池から上部貯水池に揚水しておき、電力使用量がピークとなった昼間等に放流して水車（発電機）を動かしている。

　夜間の安価な電力を利用して水を汲み上げる機構を有しているということは、電力需要が多い昼間等に、電力を集中的に供給できるということである。このような発電所は、ピーク電源と呼ばれている。ただし、揚水式発電では、必ず「揚水ポンプで水を汲み上げるのに必要な電力＞水を落下させた時に水車を回して発電できる電力」になるので、常に一定の電力を供給するベース電源として使用することはできない。

　揚水式発電は、一般水力発電（河川水をそのまま利用する流込み式水力発電）とは異なり、貯水池の水を利用できる（河川の流量に制約されない）ため、地点選定が容易である。

解答例

番号	1	用語	揚水式発電

定義／キーワード：上下貯水池

技術的な内容	発電所の上部と下部に貯水池を設けて、その中間に揚水ポンプと水車を設けた水力発電所である。

特徴／キーワード：ピーク負荷

技術的な内容	夜間または軽負荷時に揚水ポンプで水を上部貯水池に汲み上げ、ピーク負荷時に水を落下させて電力を生産する。

| **2** | 架空送電線のたるみ | キーワード：重力の影響・適切なたるみ量 |

考え方・解き方

①架空送電線のたるみは、自重・風・雪などにより生じる。

②たるみが小さすぎると、低温時などに電線が縮んだときや、電線に荷重がかかったときに、電線が断線するおそれがある。

③たるみが大きすぎると、高温時などに電線が伸びたときに、電線が地上の物体と接触するおそれがある。

④たるみを適切な量とするためには、一定の間隔で鉄塔などの支持台を設けるとよい。

解答例

| 番号 | 2 | 用語 | 架空送電線のたるみ |

発生原理 / キーワード：重力の影響

| 技術的な内容 | 架空送電線は、自重・風・雪などによる荷重がかかると、重力の影響で、下方に放物線状に垂れる。 |

選定上の留意点 / キーワード：適切なたるみ量

| 技術的な内容 | 電線のたるみ量は、自重・風・雪・温度変化などにより生じる張力の変化に耐えられる値のうち、最小値とすることが望ましい。 |

参考 架空送電線のたるみと実長の計算

(1) 架空送電線における支持点間の電線のたるみ D[m] には、次のような特徴がある。

　①電線の単位長さあたりの重量 W[N/m] に比例して、たるみ D[m] が大きくなる。

　②電線の径間 S[m] の二乗に比例して、たるみ D[m] が大きくなる。

　③電線の最低点の水平張力 T[N] の8倍に反比例して、たるみ D[m] が小さくなる。

●電線のたるみ D[m] $= \dfrac{電線の単位長さあたりの重量W[N/m] \times 電線の径間S[m]^2}{8 \times 電線の最低点の水平張力T[N]}$

(2) 架空送電線における支持点間の電線の実長 L[m] には、次のような特徴がある。

　①電線のたるみ D[m] の二乗の8倍に比例して、実長 L[m] と径間 S[m] の差が大きくなる。

　②電線の径間 S[m] の3倍に反比例して、実長 L[m] と径間 S[m] の差が小さくなる。

●電線の実長 L[m] $= 電線の径間\ S[m] + \dfrac{8 \times 電線のたるみ\ D[m]^2}{3 \times 電線の径間\ S[m]}$

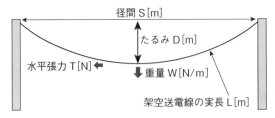

※この計算では、架空送電線の水平張力は一定であるものと仮定する。

| 3 | 漏電遮断器 | キーワード：危険防止・零相電圧と零相電流の検出 |

考え方・解き方

　漏電遮断器は、低圧電路に地絡が生じたときに、自動的に電路を遮断する機器であり、漏電防止用・感電防止用の機器として使用されている。

　「電気設備の技術基準の解釈」第 36 条「地絡遮断装置の施設」では、「金属製外箱を有する使用電圧が 60V を超える低圧の機械器具に接続する電路には、電路に地絡を生じたときに自動的に電路を遮断する装置を施設すること」と定められている。ここでいう「自動的に電路を遮断する装置」が、漏電遮断器である。

① **漏電遮断器の動作原理**：電路に地絡が生じたときの零相電圧または零相電流を検出し、当該電路を自動的に遮断する。漏電を検出する方法により、電圧動作形・電流動作形・電圧電流動作形の 3 種類に分類されている。

② **漏電遮断器の構成部品**：地絡電流検出部（配線用遮断器の機能を有している）、漏電引外し装置、漏電表示装置、テストボタンなどから構成されている。

③ **漏電遮断器の感度**：分岐回路に設置する漏電遮断器は、内線規程において、高感度の（5mA～30mA で動作する）ものが望ましいと定められている。定格感度電流が 30mA 以下の漏電遮断器は、感電防止用の設備として使用されている。

解答例

| 番号 | 3 | 用語 | 漏電遮断器 |

目的 / キーワード：危険防止

| 技術的な内容 | 使用電圧が 60 V を超える交流低圧電路で地絡が生じたとき、自動的にこの電路を遮断し、地絡事故による危険を防止する。 |

動作原理 / キーワード：零相電圧と零相電流の検出

| 技術的な内容 | 電路に地絡が生じたときの零相電圧または零相電流を検出し、当該電路を自動的に遮断する機能を有している。 |

考え方・解き方

LED 照明の動作原理：LED 照明は、発光ダイオード (LED/Light Emitting Diode) を用いた照明である。p-n 接合を持つ単体の LED に、順方向の電圧をかけて電流を流すと、電気エネルギーが直接光エネルギーに変換される。

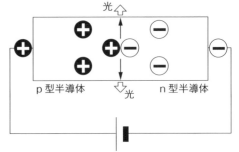

発光ダイオードの動作原理

LED 照明の特徴：蛍光灯などの従来の照明と比較した LED 照明の特徴は、次の通りである。

①耐衝撃性材料を使用している(蛍光ランプとは異なりガラスを用いる必要がない)ため、耐水性・耐振動性に優れている。

②信頼性が高く、長寿命である。

③小型・軽量であるため、デザイン性に優れており、様々な照明器具に適用できる。

④発光効率が高いため、経済的であり、省エネルギーになる。

⑤環境性能が高く、有害な水銀を含まないため、廃棄時の環境汚染が少ない。

⑥適正電圧や耐圧性が低く、極性を持つ直流により発光するため、LED 制御装置(定電流回路や駆動回路を有する装置)が必要になる。

白色 LED の作り方：LED 照明は、白い光を直接放つことはできないので、白色 LED を作るためには工夫が必要になる。代表的な白色 LED の構成には、次の3種類がある。

①近紫外 LED を用いて赤色・緑色・青色の蛍光体を光らせるもの

②青色 LED を用いて黄色の蛍光体を光らせるもの

③赤色 LED・緑色 LED・青色 LED を組み合わせて使用するもの

解答例

番号	4	用語	LED 照明

動作原理 / キーワード：発光ダイオード

技術的な内容	p-n 接合を持つ単体の発光ダイオードに、順方向の電圧をかけて電流を流すと、電気エネルギーが直接光エネルギーに変換される。

特徴 / キーワード：省エネルギーかつ長寿命

技術的な内容	発光効率が高いため、経済的であり、省エネルギーになる。また、寿命が長いため、メンテナンスコストを削減できる。

電気工事用語

考え方・解き方

　自動火災報知設備の受信機は、防火対象物の関係者に、火災やガス漏れの情報信号を報知する目的で使用されるものである。自動火災報知設備の受信機の技術的な内容については、「消防法施行規則」第24条「自動火災報知設備に関する基準の細目」において、次のように定められている。（一部抜粋）

　自動火災報知設備の受信機は、次に定めるところにより設けること。

① 受信機は、感知器、中継器又は発信機の作動と連動して、当該感知器、中継器又は発信機の作動した警戒区域を表示できるものであること。

② 受信機の操作スイッチは、床面からの高さが0.8 m（いすに座って操作するものにあっては0.6 m）以上1.5 m以下の箇所に設けること。

③ 受信機は、防災センター等（中央管理室などの常時人がいる場所）に設けること。

④ 受信機の主音響装置及び副音響装置の音圧及び音色は、他の警報音又は騒音と明らかに区別して聞き取ることができること。

解答例

番号	5	用語	自動火災報知設備の受信機

選定上の留意点 / キーワード：感知器等との連動

技術的な内容	感知器・中継器・発信機の作動と連動し、当該感知器・中継器・発信機の作動した警戒区域を表示できるものとする。

施工上の留意点 / キーワード：操作スイッチの高さ

技術的な内容	受信機の操作スイッチは、床面からの高さが0.8 m以上（椅子に座って操作するものは0.6 m以上）1.5 m以下の箇所に設ける。

電気工事用語

6 自動列車停止装置（ATS） キーワード：自動的に列車を停止・連続した速度照査

考え方・解き方

　自動列車停止装置（ATS/Automatic Train Stop）は、列車が停止信号に近づいたとき、警報を発して運転士に注意を促し、それでも運転士が必要な措置をしなかった場合に、自動的にブレーキをかけて列車を停止させる装置である。

　自動列車停止装置は、連続した速度照査を行い、規定速度以上になったときに自動的にブレーキを動作させて列車を停止させることができるため、脱線事故の未然防止に役立つ。

　自動列車停止装置は、地上の停止信号の状態を軌条に電流として流す地上装置と、この軌条の電流で発生する磁束により車上で所要の制御を行う車上装置で構成されている。

解答例

番号	6	用語	自動列車停止装置（ATS）

目的 / キーワード：自動的に列車を停止

技術的な内容	自動列車停止装置は、列車が停止信号に近づくと警報を発し、必要があれば自動的に列車を停止させる。

特徴 / キーワード：連続した速度照査

技術的な内容	連続した速度照査を行い、規定速度以上であれば自動的に車両のブレーキを動作させて停止させ、脱線事故等を未然に防ぐ。

7 ループコイル式車両感知器 キーワード：インダクタンスの変化・鉄筋等金属体から離す

考え方・解き方

　ループコイル式車両感知器は、建築物の屋内駐車場の車路管制設備などにおいて、ループコイルを埋め込んだ場所の上に車両があるか否かを感知する装置である。路面下の深さ数cm程度のところにループ状の電線が埋設されており、車両が接近すると、その電線のインダクタンスが変化する。この性質を利用して、駐車場のゲートの前後にループコイルを埋め込むことで、駐車場のゲートを自動的に開閉することができる。また、複数のループコイルを連続して道路に埋め込むことで、車両の速度を自動的に測定することができる。

　ループコイルは、車両の通過による荷重を受けて破断するのを防ぐため、路面下のかぶりを数cm程度確保して敷設しなければならない。また、近くに鉄筋等があると感度が下がる（感知器が鉄筋を車両と誤認する）ため、鉄筋等の金属体から5cm以上離さなければならない。

解答例

番号	7	用語	ループコイル式車両感知器

動作原理 / キーワード：インダクタンスの変化

技術的な内容	路面下にループ状の電線を埋設した感知器で、車両の接近によるループコイルのインダクタンスの変化を利用し、車両の検出を行う。

施工上の留意点 / キーワード：鉄筋等の金属体から離す

技術的な内容	ループコイルは、鉄筋等の金属体から5cm以上離し、路面下のかぶりを数cm程度確保して敷設する。

8	電線の許容電流	キーワード：最高許容温度・使用時間の長さによる分類

考え方・解き方

電線に過大な電流を流すと、ジュール熱による導体温度上昇が苛烈になり、導体や絶縁体に熱による劣化が生じる。この劣化が生じない電流量の最大値を、電線の許容電流という。

電線の許容電流は、電線の形式・材料・断面積・周囲温度などによって異なる。また、電流量が同じであっても、長時間流すほど導体温度の上昇量が大きくなるため、各電線の許容電流は、長時間使用するとき・短時間使用するとき・故障時（故障時の大電流は一瞬である）などにおいて、個別に設定されている。

低圧屋内幹線に使用される電線の許容電流は、低圧屋内幹線の各部分に供給される電気機械器具の定格電流を合計した値以上としなければならない。

解答例

番号	8	用語	電線の許容電流

定義 / キーワード：最高許容温度

技術的な内容	電線が最高許容温度となる電流量のことである。最高許容温度とは、電線の絶縁体に、熱による劣化が生じない最高温度のことである。

選定上の留意点 / キーワード：使用時間の長さによる分類

技術的な内容	長時間使用するときの許容電流、短時間だけ使用するときの許容電流、故障時の許容電流は、それぞれ値が異なる。

考え方・解き方

D 種接地工事の要点は、次の通りである。

① D 種接地工事の接地抵抗値は、100 Ω以下とする。ただし、低圧電路において、地絡時に 0.5 秒以内で当該電路を自動的に遮断する装置を施設したときは、500 Ω以下としてよい。

② D 種接地工事を施す必要があるのは、「高圧計器用変成器の 2 次側電路」、「使用電圧が300V 以下の低圧電路に施設する機械器具の金属製外箱」、「地中電線を収める管・暗渠」「防護装置の金属製部分」、「金属製の電線接続箱」、「地中電線の被覆に使用する金属体」などである。

解答例

| 番号 | 9 | 用語 | D 種接地工事 |

方式 / キーワード：100Ω以下

| 技術的な内容 | D種接地工事の接地抵抗値は、100Ω以下とする。ただし、0.5秒以内に漏電を遮断できる低圧電路では、500Ω以下でよい。 |

用途 / キーワード：高圧計器用変成器の 2 次側電路

| 技術的な内容 | 高圧計器用変成器の2次側電路や、使用電圧が300V以下の低圧電路に施設する機械器具の金属製外箱には、D種接地工事を施す。 |

参考 接地工事は、A 種接地工事・B 種接地工事・C 種接地工事・D 種接地工事の 4 種類に分類される。接地工事の目的には、次のようなものがある。

①機器・絶縁物の劣化・損傷などを原因とする漏れ電流による感電を、機器接地等により防止する。（A 種・C 種・D 種）

②高低圧混触を原因とする高圧危険電流による感電を、系統接地により防止する。（B 種）

③地絡事故時に、継電器動作の迅速化・確実化を図るため、接地効果により継電器動作電流を確保する。

④異常電圧発生時に、絶縁強度を確保するため、接地効果により機器・配電線の対地電圧を抑制する。

A種接地工事・B種接地工事・C種接地工事・D種接地工事の施工箇所・接地抵抗値をまとめると、次のようになる。

A種接地工事：特別高圧計器用変成器の2次側電路、高圧用又は特別高圧用の電路に施設する機械器具の金属製外箱等にはA種接地工事を施すこと。接地抵抗値は、10Ω以下とする。

B種接地工事：高圧電路又は特別高圧電路と低圧電路とを結合する変圧器の低圧側の中性点には、B種接地工事を施すこと。接地抵抗値は、変圧器の高圧側または特別高圧側の電路を、1秒以下で遮断するなら「600÷1線地絡電流I[A]」Ω以下、1秒超2秒以下で遮断するなら「300÷1線地絡電流I[A]」Ω以下、2秒超で遮断するなら「150÷1線地絡電流I[A]」Ω以下とする。

C種接地工事：300Vを超える低圧電路に施設する機械器具の金属製外箱等にはC種接地工事を施すこと。接地抵抗値は、10Ω以下とする。ただし、低圧電路において、地絡を生じたときに0.5秒以内に遮断する装置を施設するなら500Ω以下とする。

D種接地工事：高圧計器用変成器の2次側電路、300V以下の電路に施設する機械器具の金属製外箱等にはD種接地工事を施すこと。接地抵抗値は、100Ω以下とする。ただし、低圧電路において、地絡を生じたときに0.5秒以内に遮断する装置を施設するなら500Ω以下とする。

平成28年度 | **問題4** 電気工事用語の技術的な内容記述

　電気工事に関する次の用語の中から**3つ**を選び、番号と用語を記入のうえ、**技術的な内容**を、それぞれについて**2つ**具体的に記述しなさい。

　ただし、技術的な内容とは、施工上の留意点、選定上の留意点、定義、動作原理、発生原理、目的、用途、方式、方法、特徴、対策などをいう。

1. 太陽光発電システム	6. 電気鉄道のき電方式
2. 単相変圧器2台のV結線	7. 超音波式車両感知器
3. スターデルタ始動	8. A種接地工事
4. ライティングダクト	9. 波付硬質合成樹脂管(FEP)
5. 光ファイバケーブル	

---

1 **太陽光発電システム** | キーワード：半導体素子、二酸化炭素

考え方・解き方

太陽光発電システムの要点は、次の通りである。

⑴太陽光に含まれる光エネルギーと半導体素子を利用した発電システムである。

⑵太陽電池・蓄電池・直交流変換装置・配電系統に接続する連系装置等から構成されている。

⑶太陽光に含まれる光エネルギーを半導体素子に投射し、電力に変換して取り出す。

⑷発電中に二酸化炭素(CO_2)を排出しないので、環境への悪影響がなく、地球温暖化防止にも貢献できる。

⑸可動部がないため、メンテナンスが容易である。

解答例

番号	1	用語	太陽光発電システム

発生原理 / キーワード：半導体素子

技術的な内容	太陽光が持つ光エネルギーを半導体素子に投射し、電力に変換して取り出すシステムである。

特徴 / キーワード：二酸化炭素

技術的な内容	電力生産時に二酸化炭素を放出しないため、地球環境保全上の効果が期待できるという特徴がある。

参考 太陽電池には、結晶系シリコン太陽電池とアモルファスシリコン太陽電池の2種類がある。結晶系シリコン太陽電池は、シリコン(Si：ケイ素)の結晶に、微量のリン(P)を加えたn形半導体と、微量のホウ素(B)を加えたp形半導体の2種類の半導体を張り合わせて作られている。この半導体に太陽光が当たると、光は表面の反射防止膜を通過して、薄いp形半導体を経てpn接合面に達し、光電効果により電子(−)と正孔(+)が発生する。電子(−)はn形半導体へ、正孔(+)はp形半導体へと向かって移動するため、電圧が発生する。そのため、両方の半導体に電極を取り付けると、電流を取り出すことができる。

アモルファス太陽電池は、非結晶質の太陽電池であり、結晶系シリコン太陽電池と比べると、製造にかかる費用が少なく、小型化しやすいという長所はあるが、発電効率が低くなるという短所もある。その発電方式は、結晶系シリコン太陽電池と同様である。

2	単相変圧器2台のV結線	キーワード：三相動力用と単相電灯用、変圧器利用率

解答例

番号	2	用語	単相変圧器2台のV結線

方式 / キーワード：三相動力用と単相電灯用

技術的な内容	単相変圧器2台をV字形に結線し、三相動力用と単相電灯用の電力を同時に供給する方式である。

特徴 / キーワード：変圧器利用率

技術的な内容	V結線した単相変圧器2台から三相動力用に電力を供給する場合、その変圧器容量は、三相変圧器を用いた場合の$\sqrt{3}/2$倍となる。

参考 三相動力用の電力を供給するときは、Δ結線の三相変圧器を使用することが多い。V字形に結線された2台の単相変圧器の構造は、Δ結線の三相変圧器のうち一相が欠相したときの構造と同じである。そのため、単相変圧器2台のV結線から三相動力用の電力を供給することは可能である。ただし、その変圧器容量(電力の利用率)は、Δ結線の三相変圧器を使用したときの$\sqrt{3}/2$倍(約87％)に減少する。

| 3 | スターデルタ始動 | キーワード：Y-Δ切換、全電圧始動の1/3 |

考え方・解き方

スターデルタ始動の要点は、次の通りである。

(1) 三相かご形誘導電動機の始動方式の一種であり、5.5kW ～ 15kW 程度の電動機に用いられる。減電圧始動方式では、最も安価でポピュラーな方式である。

(2) 固定子各相の端子をY-Δ切換スイッチに接続し、始動時にY結線(スター)で加速した後、Δ結線(デルタ)に切り換えて全電圧を加える。

(3) 始動電流・始動トルクは、どちらも全電圧始動(直入始動)の3分の1となる。

(4) 始動電流による電圧降下を低減できるというメリットはあるが、Y結線による始動からΔ結線による運転に切り替わるときに、電源が解放され、急に電圧が3倍となるため、電気的・機械的ショックが生じる。

解答例

| 番号 | 3 | 用語 | スターデルタ始動 |

方式 / キーワード：Y-Δ切換

| 技術的な内容 | 固定子各相の端子をY-Δ切換スイッチに接続し、Y結線で始動した後、Δ結線に切り換えて全電圧を加える。 |

特徴 / キーワード：全電圧始動の1/3

| 技術的な内容 | 始動電流や始動トルクは、全電圧始動の1/3に抑えられるが、始動から運転に切り替わる際、電気的・機械的ショックが生じる。 |

| 4 | ライティングダクト | キーワード：任意の箇所、乾燥した場所 |

解答例

| 番号 | 4 | 用語 | ライティングダクト |

用途 / キーワード：任意の箇所

| 技術的な内容 | ダクトラインの任意の箇所で、専用のプラグを用いて、スポットライトや小型電気器具に電源を供給する。 |

施工上の留意点 / キーワード：乾燥した場所

| 技術的な内容 | 屋内の乾燥した場所のうち、露出箇所または点検可能な隠蔽箇所にのみ設置できる。そうでない場所に設置してはならない。 |

電気工事用語

5 光ファイバケーブル　キーワード：屈折率の違い、信号の減衰が少ない

考え方・解き方

光ファイバケーブルの要点は、次のようである。

(1)光の屈折率の高いコア層(中心部)と、その外側にある屈折率の低いクラッド層(反射部)から構成されている。その表面をシリコン樹脂で被覆したものを、光ファイバ素線という。

$$コア \binom{光の通路}{直径50～100\mu m}$$

クラッド　被覆

(2)光は、屈折率の高いところから低いところに向かうと全反射する性質がある。そのため、高屈折率のコア層を通る光は、低屈折率のクラッド層との境目で反射し、コア層の中に閉じ込められて進む。これが、光ファイバケーブルの動作原理である。

(3)光ファイバケーブルは、メタルケーブルと比べて、信号の減衰が少なく、超長距離でのデータ通信が可能である。また、光ファイバケーブルは、細く、軽量であり、電磁誘導障害や雷害の影響を受けない。

解答例

番号	5	用語	光ファイバケーブル

動作原理 / キーワード：屈折率の違い

技術的な内容	高屈折率のコア層を通る光は、低屈折率のクラッド層との境目で反射し、コア層の中に閉じ込められて進む。

特徴 / キーワード：信号の減衰が少ない

技術的な内容	メタルケーブルと比べて、信号の減衰が少なく、超長距離でのデータ通信に適しており、電磁誘導障害や雷害の影響を受けない。

解答例

| 番号 | 6 | 用語 | 電気鉄道のき電方式 |

方式 / キーワード：き電方式の分類

| 技術的な内容 | 電気鉄道のき電方式は、直流き電方式・BT き電方式・AT き電方式に分類される。 |

方式 / キーワード：BT き電方式

| 技術的な内容 | BT き電方式は、電気鉄道の交流き電回路に、吸上変圧器（BT）を接続し、電気車に動力を供給する方式である。 |

参考 電気鉄道のき電方式は、直流き電回路を使用する直流き電方式と、交流き電回路を使用する交流き電方式に大別される。また、交流き電方式は、単巻変圧器を使用する AT き電方式と、吸上変圧器（BT）を使用する BT き電方式に分類される。日本国内の在来線では BT き電方式が多く使われているが、新設時には AT き電方式を採用することが多くなっている。交流き電回路の構造は、下図の通りである。

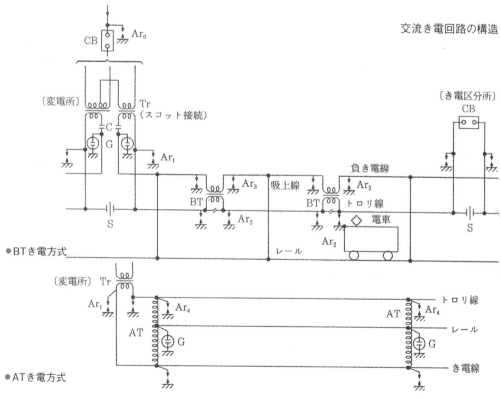

交流き電回路の構造

Ar0	：受電用避雷器	Ar1	：変電用避雷器	Ar2	：電車線路用避雷器
Ar3	：BT用避雷器	Ar4	：AT用避雷器	CB	：交流しゃ断器
S	：セクション	G	：放電器	AT	：単巻変圧器
BT	：吸上変圧器	C	：コンデンサ		

電気工事用語

| 7 | 超音波式車両感知器 | キーワード：反射波、交通信号用 |

考え方・解き方

超音波式車両感知器の要点は、次の通りである。

(1)超音波式車両感知器は、感知器制御器・感知器本体・超音波送受器・接続ケーブルから構成されている。

(2)道路面から約5m～6m上に設置した送受部から、超音波パルスを路面に向かって間欠的に発射する。発射した超音波パルスの反射波が戻ってくるまでの時間から、路面での反射か、車両での反射かを判断し、車両を感知する。

(3)超音波式車両感知器は、設置が容易であり、耐久性も高いことから、交通信号用として採用されている。

解答例

| 番号 | 7 | 用語 | 超音波式車両感知器 |

動作原理 / キーワード：反射波

| 技術的な内容 | 道路面から約5m～6m上に設置した送受部から、超音波パルスを路面に向かって間欠的に発射し、反射波により車両を感知する。 |

用途 / キーワード：交通信号用

| 技術的な内容 | 交通信号用の車両感知器は、そのほとんどが、設備の保守点検が容易で耐久性が高い、超音波式のものである。 |

| 8 | A 種接地工事 | キーワード：10Ω以下、地下75cm以深 |

考え方・解き方

A種接地工事の要点は、次の通りである。

(1)特別高圧電路を有する機械器具に施される。

(2)主な目的は、雷害防止である。

(3)接地抵抗値は、10Ω以下とする。

(4)接地極は、地下75cm以上の深さに埋設する。

(5)接地線は、引張強さ1.04kN以上の金属線または直径2.6mm以上の軟銅線とする。

(6)人が触れるおそれのある場所に設けた接地線は、地下75cmから地上2mまでの部分を合成樹脂管等で覆う。

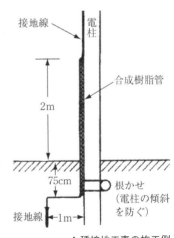

A種接地工事の施工例

解答例

番号	8	用語	A 種接地工事

選定上の留意点 / キーワード：10 Ω以下

技術的な内容	接地抵抗値は、10 Ω以下とする。接地線は、直径2.6mm以上の軟銅線とする。

施工上の留意点 / キーワード：地下75cm以深

技術的な内容	接地極は、地下75cm以上の深さに埋設する。接地線は、地下75cmから地上2mまでの部分を合成樹脂管等で覆う。

9	波付硬質合成樹脂管(FEP)	キーワード：管路式地中電線路保護管、軽量で耐圧強度が大きい

考え方・解き方

波付硬質合成樹脂管(FEP) の要点は、次の通りである。

(1) スパイラル波付加工がされているため、可撓性（かとうせい）があり、耐圧強度が大きく、土中埋設に十分耐えることができる。また、摩擦係数が小さく、ケーブルの管内引き入れが容易である。

(2) 材質は、ポリエチレン等の合成樹脂である。そのため、鋼管よりも軽く、運搬・敷設等の取扱いが容易である。

(3) 管路式地中電線路のケーブル保護管として、可撓性が必要な箇所に用いられる。可撓性があるので、地中の埋設物等を回避して敷設できる。

解答例

番号	9	用語	波付硬質合成樹脂管(FEP)

用途 / キーワード：管路式地中電線路保護管

技術的な内容	管路式地中電線路のケーブル保護管として、可撓性が必要な箇所に用いられる。

特徴 / キーワード：軽量で耐圧強度が大きい

技術的な内容	スパイラル波付加工により、耐圧強度や変形性能が大きく、摩擦係数が小さいので、ケーブルの管内引き入れが容易である。

問題 4 電気工事用語の技術的な内容記述

　電気工事に関する次の用語の中から **3 つ**を選び、番号と用語を記入のうえ、**技術的な内容**を、それぞれについて **2 つ**具体的に記述しなさい。

　ただし、技術的な内容とは、施工上の留意点、選定上の留意点、定義、動作原理、発生原理、目的、用途、方式、方法、特徴、対策などをいう。

1. 風力発電	6. 自動列車停止装置（ATS）
2. 架空地線	7. ループコイル式車両感知器
3. LED 照明器具	8. 合成樹脂製可とう電線管（PF管・CD管）
4. VVF ケーブルの差込形コネクタ	9. D 種接地工事
5. 定温式スポット型感知器	

1　風力発電　　　　　キーワード：風エネルギー・環境への配慮

解答例

番号 1 **用語** 風力発電

動作原理 / キーワード：風エネルギー

技術的な内容	ブレードで受けた風エネルギーを機械エネルギーに変換し、機械エネルギーで発電機を回すことで、電気エネルギーを取り出す。

施工上の留意点 / キーワード：環境への配慮

技術的な内容	風車から大きな騒音が発生するため、設置場所周辺の生活環境に十分な配慮をする必要がある。

2　架空地線　　　　　キーワード：直撃雷防止・遮蔽角

解答例

番号 2 **用語** 架空地線

目的 / キーワード：直撃雷防止

技術的な内容	架空送電線を直撃雷や誘導雷から保護し、通信線への誘導障害を防止するため、送電鉄塔の最上部に設置する。

方法 / キーワード：遮蔽角

技術的な内容	遮蔽角が小さいほど遮蔽効果が大きいため、架空地線の接地は送電鉄塔ごとに施す。その接地抵抗値は、10 Ω ～ 20 Ω以下とする。

3　LED 照明器具　　キーワード：発光ダイオード・メンテナンスコスト

考え方・解き方

　LED 照明器具は、発光ダイオード（LED/Light Emitting Diode）を利用した照明器具のことであり、半導体の電子‐正孔の再結合により発光する。

　LED 照明器具の長所は、「保守が簡単であるため、メンテナンスコストを小さくできること」、「発光効率が高いので、消費電力が少ないこと」などである。

　LED 照明器具の短所は、「直流・低電圧の電源を使う必要があるため、100V の交流回路では専用の電源回路が必要になること」、「半導体素子を用いているため、熱に弱いこと」などである。

　LED 照明器具は、こうした特性から、液晶パネル用バックライト・誘導灯・携帯用懐中電灯・自動車の前照灯・医療機器などに用いられている。

解答例

番号	3	用語	LED 照明器具

動作原理 / キーワード：発光ダイオード

技術的な内容	LED 照明器具は、直流・低電圧の電源で発光する半導体素子である発光ダイオードを用いたものである。

特徴 / キーワード：メンテナンスコスト

技術的な内容	LED 照明器具は、発光効率が高く、寿命も長いので、メンテナンスコストを削減できる。

4　VVF ケーブルの差込形コネクタ　　キーワード：接触不良・耐久性

考え方・解き方

　VVF ケーブル（Vinyl insulated Vinyl sheathed Flat-type cable）は、ビニル被覆により絶縁された平形のケーブルであり、主として 15A 程度までの低圧屋内配線に使用される。VVF ケーブル内の電線を相互に接続するときは、差込形コネクタまたはリングスリーブを使用する必要がある。

　差込形コネクタを使用する接続方法は、施工は簡単であるが、耐久性が低い。そのため、ケーブルが引張力を受けたときなどに、接触不良により火災を引き起こす危険があるので、注意が必要である。リングスリーブを使用する接続方法は、施工にある程度の技術が必要になるが、圧着工具を適切に使用することにより、確実な接続ができるため、耐久性が高い。

解答例

| 番号 | 4 | 用語 | VVF ケーブルの差込形コネクタ |

施工上の留意点 / キーワード：接触不良

| 技術的な内容 | 差込形コネクタを用いた接続は、施工は容易であるが、接触不良により火災を引き起こす危険があるので注意が必要である。 |

選定上の留意点 / キーワード：耐久性

| 技術的な内容 | 引張力を受ける VVF ケーブルは、高い耐久性が求められるので、差込形コネクタを使用せず、リングスリーブを用いて圧着する。 |

| 5 | 定温式スポット型感知器 | キーワード：温度が一定以上・0.3m、1.5m、45度 |

考え方・解き方

　定温式スポット型感知器は、周囲の温度が一定値（公称作動温度）以上になったときに作動し、火災報知設備の受信機に火災信号を発信する定温式感知器の一種である。

　定温式スポット型感知器は、その感度（温度が一定値以上になってから何秒で作動するか）により、特種（40 秒以内で作動）・1 種（120 秒以内で作動）・2 種（300 秒以内で作動）に分類されている。

　定温式スポット型感知器の動作原理は、バイメタルの変位・金属の膨張・半導体による熱の感知などである。

　施工上の留意点は、「感知器の下端は、取付け面の下方 0.3 m 以内とする」、「空気吹出し口や換気口から 1.5 m 以上離す」、「感知器を 45 度以上に傾けない」、「0.4 m 以上突き出した梁などで区画された感知区域ごとに設置する」などである。

解答例

| 番号 | 5 | 用語 | 定温式スポット型感知器 |

特徴 / キーワード：温度が一定以上

| 技術的な内容 | 周囲の温度が一定値以上になったときに作動し、火災報知設備の受信機に火災信号を発信する感知器である。 |

施工上の留意点 / キーワード：0.3m、1.5m、45度

| 技術的な内容 | 感知器の下端は、取付け面の下方 0.3 m 以内とする。空気吹出し口や換気口から 1.5 m 以上離す。感知器を 45 度以上に傾けない。 |

6　自動列車停止装置（ATS）　キーワード：自動的に列車を停止・連続した速度照査

考え方・解き方

　自動列車停止装置（ATS/Automatic Train Stop）は、列車が停止信号に近づいたとき、警報を発して運転士に注意を促し、それでも運転士が必要な措置をしなかった場合に、自動的にブレーキをかけて列車を停止させる装置である。

　自動列車停止装置は、連続した速度照査を行い、規定速度以上になったときに自動的にブレーキを動作させて列車を停止させることができるため、脱線事故の未然防止に役立つ。

　自動列車停止装置は、地上の停止信号の状態を軌条に電流として流す地上装置と、この軌条の電流で発生する磁束により車上で所要の制御を行う車上装置で構成されている。

解答例

番号	6	用語	自動列車停止装置（ATS）

目的 / キーワード：自動的に列車を停止

技術的な内容	自動列車停止装置は、列車が停止信号に近づくと警報を発し、必要があれば自動的に列車を停止させる。

特徴 / キーワード：連続した速度照査

技術的な内容	連続した速度照査において規定速度以上で自動的に車両のブレーキを動作させて停止させ、脱線事故等を未然に防ぐ。

7　ループコイル式車両感知器　キーワード：インダクタンスの変化・鉄筋等金属体から離す

解答例

番号	7	用語	ループコイル式車両感知器

動作原理 / キーワード：インダクタンスの変化

技術的な内容	路面下にループ状の電線を埋設した感知器で、車両の接近によるループコイルのインダクタンスの変化を利用し、車両の検出を行う。

施工上の留意点 / キーワード：鉄筋等金属体から離す

技術的な内容	ループコイルは、路面下のかぶりを確保するため、鉄筋等の金属体から 5cm以上離し、深さ数cm程度に敷設する。

考え方・解き方

　合成樹脂製可とう電線管は、自己消火性のある PF 管と、自己消火性のない CD 管に大別される。その性質や使用場所は、それぞれ異なる。合成樹脂製可とう電線管を施工するときは、次のような点に留意する。

①CD 管は、コンクリートに埋め込んで敷設する。

②PF 管と CD 管・PF 管相互・CD 管相互は、直接接続せず、カップリングを用いて接続する。

③管内の電線には、絶縁電線を使用する。

④管内の電線には、接続点を設けてはならない。

⑤金属製のボックスを使用するときは、使用電圧が300V 以下なら D 種接地工事を、使用電圧が300V を超えているなら C 種接地工事を施す。

⑥PF 管・CD 管の管種(管の呼び方)と寸法との関係は、右表の通りである。

⑦PF 管・CD 管の使用区分の例は、下図の通りである。

管種	PF 管		CD 管	
	外径(mm)	内径(mm)	外径(mm)	内径(mm)
14	21.5	14.0	19.0	14.0
16	23.0	16.0	21.0	16.0
22	30.5	22.0	27.5	22.0
28	36.5	28.0	34.0	28.0
36	45.5	36.0	42.0	36.0
42	52.0	42.0	48.0	42.0

(PF: Plastic Flexible)　(CD: Combined Duct)

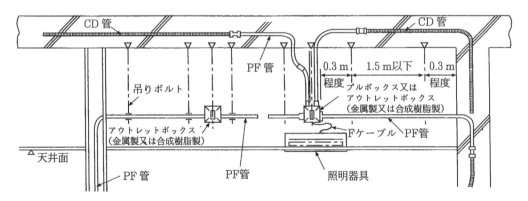

解答例

番号	8	用語	合成樹脂製可とう電線管（PF 管・CD 管）

選定上の留意点 / キーワード：コンクリート埋設

技術的な内容	CD 管は、自消性がないため、コンクリートに埋め込んで用いる。PF 管は、自消性があるため、コンクリートに埋め込まなくてもよい。

施工上の留意点 / キーワード：電線の接続

技術的な内容	PF 管・CD 管を相互に接続するときは、カップリングを用いて接続する。管内の絶縁電線には、接続点を設けてはならない。

電気工事用語

9　D種接地工事　キーワード：100Ω以下・高圧計器用変成器の2次側電路

考え方・解き方

接地工事は、A種接地工事・B種接地工事・C種接地工事・D種接地工事の4種類に分類される。接地工事の目的には、次のようなものがある。

①機器・絶縁物の劣化・損傷などを原因とする漏れ電流による感電を、機器接地等により防止する。（A種・C種・D種）

②高低圧混触を原因とする高圧危険電流による感電を、系統接地により防止する。（B種）

③地絡事故時に、継電器動作の迅速化・確実化を図るため、接地効果により継電器動作電流を確保する。

④異常電圧発生時に、絶縁強度を確保するため、接地効果により機器・配電線の対地電圧を抑制する。

D種接地工事の要点は、次の通りである。

①D種接地工事の接地抵抗値は、100Ω以下とする。ただし、低圧電路において、地絡時に0.5秒以内で当該電路を自動的に遮断する装置を施設したときは、500Ω以下としてよい。

②D種接地工事を施す必要があるのは、「高圧計器用変成器の2次側電路」、「使用電圧が300V以下の低圧電路に施設する機械器具の金属製外箱」、「地中電線を収める管・暗渠」「防護装置の金属製部分」、「金属製の電線接続箱」、「地中電線の被覆に使用する金属体」などである。

解答例

番号	9	用語	D種接地工事

方式 / キーワード：100Ω以下

技術的な内容	D種接地工事の接地抵抗値は、100Ω以下とする。ただし、0.5秒以内に漏電を遮断できる低圧電路では、500Ω以下でよい。

用途 / キーワード：高圧計器用変成器の2次側電路

技術的な内容	高圧計器用変成器の2次側電路や、使用電圧が300V以下の低圧電路に施設する機械器具の金属製外箱には、D種接地工事を施す。

平成 26 年度 | 問題 4 電気工事用語の技術的な内容記述

　電気工事に関する次の用語の中から 3 つを選び、番号と用語を記入のうえ、**技術的な内容**を、それぞれについて 2 つ具体的に記述しなさい。

　ただし、技術的な内容とは、施工上の留意点、選定上の留意点、定義、動作原理、発生原理、目的、用途、方式、方法、特徴、対策などをいう。

1. 揚水式発電	6. 自動列車制御装置（ATC）
2. 架空送電線のたるみ	7. トンネルの入口部照明
3. 漏電遮断器	8. 接地抵抗試験
4. メタルハライドランプ	9. 力率改善
5. UTP ケーブル	

1　揚水式発電 | キーワード：上下貯水池・ピーク負荷

考え方・解き方

揚水式発電の要点は、次のようである。

　揚水式水力発電所は、調整池又は貯水式発電所の一種で発電所の上部と下部に貯水池を、さらに中間に揚水ポンプと水車を設けて、夜間または軽負荷時の余剰電力を利用して揚水ポンプを運転し、下部貯水池の水を上部貯水池に汲み上げておき、ピーク負荷時に水を落下させて発電する方式で、その方式により、汲み上げた水のみを利用する純揚水式と、自然水（河川の流れ）を併用する混合揚水式に分類されている。

解答例

番号	1	用語	揚水式発電

構成 / キーワード：上下貯水池

技術的な内容	揚水式の水力発電所は、上部と下部に貯水池をもち、その中間に揚水ポンプと水車を設けた水力発電所である。

特徴 / キーワード：ピーク負荷

技術的な内容	水のエネルギーを夜間又は軽負荷時に揚水ポンプを運転し、上部貯水池に汲み上げ、ピーク負荷時に電気エネルギーに変換する。

2 架空送電線のたるみ │ キーワード：重力の影響・適切なたるみ量

考え方・解き方

①架空送電線のたるみは、自重・風・雪などにより生じる。

②たるみが小さすぎると、低温時などに電線が縮んだときや、電線に荷重がかかったときに、電線が断線するおそれがある。

③たるみが大きすぎると、高温時などに電線が伸びたときに、電線が地上の物体と接触するおそれがある。

④たるみを適切な量とするためには、一定の間隔で鉄塔などの支持台を設けるとよい。

⑤電線のたるみ量 $D[m]$ は、電線の単位重量 $W[N/m]$・電線の径間 $S[m]$・電線の最低点 M の水平張力 $T[N]$ から、次の式により求める。なお、支点 B の張力 $T_B \fallingdotseq T$ とみなす。

$$D = \frac{W \times S^2}{8 \times T}$$

⑥下図の電線のたるみ量は、径間 AB の 2 乗に比例する。

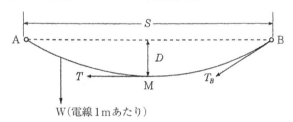

解答例

番号 2 **用語** 架空送電線のたるみ

発生原理 / キーワード：重力の影響

技術的な内容	架空送電線は、自重・風・雪などによる重力がかかることで、下方に放物線状に垂れる。

選定上の留意点 / キーワード：適切なたるみ量

技術的な内容	電線のたるみ量は、自重・風・雪・温度変化などにより生じる張力の変化に耐えられる値のうち、最小値とすることが望ましい。

| **3** | 漏電遮断器 | キーワード：危険防止・零相電圧 / 零相電流検出 |

考え方・解き方

漏電遮断器の要点は、次のようである。

電技解釈第36条【地絡遮断装置の施設】では、「金属製外箱を有する使用電圧が60Vを超える低圧の機械器具に接続する電路には、電路に地絡を生じたときに自動的に電路を遮断する装置を施設すること。（以下省略）」とあり、この自動的に遮断する装置を漏電遮断器といい、地絡事故による危険を防止する。

漏電遮断器の動作は、電路に地絡が生じたときに零相電圧又は零相電流を検出し、当該電路を自動的に遮断する。その方法により、電圧動作形、電流動作形、および電圧電流動作形の3種類がある。

漏電遮断器の構成部品は、配線用遮断器の機能に地絡電流検出部、漏電引外し装置、漏電表示装置、及びテストボタンなどが組込まれている。

漏電遮断器の感度は分岐回路に設置する場合、内線規程で高感度（5～30mA動作）のものが望ましいとされている。

解答例

| **番号** | 3 | **用語** | 漏電遮断器 |

目的 / キーワード：危険防止

| **技術的な内容** | 使用電圧が60Vを超える交流低圧電路に地絡が生じたとき自動的にこの電路を遮断し地絡事故による危険を防止する。 |

原理 / キーワード：零相電圧 / 零相電流検出

| **技術的な内容** | 漏電遮断器の動作は、電路に地絡が生じたときに零相電圧又は零相電流を検出し、当該電路を自動的に遮断する。 |

4 メタルハライドランプ キーワード：演色性重視の施設・光束の安定に時間がかかる

考え方・解き方

① メタルハライドランプは、水銀蒸気中に金属ハロゲン化物を封入したランプである。

② メタルハライドランプは、水銀灯よりもランプ効率が高く、演色性に優れているため、作業を行う工場やスポーツ施設において利用されている。

③ Sc-Na 系の金属ハロゲン化物を封入したものは、ランプ効率が高い。

④ Dy-Tl-In 系の金属ハロゲン化物を封入したものは、演色性に優れている。

⑤ メタルハライドランプは、始動時における光束の安定に、10 分以上かかる場合がある。この点は、水銀ランプよりも劣っている。

⑥ メタルハライドランプは、始動電圧や再点弧転圧が高いので、専用の安定器を用いる必要がある。

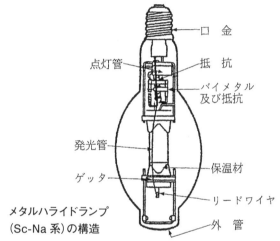

メタルハライドランプ
（Sc-Na 系）の構造

解答例

番号	4	用語	メタルハライドランプ

用途 / キーワード：演色性重視の施設

技術的な内容	水銀蒸気中に金属ハロゲン化物を封入した照明設備であり、工場・運動場・演芸場・商店などの演色性を重視する施設で使用される。

特徴 / キーワード：光束の安定に時間がかかる

技術的な内容	始動時における光束の安定に 10 分以上かかる場合がある。また、始動電圧や再点弧転圧が高いので、専用の安定器が必要になる。

考え方・解き方

UTP ケーブルの要点は、次のようである。

　UTPケーブル(Unshielded Twist Pair cable)は、ツイストペアケーブルともいわれ、非シールド銅線を 2 本ずつより合わせた電話用、一般通信用に用いる通信用ケーブルで、その特徴を以下に示す。

(1)銅線を 2 本ずつより合わせているので、内部雑音が低減され高品質な通信が可能である。

(2)非シールドなので、対ノイズ性能はシールドタイプより劣るが家庭用及び一般事務所等の構内 LAN ケーブルとして多く用いられている。

(3)両端にモジュラージャックを取付け、通信機器に接続してイーサネット(Ethernet)用として多く用いられている。

(4)コネクタ接続の際により解きをし過ぎると内部雑音の抑制効果が低下し、近辺漏話による悪影響が生じるので、施工の際に注意が必要である。

参考：シールドが施されたツイストペアケーブルは STP ケーブルといわれ、ノイズ対策が特に必要とされる場所で採用されるが、UTP ケーブルほど普及していない。

解答例

| 番号 | 5 | 用語 | UTP ケーブル |

定義 / キーワード：非シールドのケーブル

| 技術的な内容 | 2 本の電線を撚り合わせた通信用のツイストペアケーブルのうち、シールドされていないものをいう。 |

施工上の留意点 / キーワード：配線長の制限

| 技術的な内容 | UTP ケーブルの総長は、パッチコード等も含めて 100 m 以内とする。 |

電気工事用語

| 6 | 自動列車制御装置（ATC） | キーワード：速度制御・受信機、制御部 |

考え方・解き方

自動列車制御装置（ATC）の要点は、次のようである。

　自動列車制御装置（ATC:Automatic Train Control）は、速度制限区間で制限速度を超えると列車の速度を自動的に制限速度以下に制御したり非常ブレーキを動作させる。

　自動列車制御装置は、ATC信号電流をキャッチする受信機と制御情報を判定し列車の速度ブレーキ指令を行う制御部から成っている。

　ATCは、列車の運行間隔を確保し、運転士のケアレスミスを補って安全運行を確保するシステムとして開発された。

解答例

| 番号 | 6 | 用語 | 自動列車制御装置（ATC） |

用途 / キーワード：速度制御

| 技術的な内容 | 速度制限区間で制限速度を超えると、列車の速度を自動的に制限速度以下に制御し、非常ブレーキを動作させる。 |

動作原理 / キーワード：受信機、制御部

| 技術的な内容 | ATC信号電流をキャッチする受信機と、制御情報を判定して列車の速度ブレーキ指令を行う制御部から成る。 |

| 7 | トンネルの入口部照明 | キーワード：入口部の照度・夜間は基本照明のみ |

考え方・解き方

　昼間のトンネル内部は、外部の明るさに比較して、照度が低く暗いので、自動車の運転者は安全のためブレーキをかけ、減速して走行するため、渋滞が発生する。昼間、トンネル入口部を、外部と同じような照度を確保し、目のなれに従い次第にトンネルの基本照度にして、出口部分の照度を、外部に合わせて高くする。

　通常の対面交通のトンネルでは、図のように入口と出口の照度は外とおなじように高くする。

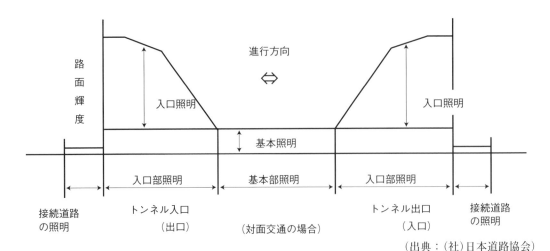

進行方向 ⇔

路面輝度

入口照明　入口照明

基本照明

接続道路の照明	入口部照明	基本部照明	入口部照明	接続道路の照明
	トンネル入口（出口）	（対面交通の場合）	トンネル出口（入口）	

（出典：(社)日本道路協会）

解 答 例

番号	7	用語	トンネルの入口部照明

方法 / キーワード : 入口部の照度

技術的な内容	昼間、明るい道路から急に暗いトンネルに入ると、視覚的な順応の遅れによる危険が生じるため、入口部の照度を外部とあわせる。

方式 / キーワード : 夜間は基本照明のみ

技術的な内容	夜間は、道路とトンネル内の明るさが大きく変わらないため、トンネルの入口部照明を消灯し、基本照明だけにする。

参考　トンネル照明

(1)**基本照明**

トンネルの全長に渡って設けられる道路照明である。トンネルには、安全かつ円滑な交通を確保するため、当該道路の設計速度等を勘案して、適切な照明施設を設ける。その設置・運用における留意点は、次の通りである。

①トンネル内において運転者の視認性を確保するため、トンネルの全長に渡ってほぼ均一の輝度を保つようにする。

②基本照明の平均路面輝度は、設計速度が速いほど高くする。

③交通量の少ない夜間における基本照明の平均路面輝度は、外部が暗いので、昼間よりも低くする。

(2)**入口部照明**

トンネルの入口付近に設けられる道路照明である。昼間、明るい道路から急に暗いトンネルに入ると、運転者の視覚的な順応の遅れによる危険が生じるため、トンネルの入口部照明は明るくする。その設置・運用における留意点は、次の通りである。

①入口部照明の区間の長さは、設計速度が速いほど長くする。

②入口部照明の路面輝度は、野外輝度の低下に応じて低くする。夜間は、道路とトンネル内の明るさが大きく変わらないため、入口部照明を消灯し、基本照明だけにする。

⑶出口部照明

トンネルの出口付近に設けられる道路照明である。昼間、暗いトンネルから急に明るい道路に出ると、運転者の視覚的な順応の遅れによる危険が生じるため、トンネルの出口部照明は明るくする。トンネルの出口付近にある障害物や先行車両後部の輝度を高くし、見え方を改善することを目的としている。設置・運用における留意点については、入口部照明と同様である。

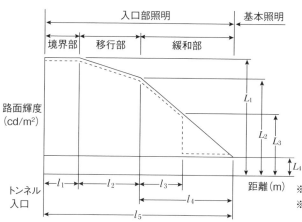

入口部照明の構成

L_1 ：境界部の路面輝度 [cd/m²]
L_2 ：移行部最終点の路面輝度 [cd/m²]
L_3 ：緩和部最終点の路面輝度 [cd/m²]
L_4 ：基本照明の平均路面輝度 [cd/m²]
l_1 ：境界部の長さ [m]
l_2 ：移行部の長さ [m]
l_3, l_4 ：緩和部の長さ [m]
l_5 ：入口部照明の長さ [m]

※図の輝度変化は片対数目盛グラフ（直線）である。
※ L_3, l_3 は延長の短いトンネルについてのみ適用され、その場合の路面輝度は図の点線のように変化する。

参考 トンネルの照明方式は、光の投射方向により、対称照明方式・カウンタービーム照明方式・プロビーム照明方式に分類されている。

①対称照明方式：車両の進行方向から見て、前後対称に光を投射する。

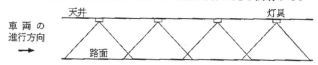

②カウンタービーム照明方式：車両の進行方向から見て、前面から光を投射する。

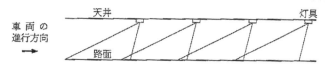

③プロビーム照明方式：車両の進行方向から見て、背面から光を投射する。

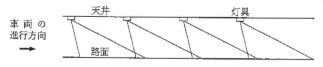

8 接地抵抗試験 ── キーワード：接地抵抗値の確認・極間隔は 10 m 以上

考え方・解き方

接地抵抗試験では、図のように、電圧用補助電極 P・電流用補助電極 C・地盤の接地抵抗値を求めるための被接地極 E を、直読式接地抵抗計に繋げる方式が一般的である。極 P・C・E は、一直線上に配置し、各極の間隔は 10 m 程度とする。この状態で直読式接地抵抗計のダイヤルを回し、検流計が 0 を示したときのダイヤルの数値が、地盤の接地抵抗値 R_G［Ω］である。

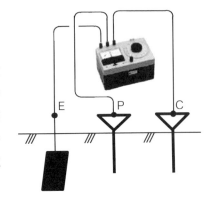

解答例

番号	8	用語	接地抵抗試験

目的 / キーワード：接地抵抗値の確認

技術的な内容	接地抵抗計を用いて、地盤の接地抵抗値が、接地工事の種類に応じた基準値以下であることを確認する試験である。

方法 / キーワード：極間隔は 10m 以上

技術的な内容	電圧用補助接地棒・電流用補助接地棒・被測定接地極は、一直線上に配置し、各極の間隔を 10 m 以上とする。

9 力率改善 ── キーワード：有効電力の割合・電気料金の低減

考え方・解き方

力率改善の要点は、次のようである。

有効電力(P)［W］

皮相電力 (Ps)［VA］ θ 無効電力 (Pq)［var］

$$\cos \theta = \frac{P}{Ps}$$

(1)力率とは、右図のように皮相電力(Ps)［VA］に対する有効電力(P)［W］の比で、通常 $\cos \theta$ で表す。

(2)力率改善とは、送配電系統、屋内配電系統又は機器単体の力率が遅相の場合、これを1(100%)に近づけることをいう。

(3)送配電系統の電圧を適正に維持すること、および電力損失を軽減することを目的に調相設備が設置される。

(4)送配電系統の調相設備として、同期調相機、SVC(静止型無効電力補償装置)、電力用コンデンサを設置する。

(5)需要家側では、力率改善に進相コンデンサを設ける。

(6)需要家側では、力率改善により無効電力による損失と電圧降下を軽減し、更に力率改善による電力料金の低減が図れる。

解答例

番号	9	用語	力率改善

定義／キーワード：有効電力の割合

技術的な内容	電流と電圧との間の位相差によって低下した力率（皮相電力に対する有効電力の割合）を 100％ に近づけることをいう。

目的／キーワード：電気料金の低減

技術的な内容	需要家側において、無効電力による損失と電圧降下を軽減し、電気料金の低減を図るために行われる。

参考 平成 25 年度 **問題 4** 電気工事用語の技術的な内容記述

　電気工事に関する次の用語の中から **3 つを選び**、番号と用語を記入のうえ、**技術的な内容**を、それぞれについて **2 つ**具体的に記述しなさい。

　ただし、技術的な内容とは、施工上の留意点、選定上の留意点、定義、動作原理、発生原理、目的、用途、方式、方法、特徴、対策などをいう。

> 1. 太陽光発電システム
> 2. 配電線路のバランサ
> 3. スコット変圧器
> 4. 電力設備の需要率
> 5. 光ファイバケーブル
> 6. 電気鉄道の帰線
> 7. 超音波式車両感知器
> 8. 絶縁抵抗試験
> 9. 波付硬質合成樹脂管（FEP）

1	太陽光発電システム	キーワード：半導体素子、CO_2

考え方・解き方

太陽光発電システムの要点は、次のようである。

(1) 太陽光の光エネルギーと半導体素子を利用した発電システムで、太陽電池、蓄電池、直交流変換装置、配電系統に接続する連系装置等により構成されている。

(2) 太陽光のもつ光エネルギーを半導体素子に投射して電力に変換してこれを取出すものである。

(3) 発電に伴う二酸化炭素（CO_2）を排出しないので環境影響がなく、地球温暖化防止にも役立つ。

(4) 可動部がないためメンテナンスが容易である。

解答例

番号	1	用語	太陽光発電システム

原理 / キーワード：半導体素子

技術的な内容	太陽光発電システムは、太陽光のもつ光エネルギーを半導体素子に投射し、電力に変換してこれを取り出すものである。

特徴 / キーワード：CO_2

技術的な内容	太陽光発電システムは、電力生産時にCO_2を放出しないため、地球環境保全上の効果が期待できるという特徴がある。

参考　①代表的な太陽電池には、次のようなものがある。

　単結晶シリコン太陽電池：ひとつの結晶で構成された太陽電池である。製造コストは高くなるが、豊富な使用実績があり、その変換効率は約18％〜20％と高い。ただし、この変換効率は25℃の一定条件下で測定したものであり、高温下では発電能力が低下する。

　多結晶シリコン太陽電池：多数の細かい結晶で構成された太陽電池である。製造コストは単結晶よりも安いが、その変換効率は約14％とやや低い。単結晶と同様に、高温下では発電能力が低下する。

　アモルファス太陽電池：非結晶質のアモルファスシリコンを、ガラス等の基板の上に並べ、1μm内外の非常に薄い膜を形成させて作られた太陽電池である。面積が大きく、量産が可能で、使用するシリコンも少なくて済む。製造コストは最も安いが、その変換効率は約8％〜12％と低い。しかし、アモルファスは温度上昇に強いため、高温下では同容量の結晶系太陽電池よりも発電量が多くなることがある。

②シリコン太陽電池は、p形半導体（シリコンにホウ素を加えた半導体）とn形半導体（シリコンにリンを加えた半導体）を接合した構造となっている。

③シリコン太陽電池は、p形半導体やn形半導体の表面温度が高くなると、その最大出力が低下する。太陽電池の温度上昇を抑制するためには、屋根等と太陽電池との間に、通気層を設けるとよい。

④多結晶シリコン太陽電池の変換効率は、14％前後である。単結晶シリコン太陽電池の変換効率は、19％前後である。近年では、技術の進歩によってこの変換効率（光エネルギーの何％を電気エネルギーに変えられるかを示した値）が飛躍的に向上しており、将来的には40％〜60％に達するのではないかと予想されている。

2	配電線路のバランサ	キーワード：電圧不平衡の解消・巻数比 1:1

考え方・解き方

配電線路のバランサの要点は、次のようである。

　100/200［V］単相3線式配電線路の電圧線の抵抗が0.1［Ω］、中性線の抵抗が0.2［Ω］に力率100［％］で電流がそれぞれ60［A］及び40［A］の二つの負荷が接続されているとき、端末にバランサがないときは、右図のようになる。

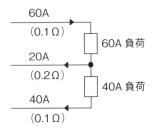

このときの電力 W_1 は、次式で求められる。

$W_1 = (0.1 \times 60^2) + (0.2 \times 20^2) + (0.1 \times 40^2) = 600[W]$ となる。

バランサを設けると、下図のようになる。

このときの電力 W_2 は、次式で求められる。

$W_2 = 2 \times 0.1 \times 50^2 = 500[W]$

よって、線路損失の改善量 W は、$W = W_1 - W_2 = 600 - 500 = 100[W]$ となり、電力損失が改善される。

バランサは、一次巻線と二次巻線を共通とする単巻変圧器で、その巻線比を 1：1 にしている構造である。

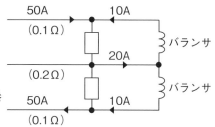

解答例

番号	2	用語	配電線路のバランサ

目的 / キーワード：電圧不平衡の解消

技術的な内容	各相間の負荷容量が異なる単相3線式の配電線路において、各相間の電圧の不平衡を解消する機器である。

施工上の留意点 / キーワード：巻数比 1：1

技術的な内容	単相3線式低圧配電線路の末端に設ける単巻変圧器は、その巻数比を 1：1 にしなければならない。

3	スコット変圧器	キーワード：相変換変圧器・き電用変圧器

考え方・解き方

スコット変圧器の要点は、次のようである。

(1) 三相交流から2つの巻線で90度の位相差の2組の単相交流を出力する。

(2) 1つの一次巻線の巻数はもう1つの巻線の $\sqrt{3}/2$ 倍としている。

(3) 二次側巻線が2組あり、単相交流の2つの出力を直列にし、単相1組としても90度の位相があるので出力は 1.4 倍になる。(おのおの10kVAの容量のスコット結線変圧器では、単相1回路に結線した場合、14kVAの容量しか得られない)

(4) 用途は、交流き電用変電所で三相交流を受けて単相交流にして単相交流電気鉄道のき電用として用いられている。また、非常用発電装置の変圧器としても用いられている。

(5) 利用率は、巻線比に等しく約87%である。

番号	3	用語	スコット変圧器

目的 / キーワード：相変換変圧器

技術的な内容	ひとつの三相電源回路から、ふたつの単相電源回路を取り出すことができる相変換変圧器である。

用途 / キーワード：き電用変圧器

技術的な内容	単相電力を電車線路に供給するため、交流電化区間のき電用変圧器として使用されている。

4	電力設備の需要率	キーワード：最大需要電力・変圧器容量等

考え方・解き方

電力設備の需要率の要点は、次のようである。

　建物に準備(設置)されている電気機器の設備容量は、一日中すべてが稼働しているわけではなく、又、全部が全負荷運転をしているわけでもないので、これら電気機器の設備容量の合計より実際に使われる最大需要電力は小さい。これらの関係を表す係数を需要率といい、次式で求めることができ、100% 未満である。

$$需要率 = \frac{最大需要電力[kW]}{負荷設備容量[kW]} \times 100\,[\%]$$

　需要率は、変圧器容量や遮断器容量、幹線設備のケーブルサイズ等の選定の際に使用する要素である。需要率の設定は、電気設備の建設費用に大きく影響する。

解答例

番号	4	用語	電力設備の需要率

定義 / キーワード：最大需要電力

技術的な内容	電力設備の需要率は、最大需要電力[kW]と負荷設備容量[kW]の百分率である。

用途 / キーワード：変圧器容量等

技術的な内容	電力設備の需要率は、変圧器容量や遮断器容量、幹線設備のケーブルサイズ等の選定の際に使用する要素である。

| 5 | 光ファイバケーブル | キーワード：屈折率・信号の減衰が少ない |

解答例

| 番号 | 5 | 用語 | 光ファイバケーブル |

原理 / キーワード：屈折率

| 技術的な内容 | 高屈折率のコア層を通る光は、低屈折率のクラッド層の境目で反射してコア層の中に閉じ込まれて進む。 |

特徴 / キーワード：信号の減衰が少ない

| 技術的な内容 | メタルケーブルと比べて信号の減衰が少なく、超長距離でのデータ通信が可能で、電磁誘導障害や雷害の影響を受けない特徴がある。 |

| 6 | 電気鉄道の帰線 | キーワード：電力を変電所に戻す・電位の傾きを小さくする |

考え方・解き方

電気鉄道の帰線の要点は、次のようである。

電気鉄道の帰線とは、電気車に供給された運転用電力を変電所に戻すまでの帰線回路のことで、レールを含む部分の総称。

帰線は、一般的に車両走行用レールを電気的に接続して使用している。

帰線の電気抵抗が高い場合は、電圧降下、電力損失が大きくなり漏れ電流が増大して電食や通信誘導障害の原因となる。

電食や通信誘導障害の対策として、帰線のレールの継ぎ目をレールボンドにより電気的に接続して電気抵抗の低減を図る。

解答例

| 番号 | 6 | 用語 | 電気鉄道の帰線 |

定義 / キーワード：電力を変電所に戻す

| 技術的な内容 | 電気車に供給された運転用電力を変電所に戻すまでの帰線回路のことで、レールを含む部分の総称である。 |

施工上の留意点 / キーワード：電位の傾きを小さくする

| 技術的な内容 | 直流電気鉄道の帰線には、架空絶縁帰線を設けて、レール電位の傾きを小さくし、漏れ電流を低減させなければならない。 |

7 超音波式車両感知器　キーワード：反射波・交通信号用

考え方・解き方

超音波式車両感知器の要点は、次のようである。

　超音波式車両感知器は、感知器制御器、感知器本体、超音波送受器、及び接続ケーブルにより構成されていて、道路面上の約5〜6mに設置した送受部から超音波パルスを路面に向かって間欠的に発射し、反射波の戻ってくる時間差により路面での反射か、車両で反射したのかを判断し車両を感知する。

　超音波式車両感知器は、設置が容易であり耐久性もあることから、交通信号用として採用されている。

解答例

番号	7	用語	超音波式車両感知器

方式 / キーワード：反射波

技術的な内容	道路面上約5〜6mに設置した送受部から超音波パルスを路面に向かって間欠的に発射し車両からの反射波により車両を感知する。

用途 / キーワード：交通信号用

技術的な内容	交通信号用の車両感知器は、そのほとんどが、設備の保守点検が容易で耐久性が高い、超音波式のものである。

8 絶縁抵抗試験　キーワード：絶縁状態・メガー

考え方・解き方

　電気設備に関する技術基準を定める省令第5条（電路の絶縁）において、電路絶縁の原則が定められている。

　電路を大地から絶縁することは、電気工作物の重要な原則で、電路が大地から十分絶縁されていないと、漏えい電流による感電や火災の危険があるからである。

絶縁抵抗試験の要点は、次のようである。

　絶縁抵抗試験は、電線相互間および電路と大地間の絶縁抵抗値を測定し、絶縁状態を調べ良否を判定する試験である。

　絶縁抵抗試験の方法は、区切ることができる電路ごとに絶縁抵抗計（メガー）を使って線間および大地間の絶縁抵抗値を測定し、その絶縁抵抗値が基準値以上であることを確認する。

　絶縁抵抗試験に用いる絶縁抵抗計（メガー）は、被測定電路が低圧の場合は500V、高圧の場合は1000Vメガーとする。

解答例

番号	8	用語	絶縁抵抗試験

目的 / キーワード: 絶縁状態

技術的な内容	絶縁抵抗試験は、電線相互間および電路と大地間の絶縁抵抗値を測定し、絶縁状態を調べ良否を判定する試験である。

方法 / キーワード: メガー

技術的な内容	絶縁抵抗試験の方法は、区切ることができる電路ごとにメガーを使って線間および大地間の絶縁抵抗値を測定する。

9	波付硬質合成樹脂管（FEP）	キーワード: 管路式地中電線路保護管・軽量、耐圧強度が大

考え方・解き方

波付硬質合成樹脂管 (FEP) の要点は、次のようである。

　波付硬質合成樹脂管（FEP）は、スパイラル波付加工がされていて可とう性があり、材質はポリエチレン等の合成樹脂で作られ、管路式地中電線路のケーブル保護管として可とう性の必要な箇所に用いる。

　FEP の特徴は、①鋼管等と比べて軽く、運搬、敷設等の取扱いが容易である。②スパイラル波付加工がされているので、耐圧強度が大きく土中埋設に十分耐えることができる。③管内もスパイラル波付加工により、摩擦係数が小さくケーブルの管内引き入れが容易である。④可とう性があるので、地中の既設物等の回避ができ作業性に優れている。

解答例

番号	9	用語	波付硬質合成樹脂管　（FEP）

用途 / キーワード: 管路式地中電線路保護管

技術的な内容	波付硬質合成樹脂管（FEP）は、管路式地中電線路のケーブル保護管として可とう性の必要な箇所に用いる。

特徴 / キーワード: 軽量、変形性能が大

技術的な内容	特徴は、①軽量、②スパイラル波付加工で変形性能大、③摩擦係数が小さくケーブルの管内引き入れが容易。

電気工事に関する次の用語の中から**3つ**を選び、番号と用語を記入のうえ、**技術的な内容**を、それぞれについて**2つ**具体的に記述しなさい。

ただし、技術的な内容とは、施工上の留意点、選定上の留意点、定義、動作原理、発生原理、目的、用途、方式、方法、特徴、対策などをいう。

1. 変圧器のコンサベータ	6. 自動列車停止装置(ATS)
2. 送電線のねん架	7. 道路照明の灯具の配列
3. スターデルタ始動	8. 金属製可とう電線管
4. EM(エコ)電線	9. D種接地工事
5. 定温式スポット型感知器	

1 変圧器のコンサベータ　キーワード：外気に触れさせない・空気袋と隔膜

考え方・解き方

変圧器のコンサベータの要点は、次のようである。

油入変圧器の絶縁油は鉱油なので、空気に接触すると酸化して次第に劣化し、絶縁性能が低下する。また、変圧器内の絶縁油は温度変化により体積が膨張・収縮

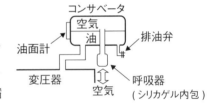

をするので、外気が直接変圧器内部の絶縁油に触れることがないように呼吸作用ができる部分を油入変圧器の上部に取り付ける。

コンサベータの構造は、上図のようになっていて、呼吸作用による空気がシリカゲル等吸湿剤内包の呼吸器よりコンサベータ内部と出入りする。コンサベータ内部には絶縁油と空気が直接触れないように隔膜等で隔離して、絶縁油の膨張・収縮を吸収させている。

解答例

番号	1	用語	変圧器のコンサベータ

方式 / キーワード：外気に触れさせない

技術的な内容	油入変圧器内の絶縁油は、温度変化による膨張・収縮を受けると絶縁性能が低下するので、外気に直接触れないようにする。

動作原理 / キーワード：空気袋と隔膜

技術的な内容	絶縁油で満たされたコンサベータの上部には、絶縁油の膨張・収縮に対応できるよう、空気袋や隔膜が設けられている。

| 2 | 送電線のねん架 | キーワード：電線の配置換え・不平衡の解消 |

考え方・解き方

送電線のねん架の要点は、次のようである。

架空送電線の各相の線間および大地との距離が等しくないと各相のインダクタンス、静電容量が異なり、電圧や電流が不平衡となる。この不平衡が変圧器の中性点に残留電圧を生じさせ地絡保護に支障を与えたり、付近の通信線に誘導障害を与えるので、各相の静電容量を平衡させることでこれを防止する。

ねん架とは、複数の相（一般的には 3 線）を配列した架空送電線について、鉄塔上でジャンパー線を用いるなどして、途中で各線の位置を相互に入れ替えることをいう。ねん架を行うと、各線の位置関係を全区間内で三等分し、各相の静電容量のバランスを安定させることができる。

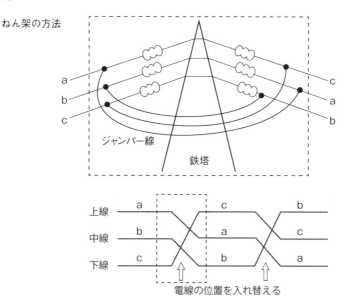

解答例

| 番号 | 2 | 用語 | 送電線のねん架 |

定義 / キーワード：電線の配置換え

| 技術的な内容 | 3 線を縦方向または横方向に配列した架空送電線路について、各相の位置を全区間内で三等分し、電線の配置換えを行うことである。 |

目的 / キーワード：不平衡の解消

| 技術的な内容 | 各相のインダクタンス・静電容量を平衡化し、電流・電圧の不平衡を解消することで、通信線への誘導障害を防止する。 |

考え方・解き方

スターデルタ始動の要点は、次のようである。

　三相かご形誘導電動機の始動方法で、5.5kW ～ 15kW 程度までの電動機に用いられ、減電圧始動方式では、最も安価でポピュラーである。

　固定子各相の端子をY-Δ切換スイッチに接続し、始動時にY結線で加速した後、Δ結線に切り換えて全電圧を加える。

　始動電流、始動トルクはともに全電圧始動(直入始動)の3分の1となる。

　特徴は、始動電流による電圧降下が低減できるメリットはあるが、Ｙ結線による始動からΔ結線による運転に切り替わるときに、電源が解放され、電気的・機械的ショックがある。

解答例

| 番号 | 3 | 用語 | スターデルタ始動 |

方式 / キーワード：Y-Δ切換

| **技術的な内容** | 固定子各相の端子をY-Δ切換スイッチに接続し、Y結線で始動した後、Δ結線に切り換えて全電圧を加える。 |

特徴 / キーワード：直入始動の 1/3

| **技術的な内容** | 始動電流、始動トルクともに直入始動の 1/3 に抑えられる始動方式で、始動から運転に移るとき電源が解放される。 |

| 4 | EM（エコ）電線 | キーワード：ダイオキシン・環境に配慮 |

考え方・解き方

EM（エコ）電線の要点は、次のようである。

　EM（エコ）電線、EM（エコ）ケーブルなどで、エコマテリアル（Environmental Conscious Materials:環境を意識した材料）を使っている電線類のことをいう。

　電線・ケーブルの絶縁材および外装材などの被覆材に耐熱性ポリエチレン混合物を使用し、焼却してもダイオキシンなどの有害物質が発生しない、埋め立て処分後に鉛溶出がない、廃棄後に被覆材と電線本体の分別が容易など環境に配慮して製造されている。EM電線・EMケーブルを使うことにより、従来のPVC電線・ケーブルに比べて、耐熱性、耐薬品性などが向上し火災時に有害ガスの発生や、発煙も少ない。

EM 電線・EM ケーブルは、低圧電力用、制御用、警報用及び通信用が規格化され環境に配慮した建物に採用されている。

解答例

番号	4	用語	EM（エコ）電線

特徴 / キーワード：ダイオキシン

技術的な内容	電線・ケーブルの被覆材に耐熱性ポリエチレン混合物を使用し、焼却してもダイオキシンなどの有害物質が発生しない。

用途 / キーワード：環境に配慮

技術的な内容	EM 電線・EM ケーブルは、低圧電力用、制御用、警報用および通信用が規格化され環境に配慮した建物に採用されている。

参考 EM 電線・EM ケーブルは、地球環境には優しいが、被覆材であるポリエチレン混合物には次のような欠点もあるので、使用には注意が必要な場合もある。
①紫外線に弱いため、屋外や電灯直下で使用するときは、別のもので覆う必要がある。
②通常のビニル電線に比べて、硬質であるため、施工に時間がかかることがある。
③表面を擦ると白い筋が残り、美粧性が損なわれる。（電線としての性能には影響なし）

5	定温式スポット型感知器	キーワード：温度が一定以上・0.3m、1.5m、45度

考え方・解き方

定温式スポット型感知器の要点は、次のようである。

定温式スポット型感知器は、周囲の温度が一定以上となったときに作動する定温式感知器の一種で、一局所（スポット）の熱効果により作動して火災報知設備の受信機に火災信号を発信するスポット型感知器をいう。

その種類は、感度により特殊、1種、2種に区分され、動作はバイメタルの変位、金属の膨張、半導体を利用したものがある。

施工上の留意点は、①感知器の下端は取付面より 0.3m 以内とする、②空気吹出し口や換気口から 1.5m 以上離す、③45 度以上傾けない、④感知区域は 0.4m 以上のはり等で区画された部分ごとに設置するなどである。

解答例

番号	5	用語	定温式スポット型感知器

特徴 / キーワード：温度が一定以上

技術的な内容	周囲の温度が一定以上となったときに作動して、火災報知設備の受信機に火災信号を発信するスポット型感知器。

施工上の留意点 / キーワード：0.3m、1.5m、45度

技術的な内容	①感知器の下端は取付面より0.3m以内とする、②空気吹出し口や換気口から1.5m以上離す、③45度以上傾けないなどである。

> **参考** 定温式スポット型感知器と同様に、一局所の周囲の温度が一定の温度以上になったときに火災信号を発信する感知器に、定温式感知線型感知器というものがある。定温式感知線型感知器は、定温式スポット型感知器とは異なり外観が電線状になっており、一定温度以上になると絶縁電線を被覆している樹脂が溶解し、2本の電線が接触することで作動する。

6 自動列車停止装置（ATS） キーワード：自動的に列車を停止・連続した速度照査

考え方・解き方

自動列車停止装置（ATS）の要点は、次のようである。

　自動列車停止装置（ATS:Automatic Train Stop）は、列車が停止信号に近づくと警報を発し運転士に注意を促し、それでも運転士が必要な措置をしなかった場合に、自動的にブレーキをかけて列車を停止させる装置である。

　連続した速度照査において規定速度以上で自動的にブレーキを動作させて停止させ、脱線事故等を未然に防ぐ。

　ATSは、地上の停止信号の条件を軌条に流す地上装置と、この軌条の電流により発生する磁束により車上で所要の制御をおこなう車上装置で構成されている。

解答例

番号	6	用語	自動列車停止装置（ATS）

目的 / キーワード：自動的に列車を停止

技術的な内容	自動列車停止装置は、列車が停止信号に近づくと警報を発し、必要により自動的に列車を停止させる。

特徴 / キーワード：連続した速度照査

技術的な内容	連続した速度照査において規定速度以上で自動的に車両のブレーキを動作させて停止させ、脱線事故等を未然に防ぐ。

| **7** | 道路照明の灯具の配列 | キーワード：片側、千鳥、向き合わせ・幅員、種類等 |

考え方・解き方

道路照明の灯具の配列の要点は、次のようである。

　道路照明器具の灯具の配列は、片側配列、千鳥配列および向き合わせ配列の３つの方式がある。

1. 片側配列は、曲線道路または市街地道路ならびに中央分離帯のある道路に用いられる。

2. 千鳥配列は、直線道路では良好であるが、曲線道路では誘導性が悪く路面輝度の均一性が低下する。

3. 向き合わせ配列は、直線道路ならびに広い曲線道路に適し、誘導性は良好である。下図において▲は灯具を、Ｓは灯具の間隔(m)を示す。

　道路照明の灯具の配列は、道路の幅員と形状、灯具の種類と取付高さ、及び平均路面輝度、輝度均斉度とグレア等により決める。

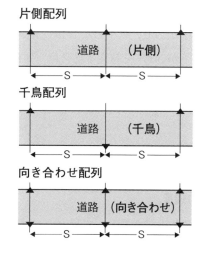

解答例

| 番号 | 7 | 用語 | 道路照明の灯具の配列 |

方式 / キーワード：片側、千鳥、向き合わせ

技術的な内容	道路照明器具の灯具の配列は、片側配列、千鳥配列および向き合わせ配列の３つの方式がある。

選定上の留意点 / キーワード：幅員、種類等

技術的な内容	道路照明の灯具の配列は、道路の幅員と形状、灯具の種類と取付高さ、及び平均路面輝度、輝度均斉度とグレア等により決める。

8 金属製可とう電線管　キーワード : 機械的強度・接地工事

考え方・解き方

金属製可とう電線管の要点は、次のようである。

　金属製可とう電線管は、屈曲ヶ所が多く金属管工事が施工しにくい場合や、電動機など振動する負荷や建物の構造的に変位を考慮する必要がある場所等に用いられる。

　金属製可とう電線管には、1種金属製可とう電線管(通称:フレキシブルコンジットという)と、2種金属製可とう電線管(通称:プリカチューブという)との2種類がある。

　1種金属製可とう電線管は、亜鉛めっきした軟鋼帯を縦方向に成形し、らせん状に巻き込む際に条片を半幅あて重ね合わせたものである。2種金属製可とう電線管は、鉛のめっきを施した帯鋼とファイバとを三重に重ね合わせたもので、1種金属製可とう電線管より機械的強度が優れている。

　1種金属製可とう電線管には、直径1.6mm以上の裸軟銅線を全長にわたり挿入又は添加して、その軟銅線と管とを両端において電気的に完全に接続すること。

　低圧屋内配線の使用電圧が300V以下の場合は、電線管にはD種接地工事を施すこと。

　低圧屋内配線の使用電圧が300Vを超える場合は、電線管にはC種接地工事を施すこと。

(参考:電技解釈第160条【金属可とう電線管工事】)

解答例

番号	8	用語	金属製可とう電線管

特徴 / キーワード : 機械的強度

技術的な内容	金属製可とう電線管は、1種と2種があり、2種金属製可とう電線管の方が1種金属製可とう電線管より機械的強度が大きい。

施工上の留意点 / キーワード : 接地工事

技術的な内容	低圧屋内配線の使用電圧が300V以下の場合電線管にはD種接地工事を、300Vを超える場合電線管にはC種接地工事を施す。

参考　最新の「JIS C 8309:2019 金属製可とう電線管」では、金属製可とう電線管について、次のような定義がされている。

①二種金属製可とう電線管は、外層および中間層が金属の条片、内層が非金属の条片からなる電線管で、適切な手の力によって曲げることができるが、頻繁なフレキシング用に設計されていない主要構造部分を金属材料で構成した可とう電線管である。

②一種金属製可とう電線管は、以前、使用されていたが、現在、ほとんど流通していない。

9　D種接地工事　キーワード：100Ω以下・高圧計器用変成器の2次側電路

考え方・解き方

接地工事の共通する目的は次のようである。

1 機器・絶縁物の劣化損傷などを原因とする漏れ電流による感電を機器接地等により防止する。

2 高低圧混触を原因とする高圧危険電流による感電を系統接地により防止する。

3 地絡事故時に継電器動作の迅速確実化を図るため接地効果による継電器動作電流を確保する。

4 異常電圧発生時に機器や配電線の対地電圧を接地効果により抑制し絶縁強度を確保する。

　接地工事はA種接地工事、B種接地工事、C種接地工事及びD種接地工事の4種類に分類される。

D種接地工事の要点は、次のようである。

(1)D種接地工事の接地抵抗値は100Ω以下。ただし低圧電路において地絡時に0.5秒以内に当該電路を自動的に遮断する装置を施設するときは500Ω以下でよい。

(2)高圧計器用変成器の2次側電路、および使用電圧が300V以下の低圧電路に施設する機械器具の金属製外箱には、D種接地工事を施すこと。

(3)地中電線路の管、暗きょその他の地中電線を収める防護措置の金属製部分、金属製の電線接続箱、地中電線の被覆に使用する金属体にはD種接地工事を施す。

解答例

番号	9	用語	D種接地工事

基準／キーワード：100Ω以下

技術的な内容	D種接地工事の接地抵抗値は、100Ω以下。ただし低圧電路において地絡時に0.5秒以内に自動的に遮断するときは500Ω以下でよい。

基準／キーワード：高圧計器用変成器の2次側電路

技術的な内容	高圧計器用変成器の2次側電路、および使用電圧が300V以下の低圧電路に施設する機械器具の金属製外箱には、D種接地を施す。

平成 23 年度 **問題 4** 電気工事用語の技術的な内容記述

　電気工事に関する次の用語の中から **3 つ**を選び、番号と用語を記入のうえ、**技術的な内容**を、それぞれについて **2 つ**具体的に記述しなさい。

　ただし、技術的な内容とは、施工上の留意点、選定上の留意点、定義、動作原理、発生原理、目的、用途、方式、方法、特徴、対策などをいう。

1. 揚水式の水力発電所	6. 軌道回路のボンド
2. 管路式の地中電線路	7. 超音波式車両感知器
3. 漏電遮断器	8. 力率改善
4. LED 照明器具	9. A 種接地工事
5. UTP ケーブル	

解答例

番号 1 **用語** 揚水式の水力発電所

構成 / キーワード：上下貯水池

技術的な内容	揚水式の水力発電所は、上部と下部に貯水池をもち、その中間に揚水ポンプと水車を設けた水力発電所である。

特徴 / キーワード：ピーク負荷

技術的な内容	水のエネルギーを夜間又は軽負荷時に揚水ポンプを運転し、上部貯水池に汲み上げ、ピーク負荷時に電気エネルギーに変換する。

番号 2 **用語** 管路式の地中電線路

方法 / キーワード：ケーブル

技術的な内容	防食処理済厚鋼電線管、FEP、ヒューム管等を地中に埋設し、ケーブルを管路に引き入れてつくる電線路。

施工上の留意点 / キーワード：ケーブル保護

技術的な内容	管路式の地中電線路の接続部は堅ろうに施工し、マンホール等の管口はベルマウス等でケーブルの保護をする。

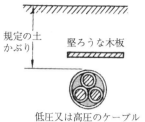
低圧又は高圧のケーブル
[重量物の圧力を受けるおそれのない場所]
管路式

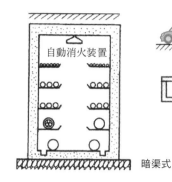
暗渠式

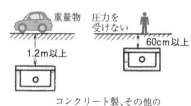
コンクリート製、その他の
堅ろうな管またはトラフ
直接埋設式

地中電線路の埋設の方式

番号	3	用語	漏電遮断器

目的 / キーワード：危険防止

技術的な内容	使用電圧が60Vを超える交流低圧電路に地絡が生じたとき自動的にこの電路を遮断し地絡事故による危険を防止する。

原理 / キーワード：零相電圧 / 零相電流検出

技術的な内容	漏電遮断器の動作は、電路に地絡が生じたときに零相電圧又は零相電流を検出し、当該電路を自動的に遮断する。

番号	4	用語	LED 照明器具

原理 / キーワード：発光ダイオード

技術的な内容	LED 照明の発光は、直流低電圧の電源で発光する半導体素子である発光ダイオードを用いたものである。

特徴 / キーワード：メンテナンスコスト

技術的な内容	LED 照明器具は、発光効率が高く、寿命も長く、メンテナンスコストも削減できる特徴がある。

番号	5	用語	UTP ケーブル

用途 / キーワード：通信ケーブル

技術的な内容	ツイストペアケーブルともいわれ、非シールド銅線を2本ずつより合わせた電話用、一般通信用に用いる通信ケーブル。

施工上の留意点 / キーワード：内部雑音防止

技術的な内容	コネクタ接続の際により解きをし過ぎると内部雑音の抑制効果が低下し、近辺漏話による悪影響が生じるため、電線をシールドする。

番号	6	用語	軌道回路のボンド

目的 / キーワード：電気的接続

技術的な内容	レールの継ぎ目に別の導体を使い電気的接続を確実にする。

種類 / キーワード：レールボンド、クロスボンド等

技術的な内容	帰線電流を流すレールボンド、信号電流を流す信号ボンド、電車電流の平衡を保つクロスボンド等がある。

参考 電気鉄道では、レール（軌道回路）の継目部分を電気的に接続し、レールの帰線抵抗を小さくすることで、電食の防止を図ることができる。この接続に使われる軟銅線は、ボンドまたはレールボンドと呼ばれている。特に電食が生じやすい箇所では、クロスボンド(交差した2本の軟銅線)の増設を行うことで、電気的な接続をより確実にすることが望ましい。

番号	7	用語	超音波式車両感知器

方式 / キーワード：反射波

技術的な内容	道路面上約5〜6mに設置した送受部から超音波パルスを路面に向かって間欠的に発射し車両からの反射波により車両を感知する。

用途 / キーワード：交通信号用

技術的な内容	交通信号用の車両感知器は、そのほとんどが、設備の保守点検が容易で耐久性が高い、超音波式のものである。

番号	8	用語	力率改善

定義 / キーワード：力率の遅れを1に近づける

技術的な内容	力率改善とは、送配電系統、屋内配電系統又は機器単体の力率が遅相の場合、力率を1(100%)に近づけることをいう。

目的 / キーワード：電力料金低減

技術的な内容	需要家側では、力率改善により無効電力による損失と電圧降下を軽減し、更に力率改善による電力料金の低減が図れる。

番号	9	用語	A 種接地工事

基準 / キーワード：10 Ω以下

技術的な内容	接地抵抗値は、10 Ω以下で接地線は直径 2.6mm 以上の軟銅線を使用する。

施工上の留意点 / キーワード：地下 75cm 以上

技術的な内容	接地極は地下 75cm 以上の深さに埋設し、接地線は地下 75cm から地表上 2m までの部分を合成樹脂管等で覆うこと。

参考	平成 22 年度	問題 4	電気工事用語の技術的な内容記述

　電気工事に関する次の用語の中から **3 つ**を選び、番号と用語を記入のうえ、それぞれについて、**技術的な内容**を、具体的に **2 つ**記述しなさい。

　ただし、技術的な内容とは、施工上の留意点、選定上の留意点、定義、動作原理、発生原理、目的、用途、方式、方法、特徴、対策などをいう。

1. 風力発電	6. 自動列車制御装置（ATC）
2. 単相変圧器 2 台の V 結線	7. 道路のポール照明方式
3. VV ケーブルの差込形電線コネクタ	8. 絶縁抵抗試験
4. 光電式自動点滅器	9. 波付硬質合成樹脂管（FEP）
5. 光ファイバケーブル	

1	風力発電	キーワード：風エネルギー・環境への配慮

解答例

番号	1	用語	風力発電

原理 / キーワード：風エネルギー

技術的な内容	ブレードで受けた風エネルギーを機械エネルギーに変換し、更にこれで発電機を回して電気エネルギーを取り出す。

施工上の留意点 / キーワード：環境への配慮

技術的な内容	設置場所周辺への騒音問題が起こる場合が多く、設置場所周辺の環境への配慮を十分することが必要である。

2 　単相変圧器2台のV結線 ｜ キーワード：3 相動力用と単相電灯用・変圧器利用率

解答例

番号	2	用語	単相変圧器 2 台の V 結線

方式 / キーワード：3 相動力用と単相電灯用

技術的な内容	単相変圧器 2 台を V 字形に結線し、3 相動力用と単相電灯用の電力を供給する方式である。

特徴 / キーワード：変圧器利用率

技術的な内容	V-V 結線した場合の単相変圧器の出力は、三相変圧器の $\sqrt{3}/2\,(0.866)$ 倍となる。

3 　VV ケーブルの差込形電線コネクタ ｜ キーワード：特定電気用品・被覆のはぎ取り

解答例

番号	3	用語	VV ケーブルの差込形電線コネクタ

特徴 / キーワード：特定電気用品

技術的な内容	特定電気用品の適用を受けた電線相互の接続器具で、板状スプリングと導電板の間に被覆をはぎ取った芯線導体を差込み使用する。

施工上の留意点 / キーワード：被覆のはぎ取り

技術的な内容	被覆のはぎ取りが長すぎると絶縁不良となり、はぎ取りが短いと挿入不足となり接続不良による発熱を引き起こす。

4 　光電式自動点滅器 ｜ キーワード：周囲の照度・点滅器の自動制御

解答例

番号	4	用語	光電式自動点滅器

目的 / キーワード：周囲の照度

技術的な内容	光電式自動点滅器は、周囲の照度に応じて照明負荷に電力の供給を自動で ON・OFF を行い、防犯灯等に用いる。

構造 / キーワード：点滅器の自動制御

技術的な内容	光導電セルを用いて明るさを検知し、継電器または半導体スイッチによって自動的に制御される点滅器である。

5	光ファイバケーブル	キーワード：屈折率・信号の減衰が少ない

解答例

番号	5	用語	光ファイバケーブル

原理 / キーワード：屈折率

技術的な内容	高屈折率のコア層を通る光は、低屈折率のクラッド層の境目で反射してコア層の中に閉じ込められて進む。

特徴 / キーワード：信号の減衰が少ない

技術的な内容	メタルケーブルと比べて信号の減衰が少なく、超長距離でのデータ通信が可能で、電磁誘導障害や雷害の影響を受けない特徴がある。

6	自動列車制御装置（ATC）	キーワード：速度制御・受信機、制御部

解答例

番号	6	用語	自動列車制御装置（ATC）

機能 / キーワード：速度制御

技術的な内容	速度制限区間で制限速度を超えると列車の速度を自動的に制限速度以下に制御したり非常ブレーキを動作させる。

構成 / キーワード：受信機、制御部

技術的な内容	ATC信号電流をキャッチする受信機と制御情報を判定し列車の速度ブレーキ指令を行う制御部から成っている。

7	道路のポール照明方式	キーワード：ポールの先端・道路の線形沿い

解答例

番号	7	用語	道路のポール照明方式

方式 / キーワード：ポールの先端

技術的な内容	道路のポール照明方式は、地上8～12mのポールの先端に灯具を取付け、道路に沿ってポールを配置する照明方式である。

特徴 / キーワード：道路の線形沿い

技術的な内容	道路の線形に沿って連立した配置ができるので誘導性があり、比較的経済的に設備できるが、保守点検時に道路の規制が必要である。

8	絶縁抵抗試験	キーワード：絶縁状態・メガー

解答例

番号	8	用語	絶縁抵抗試験

目的／キーワード：絶縁状態

技術的な内容	絶縁抵抗試験は、電線相互間および電路と大地間の絶縁抵抗値を測定し、絶縁状態を調べ良否を判定する試験である。

方法／キーワード：メガー

技術的な内容	絶縁抵抗試験の方法は、区切ることができる電路ごとにメガーを使って線間および大地間の絶縁抵抗値を測定する。

9	波付硬質合成樹脂管（FEP）	キーワード：管理式地中電線路保護管・軽量、偏平強度が大

解答例

番号	9	用語	波付硬質合成樹脂管（FEP）

用途／キーワード：管路式地中電線路保護管

技術的な内容	波付硬質合成樹脂管（FEP）は、管路式地中電線路のケーブル保護管として可とう性の必要な箇所に用いる。

特徴／キーワード：軽量、偏平強度が大

技術的な内容	特徴は、①軽量、②スパイラル波付加工で偏平強度大、③摩擦係数が小さくケーブルの管内引き入れが容易、④可とう性がよい。

参考	平成 21 年度	問題 4	電気工事用語の技術的な内容記述

　電気工事に関する次の用語の中から3つを選び、番号と用語を記入のうえ、それぞれについて、その**技術的な内容**を、具体的に2つ記述しなさい。

　ただし、技術的な内容とは、施工上の留意点、選定上の留意点、定義、動作原理、発生原理、目的、用途、方式、方法、特徴、対策などをいう。

> 1. 接地抵抗試験
> 2. 電気鉄道の帰線
> 3. 架空地線
> 4. 3E リレー
> 5. ループコイル式車両感知器
> 6. サーモラベル（温度シール）
> 7. 電球形蛍光ランプ
> 8. 水力発電の水車
> 9. 高周波同軸ケーブル

1	接地抵抗試験	キーワード：基準値以下・間隔 10 m

解答例

番号	1	用語	接地抵抗試験

規定／キーワード：基準値以下

技術的な内容	接地抵抗試験における接地抵抗値は、電技解釈に定められている接地工事の種類に応じた基準値以下であることを確認する。

方法／キーワード：間隔 10 m

技術的な内容	被接地極と補助接地極（電圧用と電流用）は、一直線になるように配置し、各電極の間隔をほぼ10 m にして測定する。

2	電気鉄道の帰線	キーワード：電力を変電所に戻す・レールボンド

解答例

番号	2	用語	電気鉄道の帰線

定義／キーワード：電力を変電所に戻す

技術的な内容	電気鉄道の帰線は、電気車に供給された運転用電力を変電所に戻すまでの帰線回路のことで、レールを含む部分の総称。

施工上の留意点／キーワード：レールボンド

技術的な内容	電食や通信誘導障害の対策として、帰線のレールの継ぎ目をレールボンドにより電気的に接続して電気抵抗の低減を図る。

参考　電気鉄道の帰線とは、電気車に供給された運転用電力を変電所に戻すまでの帰線回路のことで、レールを含む部分の総称である。車両走行用レールを電気的に接続して使用されている帰線の電気抵抗が大きくなると、電圧降下や電力損失が大きくなり、漏れ電流が増大することで、電食や通信誘導障害が発生するので、漏れ電流の低減対策を講じる必要がある。直流電気鉄道における帰線の漏れ電流の低減対策には、次のようなものがある。
①ロングレールを採用して、帰線抵抗を小さくする。
②クロスボンドを増設して、帰線抵抗を小さくする。
③架空絶縁帰線を設けて、レール電位の傾きを小さくする。
④道床の排水をよくして、レールからの漏れ抵抗を大きくする。

| 3 | 架空地線 | キーワード：直撃雷防止・遮へい角 |

解答例

| 番号 | 3 | 用語 | 架空地線 |

目的 / キーワード：直撃雷防止

| 技術的な内容 | 架空送電線への直撃雷の防止、誘導雷の低減、及び1線地絡時の故障電流を分流して通信線への誘導障害を防止する。 |

方法 / キーワード：遮へい角

| 技術的な内容 | 雷に対する遮へい角は小さいほど遮へい効果が大きく、架空地線の接地は送電鉄塔ごとに施し、接地抵抗値を $10 \sim 20 \, \Omega$ 以下とする。 |

| 4 | 3E リレー | キーワード：3要素の保護・始動電流では不動作 |

解答例

| 番号 | 4 | 用語 | 3E リレー |

目的 / キーワード：3要素の保護

| 技術的な内容 | 低圧三相誘導電動機などの保護に用いられる継電器であり、過負荷保護・欠相保護・反相保護のすべてを行うことができる。 |

選定上の留意点 / キーワード：始動電流では不動作

| 技術的な内容 | 電動機の始動電流では動作せず、運転状態においても電動機や電線を損傷させない特性のものを選定する。 |

参考 低圧三相誘導電動機などの保護に用いられるリレー（継電器）は、次のように分類される。

①過負荷保護継電器(1E リレー)：電動機の負荷が定格負荷を超えたときに、回路を遮断して電動機を保護する機能を持つ。

②過負荷・欠相保護継電器(2E リレー)：過負荷保護に加えて、三相のうちいずれか一相が欠相して二相になったときに、回路を遮断して電動機を保護する機能を持つ。

③過負荷・欠相・反相保護継電器(3E リレー)：過負荷保護と欠相保護に加えて、三相の相回転(相の送電方向)が逆になったときに、回路を遮断して電動機を保護する機能を持つ。

5　ループコイル式車両感知器　｜　キーワード：インダクタンスの変化・鉄筋等金属体から離す

解答例

番号	5	用語	ループコイル式車両感知器

原理 / キーワード：インダクタンスの変化

技術的な内容	路面下に電線をループ状に埋設し、車両の接近によりループコイルのインダクタンスの変化を利用して車両の検出を行う。

施工上の留意点 / キーワード：鉄筋等金属体から離す

技術的な内容	ループコイルを敷設する際は、路面下のかぶりを確保して数cmのところに、鉄筋等の金属体から5cm以上離して施工する。

6　サーモラベル（温度シール）　｜　キーワード：温度管理・端子部、回転部

解答例

番号	6	用語	サーモラベル（温度シール）

目的 / キーワード：温度管理

技術的な内容	電圧が常時印加されている箇所の異常発熱による事故防止対策用として温度管理に使用する。

用途 / キーワード：端子部、回転部

技術的な内容	受変電設備の変圧器端子部、盤内端子部、電動機等の回転部等の目視できる箇所に貼付して使用する。

7　電球形蛍光ランプ　｜　キーワード：口金 E26／E17・インバータ点灯回路

解答例

番号	7	用語	電球形蛍光ランプ

特徴 / キーワード：口金 E26／E17

技術的な内容	口金 E26／E17 の電灯用ソケットに直接装着して使用できる蛍光灯である。

構造 / キーワード：インバータ点灯回路

技術的な内容	口金部にインバータ点灯回路を備え、白熱電球に近い形状のものがある。

| 8 | 水力発電の水車 | キーワード: 機械エネルギー・キャビテーション |

解答例

| 番号 | 8 | 用語 | 水力発電の水車 |

原理 / キーワード: 機械エネルギー

| 技術的な内容 | 水の位置エネルギーを水車の羽根に与え水車を回し、得られた回転力を機械エネルギーに変換し、発電機を運転する。 |

特徴 / キーワード: キャビテーション

| 技術的な内容 | 水車にキャビテーションが生じると、水車に衝撃圧が作用して水車の円滑な回転を妨げ、水車効率や出力の低下をもたらす。 |

| 9 | 高周波同軸ケーブル | キーワード: 多層構造・シールド効果 |

解答例

| 番号 | 9 | 用語 | 高周波同軸ケーブル |

構造 / キーワード: 多層構造

| 技術的な内容 | 中心導体(芯線)に同心円状に絶縁体とアミ状の導体を施し、その外側に塩化ビニル等の被覆をした多層構造のケーブル。 |

特徴 / キーワード: シールド効果

| 技術的な内容 | 外側の導体がアミ状となっているので、外部への信号の漏えいや外部からの電波の侵入が遮断され、シールド効果がある。 |

| 参考 | 平成 20 年度 | 問題 4 | 電気工事用語の技術的な内容記述 |

　電気工事に関する次の用語の中から **3** つを選び、番号と用語を記入のうえ、**技術的な内容**を、それぞれについて **2** つ具体的に記述しなさい。

　ただし、技術的な内容とは、施工上の留意点、選定上の留意点、定義、動作原理、初生原理、用途、目的、方式、方法、特徴、対策などをいう。

> 1. メタルハライドランプ
> 2. 変圧器のコンサベータ
> 3. 非常電源専用受電設備
> 4. ライティングダクト
> 5. 配電線路のバランサ
> 6. LAN のパッチパネル
> 7. 電気鉄道のき電線
> 8. 超音波式車両感知器
> 9. 漏電遮断器

1　メタルハライドランプ　｜ キーワード：演色性重視の施設・再点弧電圧が高い

解答例

番号	1	用語	メタルハライドランプ

用途 / キーワード：演色性重視の施設

技術的な内容	工場・スポーツ施設・演芸場・商店などの演色性を重視する施設で使用される。

特性 / キーワード：再点弧電圧が高い

技術的な内容	始動電圧が高く、始動時に安定した光束を得るのに10分以上かかる、再始動時間も長く、再点弧電圧が高いという電気特性を持つ。

2　変圧器のコンサベータ　｜ キーワード：絶縁性能低下防止・隔壁膜で隔離

解答例

番号	2	用語	変圧器のコンサベータ

目的 / キーワード：絶縁性能低下防止

技術的な内容	油入変圧器の絶縁油が、温度変化による膨張・収縮により外部の空気と直接接触して絶縁性能が低下することを防止する。

構造 / キーワード：隔壁膜で隔離

技術的な内容	コンサベータ内部に絶縁油と空気が直接触れないよう隔壁膜等で隔離して、絶縁油の膨張・収縮を吸収させる構造である。

3　非常電源専用受電設備　｜ キーワード：影響を受けない・自火報、屋内消火栓

解答例

番号	3	用語	非常電源専用受電設備

目的 / キーワード：影響を受けない

技術的な内容	非常用の電源回路が、一般の電気回路の事故等により遮断してもその影響を受けないようにした回路構成の受電設備。

用途 / キーワード：自火報、屋内消火栓

技術的な内容	非常電源専用受電設備の負荷は、自動火災報知設備及び屋内消火栓設備の電源に限られている。

4　ライティングダクト　　キーワード：任意の箇所・乾燥した場所

解答例

番号	4	用語	ライティングダクト

用途 / キーワード：任意の箇所

技術的な内容	ダクトラインの任意の箇所で専用のプラグを用いてスポットライトや小型電気器具へ電源を供給する。

施工上の留意点 / キーワード：乾燥した場所

技術的な内容	ライティングダクトは、屋内の乾燥した場所で、露出している場所及び点検できる隠ぺい場所だけに施設できる。

5　配電線路のバランサ　　キーワード：電力損失改善・巻線比 1:1

解答例

番号	5	用語	配電線路のバランサ

目的 / キーワード：電力損失改善

技術的な内容	単相3線式低圧配電線路の不平衡負荷により発生する電圧の不平衡を解消し、電力損失を改善する目的で設置される。

構造 / キーワード：巻線比 1:1

技術的な内容	一次巻線と二次巻線を共通とする単巻変圧器で、その巻線比を1:1にしている構造である。

6　LAN のパッチパネル　　キーワード：クロスコネクト・曲げ半径

解答例

番号	6	用語	LAN のパッチパネル

用途 / キーワード：クロスコネクト

技術的な内容	LAN のパッチパネルは、パッチコードを使用して、LAN スイッチ、ハブ等のセンター装置と端末等とをクロスコネクトするもの。

施工上の留意点 / キーワード：曲げ半径

技術的な内容	LAN のパッチパネルのケーブルの接続及び固定部の曲げ半径は、UTP ケーブルで 4 ϕ 以上、光ファイバで 10 ϕ 以上とする。

7	電気鉄道のき電線	キーワード：集電用導体へ給電・機械的強度

解答例

番号	7	用語	電気鉄道のき電線

定義 / キーワード：集電用導体へ給電

技術的な内容	電気鉄道のき電線は、電気鉄道用変電所から電車線又は導電レールなど集電用導体へ給電するための電線をいう。

選定上の留意点 / キーワード：機械的強度

技術的な内容	電気鉄道のき電線は、想定される風圧荷重等に対し機械的強度に余裕を持たせかつ耐食性がある材料を選定する。

8	超音波式車両感知器	キーワード：反射波・交通信号用

解答例

番号	8	用語	超音波式車両感知器

方式 / キーワード：反射波

技術的な内容	道路面上約5〜6mに設置した送受部から超音波パルスを路面に向かって間欠的に発射し車両からの反射波により車両を感知する。

用途 / キーワード：交通信号用

技術的な内容	交通信号用の車両感知器は、そのほとんどが、設備の保守点検が容易で耐久性が高い、超音波式のものである。

9	漏電遮断器	キーワード：危険防止・零相電圧 / 零相電流検出

解答例

番号	9	用語	漏電遮断器

目的 / キーワード：危険防止

技術的な内容	使用電圧が60Vを超える交流低圧電路に地絡が生じたとき自動的にこの電路を遮断し地絡事故による危険を防止する。

原理 / キーワード：零相電圧 / 零相電流検出

技術的な内容	漏電遮断器の動作は、電路に地絡が生じたときに零相電圧又は零相電流を検出し、当該電路を自動的に遮断する。

第4章 計算問題

電気計算の解き方講習

無料 You Tube 動画講習

←スマホ版無料動画コーナー QRコード
URL　https://get-supertext.com/
(注意) スマートフォンでの長時間聴講は、Wi-Fi 環境が整ったエリアで行いましょう。

「電気計算の解き方講習」の動画講習を、GET 研究所ホームページから視聴できます。

https://get-ken.jp/

GET 研究所　検 索　➡　無料動画公開中　➡　動画を選択

上記の動画の他に、本書の 305 ページ〜309 ページの内容について解説した「ネットワーク計算の解き方講習」の動画を、GET 研究所ホームページから試聴できます。しかし、ネットワーク計算に関する問題が令和 6 年度の試験に出題される可能性は低いと考えられるので、この動画の視聴は必須ではありません。

4.1　過去10年間の出題分析表と対策

4.1.1　最新10年間の出題分析と、今年度の試験に向けての対策

　過去10年間の計算問題（電気計算・ネットワーク計算）において、令和2年度以前の実地試験（第二次検定の旧称）では、下表のように、工期に関する種々のネットワーク計算が主として出題されていた。しかし、令和3年度以降の第二次検定では、ネットワーク計算ではなく電気計算（電気回路や電気設備の電圧や電流などに関する計算）に関する内容が出題されている。

最新10年間の出題分析表

	出題テーマ	令和5	令和4	令和3	令和2	令和元	平成30	平成29	平成28	平成27	平成26
電気計算	電気回路に関する計算	○○	○	○							
	変圧器に関する計算		○	○							
ネットワーク計算	クリティカルパスの順序表示									○	
	工期の計算				○	○	○	○	○		○
	作業日数変更時の工期の計算									○	
	最早開始時刻				○	○	○	○	○		○

　上記の出題分析表から見ると、本年度の計算問題では、令和3年度～令和5年度の試験と同様に、電気計算に関する問題が出題されると考えられる。電気計算に関する問題は、過去問題と似たような問題が出題されることが比較的多いので、過去問題は確実に理解できるようにする必要がある。また、過去問題以外からの出題にも対応できるよう、本書286ページ～303ページに掲載されている演習問題を通じて、主要な電気計算ができるようになっている必要がある。令和3年度～令和5年度の試験では、「電気回路に関する計算問題」や「変圧器（電気設備）に関する計算問題」が出題されていたが、今後の試験では、「静電容量や照度を計算する問題」や「電柱の支線強度を計算する問題」などが出題されることも考えられる。特に、本書286ページの演習問題No.1「単相交流回路における電流の計算」や、本書289ページの演習問題No.4「ホイートストンブリッジ回路における未知抵抗の計算」は、本年度の試験に出題される可能性が比較的高いと思われる。

4.2 技術検定試験 重要項目集

4.2.1 電気計算の演習問題

演習問題 No.1 単相交流回路における電流の計算

　図に示す単相交流回路の電流 I〔A〕の実効値として、**正しいものはどれか。**

　ただし、電圧 E〔V〕の実効値は 200 V とし、抵抗 R は 4 Ω、誘導性リアクタンス X_L は 3 Ω とする。

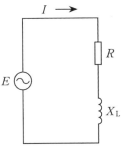

① 29 A　　　　② 40 A　　　　③ 50 A　　　　④ 67 A

解答と解説

(1) 単相交流回路の電流 I[A]の実効値を求めるためには、その単相交流回路のインピーダンス Z [Ω]を求める必要がある。

(2) 抵抗 R[Ω]と誘導性リアクタンス X_L[Ω]が存在する単相交流回路のインピーダンス Z[Ω]は、次の式で求めることができる。
　● インピーダンス $Z[\Omega] = \sqrt{抵抗\ R[\Omega]^2 + 誘導性リアクタンス\ X_L[\Omega]^2}$

　上式を整理すると ➡ $Z = \sqrt{R^2 + X_L^2} = \sqrt{4^2 + 3^2} = \sqrt{25} = 5[\Omega]$

(3) この単相交流回路の電流 I[A]の実効値は、そのインピーダンス Z[Ω]と電圧 E[V]から、次の式(オームの法則)で求めることができる。
　● 電流 I[A] = 電圧 E[V] ÷ インピーダンス Z[Ω]

　上式を整理すると ➡ $I = E \div Z = 200 \div 5 = 40[A]$

電圧〔V〕・電流〔A〕・抵抗〔Ω〕の関係を、オームの法則という。
オームの法則は、電気計算の基本となる。
電圧 V[V] = 抵抗 R[Ω] × 電流 I[A]
電流 I[A] = 電圧 V[V] ÷ 抵抗 R[Ω]
抵抗 R[Ω] = 電圧 V[V] ÷ 電流 I[A]

オームの法則

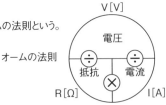

※電圧の記号「E」と「V」の使い分けについて
　電気工学では、電源の電圧などの起電力は「E」で、それ以外の電圧は「V」で表すことが一般的である。

(4) したがって、この単相交流回路における電流 I の実効値として正しいものは、②の **40 A** である。

演習問題 No.2 単相交流回路における各点の電圧の計算

図に示す単相交流回路に交流電圧を加えたとき、R の両端の電圧 $V_R[V]$ および X_L の両端の電圧 $V_L[V]$ の組合せとして、**正しいもの**はどれか。

ただし、電圧 $E[V]$ の実効値は 200V とし、抵抗 R は 4Ω、誘導性リアクタンス X_L は 3Ω とする。

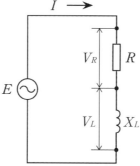

① $V_R = 60V$, $V_L = 80V$　　② $V_R = 80V$, $V_L = 60V$

③ $V_R = 120V$, $V_L = 160V$　　④ $V_R = 160V$, $V_L = 120V$

解答と解説

(1) 単相交流回路に交流電圧を加えたときにおいて、抵抗 R の両端の電圧 $V_R[V]$ およびコイル X_L の両端の電圧 $V_L[V]$ を求めるためには、回路のインピーダンス $Z[\Omega]$ および回路の電流 I [A] を求める必要がある。

(2) 単相交流回路のインピーダンス [Ω] は、抵抗の抵抗値 $R[\Omega]$ とコイルの誘導性リアクタンス $X_L[\Omega]$ から、次のように計算できる。
　●インピーダンス $Z[\Omega]=\sqrt{抵抗\ R[\Omega]^2+誘導性リアクタンス\ X_L[\Omega]^2}$
　上式を整理すると ➡ $Z=\sqrt{R^2+X_L^2}=\sqrt{4^2+3^2}=\sqrt{25}=5[\Omega]$

(3) 単相交流回路の電流 [A] は、電源の電圧 $E[V]$ と単相交流回路のインピーダンス $Z[\Omega]$ から、次のように (前頁で示したオームの法則を用いて) 計算できる。
　●電流 I[A]＝電圧 E[V]÷インピーダンス $Z[\Omega]$
　上式を整理すると ➡ $I=E\div Z=200\div 5=40[A]$

(4) 抵抗 R の両端の電圧 $V_R[V]$ は、次のように (オームの法則を用いて) 計算できる。
　●抵抗 R の両端の電圧 $V_R[V]$＝抵抗の抵抗値 $R[\Omega]$×回路の電流 I[A]
　上式を整理すると ➡ $V_R=R\times I=4\times 40=160[V]$

(5) コイル X_L の両端の電圧 $V_L[V]$ は、次のように (オームの法則を用いて) 計算できる。
　●コイル X_L の両端の電圧 $V_L[V]$＝コイルの誘導性リアクタンス $X_L[\Omega]$×回路の電流 I[A]
　上式を整理すると ➡ $V_L=X_L\times I=3\times 40=120[V]$

(6) したがって、R の両端の電圧 $V_R[V]$ および X_L の両端の電圧 $V_L[V]$ の組合せとして正しいものは、④の $V_R = 160V$, $V_L = 120V$ である。

演習問題 No.3 RLC 直列回路における有効電力の計算

図に示す RLC 直列回路に交流電圧を加えたとき、当該回路の有効電力の値〔W〕として、正しいものはどれか。

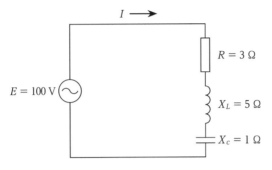

① 860 W   ② 1200 W   ③ 1785 W   ④ 2000 W

解答と解説

(1) RLC 直列回路に交流電圧を加えたときの有効電力を求めるためには、その交流回路のインピーダンス Z〔Ω〕・力率 ($\cos\theta$)・電流 I〔A〕を求める必要がある。

(2) RLC直列回路のインピーダンスZ〔Ω〕は、抵抗の抵抗値R〔Ω〕・コイルの誘導リアクタンスX_L〔Ω〕・コンデンサの容量リアクタンス X_C〔Ω〕から、次の式で求めることができる。

● インピーダンス $Z = \sqrt{\text{抵抗値} R^2 + (\text{誘導リアクタンス} X_L - \text{容量リアクタンス} X_C)^2}$

上式を整理すると ➡ $Z = \sqrt{R^2 + (X_L - X_C)^2} = \sqrt{3^2 + (5-1)^2} = \sqrt{25} = 5$〔Ω〕

(3) RLC 直列回路の電流 I〔A〕は、電源の電圧 E〔V〕と回路のインピーダンス Z〔Ω〕から、次の式(オームの法則)で求めることができる。

● 電流 I〔A〕= 電圧 E〔V〕÷ インピーダンス Z〔Ω〕= 100〔V〕÷ 5〔Ω〕= 20〔A〕

(4) RLC 直列回路の力率 ($\cos\theta$) は、抵抗の抵抗値 R〔Ω〕と回路のインピーダンス Z〔Ω〕から、次の式で求めることができる。

● 力率 ($\cos\theta$) = $\dfrac{\text{抵抗の抵抗値} R〔Ω〕}{\text{回路のインピーダンス} Z〔Ω〕}$ = $\dfrac{3〔Ω〕}{5〔Ω〕}$ = 0.6

(5) RLC 直列回路の有効電力 P〔W〕は、次の式で求めることができる。

● 有効電力 P〔W〕= 電圧 E〔V〕× 電流 I〔A〕× 力率 ($\cos\theta$) = 100〔V〕× 20〔A〕× 0.6 = 1200〔W〕

(6) したがって、この RLC 直列回路に交流電圧を加えたときの有効電力の値として正しいものは、②の **1200 W** である。

参考 (上記の解説のより専門的な表現)

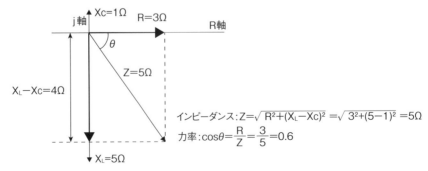

演習問題 No.4 **ホイートストンブリッジ回路における未知抵抗の計算**

　図に示すホイートストンブリッジ回路において、可変抵抗 R_1 を 8.0 Ω にしたとき、検流計に電流が流れなくなった。このときの抵抗 R_X の値として、**正しいもの**はどれか。

　ただし、$R_2 = 5.0$ Ω、$R_3 = 4.0$ Ω とする。

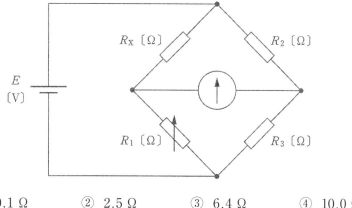

① 0.1 Ω 　　② 2.5 Ω 　　③ 6.4 Ω 　　④ 10.0 Ω

解答と解説

(1) ホイートストンブリッジ回路において、検流計①の電流の流れが 0 となるときは、相対する対辺について、抵抗[Ω]の積が常に等しくなっている。

(2) 図の右上の辺($R_2 = 5.0$ Ω の抵抗がある辺)と左下の辺($R_1 = 8.0$ Ω の抵抗がある辺)との組合せ(相対する対辺のうちのひとつ)における抵抗[Ω]の積は、次の式で表される。
 ● $R_2[Ω] \times R_1[Ω] = 5.0[Ω] \times 8.0[Ω]$

(3) 図の左上の辺($R_X[Ω]$ の未知抵抗がある辺)と右下の辺($R_3 = 4.0$ Ω の抵抗がある辺)との組合せ(相対する対辺のうちのひとつ)における抵抗[Ω]の積は、次の式で表される。
 ● $R_X[Ω] \times R_3[Ω] = R_X[Ω] \times 4.0[Ω]$

(4) 相対する対辺について、抵抗[Ω]の積は常に等しいので、次の式が成り立つ。
 ● $R_2[Ω] \times R_1[Ω] = R_X[Ω] \times R_3[Ω]$
 ● $R_X[Ω] = R_2[Ω] \times R_1[Ω] \div R_3[Ω] = 5.0[Ω] \times 8.0[Ω] \div 4.0[Ω] = 10.0[Ω]$

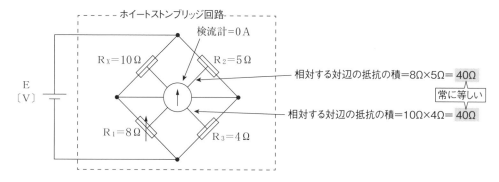

(5) したがって、このホイートストンブリッジ回路における抵抗 R_X の値として正しいものは、④ の **10.0 Ω** である。

演習問題 No.5 電気回路における合成抵抗値の計算

図に示す電気回路における A－B 間の合成抵抗値として、正しいものはどれか。

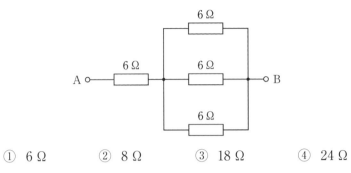

① 6 Ω   ② 8 Ω   ③ 18 Ω   ④ 24 Ω

解答と解説

(1) 並列に接続された抵抗の合成抵抗値(R_1, R_2, R_3)［Ω］は、次の式で求めることができる。

● 並列接続の合成抵抗値 $R_B[\Omega] = \dfrac{1}{\dfrac{1}{R_1} + \dfrac{1}{R_2} + \dfrac{1}{R_3}} = \dfrac{1}{\dfrac{1}{6} + \dfrac{1}{6} + \dfrac{1}{6}} = \dfrac{1}{\dfrac{3}{6}} = 2[\Omega]$

(2) 直列に接続された抵抗の合成抵抗値(R_A, R_B)［Ω］は、次の式で求めることができる。

● 直列接続の合成抵抗値 $R[\Omega] = R_A + R_B = 6 + 2 = 8[\Omega]$

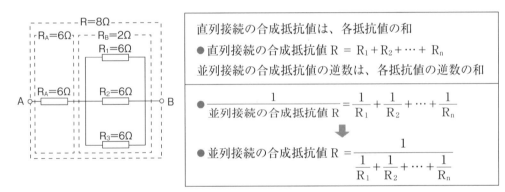

直列接続の合成抵抗値は、各抵抗値の和

● 直列接続の合成抵抗値 $R = R_1 + R_2 + \cdots + R_n$

並列接続の合成抵抗値の逆数は、各抵抗値の逆数の和

● $\dfrac{1}{並列接続の合成抵抗値 R} = \dfrac{1}{R_1} + \dfrac{1}{R_2} + \cdots + \dfrac{1}{R_n}$

● 並列接続の合成抵抗値 $R = \dfrac{1}{\dfrac{1}{R_1} + \dfrac{1}{R_2} + \cdots + \dfrac{1}{R_n}}$

(3) したがって、この電気回路における A－B 間の合成抵抗値として正しいものは、②の **8 Ω** である。

計算問題

演習問題 **No.6** 電気回路における合成抵抗と電流の計算

図に示す回路において、回路全体の合成抵抗 R と電流 I_2 の値の組合せとして、**正しいものはどれか。**

ただし、電池の内部抵抗は無視するものとする。

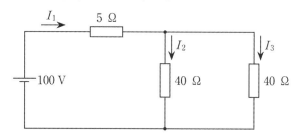

① $R=25\,\Omega$, $I_2=2\,A$　② $R=25\,\Omega$, $I_2=4\,A$　③ $R=85\,\Omega$, $I_2=2\,A$　④ $R=85\,\Omega$, $I_2=4\,A$

解答と解説

(1) 回路全体の合成抵抗を考えるときは、最初に並列部分の合成抵抗 $R_2[\Omega]$ を計算する。並列部分の合成抵抗は、次の式で求めることができる。

● 並列部分の合成抵抗 $R_2[\Omega] = \dfrac{1}{\dfrac{1}{40[\Omega]}+\dfrac{1}{40[\Omega]}} = 1 \div (0.025 + 0.025) = 20[\Omega]$

(2) 直列部分の抵抗(5 Ωの抵抗)と並列部分の合成抵抗($R_2 = 20\ \Omega$)との合成抵抗 $R[\Omega]$ を計算する。直列部分の合成抵抗は、単にその道のりにあるすべての抵抗の値を合計すればよい。したがって、回路全体の合成抵抗は、次の式で求めることができる。

● 回路全体の合成抵抗 $R[\Omega] = 5[\Omega] + 20[\Omega] = 25[\Omega]$

(3) この回路全体に流れる電流 $I_1[A]$ は、オームの法則から、次の式で求めることができる。

● 電圧 $E[V] \div$ 合成抵抗 $R[\Omega] = 100[V] \div 25[\Omega] = 4[A]$

(4) この回路の並列部分(I_2, I_3)では、各線の抵抗が等しいので、4 A の電流が 2 等分され、その各線(I_2, I_3)に、それぞれ 2 A の電流が流れる。

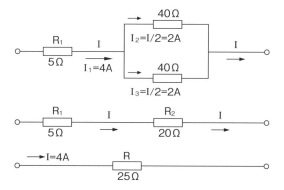

(5) したがって、この回路全体の合成抵抗 R と電流 I_2 の値の組合せとして正しいものは、①の **R=25 Ω , I_2=2A** である。

演習問題 No.7 直流回路網における起電力の計算

図に示す直流回路網における起電力 E〔V〕の値として、**正しいもの**はどれか。

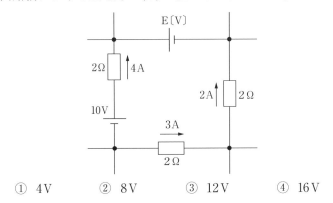

① 4V   ② 8V   ③ 12V   ④ 16V

解答と解説

(1) 直流回路網における起電力は、直流回路網における電圧降下から、次の手順で計算する。この計算では、直流回路網における電流の向きを仮定する必要がある。下記の手順では、起電力 E〔V〕を計算する電源の正極が左（反時計回りの方向）を向いているので、電流の向きは反時計回りであると仮定している。

(2) 直流回路網における起電力の合計は、正極が反時計回りの方向を向いている電源の電圧〔V〕から、正極が時計回りの方向を向いている電源の電圧〔V〕を差し引いた値である。
- 起電力の合計 = E〔V〕− 10〔V〕

(3) 直流回路網における電圧降下の合計は、反時計回りに流れる電流の「電流〔A〕×抵抗〔Ω〕」の値から、時計回りに流れる電流の「電流〔A〕×抵抗〔Ω〕」の値を差し引いた値である。
- 電圧降下の合計 = + 3A×2Ω + 2A×2Ω − 4A×2Ω = 2〔V〕

(4) 直流回路網における起電力の合計は、直流回路網における電圧降下の合計に等しい。
- 起電力の合計 = 電圧降下の合計
- E〔V〕− 10〔V〕 = 2〔V〕 ➡ 起電力 E〔V〕= 12〔V〕

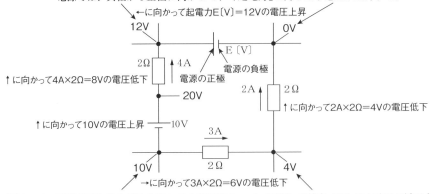

直流回路網における各点の相対的な電圧

電源では、負極から正極に向かって、「起電力」と同じだけ電圧が上昇する。

抵抗では、電流が流れ込む側から流れ出す側に向かって、「電流×抵抗」と同じだけ電圧が低下する。

(5) したがって、この直流回路網における起電力 E の値として正しいものは、③の **12V** である。

参考 （上記の解説のより専門的な表現）

(1) 直流回路網における電流の向きを、左回りと右回りのどちらかに仮定して計算する。

(2) 直流回路網の一点から任意の回路を一周して元の点に戻ったときの電位降下の代数和$\Sigma R \times I$と起電力の代数和ΣEとは等しい。この法則は、キルヒホッフの電圧の法則と呼ばれている。ここでは、回路を一周するときの起電力Eの合計ΣEと、電位降下の合計$\Sigma R \times I$とは等しいという関係式を使用する。

● $\Sigma E = \Sigma R \times I$

(3) この問題の場合は、電流を反時計回りに仮定したときと、電流を時計回りに仮定したときに、各機器の電圧降下の符号は、下図のようになる。

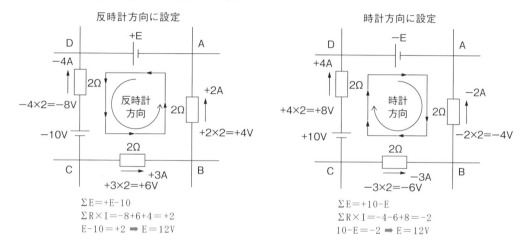

$\Sigma E = +E-10$
$\Sigma R \times I = -8+6+4 = +2$
$E-10 = +2 \Rightarrow E = 12V$

$\Sigma E = +10-E$
$\Sigma R \times I = -4-6+8 = -2$
$10-E = -2 \Rightarrow E = 12V$

(4) 以上のように、電流の方向を左回りと右回りのどちらに仮定しても、結果が同じになるので、最初からどちらにするかを決めておくことが望ましい。

演習問題 No.8 コンデンサにおける合成静電容量の計算

図Aの合成静電容量をC_A〔F〕、図Bの合成静電容量をC_B〔F〕とするとき、$C_A \div C_B$の値として、**正しいものはどれか。**

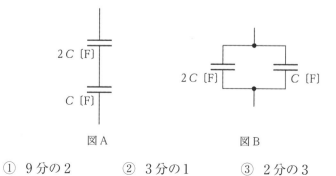

$2C$〔F〕

C〔F〕

$2C$〔F〕　　C〔F〕

図A　　　　　　　　　　図B

① 9分の2　　　② 3分の1　　　③ 2分の3　　　④ 2

解答と解説

(1) 「直列接続したコンデンサの合成静電容量＝各コンデンサの静電容量の積÷各コンデンサの静電容量の和」である。したがって、静電容量 $2C[F]$ のコンデンサと静電容量 $C[F]$ のコンデンサを、図 A のように直列接続したときの合成静電容量 $C_A[F]$ は、次の式で求められる。

● 直列接続時（図 A）の合成静電容量 $C_A[F] = \dfrac{2C[F] \times C[F]}{2C[F] + C[F]} = \dfrac{2}{3}C[F]$

(2) 「並列接続したコンデンサの合成静電容量＝各コンデンサの静電容量の和」である。したがって、静電容量 $2C[F]$ のコンデンサと静電容量 $C[F]$ のコンデンサを、図 B のように並列接続したときの合成静電容量 $C_B[F]$ は、次の式で求められる。

● 並列接続時（図 B）の合成静電容量 $C_B[F] = 2C[F] + C[F] = 3C[F]$

(3) したがって、図 A の合成静電容量 $C_A[F]$ ÷図 B の合成静電容量 $C_B[F]$ の値（$C_A \div C_B$ の値）は、次の通りである。

● $C_A \div C_B = \dfrac{2}{3}C \div 3C = \dfrac{2}{9}$

(4) したがって、$C_A \div C_B$ の値として正しいものは、①の **9 分の 2** である。

演習問題 No.9　コンデンサに蓄えられる電荷量の計算

図に示す回路において、コンデンサ C_1 に蓄えられる電荷〔μC〕として、**正しいもの**はどれか。

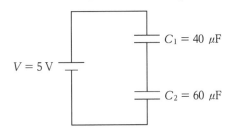

$V = 5\,V$　　$C_1 = 40\ \mu F$　　$C_2 = 60\ \mu F$

① 100 μC 　　② 120 μC 　　③ 500 μC 　　④ 600 μC

解答と解説

(1) この問題の図は、直列コンデンサ回路である。直列コンデンサ回路の各コンデンサに蓄えられる電荷は、この回路全体の静電容量 $C[\mu F]$ と電源の電圧 $V[V]$ に比例する。

(2) 直列コンデンサ回路全体の静電容量 $C[\mu F]$ は、次の式で求めることができる。

● 回路全体の静電容量 $C = \dfrac{静電容量 C_1 \times 静電容量 C_2}{静電容量 C_1 + 静電容量 C_2}$

上式を整理すると ➡ $C = \dfrac{C_1 \times C_2}{C_1 + C_2} = \dfrac{40 \times 60}{40 + 60} = 24[\mu F]$

(3) 各コンデンサに蓄えられる電荷 $Q[\mu C]$ は、次の式で求めることができる。

● 蓄えられる電荷 $Q = 回路全体の静電容量 C \times 電源の電圧 V$

上式を整理すると ➡ $Q = C \times V = 24 \times 5 = 120[\mu C]$

(4) 直列コンデンサ回路では、それぞれのコンデンサの静電容量（$C_1[\mu F]$, $C_2[\mu F]$ の大きさ）に関係なく、すべてのコンデンサに同じだけの電荷が蓄えられる。

(5) したがって、コンデンサ C_1 に蓄えられる電荷として正しいものは、②の **120 μC** である。

電気計算の解き方講習 -10

演習問題 No.10 配電線路における線間電圧の計算

図に示す配電線路について、C点の線間電圧として、**正しいもの**はどれか。

ただし、電線1線あたりの抵抗はA-B間で0.1Ω、B-C間で0.2Ω、負荷は抵抗負荷とし、線路リアクタンスは無視する。

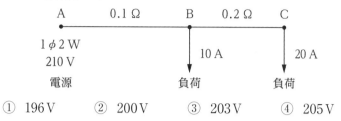

① 196V ② 200V ③ 203V ④ 205V

解答と解説

(1) この配電線路は、電源の相数(φ)が1φ・線数(W)が2本なので、単相二線式の配電線路である。最初に、この配電線路のどの部分にどれだけの電流が流れているかを計算する。
- 電線A-B間には、10Aの負荷と20Aの負荷に電力を供給するため、「10A+20A=30A」の電流が流れている。
- 電線B-C間には、20Aの負荷だけに電力を供給するため、「20A」の電流が流れている。

(2) 単相二線式の配電線路において、線路リアクタンスを無視し、抵抗負荷だけを考える場合は、それぞれの点間において、「電流[A]×抵抗[Ω]×線数(W)」の値だけ電圧[V]が低下する。
- 電線A-B間では、電流が30A・抵抗が0.1Ω・線数が2本なので、「30A×0.1Ω×2=6V」だけ電圧が低下する。すなわち、A点で210Vあった電圧は、B点では6V低下して204Vになる。
- 電線B-C間では、電流が20A・抵抗が0.2Ω・線数が2本なので、「20A×0.2Ω×2=8V」だけ電圧が低下する。すなわち、B点で204Vあった電圧は、C点では8V低下して196Vになる。

(3) 上記の「C点では196Vになる」という部分が、「C点の線間電圧」を表している。したがって、この配電線路において、C点の線間電圧として正しいものは、①の**196V**である。

参考 (上記の解説のより専門的な表現)

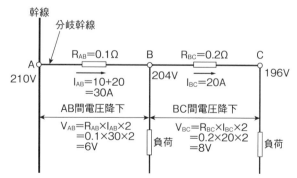

AB間の電圧降下 $V_{AB} = R_{AB} \times I_{AB} \times 2 = 0.1 \times 30 \times 2 = 6\,V$
BC間の電圧降下 $V_{BC} = R_{BC} \times I_{BC} \times 2 = 0.2 \times 20 \times 2 = 8\,V$
A点の分岐電圧 = 210V
B点の線間電圧 = 210 − 6 = 204V
C点の線間電圧 = 204 − 8 = 196V

演習問題 No.11 金属導体における抵抗値の計算

　図のような金属導体Bの抵抗値が、金属導体Aの抵抗値の何倍になるかの記述として、正しいものはどれか。

　ただし、金属導体の材質及び温度条件は同一とする。

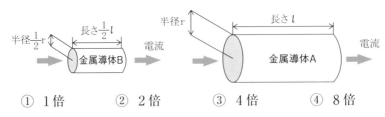

①　1倍　　　　②　2倍　　　　③　4倍　　　　④　8倍

解答と解説

(1) 金属導体の抵抗値は、その長さに比例する。
- ● 金属導体Bの長さは、金属導体Aの長さの半分である。
- ● 長さだけを考えると、金属導体Bの抵抗値は、金属導体Aの抵抗値の半分になる。

(2) 金属導体の抵抗値は、その断面積に反比例する。
- ● 金属導体Bの断面積は、金属導体Aの断面積の4分の1である。
- ● 断面積だけを考えると、金属導体Bの抵抗値は、金属導体Aの抵抗値の4倍になる。

(3) したがって、金属導体Bの抵抗値は、金属導体Aの抵抗値の2倍（半分×4倍）になるので、何倍になるかの記述として正しいものは、②の**2倍**である。

参考 （上記の解説のより専門的な表現）

(1) Aの金属導体について、半径r・長さℓの抵抗R_Aは、金属導体の比例定数ρを抵抗率とすると、次の式が成り立つ。（断面積は半径の二乗に反比例する）
- ● $R_A = \rho \times \dfrac{\ell}{\pi r^2}\,[\Omega]$

(2) Bの金属導体について、半径r/2・長さ$\ell/2$の抵抗R_Bは、金属導体の比例定数ρを抵抗率とすると、次の式が成り立つ。
- ● $R_B = \rho \times \dfrac{\dfrac{\ell}{2}}{\pi \times \left(\dfrac{r}{2}\right)^2} = \rho \times \dfrac{\dfrac{\ell}{2}}{\dfrac{\pi r^2}{4}} = 2\,\rho \times \dfrac{\ell}{\pi r^2}\,[\Omega]$

(3) Aの金属導体とBの金属導体との抵抗比は、次の式で表される。
- ● 抵抗比（倍数）$= \dfrac{R_B}{R_A} = 2\,[倍]$

演習問題 No.12 電線の抵抗値の計算

　図に示す直径が4mm、長さが8kmの一様な断面積を持つ直線状の電線の抵抗値[Ω]として、**正しいもの**はどれか。

　ただし、電線の抵抗率は1.57×10^{-8} Ω・mとする。

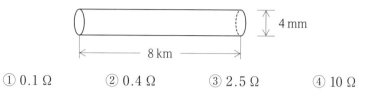

　① 0.1 Ω　　　　② 0.4 Ω　　　　③ 2.5 Ω　　　　④ 10 Ω

解答と解説

⑴ 電線の抵抗率は、長さが1m・断面積が$1m^2$の電線の抵抗値を表すものである。したがって、下図のような電線の抵抗値は、$1.57 \times 10^{-8} = 0.0000000157$Ωである。

⑵ 電線の抵抗値は、その長さに比例する。（長い電線であるほど抵抗値が大きくなる）
　●この問題は、長さの単位が[km][m][mm]とばらばらなので、[m]に統一して計算する。
　●8km＝8000mの電線の長さは、1mの電線（上図）の長さの8000倍である。
　●長さ8000mの電線の抵抗値は、長さ1mの電線の抵抗値の8000倍になる。

⑶ 電線の抵抗値は、その断面積に反比例する。（細い電線であるほど抵抗値が大きくなる）
　●直径4mmの電線の断面積は、円周率(3.14)×半径$(0.002m)^2＝0.0000126 m^2$である。
　●$0.0000126 m^2$の電線の断面積は、$1m^2$の電線（上図）の断面積の8万分の1である。
　●断面積$0.0000126 m^2$の電線の抵抗値は、断面積$1m^2$の電線の抵抗値の8万倍になる。

⑷ 「長さが8000m・断面積が$0.0000126 m^2$の電線」の抵抗値は、「長さが1m・断面積が$1m^2$の電線」の抵抗値$(0.0000000157$Ω$) \times 8000$倍$\times 80000$倍$＝10$Ωになる。

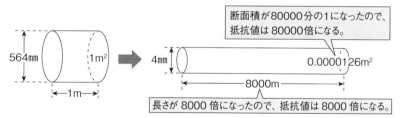

抵抗値 0.0000000157Ω$\times 8000$倍$\times 80000$倍＝抵抗値10Ω

⑸ したがって、電線の抵抗率が1.57×10^{-8}[Ω・m]・直径が4mm・長さが8kmの一様な断面積を持つ直線状の電線の抵抗値として正しいものは、④の **10Ω** である。

演習問題 No.13 変圧器における一次側の電圧の計算

　一次側に電圧 6600 V を加えたとき、二次側の電圧が 110 V となる変圧器がある。この変圧器の二次側の電圧を 105 V にするための一次側の電圧〔V〕として、**正しいもの**はどれか。

　ただし、変圧器の損失はないものとする。

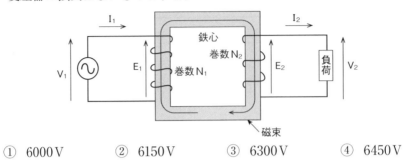

① 6000 V　　　② 6150 V　　　③ 6300 V　　　④ 6450 V

解答と解説

(1) 変圧器は、損失がない場合、一次側の電圧と二次側の電圧との比が、常に等しい。

(2) 変圧器の二次側の電圧を 105 V にするための一次側の電圧を X〔V〕とすると、次の式が成り立つ。

● $\dfrac{\text{一次側の電圧}}{\text{二次側の電圧}} = \dfrac{6600〔V〕}{110〔V〕} = \dfrac{X〔V〕}{105〔V〕}$ ➡ $X〔V〕= 6600 \div 110 \times 105 = 6300〔V〕$

(3) したがって、この変圧器の二次側の電圧を 105 V にするための一次側の電圧として正しいものは、③の **6300 V** である。

参考 （上記の問題に関連する事項）

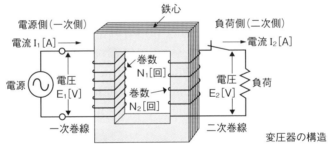

変圧器の構造

変圧器は、損失がない場合、次の値の比が常に等しくなる。

● 一次側の電圧 E_1〔V〕と二次側の電圧 E_2〔V〕との比
● 一次側の電流 I_1〔A〕と二次側の電流 I_2〔A〕との比
● 一次側の巻数 N_1〔回〕と二次側の巻数 N_2〔回〕との比

$$\dfrac{E_1}{E_2} = \dfrac{I_1}{I_2} = \dfrac{N_1}{N_2} = \text{一定}$$

計算問題

演習問題 No. 14 変圧器における一次電流の計算

図に示す変圧器の一次電流 I〔A〕の値として、**正しいもの**はどれか。

ただし、各負荷の電流は図示の値、各負荷の力率は 100％ とし、変圧器及び電線路の損失は無視するものとする。

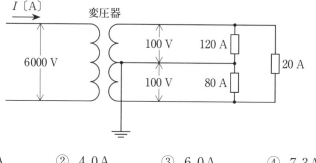

① 3.7A   ② 4.0A   ③ 6.0A   ④ 7.3A

解答と解説

(1) 変圧器の一次側（変圧器の左側）の電力 P_1[VA]は、変圧器の一次電流 I[A]と線電圧 6000[V]から、次の式で求めることができる。

- 一次側の電力 P_1 = 6000[V]×I[A] = 6000×I[VA]

(2) 変圧器の二次側（変圧器の右側）の電力 P_2[VA]は、各相の電力の総和（Σ(V[V]×I[A]))になるので、次の式で求めることができる。

- 二次側の電力 P_2 = 100[V]×120[A]＋100[V]×80[A]＋200[V]×20[A] = 24000[VA]

(3) 変圧器や電線路の損失がない場合、変圧器の一次側の電力 P_1[VA]は、変圧器の二次側の電力 P_2[VA]と等しい。したがって、次の式が成り立つ。

- 一次側の電力 P_1 = 6000×I[VA]＝二次側の電力 P_2 = 24000[VA]
- 変圧器の一次電流 I = 4.0[A]

(4) したがって、この変圧器の一次電流 I の値として正しいものは、②の **4.0A** である。

計算問題

演習問題 No.15 環状鉄心における相互インダクタンスの計算

自己インダクタンスが 20mH と 80mH の 2 つのコイルが巻かれた環状鉄心がある。このときの相互インダクタンスの値として、**正しいもの**はどれか。

ただし、漏れ磁束はないものとする。

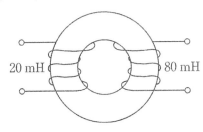

① 40mH ② 50mH ③ 60mH ④ 100mH

解答と解説

(1) 環状鉄心の相互インダクタンスは、漏れ磁束がないと仮定した場合、環状鉄心に巻かれた 2 つのコイルの自己インダクタンスの値(L_1, L_2)から、次の式で求めることができる。

● 相互インダクタンス $M[mH] = \sqrt{\text{自己インダクタンス } L_1[mH] \times \text{自己インダクタンス } L_2[mH]}$

上式を整理すると ➡ $M[mH] = \sqrt{20 \times 80} = \sqrt{1600} = 40[mH]$

(2) したがって、この環状鉄心の相互インダクタンスの値として正しいものは、①の **40mH** である。

参考 （上記の解説のより専門的な表現）

(1) **相互インダクタンス**：電磁結合している一次コイルと二次コイルがある場合、一次コイルの電流を（$\Delta I_1 / \Delta t$）の割合で変化させると、二次コイルに誘導される起電力（e_2）[V]は、電流変化割合（$\Delta I_1 / \Delta t$）に比例する。このときの比例定数を、相互インダクタンス（M）[H]と呼ぶ。なお、一次コイルに誘導される起電力（e_1）[V]は、電流変化割合（$\Delta I_1 / \Delta t$）および一次コイルの自己インダクタンス（L_1）[H]に比例する。

● 一次コイルの起電力（e_1）= 自己インダクタンス（L_1）× 電流変化割合（$\Delta I_1 / \Delta t$）

● 二次コイルの起電力（e_2）= 相互インダクタンス（M）× 電流変化割合（$\Delta I_1 / \Delta t$）

(2) **環状鉄心コイルの相互インダクタンス（M）[H]**：鉄心の透磁率（μ）[H/m]、環状鉄心の断面積（S）[m^2]、一次コイル巻数（N_1）[回]、二次コイル巻数（N_2）[回]、磁路長（l）[m]から、次の式で求めることができる。

● 相互インダクタンス(M)= $\dfrac{\text{透磁率}(\mu) \times \text{断面積}(S) \times \text{一次側コイル巻数}(N_1) \times \text{二次側コイル巻数}(N_2)}{\text{磁路長}(l)}$

(3) **相互インダクタンスと自己インダクタンス**：相互インダクタンス（M）[H]は、一次コイルの自己インダクタンス（L_1）[H]と二次コイルの自己インダクタンス（L_2）[H]の積の平方根と、結合係数（k）に比例する。結合係数（k）は、変圧器により異なるが、0 以上 1 以下である。

● 相互インダクタンス(M) = 結合係数(k) × $\sqrt{L_1 \times L_2}$

演習問題 No.16 水平面における照度の計算

図に示す P 点の水平面照度 E[lx] の値として、**正しいもの**はどれか。

ただし、光源は P 点の直上にある点光源とし、P 方向の光度 I は 160 cd とする。

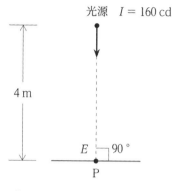

① 5lx ② 10lx ③ 20lx ④ 40lx

解答と解説

(1) 光源に対して垂直な面の水平面照度 E[lx](ルクス)は、その面に向かう光度 I[cd](カンデラ)に比例し、その面と光源との距離 r[m] の二乗に反比例する。したがって、次のような式が成り立つ。

● P 点の水平面照度 $E[lx] = \dfrac{P方向の光度 I[cd]}{光源とP点との距離 r[m]^2} = \dfrac{160[cd]}{4[m]^2} = 10[lx]$

上式を整理すると ➡ $E = \dfrac{I}{r^2} = \dfrac{160}{4^2} = 10[lx]$

(2) したがって、P 点の水平面照度 E の値として正しいものは、②の **10lx** である。

参考 (上記の問題に関連する事項)

※光源が P 点の直上ではなく、角度 θ が付いた場所にあるときは、その水平面照度は、光源が P 点の直上にある場合に比べて、cos θ を掛けた値だけ小さくなる。

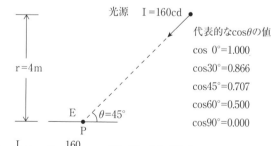

代表的なcosθの値

cos 0°=1.000

cos30°=0.866

cos45°=0.707

cos60°=0.500

cos90°=0.000

$$E = \frac{I}{r^2} \times \cos\theta = \frac{160}{4^2} \times \cos45° = 10 \times 0.7 = 7[lx]$$

計算問題

演習問題 No.17 必要照度を基にした照明器具台数の計算

　間口 18m、奥行 12m、天井高さ 2.6m の事務室の天井に LED 照明器具を設置する。机上面の平均照度を 750lx とするために、光束法により算出される LED 照明器具の台数として、**正しいもの**はどれか。

　ただし、LED 照明器具 1 台の光束は 7500lm、照明率は 0.9、保守率は 0.8 とする。

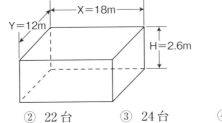

① 12台　　② 22台　　③ 24台　　④ 30台

解答と解説

(1) ある部屋の任意の面（机上面など）における平均照度を E[lx] とするために必要な照明器具の台数 N[台] は、その部屋の床面積（間口×奥行）A[m²]、照明器具 1 台の定格光束 F[lm]、照明器具の照明率 U、照明器具の保守率 M から、次の式で求めることができる。（この計算に部屋の天井高さは無関係である）

●LED 照明器具の台数 N[台] $= \dfrac{\text{目標とする机上面の平均照度E[lx]}\times\text{事務室の床面積A[m}^2]}{\text{LED照明器具1台の定格光束F[lm]}\times\text{照明率U}\times\text{保守率M}}$

$= (750\text{lx}\times18\text{m}\times12\text{m})\div(7500\text{lm}\times0.9\times0.8)=30\text{台}$

上式を整理すると ➡ $N = \dfrac{E\times A}{F\times U\times M} = \dfrac{750\times216}{7500\times0.9\times0.8} = 30$

(2) したがって、この事務室の机上面の平均照度を 750lx とするために必要な LED 照明器具の台数として正しいものは、④の **30台** である。

参考 （上記の問題に関連する事項）

※全般照明による部屋の平均照度 E[lx] は、ランプ 1 本あたりの光束 F[lm]・ランプの総本数 n[本]・ランプの照明率 U・ランプの保守率 M・部屋の面積 A[m²] から、次の式（光束法による計算）で求めることができる。

●平均照度 E[lx] $= \dfrac{\text{ランプの光束F[lm]}\times\text{ランプの総本数n[本]}\times\text{ランプの照明率U}\times\text{ランプの保守率M}}{\text{部屋の面積A[m}^2]}$

上式を整理すると ➡ $E = \dfrac{F\times n\times U\times M}{A}$

※照明率とは、光源の光束のうち、直達や反射などにより床面に届く光束の割合を示した値である。
※保守率とは、光源の光束のうち、光源の汚れなどにより減少しなかった光束の割合を示した値である。

※1 台の照明器具に 2 本以上のランプが取り付けられていることもあるので、このような計算をするときは、「台数 N」と「総本数 n」の違いに注意する必要がある。なお、**演習問題 No.17** では、1 台の LED 照明器具に 1 本のランプが取り付けられている（台数 N ＝総本数 n である）ものと見なしている。

演習問題 No.18 架空配電線路における電線の水平張力の計算

　図に示す架空配電線路において、電線の水平張力の最大値として、**正しいもの**はどれか。

　ただし、電線は十分な引張強度を有するものとし、支線の許容引張強度は 22kN、その安全率を 2 とする。

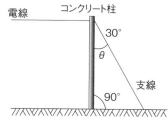

① 5.0kN 　　　② 5.5kN 　　　③ 9.5kN 　　　④ 11.0kN

解答と解説

(1) 架空配電線路では、電線の水平張力が、支線の水平方向の許容引張強度よりも大きくなると、コンクリート柱が電線側に引っ張られて転倒するおそれが生じる。このような事態を防ぐためには、「支線の水平方向の許容引張強度÷安全率」と「電線の水平張力の最大値」の値を等しくする必要がある。

(2) 支線の水平方向の許容引張強度は、その支線が水平に張られていれば(支線とコンクリート柱との角度 θ が 90 度であれば)、支線の許容引張強度に等しい。しかし、支線とコンクリート柱との角度 θ が小さくなるにつれて、支線の水平方向の許容引張強度は小さくなる。支線の水平方向の許容引張強度とこの角度 θ との関係は、次の式で表される。

　●支線の水平方向の許容引張強度＝支線の許容引張強度×$\sin\theta$

(3) この架空配電線路では、支線の許容引張強度が 22kN・支線とコンクリート柱との角度 θ が 30° なので、次の式が成り立つ。

　●支線の水平方向の許容引張強度＝22kN×$\sin 30°$＝22kN×0.5＝11kN

(4) 「支線の水平方向の許容引張強度÷安全率」と「電線の水平張力の最大値」の値を等しくする必要があるので、次の式を用いて「電線の水平張力の最大値」を計算する。

　●電線の水平張力の最大値＝支線の水平方向の許容引張強度÷安全率＝11kN÷2＝5.5kN

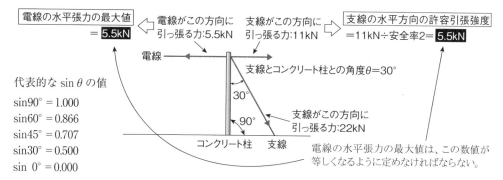

(5) したがって、この架空配電線路における電線の水平張力の最大値として正しいものは、②の 5.5kN である。

参考 （上記の問題に関連する事項）

※この演習問題の考え方を応用することにより、下図のような高低圧架空配電線路の引留箇所において、電線（高圧線と低圧線）の水平張力を1条の支線で支えるときに、電柱の支線に必要な引張強さ T[kN] の値を求めることもできる。

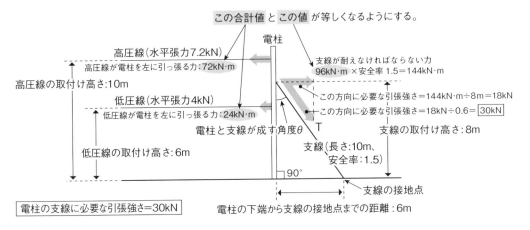

この合計値 と この値 が等しくなるようにする。

電柱

高圧線（水平張力7.2kN）
高圧線が電柱を左に引っ張る力：72kN・m
高圧線の取付け高さ：10m

支線が耐えなければならない力
96kN・m × 安全率 1.5＝144kN・m

この方向に必要な引張強さ＝144kN・m÷8m＝18kN
この方向に必要な引張強さ＝18kN÷0.6＝ 30kN

低圧線（水平張力4kN）
低圧線が電柱を左に引っ張る力：24kN・m

電柱と支線が成す角度θ

T

支線の取付け高さ：8m

低圧線の取付け高さ：6m

支線（長さ：10m、安全率：1.5）

90°

支線の接地点

電柱の支線に必要な引張強さ＝30kN

電柱の下端から支線の接地点までの距離：6m

コラム **計算問題の出題傾向について**（計算問題の出題傾向に関するより専門的な表現）

　電気工学は、理論的に理解することが困難である場合があるが、計算問題を通じると理解できる場合が多いとされている。電気計算の分野では、基本的なオームの法則を用いた RLC 直列回路などの電気回路に関する計算と、変圧器に関する電力計算が、令和3年度〜令和5年度に出題されている。そのため、こうした回路の計算や、単相交流・三相交流の力率（$\cos\theta$）や、鉄損などによる無負荷損および負荷電流による銅損などの概要を理解することが必要である。令和3年度〜令和5年度の計算問題に関する知識を整理すると、次のようになる。

	出題内容	解答方法（計算関係式）	出題年度
電気回路	RLC 直列回路の各点の電圧計算（V_L）	電流 $I = E \div Z = E \div \sqrt{R^2+(X_L-X_C)^2}$ 電圧 $V_L = X_L \times I$	R5
	電圧降下に伴う各点の線間電圧計算（V_C）	電圧降下 $V_{AB} = R_{AB} \times I_{AB}$ ➡ 電圧 $V_B = V_A - V_{AB}$ 電圧降下 $V_{BC} = R_{BC} \times I_{BC}$ ➡ 電圧 $V_C = V_B - V_{BC}$	R5
	RLC 直列回路の有効電力計算（P）	電流 $I = E \div Z = E \div \sqrt{R^2+(X_L-X_C)^2}$ 力率 $\cos\theta = R \div Z$ 有効電力 $P = E \times I \times \cos\theta$	R4
	直流回路網の起電力計算（I）	回路の電圧降下の合計 $\Sigma(R \times I) =$ 起電力の合計 ΣE 起電力の合計 $\Sigma E = \Sigma(R \times I)$	R3
変圧器	変圧器の効率計算（η）	変圧器の出力（二次側の電力）P_2 無負荷損（鉄損）Pi、負荷損（銅損）Pc 変圧器の効率 $\eta = \dfrac{P_2}{P_2+Pi+Pc} \times 100\%$	R4
	変圧器一次側の電流計算（I_1）	$P_1 = V_1 \times I_1 = \Sigma(V_2 \times I_2) = P_2$ 一次側の電流 $I_1 = P_2 \div V_1$	R3

※各記号の意味や計算関係式の詳細等については、対応する最新問題解説（理論的な正確さを重視した解答方法）を参照してください。

計算問題

4.2.2 ネットワーク計算の出題内容

　本年度の計算問題では、令和3年度以降の試験と同様に、電気計算に関する問題が出題されると考えられます。そのため、本年度の試験にネットワーク計算に関する問題が出題される可能性は低いと思われますが、令和2年度以前の試験では毎年出題されていたので、一通り目を通しておくことを推奨します。令和2年度以前の試験では、下記のようなアロー形ネットワーク工程表について、その最早開始時刻・所要工期・クリティカルパスを求める問題が出題されていました。

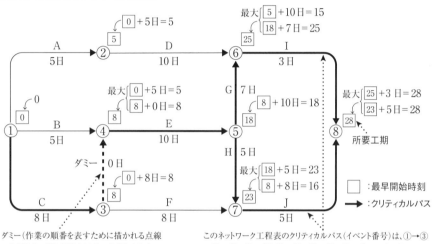

ダミー(作業の順番を表すために描かれる点線の矢線)は、所要日数が0日の作業とみなす。

このネットワーク工程表のクリティカルパス(イベント番号)は、①→③→④→⑤→⑥→⑧と①→③→④→⑤→⑦→⑧の2本である。

出題内容	解答方法	出題年度
最早開始時刻と所要工期	① 開始イベントの最早開始時刻は、0日である。	R2, R元, H30,H29, H28,H27, H26,H25, H24,H23
	② 各イベントの最早開始時刻は、「直前のイベントの最早開始時刻＋その矢線の作業日数」である。	
	③ 矢線が複数流入するイベントの最早開始時刻は、上記②で計算した最早開始時刻のうち、最大値である。	
	④ 所要工期は、最終イベントの最早開始時刻に等しい。	
	⑤ 作業の所要日数が変更になったときは、ネットワーク工程表を書き換えた後、上記②〜④の計算をもう一度行う。	
クリティカルパス	クリティカルパスは、上記③の計算において採用した矢線を、最終イベントから開始イベントまで辿ったものである。	H27,H25, H23

※ネットワーク計算の問題を解くときは、最初に各イベントの最早開始時刻の計算をする。最早開始時刻が求まれば、そこからクリティカルパスと工期を計算することができる。最早開始時刻・クリティカルパス・工期を計算できるということは、過去の試験に出題されたすべての問題に解答できるということである。

4.2.3 ネットワーク工程表の作成と計算の規則

　ネットワーク計算を理解するためには、ネットワーク工程表の作成を試してみることが良い方法である。下記の 課題1 で、ネットワーク工程表の作成の実例を示す。

課題1　下記の工程をネットワーク工程表として図示せよ。

① 作業Aは、最初から行える作業である。	A:日数2日 / 準備作業
② 作業Bは、作業Aの終了後に行える作業である。	B:日数3日 / 配管・配線作業
③ 作業Cは、作業Aの終了後に行える作業である。	C:日数5日 / 灯具取付け作業
④ 作業Dは、作業BとCの終了後に行える作業である。	D:日数1日 / 検査作業

---

(1) イベントとアローの作成

　ネットワーク工程表の中の作業は、作業の起点・終点を示す**イベント**（○）と、作業日程を示す矢線である**アロー**（矢印）とを組み合わせて表す。アローの上には作業名を、アローの下には作業日数を書く。 課題1 の工程のひとつひとつを個別にイベントとアローで表したものを下図に示す。

○ ──A→ ○　　○ ──B→ ○　　○ ──C→ ○　　○ ──D→ ○
　　2日　　　　　　3日　　　　　　5日　　　　　　1日

(2) ネットワーク化とイベント番号の付け方

1. (1)で作成した個別のイベントとアローを左から作業順に並べ、ネットワーク工程表を作成する。各イベントは、作業の順番通りに番号を付ける。この番号を**イベント番号**と呼ぶ。また、並行作業（2本の矢線が平行に並ぶ部分）は、右図のように、アローを上下2本に分けて表す。

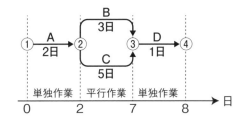

2. ネットワーク工程表では、作業は、作業開始のイベント番号と作業終了のイベント番号で示される。上図の例では、作業Aは①→②、作業Bは②→③、作業Cは②→③、作業Dは③→④となる。しかし、この場合、作業Bと作業Cがどちらも②→③となっているので、正しいネットワーク工程表とはいえない。

3. 作業Bと作業Cがどちらも②→③になるのを避けるためには、作業Bまたは作業Cのいずれかの後に架空の作業（ダミーの作業）を挿入する。ダミーの作業③┈④を示すアローは、点線で表し、作業名は記入せず、作業日数は0日とする。

下図に **課題1** の正しいネットワーク工程表を示す。下図では、作業 A は①→②、作業 B は②→③、作業 C は②→④、ダミーの作業は③┈④、作業 D は④→⑤となっている。

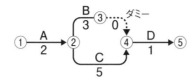

(3) ネットワークの最早開始時刻の計算

1. ネットワーク工程表では、各作業を始められる日が最初の作業を開始してから何日目になるかを計算することができる。これを最早開始時刻と呼ぶ。

   最早開始時刻は、最初のイベントからそれを求めたいイベントまでの作業日数を合計して求める。**課題1** のネットワーク工程表において、各作業 A・B・C・D の最早開始時刻は、下記のような手順で計算する。

   i　イベント①～イベント⑤の右上に、最早開始時刻の記入欄として□を記入する。

   ii　イベント①の最早開始時刻は、最初のイベントなので、0 となる。

   iii　イベント②の最早開始時刻は、0 +2= 2 となる。作業 A は単独作業なので、矢線に●印をマークする。

   iv　イベント③の最早開始時刻は、2 +3= 5 となる。

   v　イベント④に流入する矢線は、③のイベントから来る 5 +0= 5 と、②のイベントから来る 2 +5= 7 の二通りである。作業 D は、作業 B と作業 C の両方が終了してから開始するので、最早開始時刻は、両作業の MAX となる。したがって、イベント④の最早開始時刻は、7 となる。MAX となる作業 C の矢線に●印をマークする。

   vi　イベント⑤の最早開始時刻は、7 +1= 8 となる。作業 D は独立作業なので、矢線に●印をマークする。●印がマークされた矢線を結んでクリティカルパスとする。

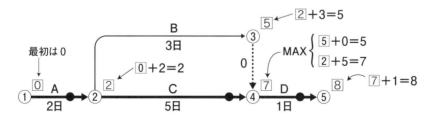

2. **参考** ネットワーク工程表をタイムスケール(時間表示)として表したものが下図である。タイムスケールを描くとき、並行作業となる箇所では、最も時間のかかるクリティカルパスの作業 A・C・D を最初にタイムスケールに描き、それ以外の作業 B をその上に描く。

計算問題

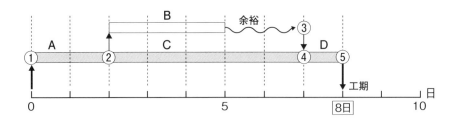

3. タイムスケールにおいて、余裕のない作業をたどったA→C→Dをクリティカルパスという。このクリティカルパスの作業日数を合計したものを工期という。**課題1**のネットワーク工程表の工期は、2日+5日+1日＝8日となり、最終イベント⑤の最早開始時刻⑧が工期である。

4. 最早開始時刻の利用法は、工事管理における調達計画（機材や労働力を何日目までに調達すべきか）の明示である。例えば、**課題1**のネットワーク工程表において、作業Dは最早開始時刻が7日目なので、作業Dに必要となる機器・工具・労働者・電力などは、作業を開始してから7日目までに調達しなければならないことを明示する。ここでいう調達とは、それを入手することだけではなく、すぐに使える状態にすることである。例えば、機材の搬入検査などは、最早開始時刻の日までに完了していなければならない。

4.2.4　　　　ネットワーク計算の解き方

　ネットワーク計算では、ネットワーク工程表からクリティカルパス・工期・最早開始時刻を読み取る問題が出題されていた。下記の**課題2**が、その例題である。

課題2 下記のネットワーク工程表について、次の問に答えなさい。

問1 工期を求めなさい。

問2 クリティカルパスを作業名で求めなさい。

問3 イベント⑤の最早開始時刻を求めなさい。

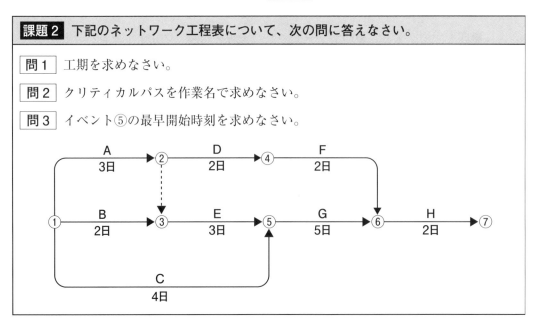

解答と解説

課題2 のネットワーク工程表の各イベントに最早開始時刻を記入すると、下図のようになる。単独作業Hを ─●→ とし●印を付ける。2本以上の矢線が流入するときは、MAX（最大値）となる作業の矢線に ─●→ 印を付ける。

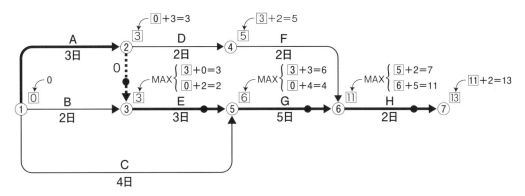

問1 工期は、最終イベントの最早開始時刻と等しい。よって、最終イベント⑦の最早開始時刻が⑬であるので、工期は13日である。

問2 クリティカルパスは、単独作業Hおよび並行作業のうち最も時間のかかるMAX作業の矢線②…③、③→⑤、⑤→⑥、（上図で ─●→ となっている余裕のない作業）を最終イベントから最初のイベントまでたどったものである。クリティカルパスを作業名で記入すると、A→E→G→Hとなる。なお、クリティカルパスをイベント名で記入するなら、①→②…③→⑤→⑥→⑦となる。

問3 イベント⑤の最早開始時刻は、上図に⑥とあるので、6日である。

参考 課題2 のネットワーク工程表をタイムスケールで表すと、下図のようになる。タイムスケールには、クリティカルパス（A→E→G→H）を最初に描き、次に、余裕のある作業（B・C・D・F）を描く。

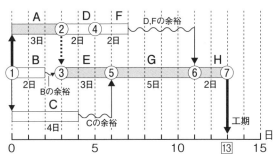

| 令和5年度 | 問題4 | 計算問題（電気計算） |

次の問に答えなさい。

4－1　図に示すRLC直列回路に交流電圧を加えたとき，X_Lの両端の電圧 V_L 〔V〕として，**最も適当なもの**はどれか。

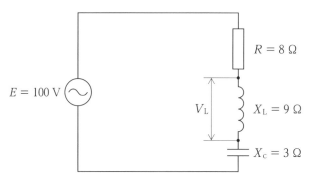

$E = 100$ V

$R = 8\ \Omega$

V_L　　$X_L = 9\ \Omega$

$X_C = 3\ \Omega$

① 30 V   ② 45 V   ③ 60 V   ④ 90 V

4－2　図に示す配電線路において，C点の線間電圧〔V〕として，**最も適当なもの**はどれか。
　　　ただし，電線1線あたりの抵抗は，A－B間で0.2 Ω，B－C間で0.1 Ω，負荷は抵抗負荷とし，線路リアクタンスは無視する。

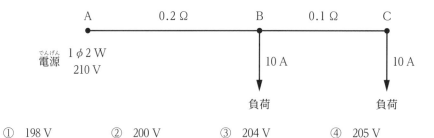

A　　　　0.2 Ω　　　　B　　　0.1 Ω　　　C

電源　1ϕ2W
　　　210 V

10 A　　　　　　10 A

負荷　　　　　　負荷

① 198 V   ② 200 V   ③ 204 V   ④ 205 V

ふたつの解答方法について

① 「理論的な正確さを重視した解答方法」は、その問題に関する専門用語と正式な理論をもって、解答を正確に表現したものになります。そのため、理解の難易度はやや高くなっています。しかし、電気工学に関する正式かつ正確な知識を得ることを考えるなら、この解答方法を理解する必要があります。
② 「感覚的な分かりやすさを重視した解答方法」は、その問題を解くために必要となる基礎的な内容を、できる限り平易な文章で表現したものになります。そのため、専門用語・例外規定の省略や、過度の一般化・数式の単純化などが生じている場合があります。しかし、試験に合格することだけを考えるなら、この解答方法を理解すれば支障はありません。

(1) この問題は、RLC 回路における電圧降下の関係の計算をするものである。RLC 直列回路の電流 I[A] と、各インピーダンス R[Ω]・誘導リアクタンス X_L[Ω]・容量リアクタンス X_C[Ω] の区間について、電位差 V_R[V]・V_L[V]・V_C[V] を求める。

着眼点	計算式	関係図
RLC 直列回路の抵抗 R[Ω]・誘導リアクタンス X_L[Ω]・容量リアクタンス X_C[Ω] は、3つの抵抗 R・L・C の直列回路になっているため、それぞれの抵抗と電流の積が電圧降下量となる。R・L・C のそれぞれの両端電圧 V_R・V_L・V_C で表す。	RLC 直列回路のインピーダンス Z[Ω] $Z=\sqrt{R^2+(X_L-X_C)^2}$ RLC 直列回路の電流 I[A] $I=V\div Z$ 抵抗 R 両端の電圧 $V_R=R\times I$[V] コイル X_L 両端の電圧 $V_L=X_L\times I$[V] コンデンサ X_C 両端の電圧 $V_C=X_C\times I$[V]	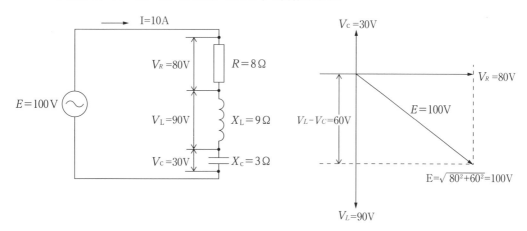

(2) RLC 直列回路のインピーダンス $Z=\sqrt{R^2+(X_L-X_C)^2}$ であり、R = 8 Ω・X_L = 9 Ω・X_C = 3 Ω として計算すると、次のようになる。

● $Z=\sqrt{R^2+(X_L-X_C)^2}=\sqrt{8^2+(9-3)^2}=\sqrt{8^2+6^2}=\sqrt{100}=10$ Ω

(3) RLC 直列回路の電流 $I=V\div Z$ であり、V = 100V・Z = 10 Ω として計算すると、次のようになる。

● $I=V\div Z=100\div 10=10$A

(4) 抵抗 R による電圧降下は、$V_R=I\times R=10\times 8=80$V である。

　誘導リアクタンス X_L による電圧降下は、$V_L=I\times X_L=10\times 9=90$V である。

　容量リアクタンス X_C による電圧降下は、$V_C=I\times X_C=10\times 3=30$V である。

(5) 以上から、V_L = 90V なので、④が正解である。問題 4-1 の解答は、④の 90V である。

参考　上記(4)の電圧降下の関係および V_R・V_L・V_C・E の電圧の関係を図示すると、次のようになる。すなわち、V_R・V_L・V_C・E には、次のような関係がある。

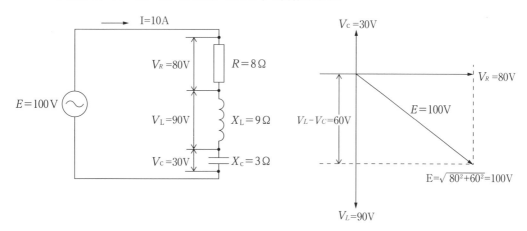

(1) RLC 直列回路に交流電圧を加えたときのコイル X_L（図中の _⌒⌒⌒_ の部分）の両端の電圧を求めるためには、オームの法則（電圧[V]・電流[A]・抵抗[Ω]の関係式）を適用できるよう、回路のインピーダンス[Ω]と、回路の電流[A]を求める必要がある。

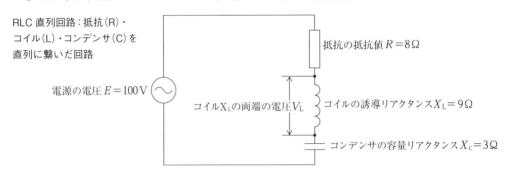

RLC 直列回路：抵抗(R)・
コイル(L)・コンデンサ(C)を
直列に繋いだ回路

電源の電圧 $E = 100\,\mathrm{V}$

コイルX_Lの両端の電圧 V_L

抵抗の抵抗値 $R = 8\,\Omega$

コイルの誘導リアクタンス $X_L = 9\,\Omega$

コンデンサの容量リアクタンス $X_C = 3\,\Omega$

(2) RLC 直列回路のインピーダンス[Ω]は、抵抗の抵抗値 R[Ω]・コイルの誘導リアクタンスX_L[Ω]・コンデンサの容量リアクタンスX_C[Ω]から、次のように計算できる。

● インピーダンス $= \sqrt{(\text{抵抗値 R})^2 + (\text{誘導リアクタンス}X_L - \text{容量リアクタンス}X_C)^2}$
$$= \sqrt{(8)^2 + (9-3)^2} = \sqrt{100} = 10\,[\Omega]$$

(3) RLC 直列回路の電流[A]は、電源の電圧 E[V]と、RLC 直列回路のインピーダンス[Ω]から、次のように（オームの法則を用いて）計算できる。

● 電流[A] = 電源の電圧 E[V] ÷ 回路のインピーダンス[Ω] $= 100[V] \div 10[\Omega] = 10[A]$

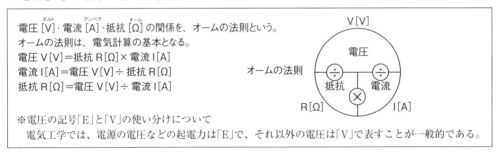

電圧 [V]・電流 [A]・抵抗 [Ω] の関係を、オームの法則という。
オームの法則は、電気計算の基本となる。
電圧 V[V] = 抵抗 R[Ω] × 電流 I[A]
電流 I[A] = 電圧 V[V] ÷ 抵抗 R[Ω]
抵抗 R[Ω] = 電圧 V[V] ÷ 電流 I[A]

オームの法則

V[V]
電圧
抵抗 ÷　÷ 電流
R[Ω] × I[A]

※電圧の記号「E」と「V」の使い分けについて
　電気工学では、電源の電圧などの起電力は「E」で、それ以外の電圧は「V」で表すことが一般的である。

(4) この時点で、この RLC 直列回路のコイル X_Lについては、「コイルの抵抗[Ω] = コイルの誘導リアクタンス$X_L = 9[\Omega]$」であることと、「コイルの電流[A] = 回路の電流[A] = $10[A]$」であることが判明している。

(5) コイル X_Lの両端の電圧V_L[V]は、次のように（オームの法則を用いて）計算できる。
● コイル両端の電圧V_L[V] = コイルの抵抗[Ω] × コイルの電流[A] $= 9[\Omega] \times 10[A] = 90[V]$

(6) したがって、この RLC 直列回路に交流電圧を加えたときのX_Lの両端の電圧V_L[V]として最も適当なものは、④の **90V** である。

解 答

④	90 V

計算問題

問題 4-2 理論的な正確さを重視した解答方法

(1) この問題は、抵抗回路の電圧降下の計算をするものである。対称な並列電気回路である電気図の一部に、電圧V[V]と電流I[A]が与えられたときの各点間の電圧降下量を求める。

(2) 各点間の電圧降下量を、V_{AB}＝AB 間の抵抗 R_{AB}×AB 間の電流 I_{AB}[A]、V_{BC}＝BC 間の抵抗 R_{BC}×BC 間の電流 I_{BC}[A]として求める。このとき、電線は $1\phi 2W$ であり、2 本線分の抵抗 R_{AB}・R_{BC}を求めておく必要がある。

- A 点の電圧 V_A＝210V……①式
- AB 間の電圧降下 V_{AB}＝R_{AB}×I_{AB} の関係から、

  B 点の電圧 V_B＝V_A－V_{AB}……②式
- BC 間の電圧降下 V_{BC}＝R_{BC}×I_{BC} の関係から、

  C 点の電圧 V_C＝V_B－V_{BC}……③式

(3) 問題の図から、電線は 2 本撚りで、1 本あたりの抵抗は、AB 間で 0.2 Ω、BC 間で 0.1 Ω なので、AB 間の抵抗は R_{AB}＝0.2×2 倍＝0.4 Ω、同様に、BC 間の抵抗は R_{BC}＝0.1×2 倍＝0.2 Ω である。次に、AB 間を流れる電流は、問題の図から、I_{AB}＝10＋10＝20A、I_{BC}＝10A である。以上の関係式を整理すると、次のようになる。

- V_A＝210V、I_{AB}＝20A、R_{AB}＝0.4 Ω、I_{BC}＝10A、R_{BC}＝0.2 Ω

(4) これらの数値を、②式と③式に代入して電圧降下を計算すると、次のようになる。

- V_A＝210V
- V_B＝V_A－R_{AB}×I_{AB}＝210－0.4×20＝202V
- V_C＝V_B－R_{BC}×I_{BC}＝202－0.2×10＝200V

(5) 以上から、V_C＝200V なので、②が正解である。問題 4-2 の解答は、②の 200V である。

参考 　問題 4-2 の図は、ある電気回路の一部である。この回路にある並列負荷(抵抗)を求め、回路全体を復元すると、次のようである。この回路は、対称回路で、BB' 間の抵抗は $R_{BB'}$＝20.2 Ω、CC' 間の抵抗は $R_{CC'}$＝20.0 Ω である。

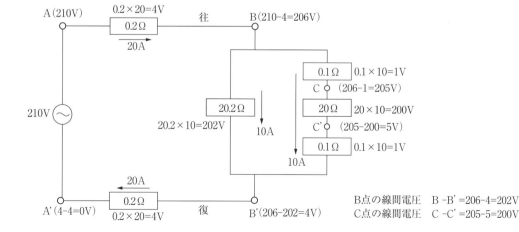

313

(1) この配電線路において、電源に記されている「1φ2W」の表示は、この配電線路の相数（φ）が1相（単相）であり、線数（W）が2本であることを示している。

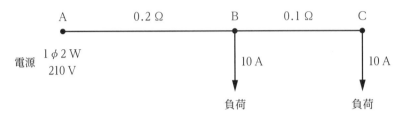

　　※このような配電線路は、単相2線式配電線路（2本の電線で構成された配電線路）
　　　と呼ばれている。この問題では、「電線1線あたり」の抵抗が示されているので、
　　　電線が2本ある（往路と復路がある）ことには注意しておく必要がある。

(2) 最初に、この配電線路のどの部分にどれだけの電流が流れているかを計算する。

　　① 電線 A−B 間には、「B点の10Aの負荷」と「C点の10Aの負荷」に電力を供給するため、「10A＋10A＝20A」の電流が流れている。

　　② 電線 B−C 間には、「C点の10Aの負荷」だけに電力を供給するため、「10A」の電流が流れている。

(3) 配電線路において、線路リアクタンスを無視し、抵抗負荷だけを考える場合は、それぞれの点間において、「電流[A]×抵抗[Ω]×線数（W）」の値だけ、電圧[V]が低下する。

　　① 電線 A−B 間では、電流が20A・抵抗が0.2Ω・線数が2本なので、「20A×0.2Ω×2本＝8V」だけ電圧が低下する。すなわち、A点で210Vあった電圧は、B点では8Vだけ低下して202Vになる。

　　② 電線 B−C 間では、電流が10A・抵抗が0.1Ω・線数が2本なので、「10A×0.1Ω×2本＝2V」だけ電圧が低下する。すなわち、B点で202Vあった電圧は、C点では2Vだけ低下して200Vになる。

(4) 上記②の「C点では200Vになる」という部分が、「C点の線間電圧の値」を表している。したがって、この配電線路において、C点の線間電圧[V]の値として最も適当なものは、②の**200V**である。

解　答

②	200 V

次の問に答えなさい。

4－1　図に示す RLC 直列回路に交流電圧を加えたとき，当該回路の有効電力の値〔W〕として，正しいものはどれか。

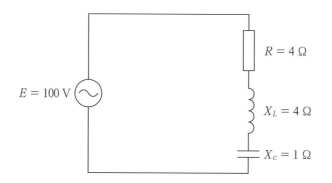

$E = 100\,\text{V}$

$R = 4\,\Omega$

$X_L = 4\,\Omega$

$X_c = 1\,\Omega$

①　1 111 W　　　②　1 200 W　　　③　1 600 W　　　④　2 000 W

4－2　出力 450 kW で運転している変圧器がある。そのときの無負荷損は 20 kW，負荷損は 30 kW であった。このときの変圧器の効率〔%〕として，正しいものはどれか。

ただし，無負荷損，負荷損以外の損失はないものとし，小数第一位を四捨五入する。

①　90 %　　　②　93 %　　　③　94 %　　　④　96 %

計算問題

315

(1) この問題の着眼点と要点は、次のようである。

RLC 直列回路の有効電力を計算する。		
着眼点	計算式	関係図
RLC 直列交流回路の有効電力 $P[W]$、電流 $I[A]$、電圧 $V[V]$、力率 $\cos\theta = R/Z$ とすると、有効電力 $P[W]$ $$\boxed{P = V \times I \times \cos\theta}$$	RLC 回路のインピーダンス $Z[\Omega]$ $$\boxed{Z = \sqrt{R^2 + (X_L - X_C)^2}}$$ 力率 $\cos\theta$ $$\cos\theta = R/Z$$ 回路の有効電力 $P[W]$ $$\boxed{P = V \times I \times \cos\theta}$$ 回路の無効電力 $Q[var]$ $$Q = V \times I \times \sin\theta$$ 回路の皮相電力 $$P_0 = \sqrt{P^2 + Q^2}$$	交流回路では、電流と電圧と位相のずれ θ を考える。 皮相電力 $P_0[W]$ ／ 無効電力 $Q[Var]$ ／ θ 位相 ／ 有効電力 $P[W]$ ／ 電流 ／ 電圧 直流回路には位相が生じないので、常に $\theta = 0$ である。力率 $\cos\theta = \cos 0° = 1$

(2) RLC 直列交流回路のインピーダンス Z を計算する。問題 4-1 より、$R = 4\,\Omega$、$X_L = 4\,\Omega$、$X_C = 1\,\Omega$ である。この値を利用して、回路のインピーダンス $Z[\Omega]$ を求める。

● $Z = \sqrt{R^2 + (X_L - X_C)^2} = \sqrt{4^2 + (4-1)^2} = \sqrt{4^2 + 3^2} = \sqrt{25} = 5\,\Omega$

(3) RLC 直列交流回路の力率 $R \div Z$ を計算する。$R = 4\,\Omega$、$Z = 5\,\Omega$ である。この値を利用して、回路の力率 $\cos\theta$ を求める。

● $\cos\theta = R \div Z = 4 \div 5 = 0.8$

● $\sin\theta = \sqrt{1 - \cos^2\theta} = \sqrt{1 - 0.8^2} = \sqrt{0.36} = 0.6$

(3) RLC 直列交流回路を流れる電流 $I[A]$ を計算する。問題 4-1 より、電圧 $E = 100V$、計算結果より、$Z = 5\,\Omega$ である。オームの法則から、回路を流れる電流 $I[A]$ を求める。

● $I = E \div Z = 100 \div 5 = 20A$

(4) RLC 直列交流回路の有効電力 $P[W]$ を計算する。回路の電流 $I = 20A$、力率 $\cos\theta = 0.8$、電圧 $V = E = 100V$ である。この値を利用して、回路の有効電力 $P[W]$ を求める。

● $P = V \times I \times \cos\theta = 100 \times 20 \times 0.8 = $ **1600W**

(5) 以上により、問題 4-1 は、③が正しい。

参考 この問題の皮相電力 $P_0[W]$・有効電力 $P[W]$・無効電力 $Q[var]$ は、次の通りである。

● 皮相電力 $P_0 = V \times I = 100 \times 20 = 2000[W]$

● 有効電力 $P = V \times I \times \cos\theta = 100 \times 20 \times 0.8 = 1600[W]$

● 無効電力 $Q = V \times I \times \sin\theta = 100 \times 20 \times 0.6 = 1200[var]$

以上の関係を整理すると、右図のように表される。

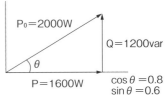

計算問題

問題 4-1　感覚的な分かりやすさを重視した解答方法

⑴ RLC 直列回路に交流電圧を加えたときの有効電力を求めるためには、その交流回路の
インピーダンス[Ω]・電流[A]・力率($\cos\theta$)を求める必要がある。

RLC 直列回路：抵抗(R)・コイル(L)・コンデンサ(C)を直列に繋いだ回路

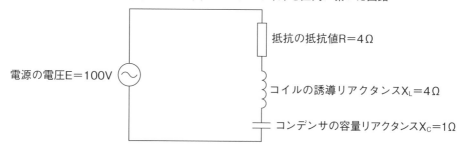

⑵ RLC 直列回路のインピーダンス[Ω]は、抵抗の抵抗値 R[Ω]・コイルの誘導リアクタ
ンス X_L[Ω]・コンデンサの容量リアクタンス X_C[Ω]から、次のように計算できる。

●インピーダンス $=\sqrt{(抵抗値 R)^2+(誘導リアクタンス X_L-容量リアクタンス X_C)^2}$

$\quad=\sqrt{(4)^2+(4-1)^2}=\sqrt{25}=5[Ω]$

⑶ RLC 直列回路の電流[A]は、電源の電圧 E[V]と、RLC 直列回路のインピーダンス[Ω]
から、次のように(オームの法則を用いて)計算できる。

●電流[A]＝電源の電圧 E[V]÷回路のインピーダンス[Ω]＝100[V]÷5[Ω]＝20[A]

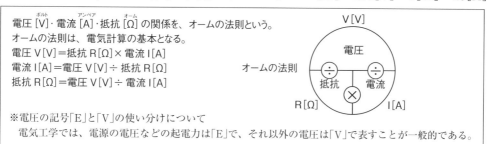

⑷ RLC 直列回路の力率($\cos\theta$)は、抵抗の抵抗値 R[Ω]と、RLC 直列回路のインピーダ
ンス[Ω]の比から、次のように計算できる。

●力率($\cos\theta$)＝抵抗の抵抗値 R[Ω]÷回路のインピーダンス[Ω]＝4[Ω]÷5[Ω]＝0.8

⑸ RLC 直列回路に交流電圧を加えたときの有効電力[W]の値は、電源の電圧 E[V]と、
RLC 直列回路の電流[A]と、RLC 直列回路の力率($\cos\theta$)から、次のように計算できる。

●有効電力[W]＝電圧 E[V]×電流[A]×力率($\cos\theta$)＝100[V]×20[A]×0.8＝1600[W]

⑹ したがって、この RLC 直列回路に交流電圧を加えたときの有効電力の値として正しい
ものは、③の 1600W である。

解 答

③	1600 W

(1) この問題の着眼点と要点は、次のようである。

変圧器の二次側における運転効率を計算する。		
着眼点	計算式	関係図
変圧器の効率は、二次側への一次側からの入力を P_1[kW] とすると、二次側の出力 P_2[kW] は、変圧器の鉄損 Pi[kW] と銅損 Pc[kW] の各損失を、入力側の出力 P_1[kW] から差し引いて求める。 $P_2 = P_1 - Pi - Pc$ または $P_1 = P_2 + Pi + Pc$	変圧器の効率 η[%] は、二次側の出力 P_2[kW] を入力側の出力 P_1[kW] で割って求める。 $$\eta = \frac{出力}{入力} \times 100 = \frac{P_2}{P_1} \times 100$$ $$= \frac{P_2}{P_2 + Pi + Pc} \times 100[\%]$$ Pi（鉄損）は一定である。 Pc（銅損）は二次電流 I_2[A] の二乗に比例する。	変圧器の効率曲線は、鉄損 Pi[kW] と銅損 Pc[kW] が等しいときに最大となる。その状態は、下図のように表される。 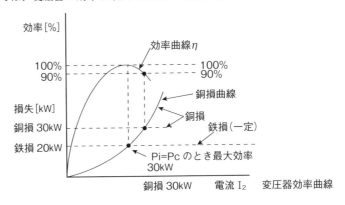

(2) 問題 4-2 より、変圧器の二次側の出力 P_2[kW] = 450kW、二次側の無負荷損（鉄損）Pi = 20kW、二次側の負荷損（銅損）Pc = 30kW から、変圧器二次側の効率を求める。

● 効率 $\eta = \dfrac{出力}{入力} = \dfrac{P_2}{P_2 + Pi + Pc} \times 100 = \dfrac{450}{450 + 20 + 30} \times 100 = \dfrac{450}{500} \times 100 = $ **90%**

(3) 以上により、問題 4-2 は、①が正しい。

参考　この問題とは前提となる数値が異なるが、鉄損 Pi = 20kW、銅損 Pc = 30kW、定格出力 P_2 = 1600kW の変圧器の効率曲線で、変圧器の効率が η = 90% である。鉄損が 20kW で銅損も 20kW となる負荷では、変圧器の効率が最大の100%の運転となる。

変圧器効率曲線

問題 4-2 　感覚的な分かりやすさを重視した解答方法

(1) 変圧器は、下図(変圧器の構造図)のような構造となっている。交流電力が変圧器を通過すると、交流電力のエネルギーの一部が損失する。変圧器の損失には、無負荷損(鉄損)と負荷損(銅損)がある。(これ以外の損失はないものとして考えてよい)

　　①無負荷損(鉄損)は、変圧器の鉄心の磁気化および渦電流損による損失である。

　　　この損失は、負荷電流に関係なく一定であるため、無負荷時にも生じる。

　　②負荷損(銅損)は、変圧器の各巻線に流れる電流が生じさせる熱による損失である。

　　　この損失は、負荷電流の二乗に比例して大きくなるため、無負荷時には生じない。

(2) 変圧器の効率とは、変圧器の一次側(電源側)から入力された電力のうち、何%の電力が、変圧器の二次側(負荷側)に出力されるか(負荷で使用できるか)の値である。

　　したがって、変圧器の効率[%]を求めるためには、変圧器の入力電力[kW]と出力電力[kW]を明らかにする必要がある。

(3) 変圧器の出力電力[kW]は、問題文中に「出力450kWで運転している変圧器」と書かれているので、450kWである。

(4) 変圧器の出力電力[kW](負荷で使用できる電力)は、変圧器の入力電力[kW](電源で発生させた電力)から、無負荷損[kW]と負荷損[kW]を差し引いたものとなっている。

　　●出力電力＝入力電力－無負荷損－負荷損

(5) 変圧器の入力電力[kW]は、上記の式を利用して、次のように計算することができる。

　　●入力電力＝出力電力＋無負荷損＋負荷損＝450[kW]＋20[kW]＋30[kW]＝500[kW]

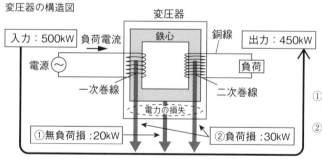

変圧器の構造図

①変圧器の鉄心では、無負荷損(20kW)に等しいだけの電力が失われる。

②変圧器の銅線では、負荷損(30kW)に等しいだけの電力が失われる。

変圧器の入力電力・無負荷損・負荷損・出力電力の関係図

(6) 変圧器の効率[%]は、変圧器の入力電力[kW]と変圧器の出力電力[kW]から、次のように計算することができる。

　　●変圧器の効率＝出力電力÷入力電力×100%＝450[kW]÷500[kW]×100%＝90%

(7) したがって、このときの変圧器の効率として正しいものは、①の **90%** である。

解 答

①	90%

次の計算問題を答えなさい。

4－1　図に示す直流回路網における起電力 E 〔V〕の値として，**正しいもの**はどれか。

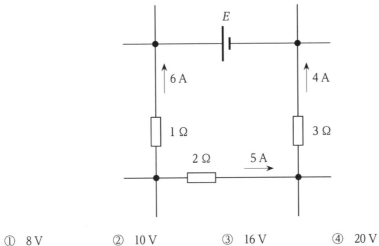

① 8 V　　② 10 V　　③ 16 V　　④ 20 V

4－2　図に示す配電線路の変圧器の一次電流 I_1〔A〕の値として，**正しいもの**はどれか。
　　　ただし，負荷はすべて抵抗負荷であり，変圧器と配電線路の損失及び変圧器の励磁電流は無視する。

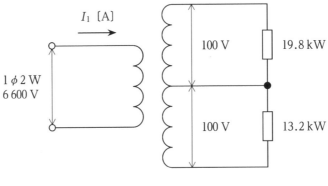

① 2.5 A　　② 3.5 A　　③ 5.0 A　　④ 7.5 A

問題 4-1　理論的な正確さを重視した解答方法

この問題の着眼点と要点は、次のようである。

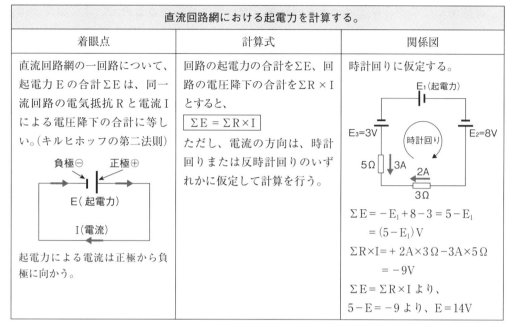

直流回路網における起電力を計算する。		
着眼点	計算式	関係図
直流回路網の一回路について、起電力 E の合計 ΣE は、同一流回路の電気抵抗 R と電流 I による電圧降下の合計に等しい。(キルヒホッフの第二法則)　負極⊖　正極⊕　E(起電力)　I(電流)　起電力による電流は正極から負極に向かう。	回路の起電力の合計を ΣE、回路の電圧降下の合計を ΣR×I とすると、$\boxed{\Sigma E = \Sigma R \times I}$ ただし、電流の方向は、時計回りまたは反時計回りのいずれかに仮定して計算を行う。	時計回りに仮定する。E_1(起電力)　$E_3=3V$　時計回り　$E_2=8V$　5Ω　3A　2A　3Ω 　$\Sigma E = -E_1 + 8 - 3 = 5 - E_1$ $= (5 - E_1)V$ $\Sigma R \times I = +2A \times 3\Omega - 3A \times 5\Omega$ $= -9V$ $\Sigma E = \Sigma R \times I$ より、$5 - E = -9$ より、$E = 14V$

「ひとつの閉回路において、起電力の代数和と電圧降下の代数和とは等しくなる」という法則を、キルヒホッフの第二法則または電圧の法則という。電圧の法則によって、起電力 E の合計 ΣE を求めるときは、各抵抗 R と抵抗を流れる電流 I との積である R×I の和 (電圧降下の代数和) ΣR×I として求める。電圧の法則の計算式で表すと、ΣE = ΣR×I となる。

　計算するときは、閉回路中の任意の一点から時計回りに電流が流れると仮定して、1 周することで、起電力の代数和と電圧降下の代数和を求める。

● ab 間の電流 $I_1 = +6A$、抵抗 $R_1 = 1\Omega$ より、$R_1 \times I_1 = 1 \times (+6) = +6V$

● bc 間の抵抗はないので、電圧降下は 0V

● cd 間の電流 $I_3 = -4A$、抵抗 $R_3 = 3\Omega$ より、$R_3 \times I_3 = 3 \times (-4) = -12V$

● da 間の電流 $I_4 = -5A$、抵抗 $R_4 = 2\Omega$ より、$R_4 \times I_4 = 2 \times (-5) = -10V$

● 電圧降下 $= \Sigma R \times I = R_1 \times I_1 + R_3 \times I_3 + R_4 \times I_4 = +6 - 12 - 10 = -16V$

● 起電力 $= \Sigma E = -E$

● $\Sigma E = \Sigma R \times I$、$E = 16V$

　電圧の法則により、$\Sigma E = \Sigma R \times I$ なので、E =16V と計算できる。以上から、③の **16V** が正しい。

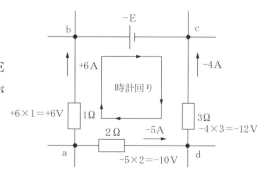

計算問題

問題 4-1　感覚的な分かりやすさを重視した解答方法

(1) 直流回路網における起電力 E[V] は、直流回路網における電圧降下から、次の手順で計算する。この計算では、直流回路網における電流の向きを仮定する必要がある。下記の手順では、電源の正極が直流回路網において「反時計回りの方向」を向いているので、電流の向きは反時計回りであると仮定している。

(2) この直流回路網における電圧降下は、反時計回りに流れる電流の「電流[A]×抵抗[Ω]」の合計から、時計回りに流れる電流の「電流[A]×抵抗[Ω]」の合計を差し引いた値である。

- 電圧降下 = +4[A]×3[Ω]+5[A]×2[Ω]−6[A]×1[Ω]

    = +12[V]+10[V]−6[V]=16[V]

(3) 直流回路網における起電力 E[V] は、直流回路網における電圧降下に等しい。

- 起電力 E[V] = 電圧降下 = 16[V]

(4) したがって、図に示す直流回路網における起電力 E[V] の値として正しいものは、③ の **16V** である。

直流回路網における起電力と電圧降下（電圧の低下）との関係

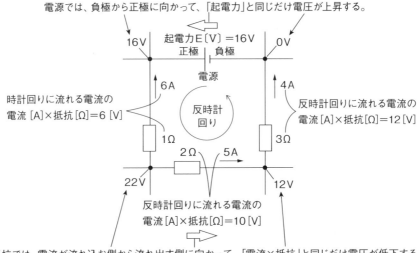

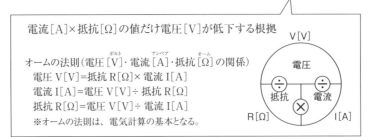

解 答

③	16 V

問題4-2　理論的な正確さを重視した解答方法

この問題の着眼点と要点は、次のようである。

変圧器の一次電流を計算する。		
着眼点	計算式	関係図
変圧器の一次側の電力 P_1 は、$P_1 = I_1 \times V_1$ 変圧器の二次側の電力 P_2 は、各負荷電力の合計で、$P_2 = \Sigma W = \Sigma (I_2 \times V_2)$ とすると、一次側と二次側の電力は等しいので、$P_1 = P_2$ の関係がある。	$P_1 = P_2$ より、 $I_1 \times V_1 = \Sigma W = \Sigma (I_2 \times V_2)$ 一次側の電流 I_1 は、 $I_1 = \dfrac{\Sigma W}{V_1} = \dfrac{\Sigma (I_2 \times V_2)}{V_1}$	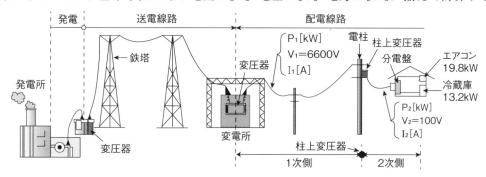

オームの法則により、電圧降下は抵抗 R と電流 I との積 R×I で表されるので、電圧降下は V＝R×I となり、電線や機器の抵抗 R を一定とすると、電圧降下は電流 I に比例して大きくなることが分かる。

変電所の一次側の電力エネルギーを二次側に送電するときは、長距離の電線抵抗による電圧降下により二次側の電力エネルギーが失われ、消費者に供給する電力エネルギーが大幅に減少する。この電圧降下を抑制するために、変電所の変圧器で送電電圧 V_1 を高くすることで、送電電流 I_1 を小さくしている。電力エネルギーの送電ロスは、電流に比例して生じるので、小さい電流で送電している。このため、柱上変圧器の変電所側（一次側）と受電側（二次側）とは、一次と二次の電力量が等しく、$V_1 \times I_1 = V_2 \times I_2$ の関係がある。

したがって、柱上変圧器の一次側の電流 I_1 は小さくして電圧 V_1 は高くする。柱上変圧器の二次側の電流 I_2 は大きくなって電圧 V_2 は低くなるという関係がある。柱上変圧器の一次側の電力 $V_1 \times I_1$[W]は、需要者の二次側の電力 $V_2 \times I_2$[W]と等しいという関係がある。計算にあたっては、基本単位である電流は[A]・電圧は[V]・電力は[W]に揃えて計算する。

- 一次側の電力 $P_1 = V_1 \times I_1 = 6600 \times I_1$[W]
- 二次側の電力 $P_2 = 19.8\,\text{kW} + 13.2\,\text{kW} = 19800\,\text{W} + 13200\,\text{W} = 33000\,\text{W}$
- 一次側の電力 $P_1 =$ 二次側の電力 P_2 であるから、$6600 \times I_1 = 33000\,\text{W}$
- $I_1 = 33000 \div 6600 = $ **5.0A** となり、③が正しい。

問題 4-2 感覚的な分かりやすさを重視した解答方法

(1) 変圧器の一次側（図の左側）の電力[VA]は、その線電圧 6600[V]と一次電流 I_1[A]から、次の式で求めることができる。

● 一次側の電力＝線電圧 6600[V]×一次電流 I_1[A]＝6600×I_1[VA]

(2) 変圧器の二次側（図の右側）の電力[VA]は、ふたつの相の電力[VA]の合計になるので、次の式で求めることができる。（電力[W]＝電圧[V]×電流[A]である）

● 図の右上側の相の電力＝19.8[kW]＝19800[W]＝19800[VA]

● 図の右下側の相の電力＝13.2[kW]＝13200[W]＝13200[VA]

● 二次側の電力＝ふたつの相の電力の合計＝19800[VA]＋13200[VA]＝33000[VA]

(3) この配電線路では、負荷はすべて抵抗負荷であり、変圧器と配電線路の損失や変圧器の励磁電流は無視する（皮相電力[VA]＝有効電力[W]とする）ので、変圧器の一次側の電力[VA]は、変圧器の二次側の電力[VA]と等しい。したがって、次の式が成り立つ。

● 一次側の電力＝6600[V]×I_1[VA]＝二次側の電力＝33000[VA]

● 変圧器の一次電流 I_1＝33000[VA]÷6600[V]＝5.0[A]

(4) したがって、この配電線路の変圧器の一次電流 I_1[A]の値として正しいものは、③の **5.0A** である。

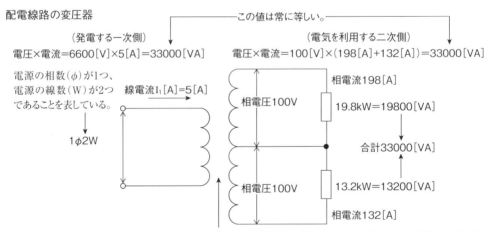

配電線路の変圧器

この値は常に等しい。

（発電する一次側）
電圧×電流＝6600[V]×5[A]＝33000[VA]

（電気を利用する二次側）
電圧×電流＝100[V]×（198[A]＋132[A]）＝33000[VA]

電源の相数（φ）が1つ、電源の線数（W）が2つであることを表している。

線電流I_1[A]＝5[A]

1φ2W

相電圧100V

相電圧100V

相電流198[A]

19.8kW＝19800[VA]

合計33000[VA]

13.2kW＝13200[VA]

相電流132[A]

この変圧器を通して、電圧は6600Vから100V（66分の1）に低下し、電流は5Aから合計330A（66倍）に上昇する。

解 答

③	5.0 A

計算問題

324

令和2年度	問題3 計算問題(ネットワーク計算)

図に示すアロー形ネットワーク工程表について，次の問に答えなさい。

ただし，○内の数字はイベント番号，アルファベットは作業名，日数は所要日数を示す。

(1) 所要工期は，何日か。

(2) Eの作業が7日から6日に，Kの作業が6日から4日になったとき，イベント⑨の最早開始時刻は，何日か。

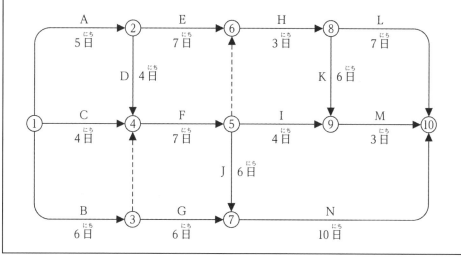

解答	問(1)	所要工期	32日
	問(2)	イベント⑨の最早開始時刻	23日

解説　ネットワーク工程表における所要工期は、最終イベントの最早開始時刻に等しい。この問題に解答するためには、次のような手順で、各イベントの最早開始時刻を計算する必要がある。

(1) 開始イベント①の最早開始時刻は、0日である。各イベントの最早開始時刻は、イベント番号の右上に、□で表示するとよい。

(2) イベント②・③・⑤・⑧のように、矢線が1本だけ流入するイベントの最早開始時刻は、「直前のイベントの最早開始時刻＋その矢線の作業日数」である。

(3) イベント④・⑥・⑦・⑨・⑩のように、矢線が複数流入するイベントの最早開始時刻は、それぞれの矢線から計算した最早開始時刻のうち、最大値のものである。最大値となる矢線には●印を記入し、下図のようにしてネットワーク工程表を完成させる。

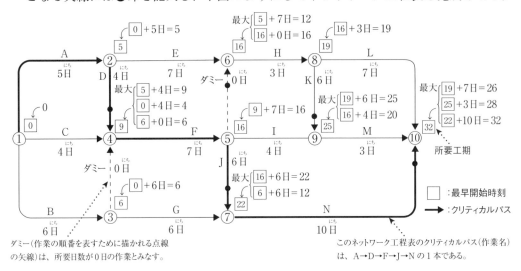

ダミー(作業の順番を表すために描かれる点線の矢線)は、所要日数が0日の作業とみなす。

このネットワーク工程表のクリティカルパス(作業名)は、A→D→F→J→Nの1本である。

(4) 最終イベント⑩の最早開始時刻は、32日である。したがって、所要工期は、**32日**である。このネットワーク工程表のクリティカルパス(作業時間に余裕のない作業の流れ)は1本だけである。

(5) 作業Eの所要日数を7日から6日に、作業Kの所要日数を6日から4日に変更し、ネットワーク工程表を修正する。その後、イベント⑨の最早開始時刻を再計算すると、下図のようになる。

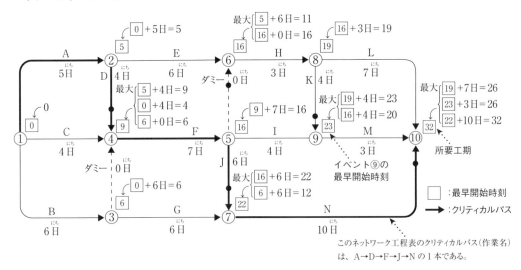

イベント⑨の最早開始時刻

このネットワーク工程表のクリティカルパス(作業名)は、A→D→F→J→Nの1本である。

(6) Eの作業が7日から6日に、Kの作業が6日から4日になった場合、イベント⑨の最早開始時刻は、**23日**になる。電気工事において、作業日数の短縮を要請された場合には、このようなネットワーク工程表の修正が必要になる。

令和元年度 | 問題3 | 計算問題（ネットワーク計算）

　図に示すアロー形ネットワーク工程表について、次の問に答えなさい。

　ただし、○内の数字はイベント番号、アルファベットは作業名、日数は所要日数を示す。

問1 | 所要工期は、何日か。

問2 | Eの作業が10日から7日に、Hの作業が5日から3日になったとき、イベント⑦の最早開始時刻は、何日か。

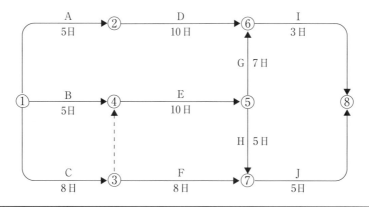

解答	問1	所要工期	28日
	問2	イベント⑦の最早開始時刻	18日

解説　　ネットワーク工程表における所要工期は、最終イベントの最早開始時刻に等しい。この問題に解答するためには、次のような手順で、各イベントの最早開始時刻を計算する必要がある。

　(1) 開始イベント①の最早開始時刻は、0日である。各イベントの最早開始時刻は、イベント番号の右上に、□で表示するとよい。

　(2) イベント②・③・⑤のように、矢線が1本だけ流入するイベントの最早開始時刻は、「直前のイベントの最早開始時刻＋その矢線の作業日数」である。

　(3) イベント④・⑥・⑦・⑧のように、矢線が複数流入するイベントの最早開始時刻は、それぞれの矢線から計算した最早開始時刻のうち、最大値のものである。最大値となる矢線には●印を記入し、下図のようにしてネットワーク工程表を完成させる。

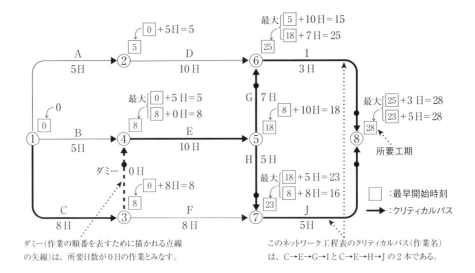

(4) 最終イベント⑧の最早開始時刻は、28日である。したがって、所要工期は、**28日**である。このネットワーク工程表には、クリティカルパス（作業時間に余裕のない作業の流れ）が2本ある。

(5) 作業Eの所要日数を10日から7日に、作業Hの所要日数を5日から3日に変更し、ネットワーク工程表を修正する。その後、イベント⑦の最早開始時刻を再計算すると、下図のようになる。

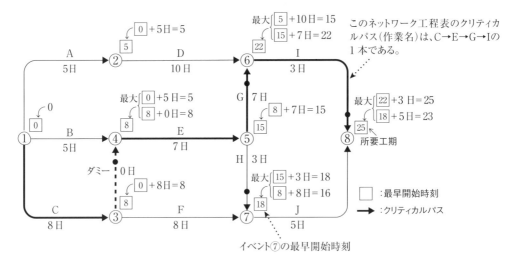

(6) Eの作業が10日から7日に、Hの作業が5日から3日になった場合、イベント⑦の最早開始時刻は、**18日**になる。電気工事において、作業日数の短縮を要請された場合には、このようなネットワーク工程表の修正が必要になる。

平成 30 年度　問題3　計算問題（ネットワーク計算）

図に示すアロー形ネットワーク工程表について、次の問に答えなさい。

ただし、○内の数字はイベント番号、アルファベットは作業名、日数は所要日数を示す。

問1　所要工期は、何日か。

問2　Jの作業が5日から10日に、Kの作業が6日から4日になったとき、イベント⑨の最早開始時刻は、何日か。

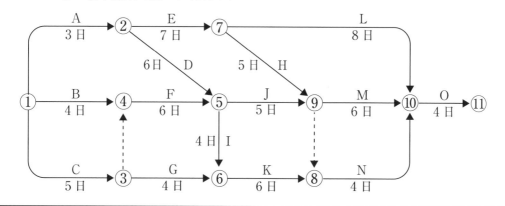

	問1	所要工期	29 日
解答	問2	イベント⑨の最早開始時刻	21 日

解説　ネットワーク工程表における所要工期は、最終イベントの最早開始時刻に等しい。この問題に解答するためには、次のような手順で、各イベントの最早開始時刻を計算する必要がある。

⑴ 開始イベント①の最早開始時刻は、0日である。各イベントの最早開始時刻は、イベント番号の右上に、□で表示するとよい。

⑵ イベント②やイベント③のように、矢線が1本だけ流入するイベントの最早開始時刻は、「直前のイベントの最早開始時刻＋その矢線の作業日数」である。

⑶ イベント④やイベント⑤のように、矢線が複数流入するイベントの最早開始時刻は、それぞれの矢線から計算した最早開始時刻のうち、最大値のものである。そして、最大値となる矢線に●印を記入し、下図のようにネットワーク工程表を完成させる。（作業Oのように並行作業がない矢線にも●印を記入すると分かりやすい）

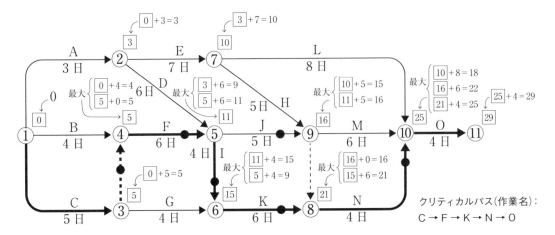

(4) 最終イベント⑪の最早開始時刻は、29日である。したがって、所要工期は、**29日**である。

(5) 作業Jの所要日数を5日から10日に、作業Kの所要日数を6日から4日に変更し、ネットワーク工程表を修正する。その後、イベント⑨の最早開始時刻を再計算すると、下図のようになる。

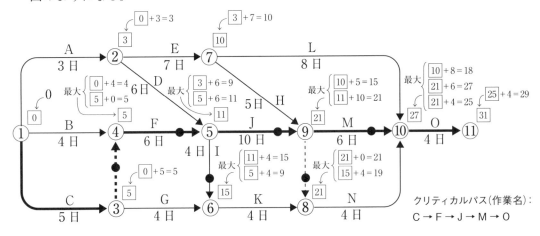

(6) Jの作業が5日から10日に、Kの作業が6日から4日になった場合、イベント⑨の最早開始時刻は**21日**になる。

> **参考** アロー形ネットワーク工程表の作成においては、イベント番号が小さい方から大きい方に向かってアロー（矢線）を引くことが望ましい。そうすることにより、コンピュータプログラムによる工程表の解析が行いやすくなる（コンピュータプログラムではイベント番号が小さい方から順に処理をすることが多い）からである。したがって、この問題の工程表を実際の工事に使うのであれば、イベント⑧とイベント⑨を入れ替えることが望ましいと思われる。

図に示すアロー形ネットワーク工程表について、次の問に答えなさい。

ただし、○内の数字はイベント番号、アルファベットは作業名、日数は所要日数を示す。

| 問1 | **所要工期**は、何日か。

| 問2 | 作業Jの所要日数が5日から10日に、作業Kの所要日数が6日から4日になったとき、イベント⑨の**最早開始時刻**は、イベント①から何日目になるか。

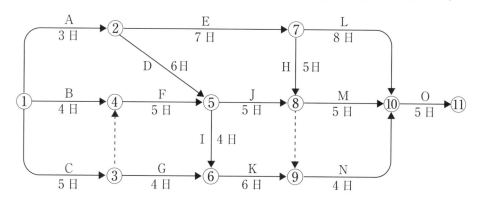

解答	問1	所要工期	29日
	問2	イベント⑨の最早開始時刻	20日目

解説 ネットワーク工程表における所要工期は、最終イベントの最早開始時刻に等しい。この問題に解答するためには、次のような手順で、各イベントの最早開始時刻を計算する必要がある。

(1) 開始イベント①の最早開始時刻は、0日である。各イベントの最早開始時刻は、イベント番号の右上に、□で表示するとよい。

(2) イベント②やイベント③のように、矢線が1本だけ流入するイベントの最早開始時刻は、「直前のイベントの最早開始時刻＋その矢線の作業日数」である。

(3) イベント④やイベント⑤のように、矢線が複数流入するイベントの最早開始時刻は、それぞれの矢線から計算した最早開始時刻のうち、最大値のものである。そして、最大値となる矢線に●印を記入し、下図のようにネットワーク工程表を完成させる。(作業Oのように並行作業がない矢線にも●印を記入すると分かりやすい)

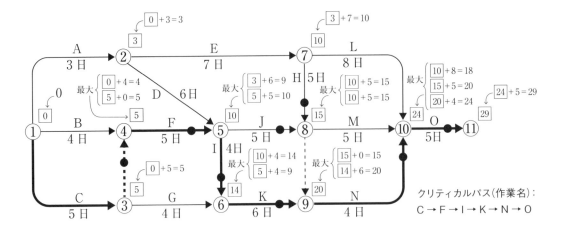

(4) 最終イベント⑪の最早開始時刻は、29日である。したがって、所要工期は、**29日**である。

(5) 作業Jの所要日数を5日から10日に、作業Kの所要日数を6日から4日に変更し、ネットワーク工程表を修正する。その後、イベント⑨の最早開始時刻を再計算すると、下図のようになる。

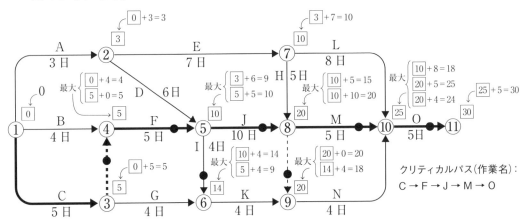

(6) イベント⑨の最早開始時刻は、イベント①から**20日目**になる。

図に示すアロー形ネットワーク工程表について、次の問に答えなさい。

ただし、○内の数字はイベント番号、アルファベットは作業名、日数は所要日数を示す。

問1 所要工期は、何日か。

問2 イベント⑧の最早開始時刻は、何日か。

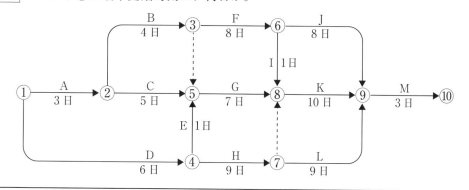

解答	問1	所要工期	29日
	問2	イベント⑧の最早開始時刻	16日

解説　ネットワーク工程表における所要工期は、最終イベントの最早開始時刻に等しい。この問題に解答するためには、次のような手順で各イベントの最早開始時刻を計算する必要がある。

(1) 開始イベント①の最早開始時刻は、0日である。各イベントの最早開始時刻は、イベント番号の右上に、□で表示するとよい。

(2) イベント②やイベント③のように、矢線が1本だけ流入するイベントの最早開始時刻は、直前のイベントの最早開始時刻＋その矢線の作業日数である。

(3) イベント⑤やイベント⑧のように、矢線が複数流入するイベントの最早開始時刻は、それぞれの矢線から計算した最早開始時刻のうち、最大値のものである。そして、最大値となる矢線に●印を記入し、次図のようにネットワーク工程表を完成させる。

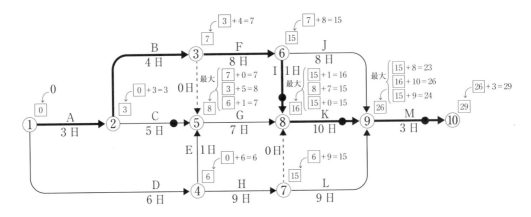

(4) 最終イベント⑩の最早開始時刻は、29日である。したがって、所要工期は、**29日**である。

(5) イベント⑧の最早開始時刻は、**16日**である。

(6) このネットワーク工程表のクリティカルパスは、イベント番号順に示すと「①→②→③→⑥→⑧→⑨→⑩」となり、作業順に示すと「A→B→F→I→K→M」となる。クリティカルパスとなる矢線は、太線で表示するとよい。

平成27年度	**問題3** 計算問題（ネットワーク計算）

図に示すアロー形ネットワーク工程表について、次の問に答えなさい。

ただし、○内の数字はイベント番号、アルファベットは作業名、日数は所要日数を示す。

問1	クリティカルパスを、①→‥‥→⑧→⑨のように**イベント番号順**で記入しなさい。

問2	作業Hの所要日数が**8日**から**5日**になった場合、**所要工期**は何日か。

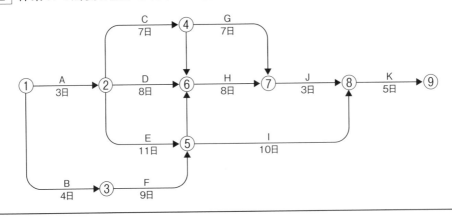

解答	問1	クリティカルパス（イベント番号順）	①→②→⑤…⑥→⑦→⑧→⑨
	問2	作業Hの所要日数が5日になった場合の所要工期	29日

ネットワーク工程表において、各イベントの最早開始時刻を計算し、クリティカルパスを示すと下図のようになる。このネットワーク工程表のクリティカルパスは、作業名順で示すと A→E→H→J→K となり、イベント番号順で示すと ①→②→⑤…⑥→⑦→⑧→⑨ となる。所要工期は、最終イベントの最早開始時刻に等しいので、30 日である。

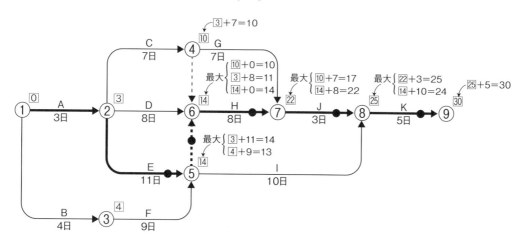

ここで、作業 H の所要日数を 8 日間から 5 日間に短縮したときの所要工期を計算する。作業 H の所要日数を 5 日に変更して、各イベントの最早開始時刻を再計算すると、下図のようになる。結果として、イベント⑦の最早開始時刻が 19 日、イベント⑧の最早開始時刻が 24 日、最終イベント⑨の最早開始時刻が 29 日になる。したがって、作業 H の所要日数が 5 日になった場合の所要工期は、29 日である。そのときのクリティカルパスは、①→②→⑤→⑧→⑨ となる。

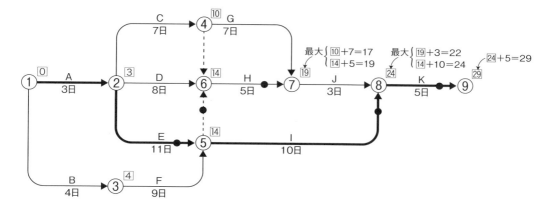

図に示すアロー形ネットワーク工程表について、次の問に答えなさい。

ただし、○内の数字はイベント番号、アルファベットは作業名、日数は所要日数を示す。

問1 **所要工期**は、何日か。

問2 イベント⑨の**最早開始時刻**は、何日か。

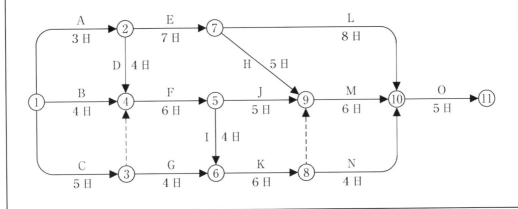

解答		
問1	所要工期	34日
問2	イベント⑨の最早開始時刻	23日

解説　ネットワーク工程表における所要工期は、最終イベント⑪の最早開始時刻に等しい。そのため、各イベントの最早開始時刻を計算することにより、 問1 問2 に解答することができる。

　(1) 最初のイベント①の最早開始時刻は0である。

　(2) イベント②などのように、矢線が1本だけ流入するイベントの最早開始時刻は、直前のイベントの最早開始時刻＋作業日数である。

　(3) イベント④などのように、矢線が複数流入するイベントの最早開始時刻は、それぞれの矢線から計算した最早開始時刻のうち、最大値（MAX）のものである。最大値となる矢線には●印を記入する。

　(4) イベント⑨の最早開始時刻は㉓である。よって、23日である。

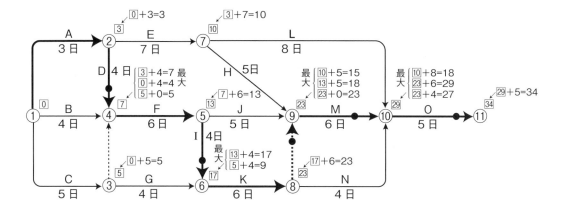

参考 ネットワーク工程表のクリティカルパスは、最終イベントから開始イベントに向かって、●印を記入した矢線を辿ったものである。このネットワーク工程表では、⑪→⑩→⑨→⑧→⑥→⑤→④→②→①と辿れる。これを作業順に記すと、下記のようになる。

クリティカルパス（イベント番号で表示）	①→②→④→⑤→⑥→⑧→⑨→⑩→⑪
クリティカルパス（作業名で表示）	A→D→F→I→K→M→O

第5章 電気法規

建設業法施行令の改正について

2023 年(令和 5 年)1 月 1 日に、建設業法施行令に定められた金額要件の見直しが行われました。この改正により、一般建設業の許可で制限される下請代金総額や、主任技術者・監理技術者の配置に関する金額などが変更されています。その概要は、以下の通りです。

✓ 近年の工事費の上昇を踏まえ、金額要件の見直しを行います。※( )内は建築一式工事の場合	現行	改正後
特定建設業の許可・監理技術者の配置・施工体制台帳の作成を要する下請代金額の下限	4000 万円 (6000 万円)	4500 万円 (7000 万円)
主任技術者及び監理技術者の専任を要する請負代金額の下限	3500 万円 (7000 万円)	4000 万円 (8000 万円)
特定専門工事の下請代金額の上限	3500 万円	4000 万円

出典：国土交通省ウェブサイト（https://www.mlit.go.jp/report/press/content/001521533.pdf）

電気法規の問題は、令和2年度以前の実地試験（第二次検定の旧称）では記述式（電気工事に関する法律の誤っている語句を訂正する方式）として出題されていたが、令和3年度以降の第二次検定では四肢択一式（電気工事に関する法律の空欄に当てはまる語句を選択する方式）として出題されている。この出題方式の変更は、検定基準の改訂に伴うものなので、電気法規の問題は、令和6年度の試験においても四肢択一式として出題されると思われる。

出題テーマ		令和5	令和4	令和3	令和2	令和元	平成30	平成29	平成28	平成27	平成26
建設業法	建設工事の契約	◯					◯			◯	
	元請負人の義務				◯	◯		◯	◯		◯
	施工技術の確保		◯	◯							
労働安全衛生法	労働安全衛生法総則		◯		◯				◯		
	安全衛生管理体制	◯		◯		◯		◯		◯	
	災害防止対策						◯			◯	
電気工事士法	電気工作物					◯					
	作業従事者	◯	◯	◯		◯	◯	◯	◯	◯	◯

※平成21年度以前の試験では、電気事業法からの出題も存在していました。

電気法規の問題を解くためには、下記の3項目を中心に学習する。

① 建設業法 → 建設工事の契約、元請負人の義務、主任技術者の職務
② 労働安全衛生法 → 各種作業の災害防止対策、安全衛生管理体制、各種作業の安全
③ 電気工事士法 → 電気工作物、作業従事者に必要な資格、作業従事者の業務

建設業法の分野では建設工事の**請負契約**と**元請負人の義務**、労働安全衛生法の分野では**災害防止対策**、電気工事士法の分野では**自家用電気工作物の施工**に必要な資格を記した条文について、法律に書かれた用語・名称を正確に選択できるようにする必要がある。

電気法規

5.2 技術検定試験 重要項目集

5.2.1 建設業法の要約

① 建設業法 第一章 総則

建設業法第1条	目的

　この法律は、建設業を営む者の資質の向上、建設工事の**請負契約**の適正化等を図ることによって、建設工事の**適正な施工**を確保し、**発注者を保護**するとともに、建設業の健全な発達を促進し、もって公共の福祉の増進に寄与することを目的とする。

② 建設業法 第三章 建設工事の請負契約 第一節 通則

建設業法第18条	建設工事の請負契約の原則

　建設工事の請負契約の当事者は、各々の**対等な立場**における合意に基いて公正な契約を締結し、**信義に従って誠実に**これを**履行**しなければならない。

建設業法第19条の2	現場代理人の選任等に関する通知

　請負人は、請負契約の履行に関し工事現場に**現場代理人**を置く場合においては、当該現場代理人の**権限**に関する事項及び当該現場代理人の行為についての**注文者**の請負人に対する意見の申出の方法(第3項において「現場代理人に関する事項」という。)を、**書面**により注文者に通知しなければならない。

建設業法第19条の4	不当な使用資材等の購入強制の禁止

　注文者は、請負契約の締結後、自己の取引上の**地位を不当**に利用して、その注文した建設工事に使用する資材若しくは機械器具又はこれらの購入先を指定し、これらを**請負人**に購入させて、その**利益**を害してはならない。

建設業法第20条第1項	建設工事の見積り

　建設業者は、建設工事の請負契約を締結するに際して、工事内容に応じ、**工事の種別**ごとに材料費、労務費その他の経費の内訳を明らかにして、建設工事の見積りを行うよう努めなければならない。

建設業法第20条第2項	見積書の提示

　建設業者は、建設工事の**注文者から請求**があったときは、**請負契約**が成立するまでの間に、**建設工事の見積書を提示**しなければならない。

② 建設業法 第三章 建設工事の請負契約 第一節 通則

建設業法第22条第1項	一括下請負の禁止

建設業者は、その請け負った建設工事を、いかなる方法をもってするかを問わず、一括して他人に請け負わせてはならない。

建設業法第22条第3項	一括下請負の禁止の適用除外

　前二項の建設工事が多数の者が利用する施設又は工作物に関する重要な建設工事で政令で定めるもの以外の建設工事である場合において、当該建設工事の元請負人があらかじめ**発注者の書面による承諾**を得たときは、これらの規定は、適用しない。

建設業法第23条第1項	不適当な下請負人の変更請求

　注文者は、**請負人**に対して、建設工事の施工につき**著しく不適当**と認められる**下請負人**があるときは、その**変更**を**請求**することができる。ただし、あらかじめ注文者の**書面による承諾**を得て選定した下請負人については、この限りでない。

③ 建設業法 第三章 建設工事の請負契約 第二節 元請負人の義務

建設業法第24条の2	下請負人の意見の聴取

　元請負人は、その請け負った建設工事を施工するために必要な**工程の細目、作業方法**その他元請負人において定めるべき事項を定めようとするときは、あらかじめ、**下請負人の意見**をきかなければならない。

建設業法第24条の3第1項	下請代金の支払期限

　元請負人は、請負代金の**出来形部分**に対する支払又は工事完成後における支払を受けたときは、当該支払の対象となった建設工事を施工した下請負人に対して、当該元請負人が支払を受けた金額の出来形に対する割合及び当該下請負人が施工した出来形部分に相応する**下請代金**を、当該支払を受けた日から**1月以内**で、かつ、できる限り短い期間内に支払わなければならない。

建設業法第24条の3第2項	下請負人の着手費用への配慮

　元請負人は、**前払金の支払**を受けたときは、**下請負人**に対して、**資材の購入、労働者の募集**その他建設工事の**着手**に必要な費用を**前払金**として支払うよう適切な配慮をしなければならない。

建設業法第24条の4第1項	下請工事の完成確認検査

　元請負人は、下請負人からその請け負った建設工事が完成した旨の**通知**を受けたときは、当該**通知**を受けた日から**20日以内**で、かつ、できる限り短い期間内に、その完成を確認するための**検査**を**完了**しなければならない。

建設業法第 24 条の 4 第 2 項	下請工事の目的物の引渡し

元請負人は、前項の検査によって建設工事の**完成**を**確認**した後、下請負人が申し出たときは、直ちに、当該建設工事の目的物の**引渡しを受けなければならない**。ただし、下請契約において定められた**工事完成の時期から 20 日**を経過した日以前の一定の日に引渡しを受ける旨の特約がされている場合には、この限りでない。

建設業法第 24 条の 5	不利益取扱いの禁止

元請負人は、当該元請負人について「不当に低い請負代金の禁止」・「不当な使用資材等の購入強制の禁止」・「下請代金の支払」・「検査及び引渡し」・「手形の交付」・「遅延利息の支払」に違反する行為があるとして、下請負人が国土交通大臣等（当該元請負人が許可を受けた国土交通大臣又は都道府県知事）・公正取引委員会・中小企業庁長官にその事実を**通報**したことを理由として、当該下請負人に対して、取引の停止・その他の**不利益な取扱いをしてはならない**。

建設業法第 24 条の 7 第 2 項	下請負人に対する違反指摘・是正請求

前項の特定建設業者は、その請け負った建設工事の下請負人である建設業を営む者が同項に規定する規定に**違反**していると認めたときは、当該建設業を営む者に対し、当該**違反**している**事実を指摘**して、その**是正**を求めるように努めるものとする。

④ 建設業法 第四章 施工技術の確保

建設業法第 25 条の 27 第 1 項	施工技術の確保に関する建設業者の責務

建設業者は、建設工事の担い手の**育成**及び確保その他の**施工技術の確保**に努めなければならない。

建設業法第 25 条の 27 第 2 項	施工技術の確保に関する建設工事に従事する者の責務

建設工事に従事する者は、建設工事を適正に実施するために必要な**知識**及び**技術**又は技能の**向上**に努めなければならない。

建設業法第 26 条第 3 項	主任技術者及び監理技術者の設置等

公共性のある施設若しくは工作物又は多数の者が利用する施設若しくは工作物に関する重要な建設工事で政令で定めるもの（請負代金額が 4000 万円以上のもの、ただし、建築一式工事では 8000 万円以上のもの）については、規定により置かなければならない**主任技術者**又は**監理技術者**は、**工事現場**ごとに、**専任**の者でなければならない。

| 建設業法第 26 条の 4 第 1 項 | 主任技術者及び監理技術者の職務 |

　主任技術者及び監理技術者は、工事現場における建設工事を適正に実施するため、当該建設工事の**施工計画の作成**、**工程管理**、**品質管理**その他の技術上の管理及び当該建設工事の施工に従事する者の**技術上の指導監督**の職務を誠実に行わなければならない。

5.2.2　労働安全衛生法の要約

① 労働安全衛生法 第一章 総則

| 労働安全衛生法第 1 条 | 目的 |

　この法律は、労働基準法（昭和 22 年法律第 49 号）と相まって、労働災害の防止のための**危害防止基準の確立**、**責任体制の明確化**及び自主的活動の促進の措置を講ずる等その防止に関する総合的計画的な対策を推進することにより職場における労働者の**安全**と**健康**を確保するとともに、快適な職場環境の形成を促進することを目的とする。

| 労働安全衛生法第 3 条第 1 項 | 事業者の責務 |

　事業者は、単にこの法律で定める**労働災害の防止**のための**最低基準**を守るだけでなく、快適な**職場環境**の実現と労働条件の改善を通じて職場における労働者の**安全**と健康を確保するようにしなければならない。また、事業者は、国が実施する**労働災害の防止**に関する施策に協力するようにしなければならない。

| 労働安全衛生法第 3 条第 3 項 | 発注者の責務 |

　建設工事の**注文者**等仕事を他人に請け負わせる者は、**施工方法**、**工期**等について、**安全**で**衛生的**な作業の遂行をそこなうおそれのある**条件**を附さないように配慮しなければならない。

② 労働安全衛生法 第三章 安全衛生管理体制

| 労働安全衛生法第 13 条第 1 項 | 産業医の選任 |

　事業者は、政令で定める規模の事業場ごとに、厚生労働省令で定めるところにより、医師のうちから**産業医**を選任し、その者に**労働者の健康管理**その他の厚生労働省令で定める事項（以下「**労働者の健康管理**等」という。）を行わせなければならない

労働安全衛生法第 14 条	作業主任者

　事業者は、高圧室内作業その他の**労働災害を防止**するための**管理を必要とする**作業で、政令で定めるものについては、都道府県労働局長の免許を受けた者又は**都道府県労働局長の登録を受けた者**が行う**技能講習を修了**した者のうちから、厚生労働省令で定めるところにより、当該作業の区分に応じて、**作業主任者**を選任し、その者に当該作業に従事する労働者の指揮その他の厚生労働省令で定める事項を行わせなければならない。

労働安全衛生法第 16 条第 1 項	安全衛生責任者

　第 15 条第 1 項又は第 3 項の場合において、これらの規定により**統括安全衛生責任者**を選任すべき事業者以外の請負人で、当該仕事を自ら行うものは、**安全衛生責任者**を選任し、その者に統括安全衛生責任者との**連絡**その他の厚生労働省令で定める事項を行わせなければならない。

労働安全衛生法第 25 条	事業者の講ずべき措置等

　事業者は、**労働災害発生の急迫した危険**があるときは、直ちに作業を中止し、労働者を**作業場**から退避させる等必要な措置を講じなければならない。

③ 労働安全衛生法 第六章 労働者の就業に当たっての措置

労働安全衛生法第 59 条第 1 項	安全衛生教育

　事業者は、**労働者を雇い入れた**ときは、当該労働者に対し、厚生労働省令で定めるところにより、その従事する業務に関する**安全又は衛生**のための**教育**を行なわなければならない。

労働安全衛生法第 59 条第 2 項	作業内容を変更したときの安全衛生教育

　前項の規定は、労働者の**作業内容を変更した**ときについて準用する。

労働安全衛生法第 59 条第 3 項	特別の教育

　事業者は、**危険又は有害な業務**で、厚生労働省令で定めるものに労働者をつかせるときは、厚生労働省令で定めるところにより、当該業務に関する**安全又は衛生**のための**特別の教育**を行なわなければならない。

労働安全衛生法第 60 条第 1 項	職長等への教育

　事業者は、その事業場の業種が政令で定めるものに該当するときは、新たに職務につくこととなった**職長**その他の作業中の労働者を直接指導又は監督する者(**作業主任者を除く**。)に対し、次の事項について、厚生労働省令で定めるところにより、**安全又は衛生**のための**教育**を行なわなければならない。

| 労働安全衛生法第 61 条第 1 項 | 就業制限 |

　事業者は、クレーンの**運転**その他の業務で、政令で定めるものについては、**都道府県労働局長**の当該業務に係る**免許**を受けた者又は都道府県労働局長の**登録**を受けた者が行う当該業務に係る**技能講習を修了**した者その他厚生労働省令で定める資格を有する者でなければ、当該業務に就かせてはならない。

④ 労働安全衛生規則　第九章　墜落・飛来・崩壊等による危険の防止

| 労働安全衛生規則第 518 条 | 作業床の設置等 |

　事業者は、高さが **2m以上**の箇所（作業床の端、開口部等を除く。）で作業を行なう場合において**墜落**により労働者に危険を及ぼすおそれのあるときは、足場を組み立てる等の方法により**作業床**を設けなければならない。

| 労働安全衛生規則第 521 条 | 要求性能墜落制止用器具等の取付設備等 |

　事業者は、高さが **2m以上**の箇所で作業を行う場合において、労働者に**要求性能墜落制止用器具**等を使用させるときは、要求性能墜落制止用器具等を**安全**に取り付けるための**設備**等を設けなければならない。

　事業者は、労働者に要求性能墜落制止用器具等を使用させるときは、要求性能墜落制止用器具等及びその取付け設備等の異常の有無について、**随時**点検しなければならない。

| 労働安全衛生規則第 523 条 | 照度の保持 |

　事業者は、高さが **2m以上**の箇所で作業を行なうときは、当該作業を安全に行なうため必要な**照度**を保持しなければならない。

| 労働安全衛生規則第 527 条 | 移動はしご |

　事業者は、**移動はしご**については、次に定めるところに適合したものでなければ使用してはならない。

1　丈夫な構造とすること。

2　材料は、著しい**損傷**、**腐食**等がないものとすること。

3　幅は、**30cm以上**とすること。

4　**すべり止め装置**の取付けその他**転位**を防止するために必要な措置を講ずること。

労働安全衛生規則第 528 条　　脚立

　事業者は、**脚立**については、次に定めるところに適合したものでなければ使用してはならない。

1　丈夫な構造とすること。

2　材料は、著しい**損傷**、**腐食**等がないものとすること。

3　脚と水平面との角度を**75 度以下**とし、かつ、折りたたみ式のものにあっては、脚と水平面との角度を確実に保つための**金具**等を備えること。

4　**踏み面**は、作業を安全に行なうため必要な面積を有すること。

労働安全衛生規則第 536 条　　高所からの物体投下による危険の防止

　事業者は、**3m 以上**の高所から物体を投下するときは、適当な**投下設備**を設け、**監視人**を置く等労働者の危険を防止するための措置を講じなければならない。

労働安全衛生規則第 539 条　　保護帽の着用

　事業者は、船台の附近、**高層建築場**等の場所で、その上方において他の労働者が作業を行なっているところにおいて作業を行なうときは、物体の飛来又は落下による労働者の危険を防止するため、当該作業に従事する労働者に**保護帽**を着用させなければならない。

労働安全衛生規則第 542 条　　屋内に設ける通路

　事業者は、**屋内に設ける通路**については、次に定めるところによらなければならない。

1　用途に応じた**幅**を有すること。

2　通路面は、**つまずき**、**すべり**、**踏抜**等の危険のない状態に保持すること。

3　通路面から**高さ 1.8m 以内**に障害物を置かないこと。

労働安全衛生規則第 552 条　　架設通路

　事業者は、**架設通路**については、次に定めるところに適合したものでなければ使用してはならない。

1　丈夫な構造とすること。

2　勾配は、**30 度以下**とすること。ただし、**階段を設けたもの**又は**高さが 2m 未満**で丈夫な手掛を設けたものはこの限りでない。

3　勾配が **15 度**を超えるものには、**踏桟**その他の滑止めを設けること。

4　墜落の危険のある箇所には、次に掲げる設備（丈夫な構造の設備であって、たわみが生ずるおそれがなく、かつ、著しい損傷、変形又は腐食がないものに限る。）を設けること。

　　㋑　高さ **85cm以上**の手すり又はこれと同等以上の機能を有する設備（**手すり等**）

　　㋺　高さ **35cm以上 50cm以下**の桟又はこれと同等以上の機能を有する設備（**中桟等**）

5　建設工事に使用する高さ **8m 以上**の登り桟橋には、**7m 以内**ごとに踊場を設けること。

5.2.3 | 電気工事士法の要約

電気工事士法第 1 条	目的

　この法律は、電気工事の**作業に従事する者**の**資格**及び**義務**を定め、もって電気工事の欠陥による**災害の発生**の**防止**に寄与することを目的とする。

電気工事士法第 2 条第 1 項	一般用電気工作物

　この法律において「**一般用電気工作物**」とは、電気事業法第 38 条第 1 項に規定する一般用電気工作物をいう。

電気工事士法第 2 条第 2 項	自家用電気工作物

　この法律において「**自家用電気工作物**」とは、電気事業法第 38 条第 4 項に規定する自家用電気工作物(発電所、変電所、最大電力 500kW 以上の需要設備(電気を使用するために、その使用の場所と同一の構内(発電所又は変電所の構内を除く。)に設置する電気工作物(同法第 2 条第 1 項第 16 号に規定する電気工作物をいう。)の総合体をいう。)その他の経済産業省令で定めるものを除く。)をいう。

電気工事士法第 2 条第 3 項	電気工事

　この法律において「**電気工事**」とは、一般用電気工作物又は**自家用電気工作物**を**設置**し、又は**変更**する**工事**をいう。ただし、政令で定める**軽微**な工事を除く。

電気工事士法第 2 条第 4 項	電気工事士

　この法律において「**電気工事士**」とは、次条第 1 項に規定する**第一種電気工事士**及び同条第 2 項に規定する**第二種電気工事士**をいう。

電気工事士法施行規則第 1 条の 2	自家用電気工作物から除かれる電気工作物

　法第 2 条第 2 項の経済産業省令で定める**自家用電気工作物**は、発電所、変電所、**最大電力 500kW 以上の需要設備**、送電線路(発電所相互間、変電所相互間又は発電所と変電所との間の電線路(専ら通信の用に供するものを除く。以下同じ。)及びこれに附属する開閉所その 他の電気工作物をいう。)及び保安通信設備とする。

電気工事士法第 3 条第 1 項	自家用電気工作物の作業に従事できる者

　第一種電気工事士免状の交付を受けている者(以下「第一種電気工事士」という。)でなければ、**自家用電気工作物**に係る電気工事(第 3 項に規定する電気工事を除く。第 4 項において同じ。)の作業(自家用電気工作物の保安上支障がないと認められる作業であって、経済産業省令で定めるものを除く。)に従事してはならない。

電気法規

電気工事士法第3条第2項	一般用電気工作物の作業に従事できる者

　第一種電気工事士又は**第二種電気工事士免状**の交付を受けている者（以下「第二種電気工事士」という。）でなければ、**一般用電気工作物**に係る電気工事の作業（一般用電気工作物の保安上支障がないと認められる作業であって、経済産業省令で定めるものを除く。以下同じ。）に従事してはならない。

電気工事士法第3条第3項	特殊電気工事に従事できる者

　自家用電気工作物に係る電気工事のうち**経済産業省令で定める特殊なもの**（以下「特殊電気工事」という。）については、当該特殊電気工事に係る**特種電気工事資格者認定証**の交付を受けている者（以下「**特種電気工事資格者**」という。）でなければ、その作業（自家用電気工作物の保安上支障がないと認められる作業であって、**経済産業省令**で定めるものを除く。）に従事してはならない。

電気工事士法第3条第4項	簡易電気工事に従事できる者

　自家用電気工作物に係る電気工事のうち経済産業省令で定める簡易なもの（以下「**簡易電気工事**」という。）については、第1項の規定にかかわらず、**認定電気工事従事者認定証**の交付を受けている者（以下「認定電気工事従事者」という。）は、その作業に従事することができる。

電気工事士法第4条第3項	電気工事士免状

　第一種電気工事士免状は、次の各号の1に該当する者でなければ、その交付を受けることができない。

　1：**第一種電気工事士試験**に合格し、かつ、経済産業省令で定める**電気に関する工事**に関し経済産業省令で定める**実務の経験**を有する者

　2：経済産業省令で定めるところにより、前号に掲げる者と同等以上の知識及び技能を有していると都道府県知事が認定した者

電気工事士法第4条の2第1項	特種電気工事資格者認定証

　特種電気工事資格者認定証及び認定電気工事従事者認定証は、**経済産業大臣**が交付する。

電気工事士法第4条の3	第一種電気工事士の講習

　第一種電気工事士は、経済産業省令で定めるやむを得ない事由がある場合を除き、第一種電気工事士免状の交付を受けた日から**5年以内**に、経済産業省令で定めるところにより、経済産業大臣の指定する者が行う**自家用電気工作物の保安**に関する講習を受けなければならない。**当該講習**を受けた日以降についても、同様とする。

| 電気工事士法第 5 条第 1 項 | 電気工事士等の義務 |

　電気工事士、特種電気工事資格者又は認定電気工事従事者は、一般用電気工作物に係る電気工事の作業に従事するときは電気事業法第 56 条第 1 項の経済産業省令で定める技術基準に、自家用電気工作物に係る電気工事の作業（第 3 条第 1 項及び第 3 項の経済産業省令で定める作業を除く。）に従事するときは同法第 39 条第 1 項の経済産業省令で定める技術基準に適合するようにその作業をしなければならない。

5.2.4　電気事業法の要約

| 電気事業法第 1 条 | 目的 |

　この法律は、電気事業の運営を適正かつ合理的ならしめることによって、電気の使用者の利益を保護し、及び電気事業の健全な発達を図るとともに、電気工作物の工事、維持及び運用を規制することによって、公共の安全を確保し、及び環境の保全を図ることを目的とする。

| 電気事業法第 56 条第 1 項 | 一般用電気工作物の技術基準適合命令 |

　経済産業大臣は、一般用電気工作物が経済産業省令で定める技術基準に適合していないと認めるときは、その所有者又は占有者に対し、その技術基準に適合するように一般用電気工作物を修理し、改造し、若しくは移転し、若しくはその使用を一時停止すべきことを命じ、又はその使用を制限することができる。

令和5年度 | 問題5 | 電気法規

「建設業法」，「労働安全衛生法」又は「電気工事士法」に関する次の問に答えなさい。

5-1 建設工事の請負契約に関する次の記述の □ に当てはまる語句として，「建設業法」上，定められているものはそれぞれどれか。

「建設業者は，建設工事の ア から請求があったときは，請負契約が成立するまでの間に，建設工事の イ を交付しなければならない。」

ア ① 下請負人　② 設計者　③ 注文者　④ 発注者
イ ① 見積書　② 注文書　③ 契約書　④ 請求書

5-2 労働者の危険等を防止するため，事業者等の講ずべき措置等に関する次の記述の □ に当てはまる語句として，「労働安全衛生法」上，定められているものはそれぞれどれか。

「事業者は， ア 発生の急迫した危険があるときは，直ちに作業を中止し，労働者を イ から退避させる等必要な措置を講じなければならない。」

ア ① 酸素欠乏　② 火災　③ 労働災害　④ 感電
イ ① 事業場　② 電気工作物　③ 現地　④ 作業場

5-3 電気工事士免状に関する次の記述の □ に当てはまる語句として，「電気工事士法」上，定められているものはそれぞれどれか。

「第一種電気工事士免状は，次の各号の一に該当する者でなければ，その交付を受けることができない。

一　第一種電気工事士試験に合格し，かつ，経済産業省で定める電気に関する ア に関し経済産業省令で定める イ の経験を有する者
二　（省略）」

ア ① 作業　② 工事　③ 技術　④ 知識
イ ① 実務　② 施工　③ 管理　④ 保安

解答と解説

法文	空欄	正解	当てはまる語句	出典
5-1 建設業法	ア	③	注文者	建設業法第20条 建設工事の見積り等
	イ	①	見積書	
5-2 労働安全衛生法	ア	③	労働災害	労働安全衛生法第25条 事業者の講ずべき措置等
	イ	④	作業場	
5-3 電気工事士法	ア	②	工事	電気工事士法第4条 電気工事士免状
	イ	①	実務	

5-1	建設業法第20条	建設工事の見積り等

設問の法文

「建設業者は，建設工事の ア から請求があったときは，請負契約が成立するまでの間に，建設工事の イ を交付しなければならない。」

正しい法文

1 建設業者は、建設工事の請負契約を締結するに際して、工事内容に応じ、工事の種別ごとの材料費・労務費・その他の経費の内訳と、工事の工程ごとの作業・その準備に必要な日数を明らかにして、建設工事の見積りを行うよう努めなければならない。

2 建設業者は、建設工事のア：注文者から請求があったときは、請負契約が成立するまでの間に、建設工事のイ：見積書を交付しなければならない。

※「正しい法文」には現時点における建設業法の第20条(第1項・第2項)の全文を掲載しています。

解答

空欄	ア	正解	③	当てはまる語句	注文者
空欄	イ	正解	①	当てはまる語句	見積書

参考　建設工事の請負契約において、見積書(その建設工事にかかる金額などを記載した書類)を最も必要とするのは、その建設工事の注文者である。この見積書は、注文者が請負契約を締結するか否かを判断するための書類なので、請負契約が成立するまでの間に、注文者に交付しなければならない。

―― 「①下請負人」「②設計者」「③注文者」「④発注者」の選択肢の中で「③注文者」だけが正しい理由 ――
①下請負人(下請契約における請負人)は、依頼を受ける側であり、見積書を作成する側である。
②設計者(建築物の設計図を書く建築士)は、依頼を受ける側であり、見積書を作成する側である。
③注文者は、その請負契約の金額が適正かどうかを判断するため、見積書を請求することができる。
④発注者(仕事を他の者から請け負っていない注文者)は、注文者のうちの限定された者に過ぎない。
※発注者が正解であると考えた場合、一次下請が二次下請に見積書を請求することができなくなる。

―― 「①見積書」「②注文書」「③契約書」「④請求書」の選択肢の中で「①見積書」だけが正しい理由 ――
①見積書は、請負契約が成立するまでの間に、建設業者が注文者に交付する書類である。
②注文書は、請負契約をすることを決めた後に、注文者が建設業者に交付する書類である。
③契約書は、請負契約をすることを決めた後に、注文者と建設業者との間で取り交わす書類である。
④請求書は、請負契約が成立した建設工事の代金を、建設業者が注文者に要求するための書類である。

※本章の「正しい法文」では、一部の法文について、法文そのものを掲載するよりも読みやすさを優先するため、漢字・ひらがなの使用方法や、句読点の位置等を変更しています。また、重要でない事項の省略や、関連する条文の追記などが行われている場合があります。

※電気法規の問題は、令和3年度以降の試験では四肢択一式（空欄に当てはまる語句を選択する方式）として出題されていましたが、令和2年度以前の試験では記述式（法文中の誤っている語句を訂正する方式）として出題されていました。令和6年度の試験でも四肢択一式として出題されることが予想されますが、これを「記述式よりも難易度が低下した」と考えてはなりません。似たような語句の中から、法律の条文に記載されている語句を正確に選択することは、意外と難しいからです。

5-2	労働安全衛生法第25条	事業者の講ずべき措置等

設問の法文

「事業者は、　ア　発生の急迫した危険があるときは、直ちに作業を中止し、労働者を　イ　から退避させる等必要な措置を講じなければならない。」

正しい法文

① 事業者は、労働者の作業行動から生じる労働災害を防止するため、必要な措置を講じなければならない。

② 事業者は、**ア：労働災害**発生の急迫した危険があるときは、直ちに作業を中止し、労働者を**イ：作業場**から退避させる等、必要な措置を講じなければならない。

※「正しい法文」には現時点における労働安全衛生法の第24条・第25条の全文を掲載しています。

解答

空欄	ア	正解	③	当てはまる語句	労働災害
空欄	イ	正解	④	当てはまる語句	作業場

参考　労働災害とは、労働者の就業に係る建設物・設備・原材料・ガス・蒸気・粉塵などの事象や、労働者の就業に係る作業行動・その他業務に起因して、労働者が負傷する・疾病にかかる・死亡することをいう。労働災害が発生するおそれのある「急迫した危険」があるときは、その危険がある作業場から、直ちに労働者を退避させなければならない。一例として、電気工事の施工中に地震が発生し、施工対象の建築物が崩れかけているようなときは、事業者が「工期が近いので労働者に作業を続けさせる」ような判断をすることは絶対に許されず、労働者をその建築物から直ちに退避させなければならない。

―― 「①酸素欠乏」「②火災」「③労働災害」「④感電」の選択肢の中で「③労働災害」だけが正しい理由 ――
「労働災害」という言葉には、「酸素欠乏」・「火災」・「感電」・「その他」による危険がすべて含まれている。「労働者の退避」が必要な要件は、従来は各種の災害ごとに定められていたが、事業者の「単なる怪我が発生する程度の危険であれば退避させなくてもよい」のような言い訳を封じるため、現在では「労働災害」といった包括的な意味の言葉を、「労働者の退避」が必要な要件として定めている。

―― 「①事業場」「②電気工作物」「③現地」「④作業場」の選択肢の中で「④作業場」だけが正しい理由 ――
①事業場は、継続的な事業が行われている場所全体であり、退避する範囲としては対象が広すぎる。
②電気工作物は、送電線や発電機などの個々の設備であり、退避する範囲としては対象が狭すぎる。
③現地という言葉は、抽象的で、何を表すかが定かでないので、法律上の用語としては不適切である。
④作業場は、実際に作業が行われている場所であり、退避する範囲としては対象が最も適切である。

5-3	電気工事士法第4条	電気工事士免状

設問の法文

「第一種電気工事士免状は，次の各号の一に該当する者でなければ，その交付を受けることができない。

一　第一種電気工事士試験に合格し，かつ，経済産業省で定める電気に関する［　ア　］に関し経済産業省令で定める［　イ　］の経験を有する者

二　（省略）」

正しい法文

① 電気工事士免状の種類は、第一種電気工事士免状及び第二種電気工事士免状とする。

② 電気工事士免状は、都道府県知事が交付する。

③ 第一種電気工事士免状は、次の各号の一（下記の①と②のいずれか）に該当する者でなければ、その交付を受けることができない。

　① 第一種電気工事士試験に合格し、かつ、経済産業省令で定める電気に関する**ア：工事**に関し、経済産業省令で定める**イ：実務**の経験を有する者

　② 経済産業省令で定めるところにより、上記①に掲げる者と同等以上の知識および技能を有していると都道府県知事が認定した者

④ 第二種電気工事士免状は、次の各号の一（下記の①～③のいずれか）に該当する者でなければ、その交付を受けることができない。

　① 第二種電気工事士試験に合格した者

　② 経済産業大臣が指定する養成施設において、経済産業省令で定める第二種電気工事士たるに必要な知識および技能に関する課程を修了した者

　③ 経済産業省令で定めるところにより、上記①・②に掲げる者と同等以上の知識および技能を有していると都道府県知事が認定した者

※「正しい法文」には現時点における電気工事士法の第4条（第1項～第4項）の全文を掲載しています。

解答

空欄	ア	正解	②	当てはまる語句	工事
空欄	イ	正解	①	当てはまる語句	実務

参考　第一種電気工事士には、一般住宅などの小規模な電気工事だけでなく、高層建築物や工場などの大規模な電気工事を施工する権限が与えられている。そのため、第二種電気工事士とは異なり、試験に合格するだけではなく、「実際の工事に関する実務の経験」を有していなければならない。

──────「①作業」「②工事」「③技術」「④知識」の選択肢の中で「②工事」だけが正しい理由──────
① 作業という言葉は、建設業法上の工事だけを指すものではないので、経験としては認められにくい。
② 工事に該当する作業は、建設業法において、「電気工事」・「管工事」などと明確に定められている。
③ 第一種電気工事士になるには、技術を学ぶだけでは不十分であり、実際の工事経験が必要である。
④ 第一種電気工事士になるには、知識を学ぶだけでは不十分であり、実際の工事経験が必要である。

──────「①実務」「②施工」「③管理」「④保安」の選択肢の中で「①実務」だけが正しい理由──────
① 実務経験とは、責任のある立場として工事の業務を任されていたことをいうため、適切である。
② 施工経験では、学習や研修などの責任のない立場での経験が含まれてしまうため、不適切である。
③ 管理経験では、実際の作業だけでなくマネジメント的な業務も指してしまうため、不適切である。
④ 保安経験では、既に存在する電気工作物の保守点検の経験だけが対象になるため、不適切である。

電気法規

「建設業法」，「労働安全衛生法」又は「電気工事士法」に関する次の問に答えなさい。

5－1　建設工事に従事する者に関する次の記述の　□　に当てはまる語句として，「建設業法」上，**定められているもの**はそれぞれどれか。

「建設工事に従事する者は，建設工事を適正に実施するために必要な　ア　又は技能の　イ　に努めなければならない。」

ア　①　知識及び経験　　②　知識及び技術　　③　技術及び経験　　④　技術及び実績
イ　①　習得　　②　進歩　　③　向上　　④　継承

5－2　事業者等の責務に関する次の記述の　□　に当てはまる語句として，「労働安全衛生法」上，**定められているもの**はそれぞれどれか。

「事業者は，単にこの法律で定める労働災害の防止のための　ア　を守るだけでなく，快適な職場環境の実現と労働条件の改善を通じて職場における労働者の　イ　を確保するようにしなければならない。」

ア　①　作業環境　　②　技術的事項　　③　最低基準　　④　勧告及び規則
イ　①　安全と健康　　②　健康の保持　　③　労働災害の防止　　④　安全又は衛生

5－3　電気工事士に関する次の記述の　□　に当てはまる語句として，「電気工事士法」上，**定められているもの**はそれぞれどれか。

「この法律は，電気工事の　ア　の資格及び義務を定め，もって電気工事の欠陥による　イ　の防止に寄与することを目的とする。」

ア　①　作業に従事する者　　　　　②　作業の管理をする者
　　③　現場に従事する者　　　　　④　現場の管理をする者

イ　①　施工不良　　②　災害の発生　　③　感電事故　　④　安全性の低下

解答と解説

法文	空欄	正解	当てはまる語句	出典
5−1 建設業法	ア	②	知識及び技術	建設業法第25条の27 施工技術の確保に関する建設業者等の責務
	イ	③	向上	
5−2 労働安全衛生法	ア	③	最低基準	労働安全衛生法第3条 事業者等の責務
	イ	①	安全と健康	
5−3 電気工事士法	ア	①	作業に従事する者	電気工事士法第1条 目的
	イ	②	災害の発生	

| 5−1 | 建設業法第25条の27 | 施工技術の確保に関する建設業者等の責務 |

設問の法文

「建設工事に従事する者は，建設工事を適正に実施するために必要な ア 又は技能の イ に努めなければならない。」

正しい法文

建設業者は、建設工事の担い手の育成および確保・その他の施工技術の確保に努めなければならない。

建設工事に従事する者は、建設工事を適正に実施するために必要な**ア：知識及び技術**または技能の**イ：向上**に努めなければならない。

国土交通大臣は、上記の施工技術の確保ならびに知識および技術または技能の向上に資するため、必要に応じ、講習および調査の実施・資料の提供・その他の措置を講ずるものとする。

※「正しい法文」には現時点における建設業法第25条の27の全文を掲載しています。

解答

空欄	ア	正解	②	当てはまる語句	知識及び技術
空欄	イ	正解	③	当てはまる語句	向上

参考
建設工事の施工管理や安全対策は、日々着実に進歩を続けている。建設工事に従事する者は、その進歩に遅れないよう、漫然と建設工事の経験や実績を積むのではなく、建設工事の知識・技術・技能の向上に努めなければならない。

この知識・技術・技能は、一度習得したり継承したりするだけで満足することなく、講習や研修に参加したり、より高度な資格の取得に励んだりすることで、常に向上を心がけることが望ましい。

電気法規

| 5-2 | 労働安全衛生法第3条 | 事業者等の責務 |

| 設問の法文 | 「事業者は，単にこの法律で定める労働災害の防止のための [ア] を守るだけでなく，快適な職場環境の実現と労働条件の改善を通じて職場における労働者の [イ] を確保するようにしなければならない。」 |

| 正しい法文 | 　事業者は、単にこの法律（労働安全衛生法）で定める労働災害の防止のための**ア：最低基準**を守るだけでなく、快適な職場環境の実現と労働条件の改善を通じて、職場における労働者の**イ：安全と健康**を確保するようにしなければならない。また、事業者は、国が実施する労働災害の防止に関する施策に協力するようにしなければならない。
　機械・器具・その他の設備を設計・製造・輸入する者、原材料を製造・輸入する者、建設物を建設・設計する者は、これらの物の設計・製造・輸入・建設に際して、これらの物が使用されることによる労働災害の発生の防止に資するように努めなければならない。
　建設工事の注文者等、仕事を他人に請け負わせる者は、施工方法・工期等について、安全で衛生的な作業の遂行を損なうおそれのある条件を附さないように配慮しなければならない。 |

※「正しい法文」には現時点における労働安全衛生法第3条の全文を掲載しています。

解答

| 空欄 | ア | 正解 | ③ | 当てはまる語句 | 最低基準 |
| 空欄 | イ | 正解 | ① | 当てはまる語句 | 安全と健康 |

参考 　労働安全衛生法に定められている事項は、作業環境や技術的事項に限定されたものではなく、労働災害の防止のためのあらゆる最低基準である。また、勧告は、厚生労働大臣等が必要に応じて行うものであり、労働安全衛生法そのものに勧告の内容が定められているわけではない。
　事業者は、労働者の安全（労働災害の防止）と健康（衛生的な作業等による健康の保持）については、どちらか一方だけではなく、その両方を確保しなければならない。

| 5-3 | 電気工事士法第1条 | 目的 |

| 設問の法文 | 「この法律は，電気工事の [ア] の資格及び義務を定め，もって電気工事の欠陥による [イ] の防止に寄与することを目的とする。」 |

| 正しい法文 | 　この法律（電気工事士法）は、電気工事の**ア：作業に従事する者**の資格および義務を定め、もって電気工事の欠陥による**イ：災害の発生**の防止に寄与することを目的とする。 |

※「正しい法文」には現時点における電気工事士法第1条の全文を掲載しています。

解答

| 空欄 | ア | 正解 | ① | 当てはまる語句 | 作業に従事する者 |
| 空欄 | イ | 正解 | ② | 当てはまる語句 | 災害の発生 |

令和3年度　問題5　電気法規

「建設業法」,「労働安全衛生法」又は「電気工事士法」に関する次の問に答えなさい。

5-1　建設業者等の責務に関する次の記述の 　　　 に当てはまる語句として,「建設業法」上, **定められているもの**はそれぞれどれか。

「建設業者は,建設工事の担い手の ア 及び確保その他の イ 技術の確保に努めなければならない。」

ア　① 開拓　　　　② 発掘　　　　③ 採用　　　　④ 育成
イ　① 設計　　　　② 施工　　　　③ 新規　　　　④ 監理

5-2　労働災害の防止に関する次の記述の 　　　 に当てはまる語句として,「労働安全衛生法」上, **定められているもの**はそれぞれどれか。

「事業者は,労働災害を防止するための管理を必要とする作業で,政令で定めるものについては,都道府県労働局長の免許を受けた者が行う ア のうちから,厚生労働省令で定めるところにより当該作業の区分に応じて イ を選任し,その者に当該作業に従事する労働者の指揮その他の厚生労働省令で定める事項を行わせなければならない。」

ア　① 特別教育を受講した者　　　　② 特別教育を修了した者
　　③ 技能講習を受講した者　　　　④ 技能講習を修了した者

イ　① 作業主任者　　　　　　　　② 安全管理者
　　③ 衛生管理者　　　　　　　　④ 安全衛生推進者

電気法規

5−3 電気工事士に関する次の記述の □ に当てはまる語句として、「電気工事士法」上、定められているものはそれぞれどれか。

「第一種電気工事士は、経済産業省令で定めるやむを得ない事由がある場合を除き、第一種電気工事士免状の交付を受けた日から ア に、経済産業省令で定めるところにより、経済産業大臣の指定する者が行う自家用電気工作物の保安に関する イ を受けなければならない。」

ア　① 2年以内　　　② 3年以内　　　③ 4年以内　　　④ 5年以内
イ　① 講習　　　　② 研修　　　　③ 登録　　　　④ 免許

解答と解説

法文	空欄	正解	当てはまる語句	出典
5−1 建設業法	ア	④	育成	建設業法第 25 条の 27 施工技術の確保に関する建設業者等の責務
	イ	②	施工	
5−2 労働安全衛生法	ア	④	技能講習を修了した者	労働安全衛生法第 14 条 作業主任者
	イ	①	作業主任者	
5−3 電気工事士法	ア	④	5 年以内	電気工事士法第 4 条の 3 第一種電気工事士の講習
	イ	①	講習	

| 5−1 | 建設業法第 25 条の 27 | 施工技術の確保に関する建設業者等の責務 |

設問の法文　「建設業者は、建設工事の担い手の ア 及び確保その他の イ 技術の確保に努めなければならない。」

正しい法文
　建設業者は、建設工事の担い手の**ア：育成**および確保・その他の**イ：施工**技術の確保に努めなければならない。

　建設工事に従事する者は、建設工事を適正に実施するために必要な知識および技術または技能の向上に努めなければならない。

　国土交通大臣は、上記の施工技術の確保ならびに知識および技術または技能の向上に資するため、必要に応じ、講習および調査の実施・資料の提供・その他の措置を講ずるものとする。

※「正しい法文」には現時点における建設業法第 25 条の 27 の全文を掲載しています。

解答

空欄	ア	正解	④	当てはまる語句	育成
空欄	イ	正解	②	当てはまる語句	施工

| 5-2 | 労働安全衛生法第 14 条 | 安全衛生管理体制 / 作業主任者 |

設問の法文

「事業者は，労働災害を防止するための管理を必要とする作業で，政令で定めるものについては，都道府県労働局長の免許を受けた者が行う ［ ア ］ のうちから，厚生労働省令で定めるところにより当該作業の区分に応じて ［ イ ］ を選任し，その者に当該作業に従事する労働者の指揮その他の厚生労働省令で定める事項を行わせなければならない。」

正しい法文

事業者は、高圧室内作業・その他の労働災害を防止するための管理を必要とする作業で、政令で定めるものについては、都道府県労働局長の免許を受けた者または都道府県労働局長の登録を受けた者が行う**ア：技能講習を修了した者**のうちから、厚生労働省令で定めるところにより、当該作業の区分に応じて、**イ：作業主任者**を選任し、その者に当該作業に従事する労働者の指揮・その他の厚生労働省令で定める事項を行わせなければならない。

※「正しい法文」には現時点における労働安全衛生法第 14 条の全文を掲載しています。

解答

| 空欄 | ア | 正解 | ④ | 当てはまる語句 | 技能講習を修了した者 |
| 空欄 | イ | 正解 | ① | 当てはまる語句 | 作業主任者 |

参考 上記法文中の「その他の労働災害を防止するための管理を必要とする作業」には、次のようなものがある。(電気工事に関する代表的な作業を抜粋)
①アセチレン溶接装置・ガス集合溶接装置を用いて行う金属の溶接・溶断・加熱の作業
②掘削面の高さが 2m 以上となる地山の掘削の作業
③土止め支保工の切梁・腹起こしの取付け・取外しの作業
④型枠支保工の組立て・解体の作業
⑤吊り足場・張出し足場・高さが 5m 以上の構造の足場の組立て・解体・変更の作業
⑥酸素欠乏危険場所における作業
⑦石綿等を取り扱う作業

電気法規

設問の法文	「第一種電気工事士は，経済産業省令で定めるやむを得ない事由がある場合を除き，第一種電気工事士免状の交付を受けた日から ［ ア ］ に，経済産業省令で定めるところにより，経済産業大臣の指定する者が行う自家用電気工作物の保安に関する ［ イ ］ を受けなければならない。」

正しい法文	第一種電気工事士は、経済産業省令で定めるやむを得ない事由がある場合を除き、第一種電気工事士免状の交付を受けた日から**ア：5 年以内**に、経済産業省令で定めるところにより、経済産業大臣の指定する者が行う自家用電気工作物の保安に関する**イ：講習**を受けなければならない。当該講習を受けた日以降についても、同様とする。

※「正しい法文」には現時点における電気工事士法第4条の3の全文を掲載しています。

解答

空欄	ア	正解	④	当てはまる語句	5 年以内
空欄	イ	正解	①	当てはまる語句	講習

参考　上記法文中の「経済産業省令で定めるやむを得ない事由」には、次のようなものがある。

①海外出張をしていたこと。
②疾病にかかり、または負傷したこと。
③災害に遭ったこと。
④法令の規定により身体の自由を拘束されていたこと。
⑤社会の慣習上または業務の遂行上やむを得ない緊急の用務が生じたこと。
⑥上記の他、経済産業大臣がやむを得ないと認める事由があったこと。

電気法規

| 令和２年度 | 問題5 | 電気法規 |

　　「建設業法」，「労働安全衛生法」又は「電気工事士法」に定められている法文において，下線部の語句のうち**誤っている語句の番号**をそれぞれ１つあげ，それに対する**正しい語句**を答えなさい。

5-1　「建設業法」

　　元請負人は，その請け負った建設工事を施工するために必要な**工程**の細目，**作業**方法
①　　　　　　　　　　　　　　　　②
その他元請負人において定めるべき事項を定めようとするときは，あらかじめ，**設計者**
　　　　　　　　　　　　　　　　　　　　　　　　　　　　　　　　　　　　③
の意見をきかなければならない。

5-2　「労働安全衛生法」

　　事業者は，単にこの法律で定める**公衆**災害の防止のための**最低基準**を守るだけで
　　　　　　　　　　　　　　　　①　　　　　　　　　　　　②
なく，快適な職場環境の実現と労働条件の改善を通じて職場における労働者の安全と
健康を確保するようにしなければならない。また，事業者は，国が実施する**公衆**災害の
③　　　　　　　　　　　　　　　　　　　　　　　　　　　　　　　　　　①
防止に関する施策に協力するようにしなければならない。

5-3　「電気工事士法」

　　この法律において「電気工事」とは，**一般用**電気工作物又は**事業用**電気工作物を
　　　　　　　　　　　　　　　　　①　　　　　　　　　　　②
設置し，又は変更する工事をいう。ただし，政令で定める**軽微**な工事を除く。
　　　　　　　　　　　　　　　　　　　　　　　　　　　　　③

解答と解説

法文	番号	正誤	下線部の語句	正しい語句	出典
5-1 建設業法	①	○	工程	工程	建設業法 第24条の2 下請負人の意見の聴取
	②	○	作業	作業	
	③	×	設計者	**下請負人**	
5-2 労働安全衛生法	①	×	公衆	**労働**	労働安全衛生法 第3条 事業者等の責務
	②	○	最低基準	最低基準	
	③	○	健康	健康	
5-3 電気工事士法	①	○	一般用	一般用	電気工事士法 第2条 用語の定義
	②	×	事業用	**自家用**	
	③	○	軽微	軽微	

5−1	建設業法第24条の2	下請負人の意見の聴取

設問の法文

元請負人は，その請け負った建設工事を施工するために必要な**工程**の細目，**作業**方法
①　　　　②
その他元請負人において定めるべき事項を定めようとするときは，あらかじめ，**設計者**
③
の意見をきかなければならない。

正しい法文

元請負人は、その請け負った建設工事を施工するために必要な**工程**の細
①
目・**作業**方法・その他元請負人において定めるべき事項を定めようとすると
②
きは、あらかじめ、**下請負人**の意見を聴かなければならない。
③

※「正しい法文」には現時点における建設業法第24条の2の全文（一部改変）を掲載しています。

解答

誤っている語句の番号	③	正しい語句	下請負人

5−2	労働安全衛生法第3条	事業者等の責務

設問の法文

事業者は，単にこの法律で定める**公衆**災害の防止のための**最低基準**を守るだけで
①　　　　　　　　　　　　　　　　　②
なく，快適な職場環境の実現と労働条件の改善を通じて職場における労働者の安全と
健康を確保するようにしなければならない。また，事業者は，国が実施する**公衆**災害の
③　　　　　　　　　　　　　　　　　　　　　　　　　　　　　　　　①
防止に関する施策に協力するようにしなければならない。

正しい法文

事業者は、単にこの法律で定める**労働**災害の防止のための**最低基準**を守る
①　　　　　　　　　　　　②
だけでなく、快適な職場環境の実現と労働条件の改善を通じて、職場におけ
る労働者の安全と**健康**を確保するようにしなければならない。また、事業者
③
は、国が実施する**労働**災害の防止に関する施策に協力するようにしなければ
①
ならない。

機械・器具・その他の設備を設計・製造・輸入する者、原材料を製造・輸
入する者、建設物を建設・設計する者は、これらの物の設計・製造・輸入・
建設に際して、これらの物が使用されることによる労働災害の発生の防止に
資するように努めなければならない。

建設工事の注文者等仕事を他人に請け負わせる者は、施工方法・工期等に
ついて、安全で衛生的な作業の遂行を損なうおそれのある条件を附さないよ
うに配慮しなければならない。

※「正しい法文」には現時点における労働安全衛生法第3条の全文（一部改変）を掲載しています。

解答

誤っている語句の番号	①	正しい語句	労働

電気法規

5-3	電気工事士法第2条	用語の定義

設問の法文	この法律において「電気工事」とは，<u>一般用</u>①電気工作物又は<u>事業用</u>②電気工作物を設置し，又は変更する工事をいう。ただし，政令で定める<u>軽微</u>③な工事を除く。

正しい法文	電気工事士法において「一般用電気工作物」とは、電気事業法に規定する一般用電気工作物をいう。 　電気工事士法において「自家用電気工作物」とは、電気事業法に規定する自家用電気工作物をいう。 　電気工事士法において「電気工事」とは、<u>一般用</u>①電気工作物又は<u>自家用</u>②電気工作物を設置し、又は変更する工事をいう。ただし、政令で定める<u>軽微</u>③な工事を除く。 　電気工事士法において「電気工事士」とは、電気工事士法に規定する第一種電気工事士及び第二種電気工事士をいう。

※「正しい法文」には現時点における電気工事士法第2条の全文（一部改変）を掲載しています。

解答	誤っている語句の番号	②	正しい語句	自家用

電気工作物の分類

①一般用電気工作物とは、所定の低圧または低出力の電気工作物のうち、構内に設置するものをいう。
②小規模発電設備とは、低圧の電気に係る所定の発電用の電気工作物をいう。
③事業用電気工作物とは、一般用電気工作物以外の電気工作物をいう。
④小規模事業用電気工作物とは、事業用電気工作物のうち、構内に設置する所定の小規模発電設備をいう。
⑤自家用電気工作物とは、送配電事業などに供する電気工作物および一般用電気工作物以外の電気工作物をいう。

発電設備の種類	小規模発電設備（旧名称：小出力発電設備）		発電設備
	一般用電気工作物	小規模事業用電気工作物	事業用電気工作物
太陽電池発電設備	出力10kW未満	出力10kW以上50kW未満	出力50kW以上
風力発電設備	（該当なし）	出力20kW未満	出力20kW以上
水力発電設備	出力20kW未満	（該当なし）	出力20kW以上
火力発電設備	出力10kW未満	（該当なし）	出力10kW以上
燃料電池発電設備	出力10kW未満	（該当なし）	出力10kW以上

※「小規模事業用電気工作物」は、令和5年3月20日に改正された電気事業法において新設された項目である。
　この改正に伴い、従来の「小出力発電設備」は、その名称が「小規模発電設備」に変更されている。

電気法規

「建設業法」、「労働安全衛生法」又は「電気工事士法」に定められている法文において、下線部の語句のうち誤っている語句の番号をそれぞれ1つあげ、それに対する正しい語句を答えなさい。

問1　建設業法

元請負人は、下請負人からその請け負った建設工事が完成した旨の**通知**を受け① たときは、当該**通知**を受けた日から**20日**以内で、かつ、できる限り短い期間① ② 内に、その完成を確認するための**試験**を完了しなければならない。③

問2　労働安全衛生法

事業者は、労働者を雇い入れたときは、当該労働者に対し、厚生労働省令で定① めるところにより、その従事する業務に関する安全又は**衛生**のための**聴取**を行② ③ なわなければならない。

問3　電気工事士法

第一種電気工事士は、経済産業省令で定めるやむを得ない事由がある場合を除① き、**第一種**電気工事士免状の交付を受けた日から**5年**以内に、経済産業省令で① ② 定めるところにより、経済産業大臣の指定する者が行う**一般用**電気工作物の保③ 安に関する講習を受けなければならない。

解答と解説

問	番号	正誤	設問の語句	正しい語句	出典
問1 建設業法	①	○	通知	通知	建設業法 第24条の4 検査及び引渡し
	②	○	20日	20日	
	③	×	試験	**検査**	
問2 労働安全 衛生法	①	○	事業者	事業者	労働安全衛生法 第59条 安全衛生教育
	②	○	衛生	衛生	
	③	×	聴取	**教育**	
問3 電気工事士法	①	○	第一種	第一種	電気工事士法 第4条の3 第一種電気工事士の講習
	②	○	5年	5年	
	③	×	一般用	**自家用**	

問1	建設業法第24条の4	検査及び引渡し

設問の法文

　　元請負人は、下請負人からその請け負った建設工事が完成した旨の**通知**を①受けたときは、当該**通知**を受けた日から**20日**以内で、かつ、できる限り短い②期間内に、その完成を確認するための**試験**を完了しなければならない。③

正しい法文

　　元請負人は、下請負人からその請け負った建設工事が完成した旨の**通知**を①受けたときは、当該**通知**を受けた日から**20日**以内で、かつ、できる限り短②い期間内に、その完成を確認するための**検査**を完了しなければならない。③

　　元請負人は、この検査によって建設工事の完成を確認した後、下請負人が申し出たときは、直ちに、当該建設工事の目的物の引渡しを受けなければならない。ただし、下請契約において定められた工事完成の時期から20日を経過した日以前の一定の日に引渡しを受ける旨の特約がされている場合には、この限りでない。

※「正しい法文」には現時点における建設業法第24条の4の全文（一部改変）を掲載しています。

解答

誤っている語句の番号	③	正しい語句	検査

問2	労働安全衛生法第59条	安全衛生教育

設問の法文

　　事業者は、労働者を雇い入れたときは、当該労働者に対し、厚生労働省令で①定めるところにより、その従事する業務に関する安全又は**衛生**のための**聴取**を②　　　　　　　　　　　　　　　　　　　　　　　　　　　　　　　　　　　③行なわなければならない。

正しい法文

　　事業者は、労働者を雇い入れたときは、当該労働者に対し、厚生労働省令①で定めるところにより、その従事する業務に関する安全又は**衛生**のための②**教育**を行わなければならない。この規定は、労働者の作業内容を変更したと③きについても準用する。

　　事業者は、危険又は有害な業務で、厚生労働省令で定めるものに労働者を就かせるときは、厚生労働省令で定めるところにより、当該業務に関する安全又は衛生のための特別の教育を行わなければならない。

※「正しい法文」には現時点における労働安全衛生法第59条の全文（一部改変）を掲載しています。

解答

誤っている語句の番号	③	正しい語句	教育

電気法規

| 問3 | 電気工事士法第4条の3 | 第一種電気工事士の講習 |

| 設問の法文 | 　　**第一種**電気工事士は、経済産業省令で定めるやむを得ない事由がある場合①を除き、**第一種**電気工事士免状の交付を受けた日から**5年**以内に、経済産業①　　　　　　　　　　　　　　　　　　　　　　　②省令で定めるところにより、経済産業大臣の指定する者が行う**一般用**電気工作③物の保安に関する講習を受けなければならない。 |

| 正しい法文 | 　　**第一種**電気工事士は、経済産業省令で定めるやむを得ない事由がある場合①を除き、**第一種**電気工事士免状の交付を受けた日から**5年**以内に、経済産業①　　　　　　　　　　　　　　　　　　　　　　　②省令で定めるところにより、経済産業大臣の指定する者が行う**自家用**電気工③作物の保安に関する講習を受けなければならない。当該講習を受けた日以降についても、同様とする |

※「正しい法文」には現時点における電気工事士法第4条の3の全文（一部改変）を掲載しています。

| 解答 | 誤っている語句の番号 | ③ | 正しい語句 | 自家用 |

| 平成30年度 | **問題5** 電気法規 |

「建設業法」、「労働安全衛生法」又は「電気工事士法」に定められている法文において、下線部の語句のうち**誤っている語句の番号**をそれぞれ**1つ**あげ、それに対する**正しい語句**を答えなさい。

| 問1 | 建設業法 |

建設業者は、建設工事の**設計者**から請求があったときは、**請負契約**が成立する①　　　　　　　　　　　　　　　　　　　　　②までの間に、建設工事の**見積書**を提示しなければならない。③

| 問2 | 労働安全衛生法 |

事業者は、高さが**3m**以上の高所から物体を投下するときは、適当な**昇降**設備①　　　　　　　　　　　　　　　　　　　　　　　　　　②を設け、**監視人**を置く等労働者の危険を防止するための措置を講じなければな③らない。

| 問3 | 電気工事士法 |

この法律は、電気工事の**現場**に従事する者の資格及び**義務**を定め、もって電気①　　　　　　　　　　　　　　　　②工事の欠陥による**災害**の発生の防止に寄与することを目的とする。③

解答と解説

問	番号	正誤	設問の語句	正しい語句	出典
問 1 建設業法	①	×	設計者	**注文者**	建設業法 第20条第2項 建設工事の見積り等
	②	○	請負契約	請負契約	
	③	○	見積書	見積書	
問 2 労働安全 衛生法	①	○	3 m	3 m	労働安全衛生規則 第536条第1項 高所からの物体投下による危険の防止
	②	×	昇降	**投下**	
	③	○	監視人	監視人	
問 3 電気工事士法	①	×	現場	**作業**	電気工事士法 第1条 （電気工事士法の目的）
	②	○	義務	義務	
	③	○	災害	災害	

問 1	**建設業法第 20 条**	建設工事の見積り等

設問の 法文	建設業者は、建設工事の<u>**設計者**</u>①から請求があったときは、<u>**請負契約**</u>②が成立するまでの間に、建設工事の<u>**見積書**</u>③を提示しなければならない。

正しい 法文	建設業者は、建設工事の請負契約を締結するに際して、工事内容に応じ、工事の種別ごとに材料費、労務費その他の経費の内訳を明らかにして、建設工事の見積りを行うよう努めなければならない。 　建設業者は、建設工事の<u>**注文者**</u>①から請求があったときは、<u>**請負契約**</u>②が成立するまでの間に、建設工事の<u>**見積書**</u>③を交付しなければならない。 　建設工事の注文者は、請負契約の方法が随意契約による場合にあっては契約を締結する以前に、入札の方法により競争に付する場合にあっては入札を行う以前に、建設工事の請負契約の内容（請負代金の額は除く）について、できる限り具体的な内容を提示し、かつ、当該提示から当該契約の締結又は入札までに、建設業者が当該建設工事の見積りをするために必要な政令で定める一定の期間を設けなければならない。

※「正しい法文」には現時点における建設業法第20条の全文（一部改変）を掲載しています。

解答	誤っている語句の番号	①	正しい語句	注文者

電気法規

| 問2 | 労働安全衛生規則第536条 | 高所からの物体投下による危険の防止 |

| 設問の法文 | 　事業者は、高さが**3 m**以上の高所から物体を投下するときは、適当な**昇降**
①　　　　　　　　　　　　　　　　　　　　　　　　　　　　　　　　　②
設備を設け、**監視人**を置く等労働者の危険を防止するための措置を講じなけ
③
ればならない。 |

| 正しい法文 | 　事業者は、**3 m**以上の高所から物体を投下するときは、適当な**投下**設備を設け、
①　　　　　　　　　　　　　　　　　　　　　　　　　　②
監視人を置く等労働者の危険を防止するための措置を講じなければならない。
③
　労働者は、上記の規定による措置が講じられていないときは、3 m以上の
高所から物体を投下してはならない。 |

※「正しい法文」には現時点における労働安全衛生規則第536条の全文（一部改変）を掲載しています。

| 解答 | 誤っている語句の番号 | ② | 正しい語句 | 投下 |

| 問3 | 電気工事士法第1条 | 目的 |

| 設問の法文 | 　この法律は、電気工事の**現場**に従事する者の資格及び**義務**を定め、もって
①　　　　　　　　　　　　　　②
電気工事の欠陥による**災害**の発生の防止に寄与することを目的とする。
③ |

| 正しい法文 | 　この法律は、電気工事の**作業**に従事する者の資格及び**義務**を定め、もって
①　　　　　　　　　　　　　　②
電気工事の欠陥による**災害**の発生の防止に寄与することを目的とする。
③ |

| 解答 | 誤っている語句の番号 | ① | 正しい語句 | 作業 |

「建設業法」、「労働安全衛生法」及び「電気工事士法」に関する次の記述において、下線部の語句のうち**誤っている語句の番号**をそれぞれ 1 つあげ、それに対する**正しい語句**を答えなさい。

問 1 　建設業法

元請負人は、**前払金**①の支払を受けたときは、下請負人に対して、資材の購入、**労働者**②の募集その他建設工事の**完成**③に必要な費用を**前払金**①として支払うよう適切な配慮をしなければならない。

問 2 　労働安全衛生法

事業者は、労働災害を防止するための管理を必要とする作業で、政令で定めるものについては、**都道府県労働局長**①の免許を受けた者が行う**特別教育**②を修了した者のうちから、厚生労働省令で定めるところにより当該作業の区分に応じて作業主任者を選任し、その者に当該作業に従事する労働者の**指揮**③その他の厚生労働省令で定める事項を行わせなければならない。

問 3 　電気工事士法

自家用①電気工作物に係る電気工事のうち経済産業省令で定める**重要**②なものについては、**認定電気工事従事者**③資格者証の交付を受けている者が、その作業に従事することができる。

解答と解説

問	No.	正誤	設問の語句	正しい語句	出典
問 1 建設業法	①	○	前払金	前払金	建設業法 第24 条の3 （下請代金の支払）
	②	○	労働者	労働者	
	③	×	完成	**着手**	
問 2 労働安全 衛生法	①	○	都道府県労働局長	都道府県労働局長	労働安全衛生法 第14 条 （作業主任者）
	②	×	特別教育	**技能講習**	
	③	○	指揮	指揮	
問 3 電気工事士法	①	○	自家用	自家用	電気工事士法 第3 条 （電気工事士等）
	②	×	重要	**簡易**	
	③	○	認定電気工事従事者	認定電気工事従事者	

問1	建設業法第24条の3第2項	下請代金の支払(前払金の支払)

設問の法文	元請負人は、**前払金**の支払を受けたときは、下請負人に対して、資材の購入、**労働者**の募集その他建設工事の**完成**に必要な費用を**前払金**として支払うよう適切な配慮をしなければならない。 ①　　②　　③　　①

正しい法文	元請負人は、**前払金**の支払を受けたときは、下請負人に対して、資材の購入、**労働者**の募集その他建設工事の**着手**に必要な費用を**前払金**として支払うよう適切な配慮をしなければならない。 ①　　②　　③　　①

解答	誤っている語句の番号	③	正しい語句	着手

問2	労働安全衛生法第14条	作業主任者

設問の法文	事業者は、労働災害を防止するための管理を必要とする作業で、政令で定めるものについては、**都道府県労働局長**の免許を受けた者が行う**特別教育**を修了した者のうちから、厚生労働省令で定めるところにより当該作業の区分に応じて作業主任者を選任し、その者に当該作業に従事する労働者の**指揮**その他の厚生労働省令で定める事項を行わせなければならない。 ①　　②　　③

正しい法文	事業者は、高圧室内作業その他の労働災害を防止するための管理を必要とする作業で、政令で定めるものについては、**都道府県労働局長**の免許を受けた者又は都道府県労働局長の登録を受けた者が行う**技能講習**を修了した者のうちから、厚生労働省令で定めるところにより、当該作業の区分に応じて、作業主任者を選任し、その者に当該作業に従事する労働者の**指揮**その他の厚生労働省令で定める事項を行わせなければならない。 ①　　②　　③

解答	誤っている語句の番号	②	正しい語句	技能講習

問3	電気工事士法第3条第4項	電気工事士等(簡易電気工事)

設問の法文	**自家用**電気工作物に係る電気工事のうち経済産業省令で定める**重要**なものについては、**認定電気工事従事者**資格者証の交付を受けている者が、その作業に従事することができる。 ①　　②　　③

正しい法文	**自家用**電気工作物に係る電気工事のうち経済産業省令で定める**簡易**なもの(簡易電気工事)については、**認定電気工事従事者**認定証の交付を受けている者(認定電気工事従事者)は、その作業に従事することができる。 ①　　②　　③

解答	誤っている語句の番号	②	正しい語句	簡易

平成 28 年度	問題 5 電気法規

「建設業法」、「労働安全衛生法」又は「電気工事士法」に定められている法文において、下線部の語句のうち**誤っている語句の番号**をそれぞれ **1 つ**あげ、それに対する**正しい語句**を答えなさい。

問 1　建設業法

元請負人は、その請け負った建設工事を施工するために必要な**工程**の細目、
　　　　　　　　　　　　　　　　　　　　　　　　　　　　　　　①
作業方法その他元請負人において定めるべき事項を定めようとするときは、あ
②
らかじめ、**設計者**の意見をきかなければならない。
　　　　　③

問 2　労働安全衛生法

事業者は、単にこの法律で定める**第三者災害**の防止のための**最低基準**を守るだ
　　　　　　　　　　　　　　　　　①　　　　　　　　　　　②
けでなく、快適な職場環境の実現と労働条件の改善を通じて職場における労働
者の安全と**健康**を確保するようにしなければならない。また、事業者は、国が
　　　　　③
実施する**第三者災害**の防止に関する施策に協力するようにしなければならない。
　　　　　①

問 3　電気工事士法

この法律は、電気工事の**現場**に従事する者の資格及び**義務**を定め、もって電気
　　　　　　　　　　　　①　　　　　　　　　　　　②
工事の欠陥による**災害**の発生の防止に寄与することを目的とする。
　　　　　　　③

解答と解説

問	No.	正誤	設問の語句	正しい語句	出典
問 1 建設業法	①	○	工程	工程	建設業法第24条の2 （下請負人の意見の聴取）
	②	○	作業	作業	
	③	×	設計者	**下請負人**	
問 2 労働安全 衛生法	①	×	第三者災害	**労働災害**	労働安全衛生法第3条第1項 （事業者等の責務）
	②	○	最低基準	最低基準	
	③	○	健康	健康	
問 3 電気工事士法	①	×	現場	**作業**	電気工事士法第1条 （目的）
	②	○	義務	義務	
	③	○	災害	災害	

問1	建設業法第24条の2	下請負人の意見の聴取

設問の法文	元請負人は、その請け負った建設工事を施工するために必要な**工程**の細目、① **作業**方法その他元請負人において定めるべき事項を定めようとするときは、② あらかじめ、**設計者**の意見をきかなければならない。③

正しい法文	元請負人は、その請け負った建設工事を施工するために必要な**工程**の細目、① **作業**方法その他元請負人において定めるべき事項を定めようとするときは、② あらかじめ、**下請負人**の意見をきかなければならない。③

解答	誤っている語句の番号	③	正しい語句	下請負人

問2	労働安全衛生法第3条第1項	事業者等の責務

設問の法文	事業者は、単にこの法律で定める**第三者災害**の防止のための**最低基準**を守る①　　　　　　　　　　　　　　　② だけでなく、快適な職場環境の実現と労働条件の改善を通じて職場における労 働者の安全と**健康**を確保するようにしなければならない。また、事業者は、国が③ 実施する**第三者災害**の防止に関する施策に協力するようにしなければならない。①

正しい法文	事業者は、単にこの法律で定める**労働災害**の防止のための**最低基準**を守る①　　　　　　　　　　　　② だけでなく、快適な職場環境の実現と労働条件の改善を通じて職場における労 働者の安全と**健康**を確保するようにしなければならない。また、事業者は、国③ が実施する**労働災害**の防止に関する施策に協力するようにしなければならない。①

解答	誤っている語句の番号	①	正しい語句	労働災害

問3	電気工事士法第1条	目的

設問の法文	この法律は、電気工事の**現場**に従事する者の資格及び**義務**を定め、もって①　　　　　　　　　　　　　　② 電気工事の欠陥による**災害**の発生の防止に寄与することを目的とする。③

正しい法文	この法律は、電気工事の**作業**に従事する者の資格及び**義務**を定め、もって①　　　　　　　　　　　　　② 電気工事の欠陥による**災害**の発生の防止に寄与することを目的とする。③

解答	誤っている語句の番号	①	正しい語句	作業

| 平成 27 年度 | 問題 5 | 電気法規 |

「建設業法」、「労働安全衛生法」及び「電気工事士法」に関する次の文章において、下線部の語句のうち**誤っている語句**の番号をそれぞれ 1 つあげ、それに対する**正しい語句**を答えなさい。

問 1　建設業法

建設業者は、建設工事の**設計者**①から請求があったときは、**請負契約**②が成立するまでの間に、建設工事の**見積書**③を交付しなければならない。

問 2　労働安全衛生法

事業者は、高さが **3 m**①以上の高所から物体を投下するときは、適当な**昇降**②設備を設け、**監視人**③を置く等労働者の危険を防止するための措置を講じなければならない。

問 3　電気工事士法

自家用①電気工作物に係る電気工事のうち経済産業省令で定める**重要**②なものについては、**認定**③電気工事従事者資格者証の交付を受けている者が、その作業に従事することができる。

解答と解説

問	No.	正誤	設問の語句	正しい語句	出典
問 1 建設業法	①	×	設計者	**注文者**	建設業法第20条第2項 （建設工事の見積り等）
	②	○	請負契約	請負契約	
	③	○	見積書	見積書	
問 2 労働安全 衛生法	①	○	3 m	3 m	労働安全衛生規則第536条 （高所からの物体投下による危険の防止）
	②	×	昇降	**投下**	
	③	○	監視人	監視人	
問 3 電気工事士法	①	○	自家用	自家用	電気工事士法第3条第4項 （電気工事士等）
	②	×	重要	**簡易**	
	③	○	認定	認定	

問1	建設業法第20条第2項	建設工事の見積り等

設問の法文

建設業者は、建設工事の**設計者**から請求があったときは、**請負契約**が成立
① ②
するまでの間に、建設工事の**見積書**を交付しなければならない。
③

正しい法文

建設業者は、建設工事の**注文者**から請求があったときは、**請負契約**が成立
① ②
するまでの間に、建設工事の**見積書**を交付しなければならない。
③

解答	誤っている語句の番号	①	正しい語句	注文者

問2	労働安全衛生規則第536条	高所からの物体投下による危険の防止

設問の法文

事業者は、高さが**3m**以上の高所から物体を投下するときは、適当な**昇降**
① ②
設備を設け、**監視人**を置く等労働者の危険を防止するための措置を講じなけ
③
ればならない。

正しい法文

事業者は、**3m**以上の高所から物体を投下するときは、適当な**投下**設備を
①
設け、**監視人**を置く等労働者の危険を防止するための措置を講じなければな
③
らない。

解答	誤っている語句の番号	②	正しい語句	投下

電気法規

問3	電気工事士法第3条第4項	電気工事士等（簡易電気工事に従事できる者）

設問の法文

自家用電気工作物に係る電気工事のうち経済産業省令で定める**重要**なもの
① ②
については、**認定**電気工事従事者資格者証の交付を受けている者が、その作
③
業に従事することができる。

正しい法文

自家用電気工作物に係る電気工事のうち経済産業省令で定める**簡易**なもの
① ②
については、**認定**電気工事従事者認定証の交付を受けている者は、その作業
③
に従事することができる。

解答	誤っている語句の番号	②	正しい語句	簡易

※このページの「正しい法文」は、最新の法文に対応しています。

「建設業法」、「労働安全衛生法」及び「電気工事士法」に定められている次の各法文において、下線部の語句のうち**誤っている語句の番号**をそれぞれ**1つ**あげ、それに対する**正しい語句**を答えなさい。

問1　建設業法

元請負人は、<u>前払金</u>の支払を受けたときは、下請負人に対して、資材の購入、<u>労働者</u>の募集その他建設工事の<u>完成</u>に必要な費用を<u>前払金</u>として支払うよう適① ② ③ ①切な配慮をしなければならない。

問2　労働安全衛生法

事業者は、高圧室内作業その他の労働災害を防止するための管理を必要とする作業で、政令で定めるものについては、都道府県労働局長の免許を受けた者又は都道府県労働局長の登録を受けた者が行う<u>特別教育</u>を修了した者のうちか① ら、厚生労働省令で定めるところにより、当該作業の区分に応じて、<u>作業主任者</u>を選任し、その者に当該作業に従事する労働者の<u>指揮</u>その他の厚生② ③労働省令で定める事項を行わせなければならない。

問3　電気工事士法

<u>第一種</u>電気工事士免状は、次の各号の一に該当する者でなければ、その交付を①受けることができない。

一　<u>第一種</u>電気工事士試験に合格し、かつ、経済産業省令で定める電気に関す①る<u>保守</u>に関し経済産業省令で定める実務の経験を有する者。②

二　経済産業省令で定めるところにより、前号に掲げる者と同等以上の知識及び技能を有していると<u>都道府県知事</u>が認定した者。③

解答と解説

問	No.	正誤	設問の語句	正しい語句	出典
問1 建設業法	①	○	前払金	前払金	建設業法第24条の3第2項 （下請負人の着手費用への配慮）
	②	○	労働者	労働者	
	③	×	完成	**着手**	
問2 労働安全 衛生法	①	×	特別教育	**技能講習**	労働安全衛生法第14条 （作業主任者）
	②	○	作業主任者	作業主任者	
	③	○	指揮	指揮	
問3 電気工事士法	①	○	第一種	第一種	電気工事士法第4条第3項 （第一種電気工事士免状の交付条件）
	②	×	保守	**工事**	
	③	○	都道府県知事	都道府県知事	

問1 | 建設業法第24条の3第2項 | 下請負人の着手費用への配慮

設問の法文
　　元請負人は、**前払金**の支払を受けたときは、下請負人に対して、資材の購
　　　　　　　　①
入、**労働者**の募集その他建設工事の**完成**に必要な費用を**前払金**として支払う
　　　　②　　　　　　　　　　　　　③　　　　　　　　　　①
よう適切な配慮をしなければならない。

正しい法文
　　元請負人は、**前払金**の支払を受けたときは、下請負人に対して、資材の購
　　　　　　　　①
入、**労働者**の募集その他建設工事の**着手**に必要な費用を**前払金**として支払う
　　　　②　　　　　　　　　　　　　③　　　　　　　　　　①
よう適切な配慮をしなければならない。

解答 | 誤っている語句の番号 | ③ | **正しい語句** | **着手**

問2 | 労働安全衛生法第14条 | 作業主任者

設問の法文
　　事業者は、高圧室内作業その他の労働災害を防止するための管理を必要と
する作業で、政令で定めるものについては、都道府県労働局長の免許を受け
た者又は都道府県労働局長の登録を受けた者が行う**特別教育**を修了した者の
　　　　　　　　　　　　　　　　　　　　　　　　　　①
うちから、厚生労働省令で定めるところにより、当該作業の区分に応じて、
作業主任者を選任し、その者に当該作業に従事する労働者の**指揮**その他の厚
②　　　　　　　　　　　　　　　　　　　　　　　　　　③
生労働省令で定める事項を行わせなければならない。

| 正しい法文 | 事業者は、高圧室内作業その他の労働災害を防止するための管理を必要とする作業で、政令で定めるものについては、都道府県労働局長の免許を受けた者又は都道府県労働局長の登録を受けた者が行う**技能講習**①を修了した者のうちから、厚生労働省令で定めるところにより、当該作業の区分に応じて、**作業主任者**②を選任し、その者に当該作業に従事する労働者の**指揮**③その他の厚生労働省令で定める事項を行わせなければならない。 |

| **解答** | 誤っている語句の番号 | ① | 正しい語句 | 技能講習 |

| **問3** | 電気工事士法第4条第3項 | 第一種電気工事士免状の交付条件 |

| 設問の法文 | **第一種**①電気工事士免状は、次の各号の一に該当する者でなければ、その交付を受けることができない。
一　**第一種**①電気工事士試験に合格し、かつ、経済産業省令で定める電気に関する**保守**②に関し経済産業省令で定める実務の経験を有する者。
二　経済産業省令で定めるところにより、前号に掲げる者と同等以上の知識及び技能を有していると**都道府県知事**③が認定した者。 |

| 正しい法文 | **第一種**①電気工事士免状は、次の各号の一に該当する者でなければ、その交付を受けることができない。
一　**第一種**①電気工事士試験に合格し、かつ、経済産業省令で定める電気に関する**工事**②に関し経済産業省令で定める実務の経験を有する者。
二　経済産業省令で定めるところにより、前号に掲げる者と同等以上の知識及び技能を有していると**都道府県知事**③が認定した者。 |

| **解答** | 誤っている語句の番号 | ② | 正しい語句 | 工事 |

電気法規

377

　「建設業法」、「労働安全衛生法」及び「電気工事士法」に定められている次の各法文において、下線部の語句のうち誤っている語句の番号をそれぞれ1つあげ、それに対する正しい語句を答えなさい。

問1　建設業法

　元請負人は、下請負人からその請け負った建設工事が完成した旨の<u>通知</u>を受け
　　　　　　　　　　　　　　　　　　　　　　　　　　　　　　　　　①
たときは、当該<u>通知</u>を受けた日から<u>20</u>日以内で、かつ、できる限り短い期間
　　　　　　　①　　　　　　　　　②
内に、その完成を確認するための<u>試験</u>を完了しなければならない。
　　　　　　　　　　　　　　　　③

問2　労働安全衛生法

　<u>事業者</u>は、労働者を雇い入れたときは、当該労働者に対し、厚生労働省令で定
　　①
めるところにより、その従事する業務に関する安全又は<u>衛生</u>のための<u>実習</u>を行
　　　　　　　　　　　　　　　　　　　　　　　　　　②　　　　　　③
なわなければならない。

問3　電気工事士法

　この法律は、電気工事の<u>保守</u>に従事する者の<u>資格</u>及び義務を定め、もって電気
　　　　　　　　　　　　①　　　　　　　　　　②
工事の欠陥による<u>災害</u>の発生の防止に寄与することを目的とする。
　　　　　　　　　③

解答

問	No.	正誤	設問の語句	正しい語句	出典
問1 建設業法	①	○	通知	通知	建設業法第24条の4第1項 （下請工事の完成確認検査）
	②	○	20	20	
	③	×	試験	**検査**	
問2 労働安全 衛生法	①	○	事業者	事業者	労働安全衛生法第59条第1項 （安全衛生教育）
	②	○	衛生	衛生	
	③	×	実習	**教育**	
問3 電気工事士法	①	×	保守	**作業**	電気工事士法第1条 （目的）
	②	○	資格	資格	
	③	○	災害	災害	

　「建設業法」、「労働安全衛生法」及び「電気工事士法」に定める次の各法文において、下線部の語句のうち**誤っている語句の番号**をそれぞれ **1 つ**あげ、それに対する**正しい語句**を解答欄に記入しなさい。

問 1　建設業法

　この法律は、建設業を営む者の資質の向上、建設工事の**請負契約**①の適正化等を図ることによって、建設工事の**適正な施工**②を確保し、**請負者**③を保護するとともに、建設業の健全な発達を促進し、もって公共の福祉の増進に寄与することを目的とする。

問 2　労働安全衛生法

　事業者は、単にこの法律で定める**第三者災害**①の防止のための**最低基準**②を守るだけでなく、快適な職場環境の実現と労働条件の改善を通じて職場における労働者の安全と**健康**③を確保するようにしなければならない。また、事業者は、国が実施する**第三者災害**①の防止に関する施策に協力するようにしなければならない。

問 3　電気工事士法

　第一種①電気工事士は、経済産業省令で定めるやむを得ない事由がある場合を除き、**第一種**①電気工事士免状の交付を受けた日から **5 年**②以内に、経済産業省令で定めるところにより、経済産業大臣の指定する者が行う**一般用**③電気工作物の保安に関する講習を受けなければならない。当該講習を受けた日以降についても、同様とする。

解答

問	No.	正誤	設問の語句	正しい語句	出典
問 1 建設業法	①	○	請負契約	請負契約	建設業法第 1 条（目的）
	②	○	適正な施工	適正な施工	
	③	×	請負者	**発注者**	
問 2 労働安全 衛生法	①	×	第三者災害	**労働災害**	労働安全衛生法第 3 条第 1 項 （事業者の責務）
	②	○	最低基準	最低基準	
	③	○	健康	健康	
問 3 電気工事士法	①	○	第一種	第一種	電気工事士法第 4 条の 3 （第一種電気工事士の講習）
	②	○	5 年	5 年	
	③	×	一般用	**自家用**	

電気法規

「建設業法」、「労働安全衛生法」及び「電気工事士法」に定める次の各法文において、下線部の語句のうち**誤っている語句の番号**をそれぞれ1つあげ、それに対する**正しい語句**を解答欄に記入しなさい。

問1 建設業法

　元請負人は、その請け負った建設工事を施工するために必要な<u>工程</u>①の細目、<u>作業</u>②方法その他元請負人において定めるべき事項を定めようとするときは、あらかじめ、<u>設計者</u>③の意見をきかなければならない。

問2 労働安全衛生法

　事業者は、クレーンの<u>運転</u>①その他の業務で、政令で定めるものについては、都道府県<u>労働局長</u>②の当該業務に係る免許を受けた者又は都道府県<u>労働局長</u>②の登録を受けた者が行う当該業務に係る<u>特別教育</u>③を終了した者その他厚生労働省令で定める資格を有する者でなければ、当該業務に就かせてはならない

問3 電気工事士法

　この法律において「電気工事」とは、<u>事業用</u>①電気工作物又は自家用電気工作物を設置し、又は<u>変更</u>②する工事をいう。ただし、政令で定める<u>軽微</u>③な工事を除く。

解答

問	No.	正誤	設問の語句	正しい語句	出典
問1 建設業法	①	○	工程	工程	建設業法第24条の2 （下請負人の意見の聴取）
	②	○	作業	作業	
	③	×	設計者	**下請負人**	
問2 労働安全 衛生法	①	○	運転	運転	労働安全衛生法第61条第1項 （就業制限）
	②	○	労働局長	労働局長	
	③	×	特別教育	**技能講習**	
問3 電気工事士法	①	×	事業用	**一般用**	電気工事士法第2条第3項 （電気工事）
	②	○	変更	変更	
	③	○	軽微	軽微	

電気法規

「建設業法」、「労働安全衛生法」及び「電気工事士法」に定める次の各法文において、下線部の語句のうち誤っている**語句の番号をそれぞれ1つあげ、それに対する正しい語句**を解答欄に記入しなさい。

問1 建設業法

元請負人は**請負代金**の支払を受けたときは、下請負人に対して、**資材**の購入、
①   ②
労働者の募集その他建設工事の**着手**に必要な費用を**請負代金**として支払うよう
③   ①
適切な配慮をしなければならない。

問2 労働安全衛生法

建設工事の**注文者**等仕事を他人に請け負わせる者は、施工方法、**工期**等につ
①   ②
いて、安全で**効率的**な作業の遂行をそこなうおそれのある条件を附さないよう
③
に配慮しなければならない。

問3 電気工事士法

一般用電気工作物に係る電気工事のうち**経済産業省令**で定める特殊なものにつ
①   ②
いては、当該特殊電気工事に係る**特種**電気工事資格者認定証の交付を受けている
③
者でなければ、その作業（**一般用**電気工作物の保安上支障がないと認められる作
①
業であって、**経済産業省令**で定めるものを除く。）に従事してはならない。
②

解答

問	No.	正誤	設問の語句	正しい語句	出典
問1 建設業法	①	×	請負代金	前払金	建設業法第24条の3第2項（下請負人の着手費用への配慮）
	②	○	資材	資材	
	③	○	着手	着手	
問2 労働安全衛生法	①	○	注文者	注文者	労働安全衛生法第3条第3項（発注者の責務）
	②	○	工期	工期	
	③	×	効率的	衛生的	
問3 電気工事士法	①	×	一般用	自家用	電気工事士法第3条第3項（特殊電気工事に従事できる者）
	②	○	経済産業省令	経済産業省令	
	③	○	特種	特種	

「建設業法」、「労働安全衛生法」及び「電気事業法」に定める次の各法文において、下線部の語句のうち誤っている**語句の番号を1つあげ**、それぞれに対する正しい語句を解答欄に記入しなさい。

問1 建設業法

建設業者は、建設工事の、<u>下請負人</u>①から請求があったときは、<u>請負契約</u>②が成立するまでの間に、建設工事の<u>見積書</u>③を提示しなければならない。

問2 労働安全衛生法

事業者は、政令で定める規模の事業場ごとに、厚生労働省令で定めるところにより、医師うちから<u>産業医</u>①を選任し、その者に<u>労働者</u>②の<u>安全管理</u>③その他の厚生労働省令で定める事項を行わせなければならない。

問3 電気事業法

<u>経済産業大臣</u>①は、一般用電気工作物が経済産業省令で定める技術基準に適合していないと認めるときは、その<u>電気供給者</u>②に対し、その技術基準に適合するように一般用電気工作物を修理し、改造し、若しくは移転し、若しくはその使用を<u>一時停止</u>③すべきことを命じ、又はその使用を制限することができる。

解答

問	No.	正誤	設問の語句	正しい語句	出典
問1 建設業法	①	×	下請負人	**注文者**	建設業法第20条第2項 （見積書の提示）
	②	○	請負契約	請負契約	
	③	○	見積書	見積書	
問2 労働安全 衛生法	①	○	産業医	産業医	労働安全衛生法第13条第1項 （産業医の選任）
	②	○	労働者	労働者	
	③	×	安全管理	**健康管理**	
問3 電気事業法	①	○	経済産業大臣	経済産業大臣	電気事業法第56条第1項 （一般用電気工作物の技術基準適合命令）
	②	×	電気供給者	**所有者又は占有者**	
	③	○	一時停止	一時停止	

下記の各文章において、下線部の語句のうち「建設業法」、「労働安全衛生法」又は「電気工事士法」上、**誤っている語句の番号を1つあげ**、それに対する**正しい語句**を解答欄に記入しなさい。

問1 **建設業法**

　　注文者は、**請負人**に対して、建設工事の施工につき著しく不適当と認められる①
下請負人があるときは、その変更を請求することができる。ただし、あらかじめ②
注文者の**口頭**による承諾を得て選定した**下請負人**については、この限りでない。③　　　　　　　　　　　　　　　②

問2 **労働安全衛生法**

　事業者は、高圧室内作業その他の労働災害を防止するための**管理**を必要とする①
作業で、政令で定めるものについては、都道府県労働局長の免許を受けた者又は
都道府県労働局長の登録を受けた者が行う**安全**講習を修了した者のうちから、②
厚生労働省令で定めるところにより、当該作業の区分に応じて、**作業主任者**を選③
任し、その者に当該作業に従事する労働者の指揮その他の厚生労働省令で定め
る事項を行わせなければならない。

問3 **電気工事士法**

　第二種電気工事士は、経済産業省令で定めるやむを得ない事由がある場合を除①
き、**第二種**電気工事士免状の交付を受けた日から5年以内に、経済産業省令で定①
めるところにより、経済産業大臣の指定する者が行う**自家用**電気工作物の保安に関②
する**講習**を受けなければならない。当該**講習**を受けた日以降についても、同様とする。③　　　　　　　　　　　③

解答

問	No.	正誤	設問の語句	正しい語句	出典
問1 建設業法	①	○	請負人	請負人	建設業法第23条第1項 （不適当な下請負人の変更請求）
	②	○	下請負人	下請負人	
	③	×	口頭	**書面**	
問2 労働安全 衛生法	①	○	管理	管理	労働安全衛生法第14条 （作業主任者）
	②	×	安全	**技能**	
	③	○	作業主任者	作業主任者	
問3 電気工事士法	①	×	第二種	**第一種**	電気工事士法第4条の3 （第一種電気工事士の講習）
	②	○	自家用	自家用	
	③	○	講習	講習	

令和6年度
2級電気工事施工管理
技術検定試験 第二次検定
虎の巻（精選模試）第一巻

実施要項

- ■虎の巻（精選模試）第一巻には、令和6年度の第二次検定に向けて、極めて重要であると思われる問題が集約されています。
- ■試験時間は、120分間です。
- ■試験問題は、5問です。全問解答してください。
- ■問題1から問題3は、記述式の問題です。解答は、解答欄の定められた範囲内に、はみ出さないように記入してください。
- ■問題4及び問題5は、四肢択一式の問題です。解答は、マークシート欄の正解と思う肢の場号を塗りつぶしてください。
- ■解答は、黒のシャープペンまたは鉛筆で記入してください。
- ■問題用紙の余白を、計算などに使用することは自由です。
- ■採点は、解答・解答例を参考にして、自己評価してください。
- ■問題1から問題3は、多様な解答方法があるので、テキスト本編の解答例も参考にすると、自己評価しやすくなります。

自己評価・採点表（100点満点）

問題	問題1	問題2	問題3	問題4	問題5
分野	施工経験記述	施工管理	電気工事用語	計算問題	電気法規
配点	40	18	18	12	12
得点					

合計得点	点	60点以上で合格

配点は、GET研究所の推定によるものです。

問題1 施工経験記述（工程管理）

(計40点)

あなたが**経験した電気工事**について、次の設問に答えなさい。

設問1　経験した電気工事について、次の事項を記述しなさい。

(1) 工事名

(2) 工事場所

(3) 電気工事の概要

(4) 工期

(5) この電気工事でのあなたの立場

(6) あなたが担当した業務の内容

設問2　上記の電気工事の現場において、**工程管理**上、あなたが**留意した事項**とその**理由**を2つあげ、あなたがとった**対策又は処置**を留意した事項ごとに具体的に記述しなさい。ただし、対策又は処置の内容は重複しないこと。

① 留意した事項とその理由

　　対策又は処置

② 留意した事項とその理由

　　対策又は処置

※本書415ページの施工経験記述添削講座をご利用の方は、本書417ページの記入用紙に記入することもできます。

問題2　施工管理（安全管理用語・高圧受電設備）

問題 2-1　安全管理に関する語句の具体的な内容を記述

　安全管理に関する次の語句の中から2つ選び、番号と語句を記入のうえ、それぞれの内容について2つ具体的に記述しなさい。

> 1. 安全施工サイクル
> 2. 危険予知活動（KYK）
> 3. ツールボックスミーティング（TBM）
> 4. 墜落災害の防止対策
> 5. 飛来落下災害の防止対策
> 6. 感電災害の防止対策

問題 2-1　解答欄

（各3点×4　計12点）

番号		語句	

（3点）

具体的な内容　‒‒

（3点）

具体的な内容　‒‒

番号		語句	

（3点）

具体的な内容　‒‒

（3点）

具体的な内容　‒‒

※学習時間に余裕のある受検者は、6個の語句すべてに対して解答し、採点の際にその解答例を把握すると、本試験にどの語句が出題されても対応できるようになります。この方法を採る場合は、配点を1つあたり1点とし、試験時間を20分延長してください。必要があれば、あらかじめこの解答欄を2枚分コピーしてください。

問題 2-2 高圧受電設備の単線結線図（機器の名称と機能）

一般送配電事業者から供給を受ける、図に示す高圧受電設備の単線結線図について、次の問に答えなさい。

(1) ア、イ、ウに示す機器の**名称**又は**略称**を記入しなさい。

　　ただし、アに示す機器の解答は名称とする。（略称は不可）

(2) ア、イ、ウに示す機器の**機能**を記述しなさい。

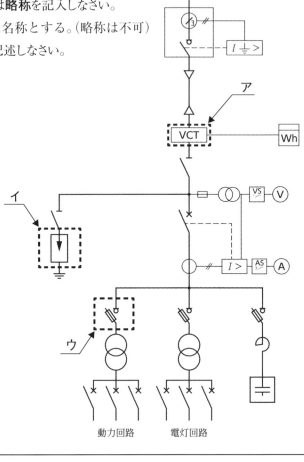

問題 2-2 解答欄

（各1点×6　計6点）

ア	名称		(1点)
	機能	--	(1点)
イ	名称又は略称		(1点)
	機能	--	(1点)
ウ	名称又は略称		(1点)
	機能	--	(1点)

虎の巻（精選模試）第一巻

問題3 電気工事用語

問題3 電気工事用語の技術的な内容を記述

　電気工事に関する次の用語の中から**3つ**選び、番号と用語を記入のうえ、**技術的な内容**を、それぞれについて**2つ**具体的に記述しなさい。

　ただし、**技術的な内容**とは、施工上の留意点、選定上の留意点、動作原理、発生原理、定義、目的、用途、方式、方法、特徴、対策などをいう。

1. 太陽光発電システム
2. 送電線のねん架
3. 変流器(CT)
4. 差動式スポット型感知器
5. 自動火災報知設備の受信機
6. 自動列車停止装置(ATS)
7. トンネルの入口部照明
8. 超音波式車両感知器
9. D種接地工事

問題3 解答欄　　　　　　　　　　　　　　　　　　　　　　　　（各3点×6　計18点）

番号		用語	

（3点）

技術的な内容　--

（3点）

技術的な内容　--

番号		用語	

（3点）

技術的な内容　--

（3点）

技術的な内容　--

番号		用語	

（3点）

技術的な内容　--

（3点）

技術的な内容　--

※学習時間に余裕のある受検者は、9個の用語すべてに対して解答し、採点の際にその解答例を把握すると、本試験にどの用語が出題されても対応できるようになります。この方法を採る場合は、配点を1つあたり1点とし、試験時間を30分延長してください。必要があれば、あらかじめこの解答欄を2枚分コピーしてください。

虎の巻（精選模試）第一巻

問題 4 | 計算問題（電気計算）

問題 4 | 電気回路に関する計算

次の設問に答えなさい。

設問 1 　図に示す架空配電線路において、電線の水平張力の最大値として、**最も適当なものはどれか**。

ただし、電線は十分な引張強度を有するものとし、支線の許容引張強度は22kN、その安全率を2とする。

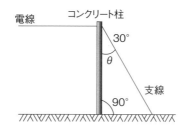

① 5.0kN 　　② 5.5kN 　　③ 9.5kN 　　④ 11.0kN

設問 2 　図に示すホイートストンブリッジ回路において、可変抵抗 R_1 を 8.0 Ω にしたとき、検流計に電流が流れなくなった。このときの抵抗 R_X の値として、**最も適当なものはどれか**。

ただし、R_2 = 5.0 Ω、R_3 = 4.0 Ω とする。

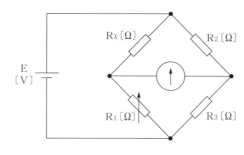

① 0.1 Ω 　　② 2.5 Ω 　　③ 6.4 Ω 　　④ 10.0 Ω

問題 4 | マークシート欄
（各 6 点 × 2 　計 12 点）

設問 1	① ② ③ ④
設問 2	① ② ③ ④

※この問題の解答は、選んだ番号を下記の
マーク例に従って塗りつぶしてください。

マークの塗りつぶし例 ●

問題5　電気法規

問題5　建設業法・労働安全衛生法・電気工事士法

「建設業法」、「労働安全衛生法」又は「電気工事士法」に関する次の設問に答えなさい。

設問1　建設工事の請負契約に関する次の記述の［　　　］に当てはまる語句として、「建設業法」上、**定められているもの**はそれぞれどれか。

「元請負人は、その請け負った建設工事を施工するために必要な工程の細目、［　ア　］その他元請負人において定めるべき事項を定めようとするときは、あらかじめ、［　イ　］の意見をきかなければならない。」

「元請負人は、［　ウ　］の支払を受けたときは、下請負人に対して、資材の購入、労働者の募集その他建設工事の［　エ　］に必要な費用を［　ウ　］として支払うよう適切な配慮をしなければならない。」

ア　①作業代金　　②作業内容　　③作業人数　　④作業方法

イ　①下請負人　　②設計者　　③注文者　　④発注者

ウ　①請負代金　　②下請代金　　③前払金　　④前渡金

エ　①着手　　②着工　　③完成　　④竣工

設問2　就業時の措置及び危険の防止に関する次の記述の［　　　］に当てはまる語句として、「労働安全衛生法」上、**定められているもの**はそれぞれどれか。

「［　ア　］は、労働者を雇い入れたときは、当該労働者に対し、厚生労働省令で定めるところにより、その従事する業務に関する安全又は衛生のための［　イ　］を行わなければならない。」

「事業者は、［　ウ　］の高所から物体を投下するときは、適当な［　エ　］を設け、監視人を置く等労働者の危険を防止するための措置を講じなければならない。」

ア　①事業者　　②下請負人　　③作業主任者　　④主任技術者

イ　①教育　　②実習　　③聴取　　④聴収

ウ　①2m以上　　②3m以上　　③4m以上　　④5m以上

エ　①昇降器具　　②昇降設備　　③投下器具　　④投下設備

設問3　電気工事士法の目的及び電気工事の資格に関する次の記述の［　　　］に当てはまる語句として、「電気工事士法」上、**定められているもの**はそれぞれどれか。

「この法律において、電気工事とは、一般用電気工作物又は［　ア　］電気工作物を設置し、又は変更する工事をいう。ただし、政令で定める［　イ　］な工事を除く。」

「［　ア　］電気工作物に係る電気工事のうち経済産業省令で定める［　ウ　］なものについては、［　エ　］電気工事従事者認定証の交付を受けている者は、その作業に従事することができる。」

ア　①自家用　②事業用　③高圧用　④低圧用

イ　①簡易　②軽微　③重要　④特殊

ウ　①簡易　②軽微　③重要　④特殊

エ　①第一種　②第二種　③簡易　④認定

問題5　マークシート欄　　　　　　　　　　　　　　　（各1点×12　計12点）

設問1	ア	①	②	③	④
	イ	①	②	③	④
	ウ	①	②	③	④
	エ	①	②	③	④
設問2	ア	①	②	③	④
	イ	①	②	③	④
	ウ	①	②	③	④
	エ	①	②	③	④
設問3	ア	①	②	③	④
	イ	①	②	③	④
	ウ	①	②	③	④
	エ	①	②	③	④

※この問題の解答は、選んだ番号を下記のマーク例に従って塗りつぶしてください。

マークの塗りつぶし例　

虎の巻（精選模試）第一巻

虎の巻(精選模試)第一巻　解答・解答例

問題1　解答例

設問1

(1) 工事名　水戸口炊飯協同組合新築工事(構内電気設備工事)

(2) 工事場所　茨城県水戸口市大山6−9−11

(3) 電気工事の概要　鉄骨造2階、延床面積1050m^2、コンクリート基礎(1基)、受変電設備(1φTr500kVA、3φTr150kVA)、配線用ケーブル2100m、照明設備(184本)

(4) 工期　令和元年8月〜令和2年4月

(5) この電気工事でのあなたの立場　現場主任

(6) あなたが担当した業務の内容　構内電気設備工事に係る施工管理

設問2

① 留意した事項とその理由

　　配線・配管工事に係る工程を短縮することに留意した。その理由は、悪天候によりキュービクルコンクリート基礎工事が遅延したことを受け、基礎工事後の配線・配管工事の各工程を短縮しなければならなくなったためである。

対策又は処置

①配管作業では、労働者を1人増員して配管受渡し作業の工程を短縮した。

②現場打ちコンクリート基礎を、既製コンクリート版に変更し、工程を短縮した。

③配線作業と配管作業は、2班体制による同時作業とし、工程を短縮した。

② 留意した事項とその理由

　　照明器具の取付け位置変更に伴い、その後の工程を短縮することに留意した。その理由は、設置済みのコンセントの位置を変更する改修工程が必要となり、新たに発生した改修工程による遅れを回復する必要があったためである。

対策又は処置

①改修工程は、撤去班と設置班の2班体制で行うことで、工程を短縮した。

②点検や清掃は、手待ちが生じていた別の作業員に行わせることで、工程を短縮した。

③内装工事業者との間で作業日時等を調整し、工期に間に合うよう工程表を変更した。

※この解答例は架空の工事なので、本試験でそのまま転記すると不合格になります。自らの施工経験記述が合格答案となっているか否かの確認をしたい方は、本書415ページの施工経験記述添削講座をご利用ください。

虎の巻(精選模試)第一巻

問題 2-1 解答例

番号	1	語句	安全施工サイクル

具体的な内容	施工の安全を図るため、毎日・毎週・毎月に行うことをパターン化し、継続的に取り組む活動である。

具体的な内容	安全朝礼から始まり、安全ミーティング、安全巡回、工程打合せ、片付けまでの日常活動サイクルのことである。

番号	2	語句	危険予知活動(KYK)

具体的な内容	現地作業の前に、その作業に伴う危険に関する情報を担当者で話し合って共有することで、安全に対する意識を高める活動である。

具体的な内容	電気工事の現場では、危険予知活動の一環として、ツールボックスミーティング(職場安全会議)や指差呼称が行われる。

番号	3	語句	ツールボックスミーティング(TBM)

具体的な内容	作業関係者が作業開始前に集まり、その日の作業における安全対策について、短時間の話し合いを行う危険予知活動である。

具体的な内容	各作業者が発言できるため、作業への参加意識が高まり、自然な流れで安全衛生教育が行われる。

番号	4	語句	墜落災害の防止対策

具体的な内容	高さが2m以上の箇所で作業を行う場合に、強風・大雨・大雪などの悪天候による危険が予想されるときは、作業を中止する。

具体的な内容	高さが2m以上の箇所で作業を行う場合に、作業床を設けることが困難なときは、防網を張り、要求性能墜落制止用器具を使用させる。

番号	5	語句	飛来落下災害の防止対策

具体的な内容	3m以上の高所から物体を投下するときは、適当な投下設備を設け、監視人を置く。

具体的な内容	物体が落下することにより、労働者に危険を及ぼすおそれのあるときは、防網の設備を設け、立入禁止区域を設定する。

番号	6	語句	感電災害の防止対策

具体的な内容	高圧の充電電路の点検をするときは、労働者に絶縁用保護具を着用させ、感電のおそれがある充電電路に絶縁用防具を装着する。

具体的な内容	電気機械器具の操作の際は、感電の危険や誤操作による危険を防止するため、その操作部分について、必要な照度を保持する。

問題 2-2 解答例

ア	名称	計器用変圧変流器
	機能	電力量計による直接測定ができない高電圧・大電流を、電力量計で測定しやすい低電圧・小電流に変成する。
イ	名称(略称)	避雷器(LA)
	機能	雷などによる衝撃過電圧を大地に放電し、電気施設の絶縁を保護すると共に、その電流を短時間で遮断し、自動的に正規の状態に復元させる。
ウ	名称(略称)	ヒューズ付負荷開閉器(PF付LBS)
	機能	短絡が生じたときに、回路を遮断して保護すると共に、短絡から回復したときに、再閉路を行って回路を復帰させる。

※「ア」の略称は、388ページの図中に「VCT」と既に示されています。

※「ウ」の名称は、「ヒューズ付高圧負荷開閉器」や「限流ヒューズ付高圧交流負荷開閉器」などの解答も考えられます。

問題3 解答例

番号	1	用語	太陽光発電システム

技術的な内容	半導体の接合部に光が入射したときに生じる光起電力効果を利用し、電気エネルギーを取り出すシステムである。

技術的な内容	作業者の感電を防止するため、配線作業の前に、太陽電池モジュールの表面を遮光シートで覆う。

番号	2	用語	送電線のねん架

技術的な内容	3線を縦方向または横方向に配列した架空送電線路について、各相の位置を全区間内で三等分し、電線の配置換えを行うことである。

技術的な内容	各相のインダクタンス・静電容量を平衡化し、電流・電圧の不平衡を解消することで、通信線への誘導障害を防止する。

番号	3	用語	変流器(CT)

技術的な内容	変電所に設置されている計器用変流器は、大電流を小電流に変換することにより、電流計の測定範囲を広げる機器である。

技術的な内容	計器用変流器は、異常電圧の発生を防止するため、一次側に電流が流れている状態で、二次側を開放してはならない。

番号	4	用語	差動式スポット型感知器

技術的な内容	自動火災報知設備の感知器の一種で、周囲の温度の上昇率が、一定の率以上になったときに、火災信号を発信する。

技術的な内容	差動式スポット型感知器の下端は、取付け面の下方0.3m以内の位置に設けなければならない。

番号	5	用語	自動火災報知設備の受信機

技術的な内容	受信機は、感知器・中継器・発信機の作動と連動して、当該感知器・中継器・発信機の作動した警戒区域を表示できるものとする。

技術的な内容	受信機の操作スイッチは、床面からの高さが0.8m以上（椅子に座って操作するものは0.6m以上）1.5m以下の箇所に設ける。

番号	6	用語	自動列車停止装置（ATS）

技術的な内容	鉄道信号保安装置の一種で、列車が停止信号に接近したときに、その列車を自動的に停止させる装置である。

技術的な内容	列車運転士の操作によらずに動作するため、運転士の体調不良や信号の見逃しなどがあっても、列車の安全を確保できる。

番号	7	用語	トンネルの入口部照明

技術的な内容	昼間、運転者がトンネルに接近する際に生じる急激な輝度の変化と、眼の順応の遅れを緩和するための照明である。

技術的な内容	入口部照明の区間の長さは、その道路の設計速度が速いほど、長くしなければならない。

番号	8	用語	超音波式車両感知器

技術的な内容	道路面上5m～6mの高さから超音波パルスを照射し、反射して戻ってくるまでの時間を計測することで、車両の有無を判断する。

技術的な内容	設置や保守点検が容易で、耐久性も高いため、交通信号の感応制御のための車両感知器として利用されている。

番号	9	用語	D 種接地工事

技術的な内容	D 種接地工事の接地抵抗値は、100 Ω 以下（地絡時に 0.5 秒以内に電路を遮断できる低圧電路では 500 Ω 以下）とする。

技術的な内容	高圧計器用変成器の二次側電路や、使用電圧が 300 V 以下の低圧電路に施設する機械器具の金属製外箱には、D 種接地工事を施す。

問題4 解答

設問1	① ② ③ ④	5.5 kN
設問2	① ② ③ ④	10.0 Ω

※ 設問1 の解説は、本書 303 ページの「演習問題 No.18」を参照してください。
※ 設問2 の解説は、本書 289 ページの「演習問題 No.4」を参照してください。

問題5 解答

設問		選択肢	用語
設問1	ア	① ② ③ ④	作業方法
	イ	① ② ③ ④	下請負人
	ウ	① ② ③ ④	前払金
	エ	① ② ③ ④	着手
設問2	ア	① ② ③ ④	事業者
	イ	① ② ③ ④	教育
	ウ	① ② ③ ④	3 m 以上
	エ	① ② ③ ④	投下設備
設問3	ア	① ② ③ ④	自家用
	イ	① ② ③ ④	軽微
	ウ	① ② ③ ④	簡易
	エ	① ② ③ ④	認定

令和6年度
2級電気工事施工管理
技術検定試験 第二次検定
虎の巻（精選模試）第二巻

実施要項

■虎の巻（精選模試）第二巻には、令和6年度の第二次検定に向けて、比較的重要であると思われる問題が集約されています。

■試験時間は、120分間です。

■試験問題は、5問題です。全問解答してください。

■ 問題1 から 問題3 は、記述式の問題です。解答は、解答欄の定められた範囲内に、はみ出さないように記入してください。

■ 問題4 及び 問題5 は、四肢択一式の問題です。解答は、マークシート欄の正解と思う肢の場号を塗りつぶしてください。

■解答は、黒のシャープペンまたは鉛筆で記入してください。

■問題用紙の余白を、計算などに使用することは自由です。

■採点は、解答・解答例を参考にして、自己評価してください。

■ 問題1 から 問題3 は、多様な解答方法があるので、テキスト本編の解答例も参考にすると、自己評価しやすくなります。

自己評価・採点表（100点満点）

問題	問題1	問題2	問題3	問題4	問題5
分野	施工経験記述	施工管理	電気工事用語	計算問題	電気法規
配点	40	18	18	12	12
得点					

合計得点	点	60点以上で合格

配点は、GET研究所の推定によるものです。

虎の巻（精選模試）第二巻

問題1 施工経験記述（安全管理）

(計 40 点)

あなたが**経験した電気工事**について、次の設問に答えなさい。

設問1　経験した電気工事について、次の事項を記述しなさい。

(1) 工事名
(2) 工事場所
(3) 電気工事の概要

(4) 工期
(5) この電気工事でのあなたの立場
(6) あなたが担当した業務の内容

設問2　上記の電気工事の現場において、**安全管理上**、あなたが**留意した事項**とその**理由**を2つあげ、あなたがとった**対策**又は**処置**を留意した事項ごとに具体的に記述しなさい。ただし、対策又は処置の内容は重複しないこと。なお、次のいずれか又は両方の記述については配点しない。

・保護帽の単なる着用のみの記述
・要求性能墜落制止用器具の単なる着用のみの記述

① 留意した事項とその理由

　　対策又は処置

② 留意した事項とその理由

　　対策又は処置

※本書 415 ページの施工経験記述添削講座をご利用の方は、本書 419 ページの記入用紙に記入することもできます。

問題2 施工管理（品質管理用語・高圧受電設備）

問題 2-1　品質管理に関する語句の具体的な内容を記述

　電気工事に関する次の語句の中から２つ選び、番号と語句を記入のうえ、**施工管理上留意すべき内容**を、それぞれについて**２つ具体的に記述**しなさい。

> 1. 工具の取扱い
> 2. 機器の取付け
> 3. 現場内資材管理
> 4. 電線相互の接続
> 5. 盤への電線の接続
> 6. 波付硬質合成樹脂管（FEP）の地中埋設

問題 2-1　解答欄

（各３点×４　計12点）

番号		語句	

（3点）

具体的な内容 --

（3点）

具体的な内容 --

番号		語句	

（3点）

具体的な内容 --

（3点）

具体的な内容 --

※学習時間に余裕のある受検者は、6個の語句すべてに対して解答し、採点の際にその解答例を把握すると、本試験にどの語句が出題されても対応できるようになります。この方法を採る場合は、配点を1つあたり1点とし、試験時間を20分延長してください。必要があれば、あらかじめこの解答欄を2枚分コピーしてください。

問題 2-2　高圧受電設備の単線結線図（機器の名称と機能）

　一般送配電事業者から供給を受ける、図に示す高圧
受電設備の単線結線図について、次の間に答えなさい。

(1) ア、イ、ウに示す機器の**名称**又は**略称**を記入しなさい。

(2) ア、イ、ウに示す機器の**機能**を記述しなさい。

架空引込

VCT
Wh
ア

VS
V

I >
AS
A

イ

ウ

動力回路
電灯回路

問題 2-2　解答欄

（各1点×6　計6点）

ア	**名称又は略称**	(1点)
	機能	(1点)
イ	**名称又は略称**	(1点)
	機能	(1点)
ウ	**名称又は略称**	(1点)
	機能	(1点)

問題3 電気工事用語

問題3 電気工事用語の技術的な内容を記述

　電気工事に関する次の用語の中から**3つ**選び、番号と用語を記入のうえ、**技術的な内容**を、それぞれについて**2つ**具体的に記述しなさい。

　ただし、**技術的な内容**とは、施工上の留意点、選定上の留意点、動作原理、発生原理、定義、目的、用途、方式、方法、特徴、対策などをいう。

> 1. 揚水式発電
> 2. うず電流
> 3. 漏電遮断器
> 4. 電動機の過負荷保護
> 5. LED 照明
> 6. 電気鉄道のき電方式
> 7. 変圧器の並行運転
> 8. 波付硬質合成樹脂管（FEP）
> 9. 絶縁抵抗試験

問題3 解答欄　　　　　　　　　　　　　　　　　　　　（各3点×6　計18点）

番号		用語	

（3点）

技術的な内容 --

（3点）

技術的な内容 --

番号		用語	

（3点）

技術的な内容 --

（3点）

技術的な内容 --

番号		用語	

（3点）

技術的な内容 --

（3点）

技術的な内容 --

※学習時間に余裕のある受検者は、9個の用語すべてに対して解答し、採点の際にその解答例を把握すると、本試験にどの用語が出題されても対応できるようになります。この方法を採る場合は、配点を1つあたり1点とし、試験時間を30分延長してください。必要があれば、あらかじめこの解答欄を2枚分コピーしてください。

問題4 計算問題（電気計算）

次の設問に答えなさい。

設問1 図に示す回路において、回路全体の合成抵抗Rと電流I_2の値の組合せとして、**最も適当なもの**はどれか。

ただし、電池の内部抵抗は無視するものとする。

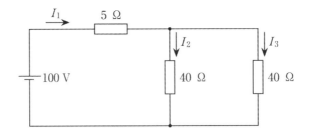

①R=25Ω, I_2=2A　②R=25Ω, I_2=4A　③R=85Ω, I_2=2A　④R=85Ω, I_2=4A

設問2 一次側に電圧6600Vを加えたとき、二次側の電圧が110Vとなる変圧器がある。この変圧器の二次側の電圧を105Vにするための一次側の電圧〔V〕として、**最も適当なもの**はどれか。

ただし、変圧器の損失はないものとする。

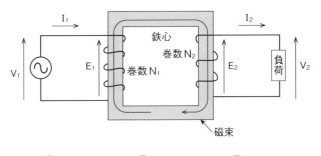

① 6000V　　② 6150V　　③ 6300V　　④ 6450V

問題4 マークシート欄　　　　　　　　　　　（各6点×2　計12点）

設問1	① ② ③ ④
設問2	① ② ③ ④

※この問題の解答は、選んだ番号を下記の
マーク例に従って塗りつぶしてください。

マークの塗りつぶし例

問題5 電気法規

問題5 建設業法・労働安全衛生法・電気工事士法

「建設業法」、「労働安全衛生法」又は「電気工事士法」に関する次の設問に答えなさい。

設問1 元請負人の義務及び施工技術の確保に関する次の記述の ⬜ に当てはまる語句として、「建設業法」上、**定められているもの**はそれぞれどれか。

「元請負人は、下請負人からその請け負った建設工事が完成した旨の通知を受けたときは、当該通知を受けた日から ア で、かつ、できる限り短い期間内に、その完成を確認するための イ を完了しなければならない。」

「主任技術者及び監理技術者は、工事現場における建設工事を適正に実施するため、当該建設工事の施工計画の ウ 、工程管理、 エ 管理その他の技術上の管理及び当該建設工事の施工に従事する者の技術上の指導監督の職務を誠実に行わなければならない。」

ア	①7日以内	②14日以内	③20日以内	④1月以内
イ	①監査	②検査	③試験	④審査
ウ	①管理	②作成	③実施	④立案
エ	①安全	②原価	③施工	④品質

設問2 事業者等の責務及び就業制限に関する次の記述の ⬜ に当てはまる語句として、「労働安全衛生法」上、**定められているもの**はそれぞれどれか。

「建設工事の ア 等仕事を他人に請け負わせる者は、施工方法、工期等について、安全で イ な作業の遂行をそこなうおそれのある条件を附さないように配慮しなければならない。」

「事業者は、クレーンの ウ その他の業務で、政令で定めるものについては、都道府県労働局長の当該業務に係る免許を受けた者又は都道府県労働局長の登録を受けた者が行う当該業務に係る エ を修了した者その他厚生労働省令で定める資格を有する者でなければ、当該業務に就かせてはならない。」

ア	①事業者	②注文者	③発注者	④元請負人
イ	①衛生的	②計画的	③経済的	④効率的
ウ	①運転	②整備	③操作	④点検
エ	①安全衛生教育	②特別教育	③技術講習	④技能講習

設問3　電気工事の資格に関する次の記述の　　　に当てはまる語句として、「電気工事士法」上、**定められているもの**はそれぞれどれか。

「　ア　電気工作物に係る電気工事のうち経済産業省令で定める特殊なものについては、当該特殊電気工事に係る　イ　電気工事資格者認定証の交付を受けている者でなければ、その作業に従事してはならない。」

「　ウ　電気工事士は、経済産業省令で定めるやむを得ない事由がある場合を除き、　ウ　電気工事士免状の交付を受けた日から5年以内に、経済産業省令で定めるところにより、経済産業大臣の指定する者が行う　エ　電気工作物の保安に関する講習を受けなければならない。当該講習を受けた日以降についても、同様とする。」

ア　①一般用　　　②自家用　　　③事業用　　　④特定事業用
イ　①特殊　　　　②特種　　　　③特定　　　　④認定
ウ　①第一種　　　②第二種　　　③特種　　　　④認定
エ　①一般用　　　②自家用　　　③事業用　　　④特定事業用

問題5　マークシート欄　　　　　　　　　　　　　　　（各1点×12　計12点）

設問1	ア	①	②	③	④
	イ	①	②	③	④
	ウ	①	②	③	④
	エ	①	②	③	④
設問2	ア	①	②	③	④
	イ	①	②	③	④
	ウ	①	②	③	④
	エ	①	②	③	④
設問3	ア	①	②	③	④
	イ	①	②	③	④
	ウ	①	②	③	④
	エ	①	②	③	④

※この問題の解答は、選んだ番号を下記の
　マーク例に従って塗りつぶしてください。

マークの塗りつぶし例　

虎の巻（精選模試）第二巻

虎の巻（精選模試）第二巻　解答・解答例

問題1 解答例

設問1

(1) 工事名　国立三鷲病院新築工事（構内電気設備工事）

(2) 工事場所　東京都三鷲市中連雀 3 - 12 - 5

(3) 電気工事の概要　鉄骨鉄筋コンクリート造 8 階、延床面積 1200m²、受変電設備（1φ 800kVA、3φ200kVA）、電灯盤 16 面

(4) 工期　令和元年 6 月～令和 2 年 12 月

(5) この電気工事でのあなたの立場　現場主任補佐

(6) あなたが担当した業務の内容　構内電気設備工事に係る施工管理

設問2

① **留意した事項とその理由**

エレベータピット内で行う配線作業における安全確保に留意した。その理由は、エレベータピット内が酸素欠乏危険場所であり、労働者が酸素欠乏症にならないよう注意する必要があったためである。

対策又は処置

① ピット内への入場者およびピット内からの退場者の氏名を確認した。

② エレベータピット内を常に換気し、酸素濃度が 18% 以上であることを確認した。

③ 作業員は、酸素欠乏危険作業に関する特別の教育を修了した者とした。

② **留意した事項とその理由**

停電作業時における感電の防止に留意した。その理由は、開閉器が開路の状態であっても、残留電荷や接地作業の不備などにより感電する危険性があり、それを防止する必要があったためである。

対策又は処置

① 開路に用いた開閉器は、停電作業中、施錠した。

② 開路した電路の電力ケーブル・コンデンサーなどの残留電荷を放電させた。

③ 開路後に 2 次側を接地し、検電器で停電を確認した後に作業を始めた。

※この解答例は架空の工事なので、本試験でそのまま転記すると不合格になります。自らの施工経験記述が合格答案となっているか否かの確認をしたい方は、本書 415 ページの施工経験記述添削講座をご利用ください。

問題 2-1 解答例

番号	1	語句	工具の取扱い

具体的な内容	その日の作業を開始する前に、工具に損傷や著しい錆などがないことを点検し、工具が正常に使用できることを確認する。

具体的な内容	使用する工具は、ゆとりをもって作業ができるだけの性能を有しており、安全機能を備えたものとする。

番号	2	語句	機器の取付け

具体的な内容	作成された取付け詳細図を見て、固定ボルトの径・本数や、振れ止めの位置などを、目視で点検する。

具体的な内容	保守点検のために必要な作業空間が確保されていることを、点検用通路の幅・高さなどを測定して確認する。

番号	3	語句	現場内資材管理

具体的な内容	現場で保管する資材ごとに、風雨に対する保全養生を行う。また、各資材は火災や盗難を防止しやすい場所に保管する。

具体的な内容	資材の搬入数量・搬出数量・在庫数を、搬入・搬出のたびに確認し、現場内にある各資材の数量を常時正確に把握する。

番号	4	語句	電線相互の接続

具体的な内容	電線は、スリーブや電線コネクタの中で接続させる。金属管・PF 管・CD 管等の内部で、電線が接続されていないことを確認する。

具体的な内容	接続のために電線の心線を露出させるときは、心線を損傷させないよう、ワイヤーストリッパーなどの工具を使用する。

番号	5	語句	盤への電線の接続

具体的な内容	電線と盤の端子とは、電気的および機械的に確実に接続する。また、その接続点に張力が加わらないような構造とする。

具体的な内容	盤の端子のねじ止めボルトは、適正なトルク値で締め付ける。振動を受けるボルトには、ばね座金または二重ナットを取り付ける。

番号	6	語句	波付硬質合成樹脂管(FEP)の地中埋設

具体的な内容	高強度の波付硬質合成樹脂管は、道路下などに施工されるため、十分な深さに埋設し、車両等の重量物に対する耐荷力を確保する。

具体的な内容	波付硬質合成樹脂管は、施工中に曲がりやすいため、管を埋め戻すときは、埋戻し土を左右対称に締め固め、管が移動しないようにする。

問題 2-2 解答例

ア	名称(略称)	断路器(DS)
	機能	高圧受電設備に負荷電流が流れていないときに、その回路を確実に切り離す(回路の開状態を確実にする)機能がある。
イ	名称(略称)	直列リアクトル(SR)
	機能	高圧進相コンデンサによる突入電流を抑制すると共に、高調波による電圧波形の歪みを改善する。
ウ	名称(略称)	高圧進相コンデンサ(SC)
	機能	進み無効電力を供給することにより、高圧受電設備に供給された交流電力の力率を改善し、電力の無駄を減らす。

問題3 解答例

番号	1	用語	揚水式発電

技術的な内容	夜間または軽負荷時に揚水ポンプで水を上部貯水池に汲み上げ、ピーク負荷時に水を落下させて電力を発生させる。

技術的な内容	貯水池の水を利用できる(河川の流量に制約されない)ため、地点選定が容易である(流量の少ない河川であっても施設できる)。

番号	2	用語	うず電流

技術的な内容	発電機は、電磁誘導による起電力を利用している。渦電流は、この起電力の一部を打ち消し、渦電流損(ジュール熱)を発生させる。

技術的な内容	導電性の物体中に生じる渦電流損(ジュール熱)を利用する誘導加熱方式は、電磁調理器に利用されている。

番号	3	用語	漏電遮断器

技術的な内容	使用電圧が60Vを超える交流低圧電路で地絡が生じたときに、自動的に当該電路を遮断し、地絡事故による危険を防止する。

技術的な内容	屋内消火栓設備の非常電源回路には、漏電遮断器を設けてはならない(代わりに漏電火災警報機を設ける)ことに留意する。

番号	4	用語	電動機の過負荷保護

技術的な内容	電動機が焼損するおそれがある過電流を生じた場合に、自動的にこれを阻止または警報することをいう。

技術的な内容	出力が0.2kWを超える電動機を、屋内に施設する場合には、原則として、過負荷保護装置を施設しなければならない。

番号	5	用語	LED 照明

技術的な内容	p-n 接合を持つ単体の発光ダイオードに、順方向の電圧をかけて電流を流すと、電気エネルギーが直接光エネルギーに変換される。
技術的な内容	発光効率が高いため、経済的であり、省エネルギーになる。また、寿命が長いため、メンテナンスコストを削減できる。

番号	6	用語	電気鉄道のき電方式

技術的な内容	電気鉄道のき電方式は、直流き電方式と交流き電方式(ATき電方式とBTき電方式)に分類されている。
技術的な内容	直流き電方式の電気鉄道は、交流き電方式の電気鉄道に比べて、運転電流と事故電流との判別が難しい。

番号	7	用語	変圧器の並行運転

技術的な内容	変電所において、同一の特性を有する2個以上の変圧器を、並列に接続して運転することで、負荷の増大に対応することをいう。
技術的な内容	三相変圧器を並行運転させるためには、三相変圧器の結線の組合せにおいて、Δの数とYの数が、どちらも偶数個でなければならない。

番号	8	用語	波付硬質合成樹脂管(FEP)

技術的な内容	螺旋状の波付き加工が施されているため、耐久性に優れる、軽量である、可とう性がある、摩擦係数が小さいなど、数々の利点がある。
技術的な内容	波付硬質合成樹脂管と防水鋳鉄管を接続するときは、鋳鉄管の腐食を防止するため、異物継手を使用する。

番号	9	用語	絶縁抵抗試験

技術的な内容	電線相互間および電路と大地間の絶縁抵抗値をメガーで測定し、電気機器の絶縁性能の良否を判定する試験である。

技術的な内容	対地静電容量が大きいケーブル回路の絶縁抵抗測定では、絶縁抵抗計の指針が安定した後の値を測定値とする。

問題4 解答

設問1	① ② ③ ④	$R = 25\,\Omega, I_2 = 2\,A$
設問2	① ② ③ ④	6300 V

※設問1の解説は、本書291ページの「演習問題 No.6」を参照してください。

※設問2の解説は、本書298ページの「演習問題 No.13」を参照してください。

問題5 解答

設問1	ア	① ② ③ ④	20日以内
	イ	① ② ③ ④	検査
	ウ	① ② ③ ④	作成
	エ	① ② ③ ④	品質
設問2	ア	① ② ③ ④	注文者
	イ	① ② ③ ④	衛生的
	ウ	① ② ③ ④	運転
	エ	① ② ③ ④	技能講習
設問3	ア	① ② ③ ④	自家用
	イ	① ② ③ ④	特種
	ウ	① ② ③ ④	第一種
	エ	① ② ③ ④	自家用

2級電気工事施工管理技術検定試験 第二次検定

有料 施工経験記述添削講座 応募規程

(1) 受付期間

令和 6 年 6 月 27 日から 10 月 27 日（必着）までとします。

(2) 返信期間

令和 6 年 7 月 10 日から 11 月 10 日までの間に順次返信します。

(3) 応募方法

①本書の 417 ページ・419 ページにある記入用紙（A4 サイズに拡大コピーしたものでも可）のうち、添削を受けたいテーマの記入用紙を切り取ってください。

②切り取った記入用紙に、濃い鉛筆（2B 以上を推奨）またはボールペンで、あなたの施工経験記述を手書きで明確に記述してください。

③お近くの銀行または郵便局（お客様本人名義の口座）から、下記の振込先（弊社の口座）に、添削料金をお振込みください。振込み手数料は受講者のご負担になります。

添削料金	：1 テーマにつき（1 通につき）3000 円（税込）
金融機関名	：三井住友銀行
支店名	：池袋支店
口座種目	：普通口座
店番号	：225
口座番号	：3242646
振込先名義人	：株式会社建設総合資格研究社（カブシキガイシャケンセツソウゴウシカクケンキュウシャ）

④添削料金振込時の領収書のコピーを、421 ページの申込用紙に貼り付けてください。

⑤下記の内容物を 23.5cm×12cm 以内の定形封筒に入れてください。記入用紙と申込用紙は、コピーしたものでも構いません。

> **チェック**
>
> □ 施工経験記述 記入用紙（A 票）
> □ 施工経験記述 申込用紙（B 票）
> □ 返信用の封筒（1 枚）
> ※返信用の封筒には、返信先の郵便番号・住所・氏名を明記し、切手を貼り付けてください。

⑥上記の内容物を入れた封筒に切手を貼り、下記の送付先までお送りください。

〒 171-0021
東京都豊島区西池袋 3-1-7
藤和シティホームズ池袋駅前 1402
株式会社　建設総合資格研究社
（2 級電気工事担当）

※この部分を切り取り、封筒宛名面にご利用いただけます。

※封筒には差出人の住所・氏名を明記してください。

(4) 注意事項

①**受付期間は、消印有効ではなく必着です。** 発送されてから弊社に到着するまでには、2日間～5日間程度かかる場合があります。特に、北海道・沖縄・海外などからの発送では、余分な日数がかかることがあるので、早めに(期日が迫っている時は速達便で)応募してください。受付期間は、必ず守ってください。受付期間が過ぎてから到着したものについては、添削はせず、受講料金から1000円(現金書留送料および事務手数料)を差し引いた金額を、現金書留にて送付します。

②**施工経験記述添削講座は、読者限定の有料講座です。** したがって、受講者が本書をお持ちでないこと(購入していないこと)が判明した場合は、添削が行えなくなる場合があります。

③施工経験記述を書く前に、無料 YouTube 動画講習 にて、「施工経験記述の考え方・書き方講習」を何回か視聴し、記入用紙をコピーするなどして十分に練習してください。この練習では、施工経験記述を繰り返し書いて推敲し、「これでよし!」と思ったものを提出してください。この推敲こそが、真の実力を身につけることに繋がります。施工経験記述は、要領よく要点を記述し、記述が行をはみ出さないようにしてください。多量の空行や、記述のはみ出しがある場合、不合格と判定されます。

https://get-ken.jp/

GET研究所 | 検索 ➡ 無料動画公開中 ☞ ➡ 動画を選択 ☞

④文字が薄すぎたり乱雑であったりして判読不能なときは、合否判定・添削の対象になりません。本試験においても、文字が判読不能なときはそれだけで不合格となります。本講座においても、本試験のつもりで明確に記述してください。本講座で、「手書き(パソコン文字は不可)」と指定しているのは、これが本試験を想定したものだからです。

⑤原則として、記入用紙に多量の空行がある場合に、その部分を弊社で書き足すことはできません。記入用紙は、自らの経験を基に、できるだけ空行がないようにしてください。

⑥施工経験記述のテーマは、工程管理と安全管理の2種類ありますが、一度の施工経験記述添削講座で提出できるのは、いずれか1テーマのみです。どちらのテーマにするか迷う場合は、本書の20ページを参考に判断してください。2テーマ(2通)の添削をご希望の方は、1テーマにつき(1通につき)3000円の添削料金が必要になります。

⑦**記入用紙については、必ず手元に原文またはコピーを保管してください。** 万が一、郵便事故などがあった場合には、記入用紙の原文またはコピーが必要になります。

⑧弊社から領収書は発行いたしません。**添削料金振込時の領収書は、必ず手元に保管してください。**

⑨記入用紙の発送後、35日以上を経過しても返信の無い方や、11月10日を過ぎても返信の無い方は、弊社までご連絡ください。数日中に対応いたします。なお、弊社では、記入用紙が到着した旨の個別連絡は行っておりませんが、弊社ホームページ(https://get-ken.jp/)にて毎週末を目安に到着情報を更新しています。記入用紙の返信は、到着情報の更新から2週間程度が目安になります。

※受取に際し、認印が必要となる書留便のご利用はご遠慮ください。
※定形よりも大きな封筒は、弊社のポストに入らないのでご遠慮ください。

施工経験記述 記入用紙（A票）

氏名

※必ず手元に原文またはコピーを保管してください。

令和6年度　2級電気工事施工管理技術検定試験第二次検定（工程管理）

問題1 あなたが**経験した電気工事**について、次の設問に答えなさい。

　　1-1 経験した電気工事について、次の事項を記述しなさい。

(1) 工事名

(2) 工事場所

(3) 電気工事の概要

(4) 工期

(5) この電気工事でのあなたの立場

(6) あなたが担当した業務の内容

　　1-2 上記の電気工事の現場において、**工程管理上**、あなたが**留意した事項と その理由**を2つあげ、あなたがとった**対策**又は**処置**を留意した事項ごとに 具体的に記述しなさい。ただし、対策又は処置の内容は重複しないこと。

① 留意した事項とその理由

　　対策又は処置

② 留意した事項とその理由

　　対策又は処置

評価	1-1	合・否	1-2①	合・否	1-2②	合・否	総合評価	合・準・否 (準：あと一歩で合格)
コメント								

[ ]：誤りではないが書き換えが望ましい箇所　　[ ]：修正する必要がある箇所

施工経験記述 記入用紙（A票）

氏名

令和6年度　2級電気工事施工管理技術検定試験第二次検定（安全管理）

問題1 あなたが**経験した電気工事**について、次の設問に答えなさい。

1-1 経験した電気工事について、次の事項を記述しなさい。

(1) 工事名

(2) 工事場所

(3) 電気工事の概要

(4) 工期

(5) この電気工事でのあなたの立場

(6) あなたが担当した業務の内容

1-2 上記の電気工事の現場において、**安全管理上**、あなたが**留意した事項**と**その理由**を2つあげ、あなたがとった**対策又は処置**を留意した事項ごとに具体的に記述しなさい。ただし、対策又は処置の内容は重複しないこと。なお、次のいずれか又は両方の記述については配点しない。
　・保護帽の単なる着用のみの記述
　・要求性能墜落制止用器具の単なる着用のみの記述

① 留意した事項とその理由

　対策又は処置

② 留意した事項とその理由

　対策又は処置

評価	1-1	合・否	1-2①	合・否	1-2②	合・否	総合評価	合・準・否 （準：あと一歩で合格）
コメント				:誤りではないが書き換えが望ましい箇所			:修正する必要がある箇所	

施工経験記述 申込用紙（B票）

領収書のコピーをここに貼り付けてください。領収書の添付がない場合には、添削は行いません。なお、インターネットバンキングでの振込みなどの場合に、領収書のコピーを貼り付けることができない受講者は、代わりに、振込みに関する画面を印刷して貼り付けるか、銀行名と口座名義を下記の枠内に記入してください。

銀行名	
口座名義	

◯◯◯銀行　　ご利用明細表

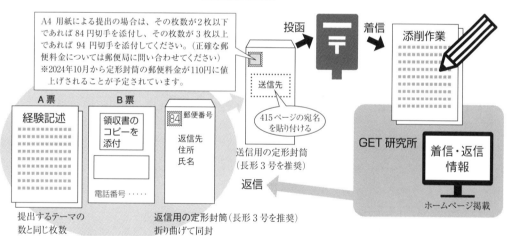

A4 用紙による提出の場合は、その枚数が 2 枚以下であれば 84 円切手を添付し、その枚数が 3 枚以上であれば 94 円切手を添付してください。（正確な郵便料金については郵便局に問い合わせてください）
※2024年10月から定形封筒の郵便料金が110円に値上げされることが予定されています。

投函　　着信　　添削作業

A 票　経験記述　提出するテーマの数と同じ枚数

B 票　領収書のコピーを添付　電話番号……

84 郵便番号　返信先住所氏名

送信先　415ページの宛名を貼り付ける

送信用の定形封筒（長形 3 号を推奨）

返信用の定形封筒（長形 3 号を推奨）折り曲げて同封

返信

GET 研究所　着信・返信情報　ホームページ掲載

※記入用紙の送信・返信をお急ぎの場合は、送信用の定形封筒・返信用の定形封筒について、速達郵便をご利用できます。（速達料金は受講者のご負担となります）

連絡情報（できればご記入ください）

電話番号		メールアドレス	

GET 研究所管理用（必ず記入してください）

2 級電気工事二次 提出テーマの確認 （提出する記入用紙の右上にあるテーマに〇印を付けてください）			投函日 月 日	都道府県名	フリガナ
テーマ	工程管理	安全管理			氏名
〇印欄					

施工経験記述 記入例・添削例

氏名　電気工事

※必ず手元に原文またはコピーを保管してください。

令和6年度　2級電気工事施工管理技術検定試験第二次検定（工程管理）

問題1　あなたが経験した電気工事について、次の設問に答えなさい。

1-1　経験した電気工事について、次の事項を記述しなさい。

✕ (1) 工事名　新宿ＡＢＣマンション新築工事（電気設備工事）→追記する

○ (2) 工事場所　東京都新宿区東新宿3丁目2-11

○ (3) 電気工事の概要　RC造F6；動力盤2面,照明分電盤6面,照明器具360個

○ (4) 工期　平成28年9月～平成28年11月

✕ (5) この電気工事でのあなたの立場　現場主人　→任

○ (6) あなたが担当した業務の内容　構内電気設備に係る施工管理

1-2　上記の電気工事の現場において、工程管理上、あなたが留意した事項とその理由を2つあげ、あなたがとった対策又は処置を留意した事項ごとに具体的に記述しなさい。ただし、対策又は処置の内容は重複しないこと。

具

○ ① 留意した事項とその理由

　　取出し管理

盤,灯器等の機材搬入工程を確保し資材の保存に留意した。その理由は、納入工程が遅れると、予定工程が実施できず工期に遅れるおそれがあったから。

○ 対策又は処置　具　　盤等の品質を

　　① 盤,灯器のメーカと連絡を密にし工場で確認した。
　　② 搬入時,検査不良品は場外に発送し期日迄に再納入した。
　　③ 材料・灯器等は順序良く取出して調達を円滑にした。
　　　　　　　　取　　搬出

○ ② 留意した事項とその理由　具

厳しく設定されていた工期を守るため各作業工程の確保に留意した。その理由は、建築.設備などの他業種と作業時間帯・作業場所が重なることがあったから。　種

○ 対策又は処置　工程調整により建築内装工事と配線工事を並行させ工程短縮した

　　① 建築内装工事との併行作業の可能時間帯での作業を行った。
　　② 設備工事の遅れによる,開始日の遅延があったので2班体制で工程短縮して工期を確保した。

評価	1-1		1-2①		1-2②		総合評価	合・準否（準:あと一歩で合格）
	合否		合否		合否			

コメント　1-1(1).工事名が電気工事でない。（5）立場に誤がある以上の2点から不合格です。文章はよく出来ており誤りではないが書き換えが望ましい箇所　□:修正する必要がある箇所

[著 者] 森 野 安 信

著者略歴

1963年 京都大学卒業

1965年 東京都入職

1991年 建設省中央建設業審議会専門委員

1994年 文部省社会教育審議会委員

1998年 東京都退職

1999年 GET研究所所長

[著 者] 榎 本 弘 之

スーパーテキストシリーズ
令和6年度 分野別 問題解説集
2級電気工事施工管理技術検定試験 第二次検定

2024年7月26日　発行

発行者・編者　　森 野 安 信
GET 研究所
〒171-0021 東京都豊島区西池袋 3-1-7
藤和シティホームズ池袋駅前 1402
https://get-ken.jp/
株式会社　建設総合資格研究社

編集　　　　　榎 本 弘 之
デザイン　　　大 久 保 泰 次 郎
森 野 め ぐ み

発売所　　　　丸善出版株式会社
〒101-0051 東京都千代田区神田
神保町2丁目17番
TEL：03-3512-3256
FAX：03-3512-3270
https://www.maruzen-publishing.co.jp/

印刷・製本　　中央精版印刷株式会社
ISBN 978-4-910965-24-6 C3054

●内容に関するご質問は、弊社ホームページのお問い合わせ(https://get-ken.jp/contact/)から受け付けております。(質問は本書の紹介内容に限ります)